"十二五"职业教育国家规划教材
经全国职业教育教材审定委员会审定

建筑给排水

第2版

主　编　陈送财　李　杨

参　编　张胜峰　王　峰　李永丽
　　　　高慧慧　周　勇

机械工业出版社

本书是“十二五”职业教育国家规划教材，经全国职业教育教材审定委员会审定。

本书按照高职高专给排水工程技术专业“建筑给排水”课程的教学要求，结合近年来给排水工程新材料、新技术、新工艺的不断涌现，以及相关国家规范的陆续修订等情况，在修订第1版不足之处的同时，在内容上做了较大的更新和补充，增加了相应例题和习题，并增加了设计实例。

本书主要介绍了水力学基础知识，室外给排水工程概述，管材、附件及卫生器具，建筑给水系统，建筑消防给水系统，建筑排水系统，建筑热水供应系统，建筑中水系统，建筑给排水工程设计实例等方面内容。

本书不仅可以作为高职高专院校给排水工程技术专业的教学教材，也可作为土建类其他相关专业教材，还可作为工程技术人员的参考书。

图书在版编目（CIP）数据

建筑给排水/陈送财，李杨主编. —2版. —北京：机械工业出版社，2018.5（2021.8重印）

“十二五”职业教育国家规划教材　经全国职业教育教材审定委员会审定

ISBN 978-7-111-61360-2

Ⅰ.①建…　Ⅱ.①陈…　②李…　Ⅲ.①建筑工程-给水工程-高等职业教育-教材②建筑工程-排水工程-高等职业教育-教材　Ⅳ.①TU82

中国版本图书馆CIP数据核字（2018）第259848号

机械工业出版社（北京市百万庄大街22号　邮政编码100037）

策划编辑：赵志鹏　常金锋　责任编辑：赵志鹏　郭克学

责任校对：樊钟英　封面设计：张　静

责任印制：单爱军

北京虎彩文化传播有限公司

2021年8月第2版第3次印刷

184mm×260mm · 20.75印张 · 510千字

标准书号：ISBN 978-7-111-61360-2

定价：49.00元

第2版前言

本书是“十二五”职业教育国家规划教材，经全国职业教育教材审定委员会审定，按照高职高专给排水工程技术专业“建筑给排水”课程的教学要求编写而成。

本书自第1版出版以来，由于其内容全面、应用知识突出、深入浅出等特点，受到高职高专土建类专业师生及广大建筑从业人员的欢迎。鉴于近年来，给排水工程新材料、新技术、新工艺不断涌现，相关的国家规范也陆续进行了有针对性的修订，用人单位对于高职高专毕业生的用人需求也在变化，传统的教材内容已经不能适应新形势的需要，因此修订适合高职高专的建筑给排水教材是十分必要的。

本次修订依据GB 50015—2003《建筑给水排水设计规范》（2009年版）、CJJ/T 154—2011《建筑给水金属管道工程技术规程》、GB 50974—2014《消防给水及消火栓系统技术规范》、GB 50016—2014《建筑设计防火规范》、GB 50014—2006《室外排水设计规范》（2014年版）、GB 50219—2014《水喷雾灭火系统技术规范》、GB/T 3091—2015《低压流体输送用焊接钢管》、GB 50084—2017《自动喷水灭火系统设计规范》等现行国家规范，融合了建筑给排水工程中的新材料、新技术、新知识，在修订第1版不足之处的同时，在内容上做了较大的更新和补充，增加了相应例题和习题，并增加了设计实例。土建类其他专业选用本书时，授课教师可根据专业教学要求适当删减部分内容。

本书在编写过程中力求概念清晰、深入浅出、联系实际，理论上以适当够用为度，不苛求学科的系统性和完整性；力求结合专业，突出实用，体现高职高专教育的特色。

参加本书编写的有安徽水利水电职业技术学院陈送财（第1章）、安徽水利水电职业技术学院李杨（第3、4章）、安徽水利水电职业技术学院张胜峰（第6章）、杨凌职业技术学院王峰（第5章）、黄河水利职业技术学院李永丽（第7、8章）、安徽水利水电职业技术学院高慧慧（第9章）、杭州市城市规划设计研究院周勇（第2章）。全书由陈送财、李杨主编并统稿。在修订过程中，许多土建专业同仁对本书的修订工作提出了宝贵意见，在此一并表示感谢。

由于编者水平有限，书中不足之处在所难免，恳请广大读者给予批评指正。

编　者

目　录

第1章

水力学基础知识

内容提要及学习要求

本章主要阐述液体的主要物理力学性质、水静力学和水动力学的基本知识、水流形态与水头损失。

通过学习本章内容，要求学生能够熟悉液体的密度、重度、黏滞性、压缩性、热胀性和表面张力特性等主要物理力学性质，熟悉静水压强及其基本方程、大气压强的不同表示方法、静水压强的分布图，熟悉水动力学的基本概念，了解恒定液流连续性方程，熟悉水流形态、水头损失及其计算方法。

1.1 液体的主要物理力学性质

自然界中的物质根据其存在形态可分为固体、液体和气体三种。固体具有固定的形状，在外力的作用下不容易变形；液体和气体统称为流体，流体容易流动和变形。液体和气体的主要区别在于，液体在外力的作用下不易被压缩，而气体在外力的作用下容易被压缩。

1.1.1 液体的密度、重力和重度

1. 液体的密度

对于均质液体，其单位体积的质量称为密度，即

$$\rho=\frac{m}{V} \tag{1-1}$$

式中 ρ——液体的密度（g/cm^3）。

m——液体的质量（g）；

V——液体的体积（cm^3）；

2. 液体的重力和重度

地球上的物体都会受到地心引力作用，这种地球对物体的引力就称为重力。对于质量为 m 的液体，其重力为

$$G=mg \tag{1-2}$$

式中 G——液体的重力（N）；

g——重力加速度（m/s^2）。

对于均质液体，单位体积的重力称为重度，即

$$\gamma=\frac{G}{V} \tag{1-3}$$

式中 γ——液体的重度（N/m^3）。

由式（1-2）~式（1-3），可得重度与密度的关系为

$$\gamma=\rho g \tag{1-4}$$

必须说明的是，液体的体积随着温度和压强的变化而变化，故其重度与密度也将随之而发生变化，但变化很小。通常将水的重度和密度视为常数，在温度为4℃、压强为一个标准大气压（1atm=101325Pa，下同）的条件下，为简化计算，一般采用水的重度为9.80kN/m³，密度为1000kg/m³。

1.1.2 液体的黏滞性

液体在运动状态下，流层间存在着相对运动，从而产生内摩擦力，故运动状态下的液体具有抵抗剪切变形的能力。运动状态下的液体具有抵抗剪切变形能力的特性，称为液体的黏滞性。黏滞性只有在流层间存在相对运动时才显示出来；静止液体是不显示黏滞性的，不能承受切力来抵抗剪切变形。

1.1.3 液体的压缩性和体积压缩系数

1. 液体的压缩性

液体不能承受拉力，只能承受压力。液体受压时体积压缩变形，当压力除去后又恢复原状，液体的这种性质称为液体的压缩性。

2. 液体的体积压缩系数

液体压缩性的大小可用体积压缩系数 β 来表示。设质量一定的液体，其体积为 V，当压强增加 $\mathrm{d}p$ 时，体积相应减小 $\mathrm{d}V$，其体积的相对压缩值为 $\frac{\mathrm{d}V}{V}$，则体积压缩系数为

$$\beta=-\frac{\frac{\mathrm{d}V}{V}}{\mathrm{d}p} \tag{1-5}$$

式中 β——液体的体积压缩系数（1/Pa）。

由于液体的体积总是随压强的增大而减小的，从而 $\mathrm{d}V$ 与 $\mathrm{d}p$ 的符号相反，按规定 β 取正值，故式（1-5）的右端带负号。该式表明，β 值越小越不易压缩。

液体的体积压缩系数与液体的性质有关，同一种液体的 β 值也随温度和压强的变化而变化，但变化不大，一般视为常数。不同温度下的 β 值，见表1-1。对于水，在普通水温的情况下，每增加一个标准大气压，水的体积比原体积缩小约1/21000，可见水的压缩性是很小的。在实际应用中，除某些特殊问题外，通常认为液体是不可压缩的，即认为液体的体积和密度是不随温度和压强的变化而变化的。

表1-1 不同温度下水的体积压缩系数 β 和体积弹性系数 K

温度/℃	0	5	10	15	20	25	30	40	50	60	70	80	90	100
体积弹性系数 K /(10^9N/m²)	2.02	2.06	2.10	2.15	2.18	2.22	2.25	2.28	2.29	2.28	2.25	2.20	2.14	2.07

注：体积压缩系数 $\beta=1/K$。

1.1.4 液体的热胀性

液体温度升高体积膨胀的性质称为液体的热胀性。液体的热胀性很小，在很多工程技术领域中液体的热胀性均忽略不计。例如，在建筑设备工程中，管中输液除水击和热水循环系统外，一般计算均不考虑液体的热胀性。

1.1.5　液体的表面张力特性

由于液体表层分子之间的相互吸引，使得液体表面薄层内能够承受微小拉力的特性，称为液体的表面张力特性。表面张力不仅存在于液体的自由表面上，还存在于不相混合的两层液体之间的接触面上。表面张力很小，通常情况下可以忽略不计，仅当液体的表面曲率很大时才需考虑。

1.2　水静力学

水静力学是研究静止的水所表现的力学特性的一门科学。水静力学的任务，是研究静止液体的平衡规律及其实际应用。本节主要研究静水压强的特性及其基本规律。静止是相对的，通常如果液体相对其贮存设备及液体与液体之间没有相对运动，就称其为静止液体。

液体的静止状态有两种：一种是液体相对地球处于静止状态，液体与液体之间没有相对运动，如蓄水池中的水；另一种是液体对地球有相对运动，但液体与贮存设备之间没有相对运动，如做匀速运动的油罐车中的油。由于静止液体质点间无相对运动，黏滞性表现不出来，故而内摩擦力为零，表面力只有压力。

1.2.1　静水压强及其特性

1. 静水压强

静止液体对其约束边界的壁面有压力作用，如蓄水池中的水对池壁及池底都有水压力的作用。在液体内部，一部分液体对相邻的另一部分液体也有压力的作用。

静止液体作用在其约束边界表面上的压力称为静水压力。图 1-1 所示的蓄水池池壁上，围绕 K 点取微小面积 ΔA，作用在 ΔA 上的静水压力为 Δp，则 ΔA 面上单位面积所受的平均静水压力就称为该面积上的平均静水压强，其值为

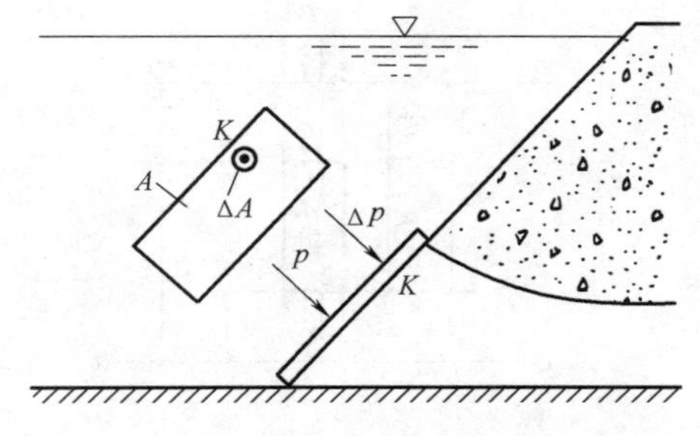

图 1-1　平均静水压强计算示意图

$$\overline{p}=\frac{\Delta p}{\Delta A} \tag{1-6}$$

式中　$\overline{p}$——ΔA 面上的平均静水压强。

平均静水压强只表示 ΔA 面上受力的平均值，在受力均匀的情况下，它真实反映受压面上各点的水压力状况；通常受压面上的受力是不均匀的，必须建立点静水压强的概念。

如图 1-1 所示，当 ΔA 无限缩小趋于 K 点时，即 ΔA 趋于 0 时，$\overline{p}$ 趋于某一极限值，该极限值即为 K 点的静水压强，用公式表述如下

$$p=\lim_{\Delta A\to 0}\frac{\Delta p}{\Delta A} \tag{1-7}$$

式中　p——K 点的静水压强。

静水压力的单位为牛顿（N），静水压强的单位为牛顿/米^2（N/m^2），又称帕斯卡（Pa）。

2. 静水压强的特性

静水压强有以下两个重要特性：

1）静水压强的方向与受压面垂直并指向受压面。

2）静水中任何一点上各个方向的静水压强大小均相等，或者说其大小与作用面的方位无关。

1.2.2　静水压强的基本方程

为了探讨静水压强的变化规律，下面我们来建立静水压强的基本方程。

如图1-2所示，水面大气压强为p_0，在水深为h处取K点，围绕K点在同一水平面上取微面积ΔA；取底面积为ΔA、高为h的柱状水体为脱离体进行研究，设ΔA上的压强为p，根据力学知识建立平衡方程式：$p\Delta A-p_0\Delta A-\gamma h\Delta A=0$，则等式两端同时除以$\Delta A$，可得

水深为h处的静水压强基本方程，即

$$p=p_0+\gamma h \tag{1-8}$$

式中　γ——水的重度。

式（1-8）称为静水压强基本方程式。上述推导过程表明：仅有重力作用下的静水中任一点的静水压强，等于水面压强加上液体的重度与该点水深的乘积。

应当指出，当水面是自由水面，计算边界所受水压力时，边界内、外大气压相抵消，如略除此项不计，则式（1-8）可简写为

$$p=\gamma h \tag{1-9}$$

式（1-9）表明静水中任一点的压强与该点在水下淹没的深度呈线性函数关系。

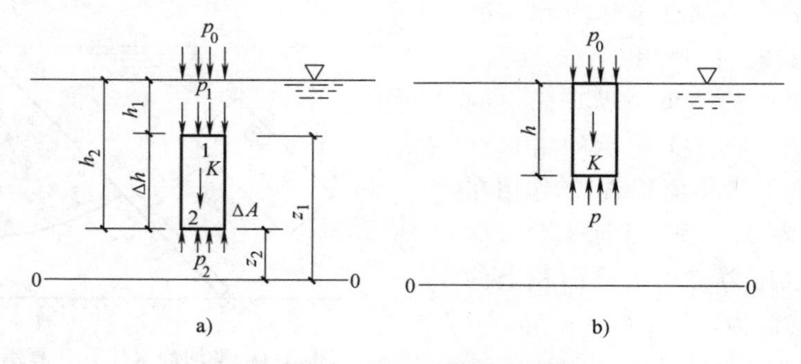

图1-2　静水压强基本方程推导示意图

1.2.3　绝对压强、相对压强、真空压强

地球表面大气所产生的压强称为大气压强，试验测定一个标准大气压为101.3kN/m²；在工程中进行水力学计算时，为计算方便一般采用工程大气压，其值为98kN/m²，以Pa表示即为98kPa。

计算压强时因计算基准的不同，压强可分为绝对压强与相对压强。

1. 绝对压强

以没有空气的绝对真空为零基准计算面的压强称为绝对压强。也就是说，在水力计算中要计入大气压p_a，即在计算中有大气压时，大气压按98kN/m²计算。绝对压强用p_{abs}表示，即

$$p_{abs}=p_a+\gamma h \tag{1-10}$$

2. 相对压强

以大气压作为零基准计算出的压强，称为相对压强。也就是说，在水力计算中不计入大气压。若不加特殊说明，静水压强即指相对压强。相对压强用 p 表示，即

$$p=\gamma h \tag{1-11}$$

对于同一点压强，用绝对压强计算和用相对压强计算虽然其计算结果数值不同，但却表示的是同一个压强，压强本身的大小并没有发生变化，只是计算的零基准发生了变化。

【例 1-1】 求水库水深为 2m 处 A 点的绝对压强和相对压强。

【解】 （1）求绝对压强

$$p_{abs}=p_a+\gamma h=98\text{kN/m}^2+(9.8\times2)\text{kN/m}^2=117.6\text{kN/m}^2$$

（2）求相对压强　相对压强计算（或者说求 A 点的相对压强）则不计入大气压，即

$$p=\gamma h=(9.8\times2)\text{kN/m}^2=19.6\text{kN/m}^2$$

3. 真空压强

绝对压强为零的状态称为绝对真空。当某点的绝对压强小于当地大气压时就认为该点产生了真空，真空值的大小用真空压强表示。真空压强为大气压与该点的绝对压强的差值，用 p_v 表示，即

$$p_v=p_a-p_{abs} \tag{1-12}$$

式（1-12）可改写为 $p_v=p_a-(p_a+p)=-p$，即

$$p_v=-\gamma h \tag{1-13}$$

式（1-13）表明真空压强等于负的相对压强，即发生真空的地方相对压强出现了负值（或称负压）。当相对压强出现负压时，负压的绝对值称为真空压强。

图 1-3 所示表明了绝对压强、相对压强和真空压强之间的关系。

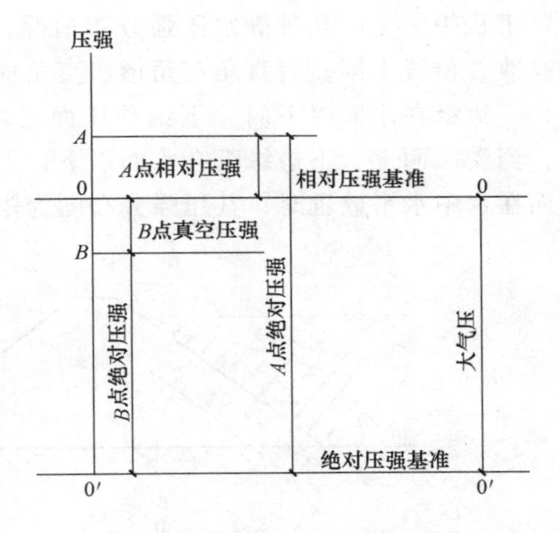

图 1-3　绝对压强、相对压强和真空压强之间的关系

【例 1-2】 A 点相对压强为−24.5kN/m，求 A 点的绝对压强和真空压强。

【解】 （1）求 A 点的绝对压强

$$p_{abs}=p_a+\gamma h=98\text{kN/m}^2+(-24.5)\text{kN/m}^2=73.5\text{kN/m}^2$$

（2）求 A 点的真空压强

$$p_v=-p=-(-24.5)\text{kN/m}^2=24.5\text{kN/m}^2$$

1.2.4　压强的单位表示法

1. 以应力单位表示

压强用单位面积上受力的大小来表示称为应力单位表示法，这是压强的基本表示方法。其单位为 N/m^2，又称帕斯卡（Pa）。

2. 以工程大气压表示

工程上常用工程大气压表示压强，1 个工程大气压为 98kPa，相当于 10m 水柱底部产生

的压强，水力学中凡不加说明的都是指工程大气压。

3. 以水柱高表示

工程中，点的静水压强往往用相对压强表示，由式（1-11）可得相应的水柱高为

$$h=\frac{p}{\gamma} \tag{1-14}$$

1.2.5　静水压强分布图

由于建筑物都处于大气中，各个方向的大气压互相抵消，计算中只涉及相对压强，所以只需画出相对压强分布图。由静水压强方程 $p=\gamma h$ 可知，压强 p 与水深 h 呈线性函数关系，把受压面上压强与水深的这种函数关系用图形来表示，称为静水压强分布图。其绘制原则是：

1）用有向线段长度代表该点静水压强的大小。

2）用箭头方向表示静水压强的作用方向，作用方向垂直指向受压面。

因压强 p 与水深 h 为一次方关系，故在水深方向静水压强为直线分布，只要给出两个点的压强即可确定此直线。

工程中常见的几种静水压强分布情况，如图1-4所示。矩形受压面的静水压强分布图，因其放置位置不同，有直角三角形、直角梯形、矩形三种基本图形。当受压面上边缘恰在水面，下边缘在水面以下时，不论受压面是垂直安放还是倾斜安放，其压强分布图均为三角形；当受压面上、下边缘都在水面以下，上边缘高于下边缘时，其压强分布图为梯形；当受压面在水中水平放置时，其压强分布图为矩形。其他复杂图形都是上述三种图形的组合。

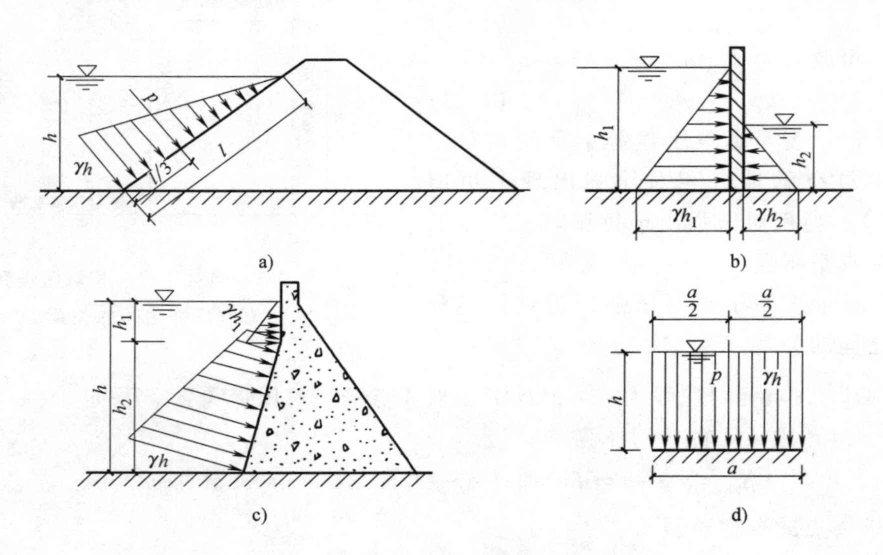

图1-4　工程中常见的几种静水压强分布情况

a）、b）直角三角形分布　c）直角三角形和直角梯形分布　d）矩形分布

【例1-3】　如图1-5所示，绘制矩形闸门 AB 平面的静水压强分布图。

【解】　选 A 和 B 两点；求 A 点和 B 点静水压强的大小，即 $p_A=0$，$p_B=\gamma h$；画箭杆，A 点箭杆长度为0，B 点箭杆垂直指向 AB 面，长度为 γh；连箭尾，连接 AB 两点箭杆尾端；标数字，标注 B 点箭杆所表示的压强数据 γh；在图形内部画若干箭杆表示各点压强的分布。

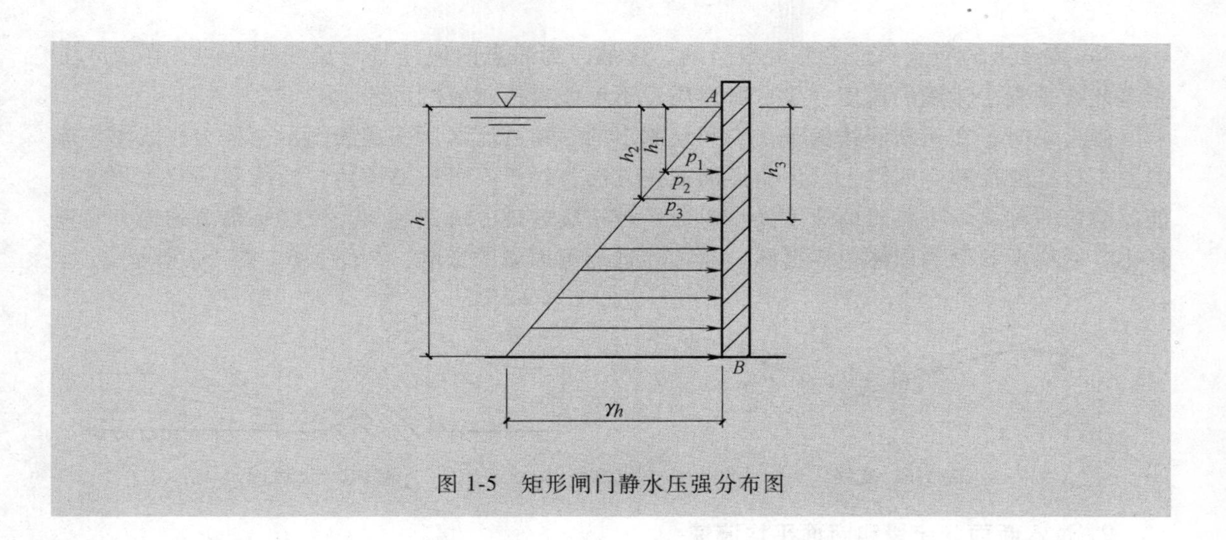

图 1-5　矩形闸门静水压强分布图

1.3　水动力学

1.3.1　水动力学的基本概念

1. 迹线与流线

液体是由无数质点构成的连续介质。要想研究液体运动规律，首先要了解描述液体运动的方法。水力学中描述水流运动有两种方法，即迹线法和流线法。

（1）迹线法　迹线是指液体质点在运动过程中不同时刻所经过的空间位置的连线，也是液体质点运动的轨迹。用迹线法描述液体运动，就是研究个别液体质点在不同时刻的运动情况。这种方法概念清晰，简单易懂。但它只适用于研究液体质点做某些有规则的运动，当液体质点的运动轨迹非常复杂时，用该方法分析水流运动，还会遇到许多较难解决的数学问题；从实用意义来讲，大多数情况下并不需要知道各质点运动的来龙去脉，而仅需了解质点在某一固定区域的流动状况，所以这种方法在水力学中一般不常采用，而普遍采用较为简便实用的流线法。

（2）流线法　流线法是把充满液体质点的空间作为研究对象，不再跟踪每个质点，而是通过考察分析水流中的水质点在经过固定空间点时的速度、压强的变化情况，来获得整个液体运动的规律。由于流线法是以流动的空间作为研究对象，所以通常把液体流动所占据的空间称为流场。

在液体运动的流场内绘制出一条曲线，该曲线上任一点的切线方向都是某一时刻液流质点的速度方向，此曲线称为该液流的流线。流线一定是光滑的曲线，流场中同一瞬时可绘制出无数条流线。用流线法描述液体运动，要考察同一时刻液体质点在不同空间点的运动情况。

根据流线的概念，可知流线有以下特征：

1）流线上各质点的切线方向代表了该点的流动方向。

2）一般情况下，流线既不能相交，也不能是折线，而只能是一条连续光滑的曲线。这是因为如果有两条流线相交，则在交点处，流速就会有两个方向；如果流线为折线，则在转折点处，同样将出现有两个流动方向的矛盾现象，所以流线只能是一条光滑曲线。

3）流线上的质点只能沿着流线运动。这是因为质点的流速是与流线相切的，在流线上不可能有垂直于流线的速度分量，所以质点不可能有横越流线的流动。

某一瞬时，在运动液体的整个空间绘制出的一系列流线所构成的图形，称为流线图。流线图不仅能够反映空间点上液体质点的流速方向，对于不可压缩液体，流线图的疏密程度还能反映该时刻流场中各点的速度大小。流线越密集的地方流速越大，流线越稀疏的地方流速越小，它的形状受到固体边界形状、离边界远近等因素的影响，如图1-6、图1-7所示。

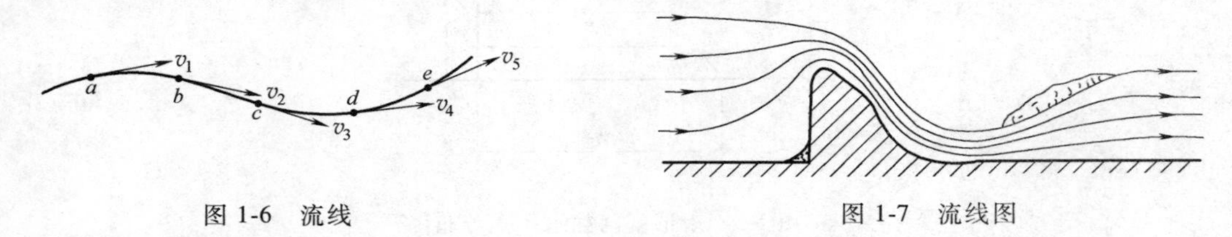

图1-6　流线　　　　图1-7　流线图

2. 过水断面、流量和断面平均流速

（1）过水断面　与流线正交的液流横断面，称为过水断面。过水断面面积用 A 表示，其单位为 m^2。过水断面可为平面，也可为曲面。在流线相互平行时，过水断面为平面；否则过水断面则为曲面，如图1-8所示。

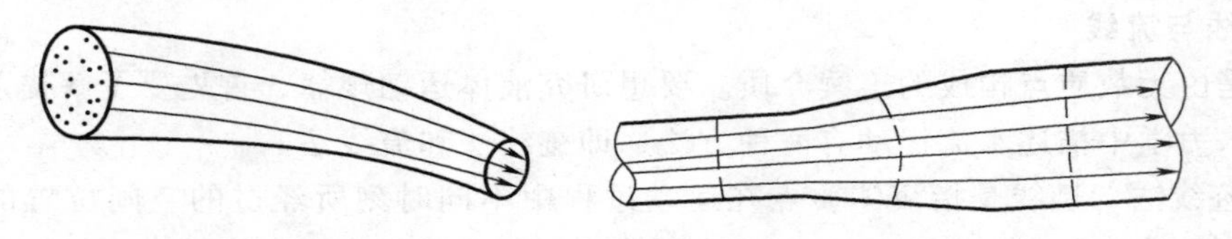

图1-8　过水断面示意图

（2）流量　单位时间内通过某一过水断面的液体体积，称为流量。流量用 Q 表示，其单位为 m^3/s 或 L/s。

（3）断面平均流速　过水断面上各点的流速一般并不一定相同，且断面流速分布不易确定，为使研究方便，实际工程中常常采用断面平均流速。

流量与过水断面面积的比值称为断面平均流速。断面平均流速用 v 表示，其单位为 m/s。

由上述内容可知，过水断面面积、流量和断面平均流速之间的关系为

$$Q = vA \tag{1-15}$$

可见，总流的流量 Q 等于断面平均流速 v 与过水断面面积 A 的乘积。

3. 水流运动的类型

（1）恒定流与非恒定流　根据液流的运动要素是否随时间变化，可将液流分为恒定流与非恒定流。液体运动时，若任何空间点上所有的运动要素（如流速的大小、方向等）都不随时间而改变，则这种水流称为恒定流。如图1-9所示，在水箱侧壁上开有孔口，当箱内水面保持不变（即 H 为常数）时，孔口泄流的形状、尺寸及运动要素均不随时间而改变，这就是恒定流。

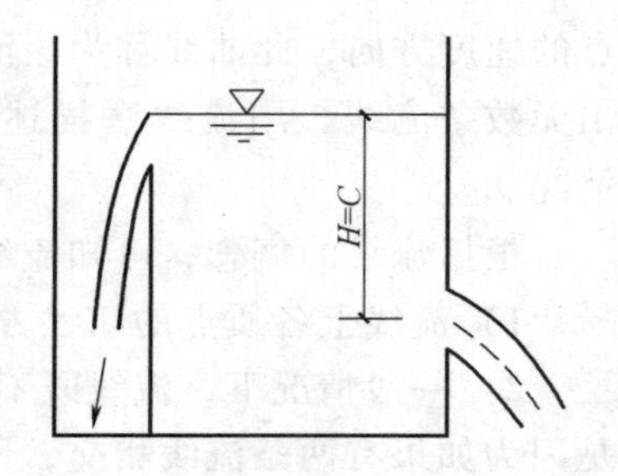

图1-9　恒定流

液体运动时，若任何空间点上有一运动要素随时间发生了变化，则这种水流称为非恒定流。如图 1-10 所示，箱中水位由 H_1 连续下降到 H_2，此时，泄流形状、尺寸、运动要素都随时间而变化，这就是非恒定流。

由于恒定流时运动要素不随时间而改变，则流线形状也不随时间而变化，此时，流线与迹线重合，这种水流运动的分析比较简单，本节后续内容只研究恒定流。

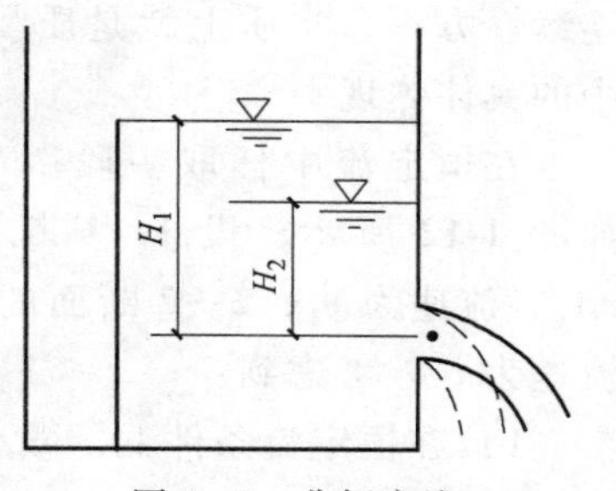

图 1-10　非恒定流

（2）均匀流与非均匀流　在恒定流中，根据液流的运动要素是否沿程变化，将液流分为均匀流与非均匀流。

若同一流线上液体质点流速的大小和方向沿程均不变化，则此液流称为均匀流。如液体在直径不变的长直管中的流动，或在断面形状、尺寸沿程不变的长直渠道中的流动，都是均匀流。

在均匀流中，沿同一根流线的流速分布是均匀的，所以流线是一组互相平行的直线，此时过水断面为平面。

当液流流线上各质点的运动要素沿程发生变化，流线不是彼此平行的直线时，此液流称为非均匀流。液体在收缩管、扩散管或弯管中的流动，以及液体在断面形状、尺寸改变的渠道中的流动，均为非均匀流。

（3）渐变流与急变流　在非均匀流中，根据流线的不平行程度和弯曲程度，可将其分为渐变流与急变流。渐变流是指流线接近于平行直线的流动，如图 1-11 所示。此时，各流线的曲率很小（即曲率半径 R 较大），流线间的夹角也很小，它的极限情况就是流线为平行直线的均匀流。由于渐变流中流线近似平行，故可认为渐变流的过水断面近似为平面。急变流是指流线的曲率较大，流线之间的夹角也较大的流动。此时，流线已不再是一组平行的直线，因此过水断面为曲面。管道转弯、断面扩大或收缩使水面发生急剧变化处的水流，均为急变流。

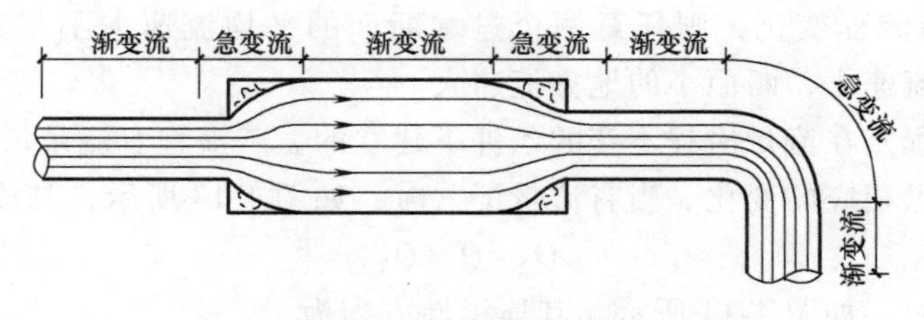

图 1-11　渐变流与急变流

（4）有压流与无压流　根据液流在流动过程中有无自由液面，可将其分为有压流与无压流。液体沿流程整个周界都与固体壁面接触，而无自由液面的流动称为有压流。它主要是依靠压力作用而流动的，如自来水管和有压涵管中的水流，均为有压流。

液体沿流程一部分周界与固体壁面接触，另一部分与空气接触，具有自由液面的液流称为无压流。它主要是依靠重力作用而流动的，因无压流液面与大气相通，故又称为重力流，如河渠中的水流和无压涵管中的水流，均为无压流。

1.3.2　恒定流连续性方程

液体作为不可压缩的连续介质与其他运动物质一样，也必须遵循质量守恒定律。恒定流连续性方程，实质上就是质量守恒定律在水流运动中的具体体现。

在恒定流中任取一段微小流束作为研究对象，如图1-12所示，设1—1断面的过水断面面积为dA_1，流速为v_1，2—2断面的过水断面面积为dA_2，流速为v_2。考虑到：

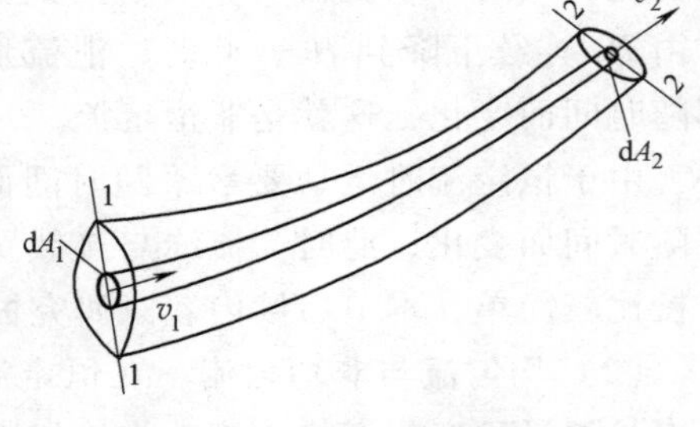

图1-12　恒定流中的微小流束

1）在恒定流条件下，微小流束的形状与位置不随时间而改变。

2）液体一般可视为不可压缩的连续介质，其密度ρ为常数。

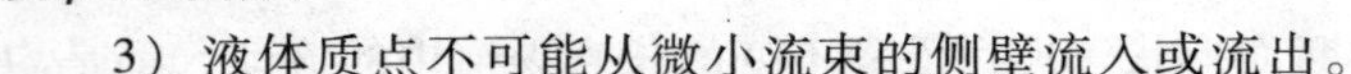

3）液体质点不可能从微小流束的侧壁流入或流出。

这样，根据质量守恒定律，在某一时段内，流入1—1断面的液体质量应等于流出2—2断面的液体质量，即

$$\rho v_1 dA_1 dt = \rho v_2 dA_2 dt$$

$$v_1 dA_1 = v_2 dA_2 \tag{1-16}$$

式（1-16）两边同时对面积积分则为

$$\int_{A_1} v_1 dA_1 = \int_{A_2} v_2 dA_2 \tag{1-17}$$

引入式（1-15）关于断面平均流速的概念，则式（1-17）可表达为

$$v_1 A_1 = v_2 A_2$$

或

$$Q_1 = Q_2 \tag{1-18}$$

式（1-18）为恒定流连续性方程。式中的v_1与v_2分别表示过水断面A_1及A_2的断面平均流速。连续性方程表明：

1）对于不可压缩的恒定总流，流量沿程不变。

2）如果断面沿流程变化，则任意两个过水断面的平均流速大小与过水断面面积成反比。断面大的地方流速小，断面小的地方流速大。

上述连续性方程是在流量沿程不变的条件下建立的，若沿程有流量汇入或分出，则连续性方程在形式上需做相应的变化。当有流量汇入时，如图1-13所示，其连续性方程为

$$Q_2 = Q_1 + Q_3 \tag{1-19}$$

当有流量分出时，如图1-14所示，其连续性方程为

$$Q_1 = Q_2 + Q_3 \tag{1-20}$$

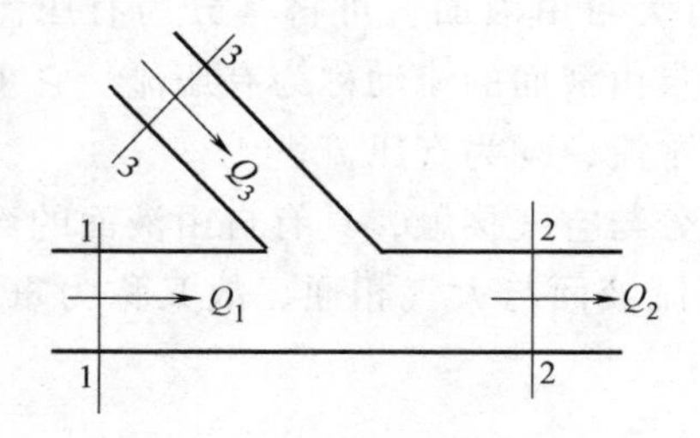

图1-13　流量汇入

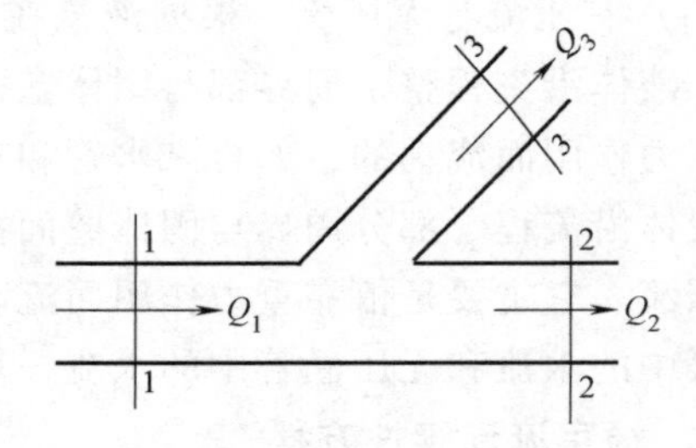

图1-14　流量分出

【例 1-4】 有一变直径圆管，如图 1-15 所示，已知 1—1 断面直径 $d_1=300\text{mm}$，断面平均流速 v_1 为 0.2m/s；2—2 断面直径 $d_2=100\text{mm}$。试求：

1）2—2 断面的平均流速 v_2。

2）管中流量 Q。

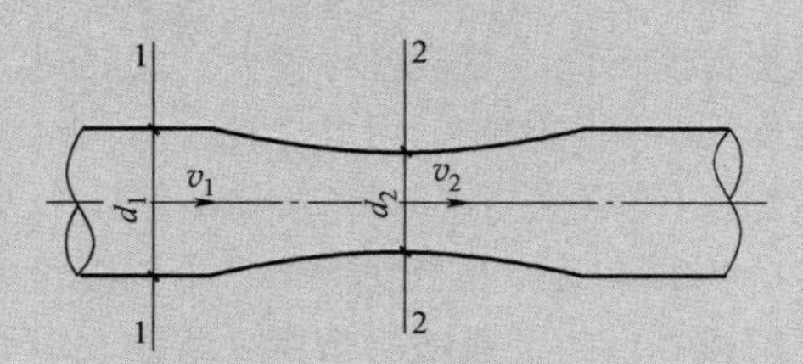

图 1-15　变直径圆管

【解】（1）求 2—2 断面的平均流速 v_2　根据连续性方程

$$v_1A_1=v_2A_2$$

其中

$$A_1=\frac{\pi}{4}d_1^2 \qquad A_2=\frac{\pi}{4}d_2^2$$

故

$$v_2=v_1\frac{d_1^2}{d_2^2}=\left[0.2\times\left(\frac{0.3}{0.1}\right)^2\right]\text{m/s}=1.8\text{m/s}$$

（2）求管中流量 Q

$$Q=v_1A_1=v_1\times\frac{\pi}{4}d_1^2=\left(0.2\times\frac{3.14}{4}\times0.3^2\right)\text{m}^3/\text{s}=0.01413\text{m}^3/\text{s}$$

1.4　水流形态与水头损失

1.4.1　水流形态

试验表明，在管中流动的水流，当其流速不同时，水流具有两种不同的流动形态。当流速较小时，各流层中的水流质点有条不紊、互不混掺地分层流动，水流的这种流动形态称为层流；当流速较大时，各流层中的水流质点已形成旋涡，在流动中互相混掺，这种流动形态的水流为紊流。

水流形态的判别：为了判别层流与紊流这两种水流形态，把两类水流形态转换时的流速称为临界流速。其中，层流变紊流时的临界流速较大，称为上临界流速；紊流变层流时的临界流速较小，称为下临界流速。当流速大于上临界流速时，水流为紊流状态；当流速小于下临界流速时，水流为层流状态。当流速介于上下两临界流速之间时，水流可能为紊流，也可能为层流，根据管道的初始条件和受扰动的程度确定。

对不同液体在不同温度下流经不同管径的管道进行试验，结果表明，液体流动形态的转变，取决于液体流速 v 和管径 d 的乘积与液体运动黏滞性系数 ν 的比值，该值称为雷诺数，用 Re 表示，即

$$Re=\frac{vd}{\nu} \tag{1-21}$$

试验表明，同一形状的边界中流动的各种液体，流动形态转变时的雷诺数是一个常数，称为临界雷诺数。紊流变层流时的雷诺数称为下临界雷诺数，层流变紊流时的雷诺数称为上临界雷诺数。下临界雷诺数比较稳定，而上临界雷诺数的数值极不稳定，随着流动的起始条件和试验条件不同，外界干扰程度不同，其值差异很大。实践中，只根据下临界雷诺数判别流动形态。把下临界雷诺数称为临界雷诺数，用 Re_k 表示。实际判别液体流动形态时，当液流的雷诺数 $Re<Re_k$ 时，为层流；当液流的雷诺数 $Re>Re_k$ 时，为紊流。雷诺数是判别流动形态的判别数，对于同一边界形状的流动，在不同液体、不同温度及不同边界尺寸的情况下，临界雷诺数是一个常数。不同边界形状下流动的临界雷诺数大小不同。

试验测得圆管中临界雷诺数 $Re_k=2000\sim3000$，常取 2320 为判别值。

在明槽流动中，雷诺数的计算常用水力半径 R 作为特征长度来替代式（1-21）中的直径 d，即

$$Re=\frac{vR}{\nu} \tag{1-22}$$

水力半径 $R=A/\chi$，式中 A 为过水断面面积，χ 为湿周。当直径为 d 的圆管充满液流时，$A=\pi d^2/4$、$\chi=\pi d$，则 $R=A/\chi=d/4$。

在明槽流动中，由于槽身形状有差异，测得 $Re_k=300\sim600$，常取 580 为判别值。

在建筑设备工程中所遇到的液体流动绝大多数属于紊流，即使流速和管径皆较小的生活供水管道，其管流通常也是紊流。层流是很少发生的，只有流速很小、管径很大或黏滞性很大的流体运动时（如地下渗流、油管等）才可能发生层流运动。

1.4.2　水头损失

1. 水头损失产生的原因和水头损失的类型

由于实际液体具有黏滞性，因此在流动过程中，在有相对运动的相邻流层间就会产生内摩擦力，耗损一部分液流的机械能，造成水头损失。

在固体边界顺直的情况下，水流的边界形状和尺寸沿水流方向不变或基本不变，水流的流线为平行的直线，或者近似为平行的直线，其水流属于均匀流或渐变流，在此情况下产生的水头损失沿程都存在，并随流程的长度而增加，这种为克服沿程阻力而引起单位质量水体在运动过程中的能量损失，称为沿程水头损失，如输水管道、隧洞和河渠中的均匀流及渐变流流段内的水头损失，就是沿程水头损失。沿程水头损失常用 h_y 表示，单位为 m 或 Pa[㊀]。

在边界形状和大小沿流程发生改变的流段，水流的流线发生弯曲，由于水流的惯性作用，水流在边界突变处会产生与边界的分离，并且水流与边界之间形成旋涡区，故在边界突变处的水流属于急变流，如图 1-16 所示。

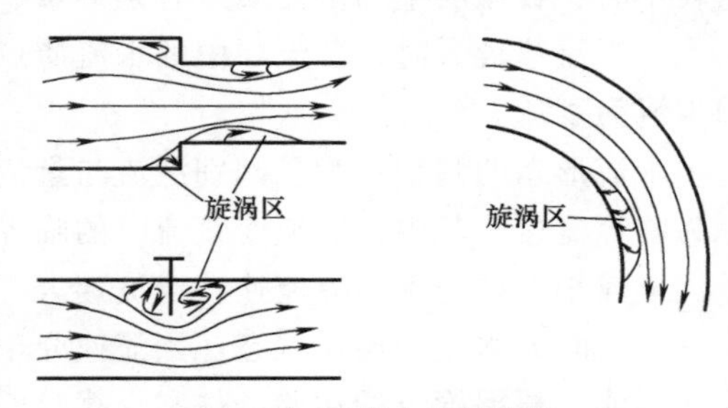

图 1-16　局部水头损失图

㊀　“水头损失”在不同的规范体系和具体工程计算场合、采用的计量单位不同。——编辑注

在急变流段内，由于水流的扩散和旋涡的形成，使水流在此段内形成了比内摩擦阻力大得多的水流阻力，产生了较大的水头损失。当流动边界沿程发生急剧变化时（如突然扩大、突然缩小、转弯、阀门等处），局部流段内的水流产生了附加的阻力，额外消耗了大量的机械能，通常称这种附加的阻力为局部阻力，为克服局部阻力而造成单位质量水体的机械能损失称为局部水头损失。局部水头损失是在边界发生改变处的一段流程内产生的，为了计算方便，常将局部水头损失看成是集中在一个突变断面上产生的水头损失，常用 h_j表示。

实际水流中，整个流程既存在沿程水头损失，又存在各种局部水头损失。某一流段沿程水头损失与局部水头损失的总和，称为该流段的总水头损失，用 h_w表示。即

$$h_w = \sum h_y + \sum h_j \tag{1-23}$$

式中　$\sum h_y$——整个流程中各均匀流段或渐变流段的沿程水头损失之和；

$\sum h_j$——整个流程中各种局部水头损失之和。

2. 沿程水头损失的计算

在实际建筑设备工程中，计算管道的沿程水头损失可查有关手册的水力坡度（单位管长的压力损失）i 值，按式（1-24）和式（1-25）计算

$$h_y = il \tag{1-24}$$

$$h_y = \frac{p_y}{\gamma} \tag{1-25}$$

式中　p_y——沿程压力损失（kPa）；

i——每米管道的压力损失（kPa/m）；

l——管道计算长度（m）；

h_y——沿程水头损失（m）；

γ——水的重度（kN/m^3）。

3. 局部水头损失的计算

在水力计算中，局部水头损失可按式（1-26）和式（1-27）计算

$$h_j = \zeta \frac{v^2}{2g} \tag{1-26}$$

$$h_j = \frac{p_j}{\gamma} \tag{1-27}$$

式中　p_j——局部压力损失（kPa）；

ζ——局部阻力系数，可查有关手册；

v——过水断面平均流速（m/s），它应与 ζ 值相对应，除注明外，一般用阻力后的流速；

g——重力加速度（m/s^2）；

h_j——局部水头损失（m）；

γ——水的重度（kN/m^3）。

给水管网中，管道部件很多，同类部件由于构造的差异，其局部水头损失值也有所不同，详细计算较为烦琐。因此，在实际工程中，一般不逐个计算，可根据管道性质不同按管网沿程水头损失的百分数计算，其百分数取值如下：

1）塑料类管道。粘接连接和热熔连接的塑料管为 30%；卡环、卡套式机械连接的塑料

管为50%~60%。

2）钢塑复合管。生活给水管道为40%；消防给水管道为30%。

3）金属管。生活给水管网为25%~30%；生产给水管网，生活、消防共用给水管网，生产、消防共用给水管网为15%；消火栓系统消防给水管网为10%；自动喷水灭火系统消防给水管网为20%；生活、生产、消防共用给水管网为20%。

1.“液体在静止状态下不存在黏滞性”，这种说法是否正确？为什么？

2. 静水压强分布图应绘制成绝对压强分布图还是相对压强分布图？为什么？

3. 试分析图1-17中静水压强分布图错在哪里？

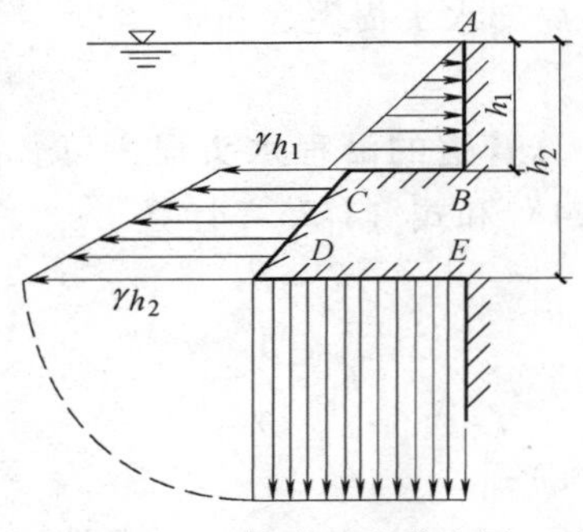

图1-17 静水压强分布图

4. 图1-18所示的几个不同形状的容器，放置在桌面上，容器内的水深相等，容器底面积A也相等。问：容器底面的静水压强是否相同？静水压强的大小与容器形状有无关系？

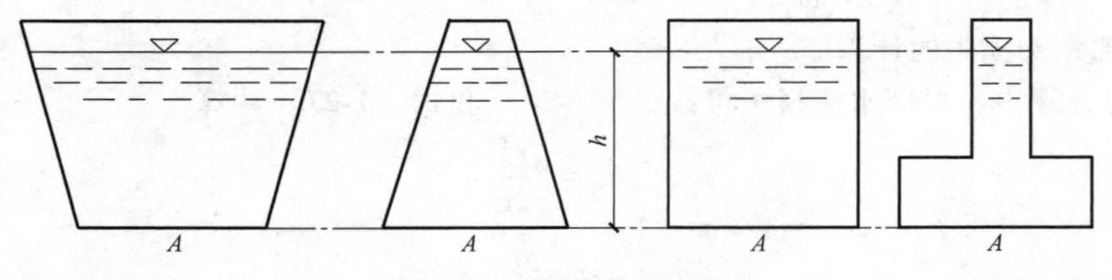

图1-18 不同形状的容器

5. 有一变直径圆管，已知1—1、2—2断面的直径分别为d_1和d_2，问两断面平均流速之比为1∶3时，其直径比例为多少？

6. 产生水头损失的根本原因是什么？

第2章

室外给排水工程概述

内容提要及学习要求

本章主要阐述室外给排水系统的任务、组成及分类，排水体制，室外给排水管道的布置和敷设，室外给排水系统的构筑物等内容。

通过学习本章内容，要求学生能够熟悉室外给水系统的分类及其组成，熟悉室外给水系统布置的形式和原则，熟悉排水工程的任务、污水分类和污水的最终出路，掌握排水体制的分类及特点，熟悉城市排水管网布置的基本形式、布置与敷设的原则，熟悉各种室外给排水系统构筑物。

室外给排水工程的主要任务是自水源取水，进行净化处理达到用水标准后，经过管网输送到用水点，为城镇各类建筑提供所需的生活、生产、市政（如绿化、街道洒水）和消防等足够数量的用水，同时把使用后的生活污水、生产废（污）水及雨（雪）水有组织地按一定系统汇集起来，并输送到适当地点进行净化处理，在达到无害化的排放标准要求后，或排放水体，或灌溉农田，或重复使用（如建筑中水）。因此，室外给排水工程是给排水工程的主要内容之一。图 2-1 所示为室外给排水工程系统示意图。

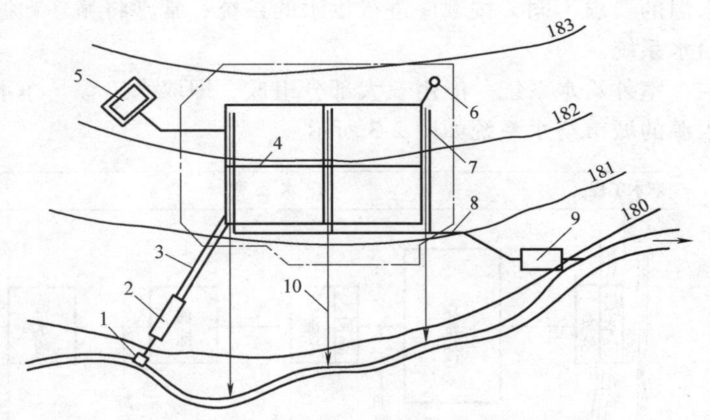

图 2-1　室外给排水工程系统示意图

1—取水口　2—净水厂　3—输水管　4—配水管　5—工厂区
6—水塔　7—排水干管　8—排水主干管　9—污水处理厂　10—雨水管

2.1　室外给水工程

为确保室外给水系统安全、可靠、经济、合理，其选择应根据城市规划、自然条件及用水要求等主要因素进行综合考虑。给水系统有多种形式，主要包括统一给水系统、分质给水系统、分压给水系统、循环和循序给水系统等，应根据具体情况分别采用。

统一给水系统是指把城市各类建筑的生活、生产、消防等用水，都按照生活用水的水质标准统一供给的给水系统。它的特点是构造简单、管理方便，适用于新建的中小城市、城市新区（如工业园区）或大型厂矿区域，适用于输水距离一般较短，各用户对水质、水压的要求相差不大，地形高程和建筑高度差异较小的情况。

分质给水系统是指对水质要求不同的用户，把原水经过不同的净化后再用不同的管道按水质需求向各用户供水的系统。分质给水系统（图2-2）的缺点也显而易见，净水设施和管网各成系统，工程投资较大，管理工作也较复杂。

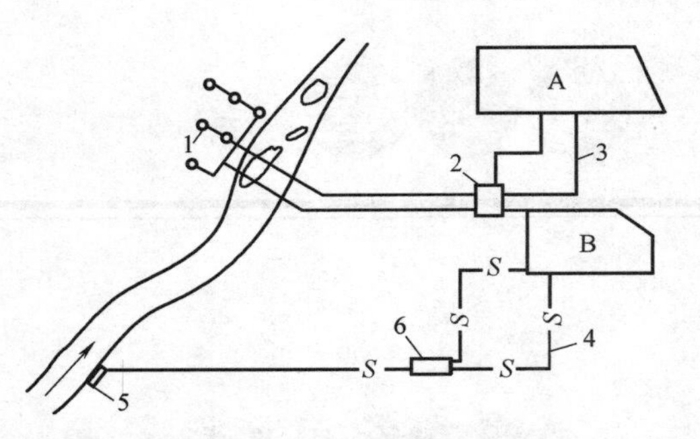

图 2-2　分质给水系统

1—井群　2—泵站　3—生活给水管网　4—生产用管网　5—构筑物　6—生产用净水厂　A—居住区　B—工厂

分压给水系统根据用户所在的高、低区供水范围及水压压差值，分为水泵集中管理向高、低区供水的并联分区供水方式和分区设增压泵站的串联分区供水方式，适用于地势高程差异较大的城市。一般管网庞大，管线延伸较长，在考虑供水节能或分区建设需要时采用。

在工业用水中，一些企业用水量大而对水质要求不高，且一次用过的水仅使水有物理变化而水质未受污染或只是轻度污染（如冷却用水），通常该部分水经过简单处理后仍可送回车间循环使用，这种给水系统称为循环给水系统；循序给水系统是按照各生产车间对水质和水温的要求不同，按顺序进行供水的系统；常常将循环和循序结合使用，称之为循环和循序给水系统。

室外给水系统一般由三大部分组成，即取水工程、净水工程和输配水工程。以地面水为水源的城市给水系统如图 2-3 所示。

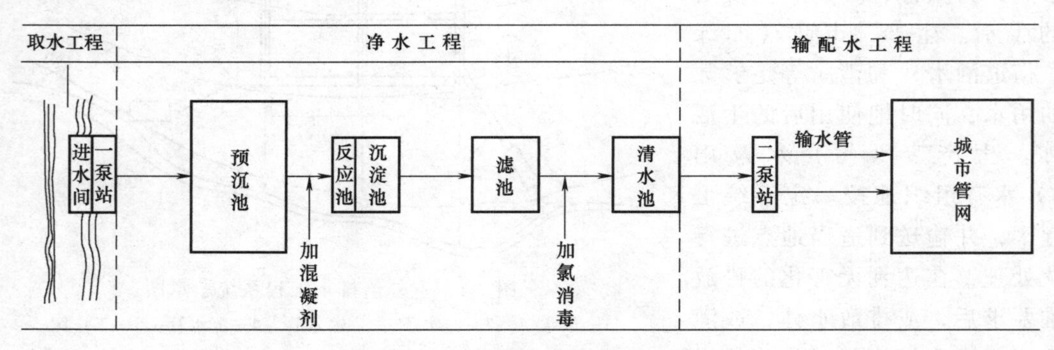

图 2-3　以地面水为水源的城市给水系统

2.1.1　水源及取水工程

1. 水源

水源可分为地表水源和地下水源两大类。

1）地表水源主要是指地表的淡水水源，如江水、河水、湖水、水库水等。

2）地下水源包括井水、泉水等。

一般来说，地表水源水体的水量较大，便于估算和控制取水量，因而供水比较可靠，我国大多数城市都采用地表水源；其缺点是水质较差，净化处理工作量大，而且水质会因季节和环境的变化而变化，更增加了对其净化处理的难度。

地下水源的物理、化学及细菌指标等方面均较地表水源的水质好，水温也低，一般只需经简单处理便可使用。采用地下水作为水源具有经济、安全及便于维护管理等优点。因此，符合卫生要求的地下水，应首先考虑作为饮用水的水源。但地下水的储量非常有限，不宜大量开采，在取集时，必须遵循开采量小于动储量的原则，否则将使地下水资源遭受破坏，甚至会引起地面沉降现象。由此可见，水源选择应从资源环境保护出发，经过经济技术比较论证后慎重从事。水是人类生活的命脉，水源选择要做到既满足近期的需要，又考虑长期发展的需要。通常城市取水以地表水源为主，以地下水源为辅。

2. 取水工程

取水工程是指为了从天然水源取水的一系列设施。它包括给水水源、取水构筑物和取水泵站。其功能是将水源的水抽送到净水厂。取水工程要解决的是从天然水源中取（集）水的方法以及取水构筑物的构造形式等问题。水源的种类决定着取水构筑物的构造形式及净水工程的组成。地下水取水构筑物的形式如图 2-4 所示。

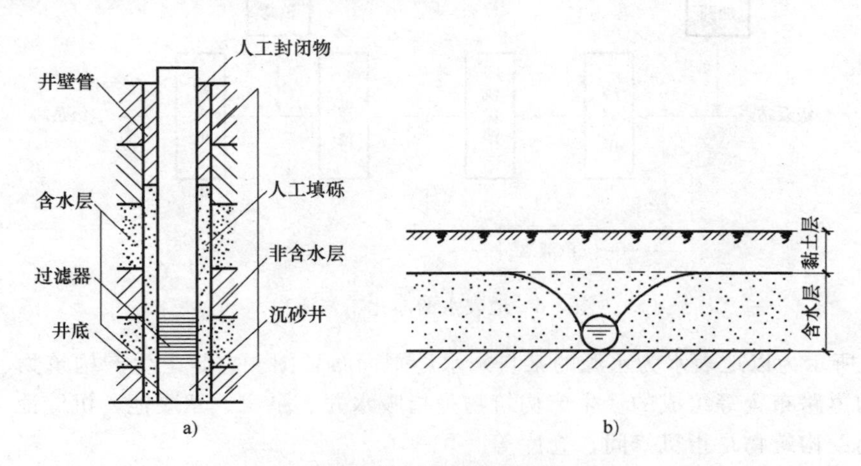

图 2-4　地下水取水构筑物

a）管井构造图　b）渗渠示意图

地表水取水构筑物的形式很多，常见的有河床式、岸边式、缆车式、浮船式等。在仅有山溪小河的地方取水，常用低坝、底栏栅等取水构筑物。图 2-5 所示为河床式取水构筑物。

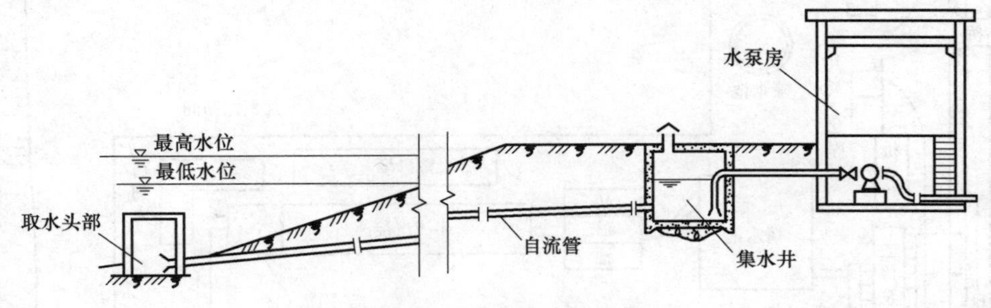

图 2-5　河床式取水构筑物

2.1.2　净水工程

净水工程的任务就是对取水工程取来的天然水进行净化处理，去除水源水中所含的各种杂质，如地下水的各种矿物盐类，地表水中的泥砂、水草腐殖质、溶解性气体、各种盐类、细菌及病原菌等，使其达到国家现行《生活饮用水卫生标准》要求后，再由二级泵站送入管网，未经处理的水不能直接送往用户。

工业用水的水质标准和生活饮用水不完全相同，如锅炉用水要求水质具有较低的硬度；纺织工业对水中的含铁量限制较严，而制药工业、电子工业则需要含盐量极低的脱盐水。因此，工业用水应按照生产工艺对水质的具体要求来确定相应的水质标准及净化工艺。

城市自来水厂只满足生活饮用水的水质标准，对水质有特殊要求的工业企业，常单独建造生产给水系统。如用水量不大，且允许从城市给水管网取水时，则可以自来水为水源进行进一步处理。

地表水的净化工艺流程，应根据水质和用户对水质的要求确定。一般以供给饮用水为目的的工艺流程，主要包括沉淀、过滤及消毒三个部分，如图2-6所示。

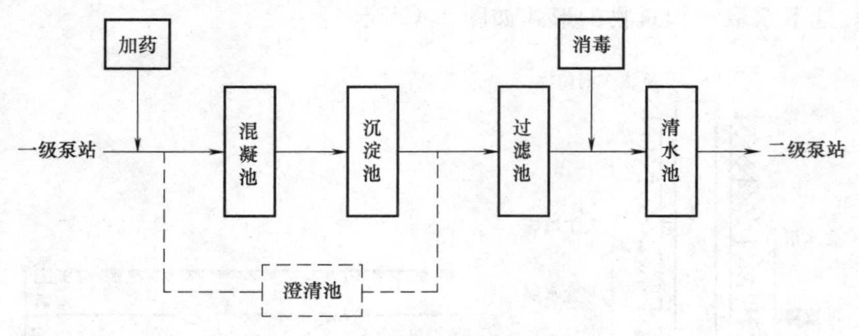

图2-6　地表水的净化工艺流程

图2-7所示为以地表水为水源的某自来水厂平面布置图。它是由生产构筑物、辅助构筑物和合理的道路布置等组成的。生产构筑物是指吸水井、泵房、絮凝池、沉淀池、滤池、清水池等；辅助构筑物是指机修间、仓库等。

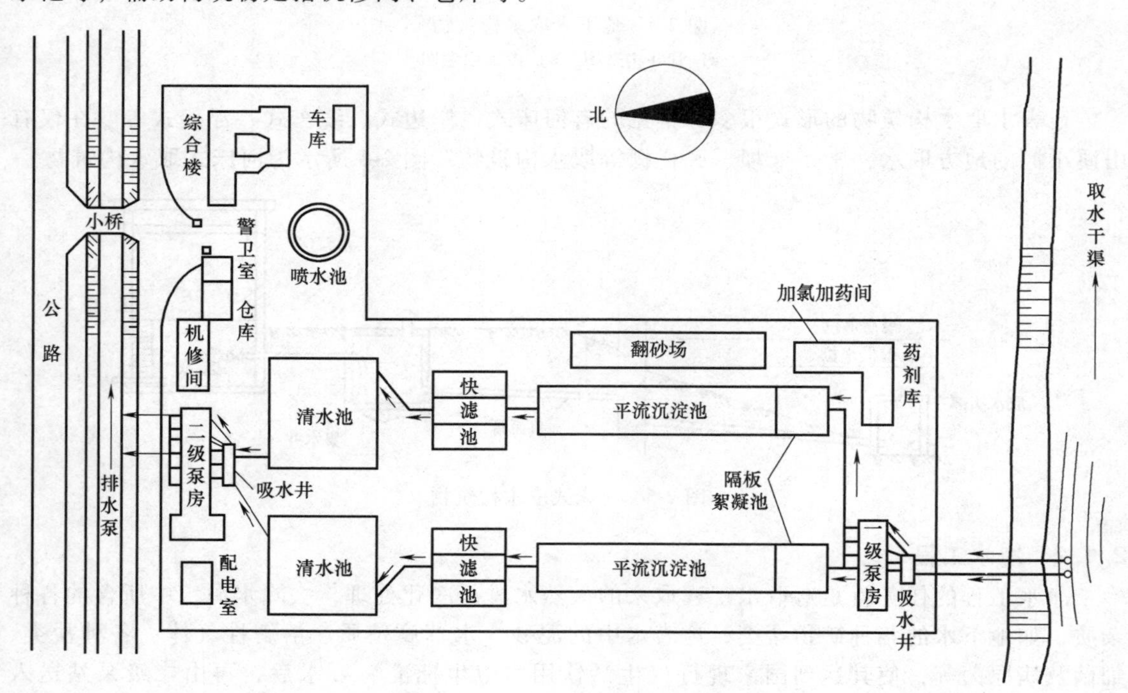

图2-7　某自来水厂平面布置图

2.1.3　输配水工程

输配水工程的任务是把净化后符合标准的水输送到用水地区并分配到各用水点。输配水工程通常包括输水泵站、输水管道、配水管网及贮水箱、贮水池、水塔等水调节构筑物，是给水系统中工程量最大、投资最高的部分。

通常把净水工程中的清水池和配水管网联系起来的管道称为输水管。它只是起到输送水的作用。当给水工程允许间断供水或多水源供水时，一般只设一条输水管；当给水工程不允许间断供水时，一般应设两条或两条以上的输水管。有条件时，输水管最好沿现有道路或规划道路敷设，并应尽量避免穿越河谷、山脊、沼泽、重要铁道及洪水泛滥淹没的地方。把输水管输送来的水分配到各个用户的分支管网称为配水管网。输配水工程直接服务于用户，其工程量和投资额约占整个给水系统总额的 70%～80%。因此，合理选择管网的布置形式是保证给水系统安全、经济、可靠地工作运行，减少基建投资成本的关键。

城市管网的布置形式可分为枝状管网与环状管网两种，如图 2-8 所示。

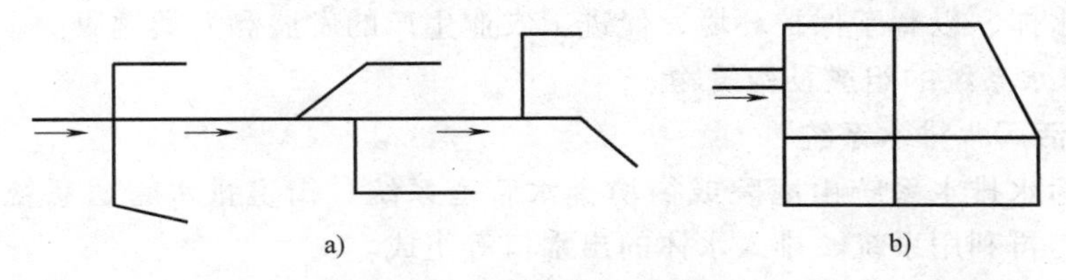

图 2-8　城市管网的布置形式

a）枝状管网　b）环状管网

枝状管网的布置形式呈树枝状，管线向供水区域延展，管径随用户用水量的减少而逐渐减小。其特点是：管线长度短、构造简单、节约投资；但其安全性不高，若某处发生故障，会影响到下游的用水。一般适用于较小工程或用水质量要求不高的工程。

环状管网是把用水区域的配水管按照一定的形式相互连通在一起，形成多个闭合的环状管路，从而使每根配水管都可从两个方向取水，增加了供水的可靠性，其水力条件也较好，节省了电能；缺点是管线较长、用管较多、投资大。一般适用于较大城市或用水质量要求高的重要工程。为了减少初期的建设投资，新建居民区或工业区一开始可做成枝状管网，待将来扩建时再发展成环状管网。

为了便于维护管理，在管网上的适当位置需设置阀门（井）、消火栓、排气阀及泄水阀等管网附属设备。因这些管网附属设备的价格较高，故在满足管网正常使用和维护的功能要求下宜尽量减少其数量。

2.2　室外排水工程

室外排水工程的任务是将城镇所产生的各类污（废）水有组织地按一定系统汇集起来，经过一定处理达到排放标准后，排放水体，以保障城镇的正常生产、生活活动。

2.2.1　污水的分类

按照污水的来源和性质将污水分为以下三大类。

1. 生活污（废）水

生活污（废）水通常是指人们日常生活中盥洗、洗涤的生活污水和生活废水。按照我国的实际情况，生活污水大多排入化粪池，而生活废水则直接排入室外合流的下水道或雨水道中。医院和动物所使用过的水体，其中含有大量的有机物及细菌、病原菌、氮、磷、钾等污染物质，需经过特殊处理。

2. 工业废水

工业废水通常是指工业生产使用过的水。按其污染程度不同可分为污染较轻的生产废水和污染较严重的生产污水。前者在使用过程中仅有轻微污染或温度升高，后者则含有不同浓度的有毒、有害和可再利用的物质，其成分因企业的特点不同而不同，一般需要企业内部先做处理，达标后方可排放。

3. 雨（雪）水

本来雨（雪）水相对较清净，但流经屋面、道路和地表后，因挟带流经地区的特有物质而受到污染，排泄不畅时可能形成水害。

以上三类污水应合理地收集并及时输送到适当地点，必要时设置污水处理厂（站）进行处理后排放水体，以利于保护环境，促进工农业生产的发展和人类健康的生活。

2.2.2　室外排水系统的组成及构筑物

1. 室外生活污水排水系统

室外生活污水排水系统由庭院或街坊排水管道系统、街道排水管道系统、污水提升泵站、污水处理与再利用系统、排入水体的出水口等组成。

1）庭院或街坊排水管道系统。它是把庭院或街坊排出的污水排泄到街道排水系统的管道系统，是敷设在庭院或街坊内的排水管道系统。由出户管、检查井、庭院排水管道组成，其终点设置控制井，控制井应设在庭院最低但高于街道排水管的位置，并要保证与街道排水系统的管道相衔接的高程。

2）街道排水管道系统。它是敷设在街道下的承接庭院或街坊排水的管道。由支管、干管和相应的检查井组成。其最小埋深须满足庭院排水管的接入需要。管道系统还设有如跌水井、倒虹吸等附属构筑物。

3）污水提升泵站。当管道由于坡降要求造成埋深过大，须将污水抽升后输送时，应设置污水提升泵站。

4）污水处理厂。设于排水管网的末端，对污水进行处理后排放水体。排放水体处设有出水口等。

2. 室外工业废水排水系统

室外工业废水排水系统由厂区内废水管网系统、污水泵站及压力管道、废水处理站、回收和处理废水与污泥的场所等组成。

3. 雨水排水系统

雨水排水系统由房屋的雨水管道系统和设施、街坊或厂区雨水管渠系统、街道雨水管渠系统、排洪沟道和出水口等组成。

4. 污水处理系统

污水处理系统是处理和利用废水的设施，它包括城市及工业企业污水处理厂、站中的各种处理构筑物等工程设施。图2-9所示为城市污水排水系统总平面示意图。

2.2.3　室外排水系统的体制

排水系统中把生活污水、工业污（废）水、雨（雪）水径流所采取的汇集方式称为排

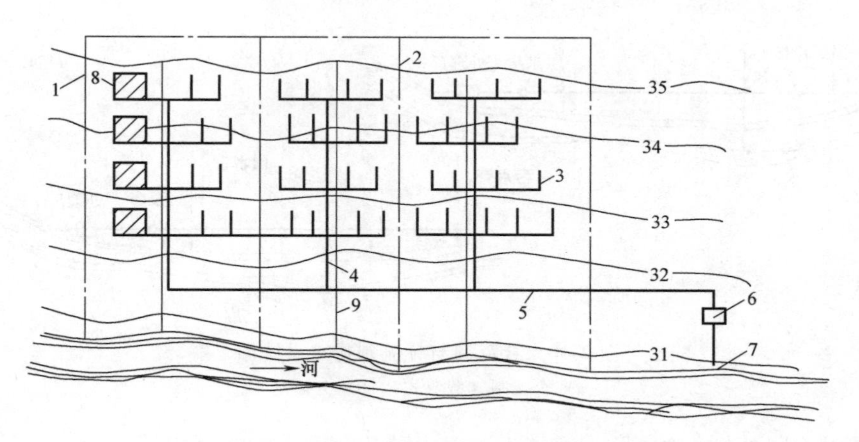

图 2-9　城市污水排水系统总平面示意图

1—城市边界　2—排水流域分界线　3—支管　4—干管

5—主干管　6—污水处理厂　7—出水口　8—工厂区　9—雨水管

水体制，一般分为合流制与分流制两种类型。

1. 合流制排水系统

合流制排水系统是指将生活污水、工业污（废）水和雨（雪）水汇集到同一排水系统进行排放的系统。按照生活污水、工业污（废）水和雨（雪）水汇集后的处理方式不同，可分为以下两种：

1）直泄合流制排水系统。混合污水未经处理而直接由排出口就近排入水体。在我国许多旧的城区大都是这种系统，它使受纳水体遭受严重污染。为此在改造旧城区的合流制排水系统时，常采用截流式合流制的方法来弥补这种体制的缺陷。

2）截流式合流制排水系统。在城市街道的管渠中设置截流干管，把晴天和雨天初期降雨时的所有污水都输送到污水厂，经处理后再排入水体。当管道中的雨水径流量和污水量超过截流干管的输水能力时，则有一部分混合污水自溢流井溢出而直接泄入水体。截流式合流制排水系统，虽较前面有所改善，但仍不能彻底消除对水体的污染，如图 2-10a所示。

2. 分流制排水系统

将生活污水、工业污（废）水和雨（雪）水分别在两个或两个以上各自独立的管渠内排除的系统称为分流制排水系统。如图 2-10b 所示，由于把污水、废水排水系统和雨水排水系统分开设置，其优点是污水能得到全部处理，管道水力条件较好，可分期修建；主要缺点是降雨初期的雨水对水体仍有污染，投资相对较大。我国新建城市和工矿区大多采用分流制排水系统。对于分期建设的城市，可先设置污水排水系统，待城市发展成型后，再增设雨水排水系统。在工业企业中不仅要采取雨、污分流的排水系统，而且要根据工业废水化学和物理性质的不同，还要分设几种排水系统，以利于废水的重复利用和有用物质的回收。

排水体制的选择应根据城市及工矿企业的规划、环境保护的要求、污水利用情况、原有排水设施、水质、水量、地形、气候和水体等条件，从全局出发，在满足环境条件的前提下，通过技术经济比较来综合考虑。新建的排水系统一般采用分流制，同一城镇的不同地

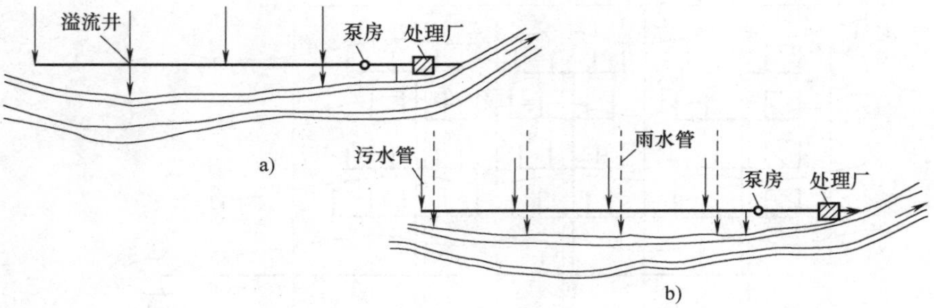

图2-10　合流制与分流制排水系统图
a）合流制（截流式）　b）分流制

区，也可采用不同的排水体制。

排水系统的布置形式与地形、纵向规划、污水厂的位置、土壤条件、河流情况以及污水的种类和污染程度等因素有关。在地势向水体方向略有倾斜的地区，排水系统可布置为正交截流式，即干管与等高线垂直相交，而主干管（截流管）敷设于排水区域的最低处，且走向与等高线平行。这样既便于干管污水的自流接入，又可以减小截流管的埋设坡度。在地势向水体方向有较大倾斜的地区，可采用平行式布置，即主干管与等高线垂直，而干管与等高线平行。这种布置虽然主干管的坡度较大，但可设置为数不多的跌水井来改善干管的水力条件。在地势高低相差很大的地区，且污水不能靠重力流汇集到同一条主干管时，可分别在高地区和低地区敷设各自独立的排水系统。

此外，还有分区式及放射式等布置形式。

2.3　室外给排水管网构筑物

2.3.1　室外给水管网构筑物

1. 阀门井

地下管线及地下管道（如自来水管道等）的阀门为了在需要进行开关操作或者检修作业时方便，设置了类似小房间的一个井，将阀门等布置在这个井里，这个井称为阀门井。

给水管网中的附件一般应安装在阀门井内，为了降低造价，配件和附件应布置紧凑。阀门井的平面尺寸，取决于水管直径及附件的种类和数量，且应满足阀门操作和安装拆卸各种附件所需的最小尺寸。井的深度由水管埋设深度确定，但井底到水管承口或法兰盘底的距离至少为0.1m，法兰盘到井壁的距离宜大于0.15m，承口外缘到井壁的距离应在0.3m以上，以便于接口施工。

阀门井一般用砖砌，也可用石砌或钢筋混凝土建造。其形式根据所安装的附件类型、大小和路面材料而定。例如，直径较小、位于人行道上或简易路面以下的阀门，可采用阀门套筒（图2-11）；但在寒冷地区，因阀杆易被渗漏的水冻住，因而影响开启，所以一般不采用阀门套筒。安装在道路下的大阀门，可采用图2-12所示的阀门井。位于地下水位较高处的阀门井，井底和井壁应不透水，在水管穿越井壁处应保持足够的水密性。此外，阀门井应有抗浮稳定性。

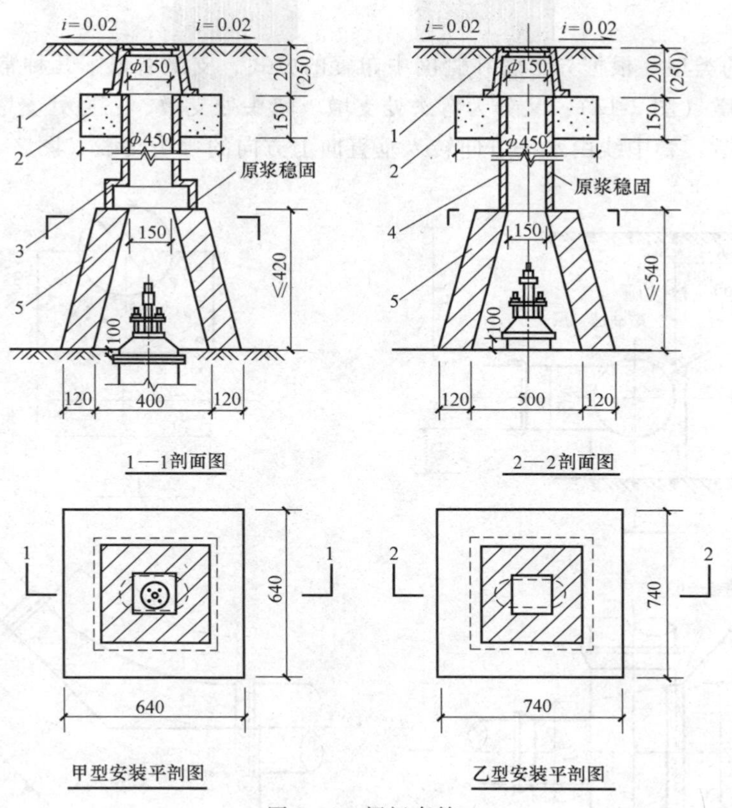

图 2-11　阀门套筒

1—铸铁阀门套筒　2—混凝土套筒座　3—铸铁管　4—混凝土管　5—砖砌井框

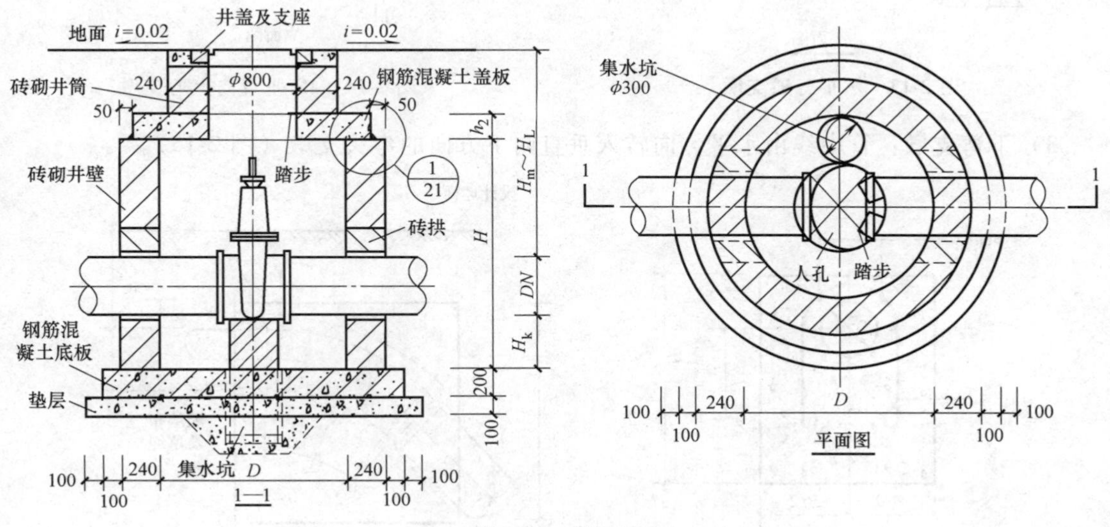

图 2-12　阀门井

2. 管道支墩

承插式接口的管线，在弯管处、三通处、水管尽端的盖板上及缩管处，都会产生拉力，接口可能因此松动脱节而使管线漏水，因此在这些部位须设置支墩以承受拉力，防止事故的发生。

(1) 支墩的类型 根据异形管在管网中布置的方式，支墩有以下几种常用类型：

1) 水平支墩（图2-13）：又分为弯头处支墩、堵头处支墩、三通处支墩。

2) 上弯支墩：管中线由水平方向转入垂直向上方向的弯头支墩（图2-14）。

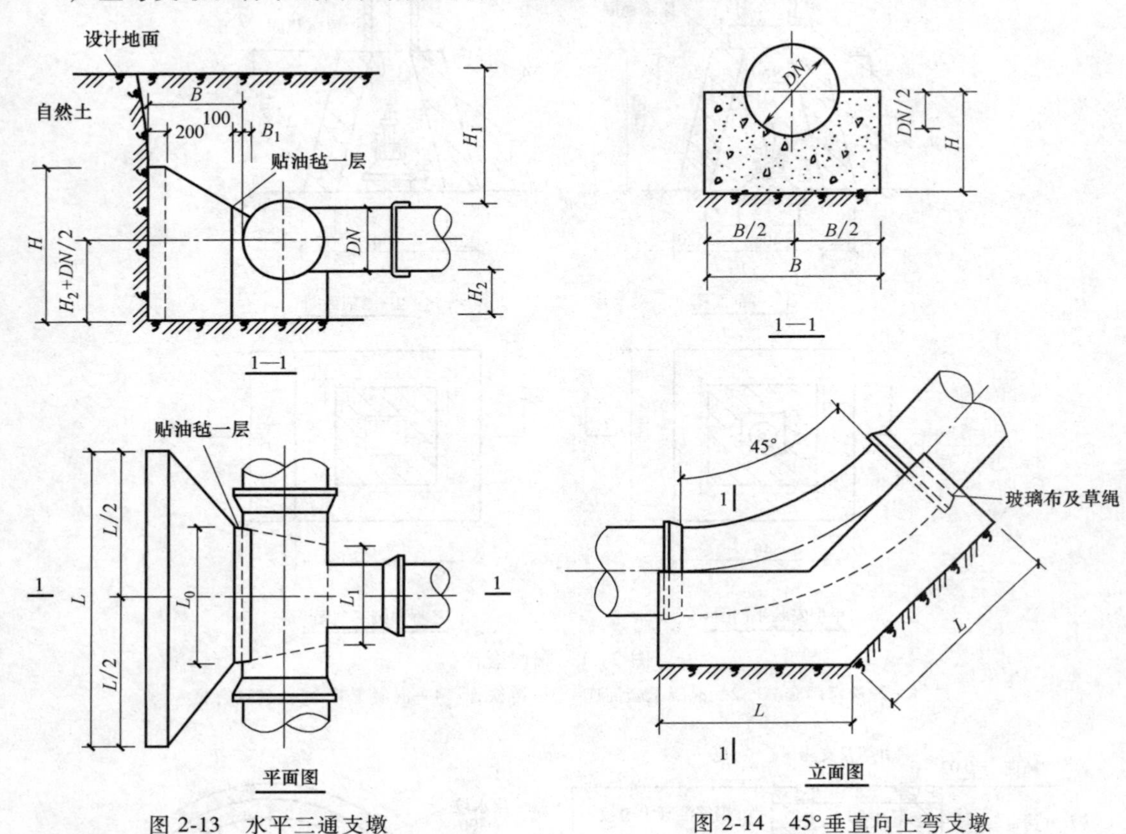

图2-13 水平三通支墩

图2-14 45°垂直向上弯支墩

3) 下弯支墩：管中线由水平方向转入垂直向下方向的弯头支墩（图2-15）。

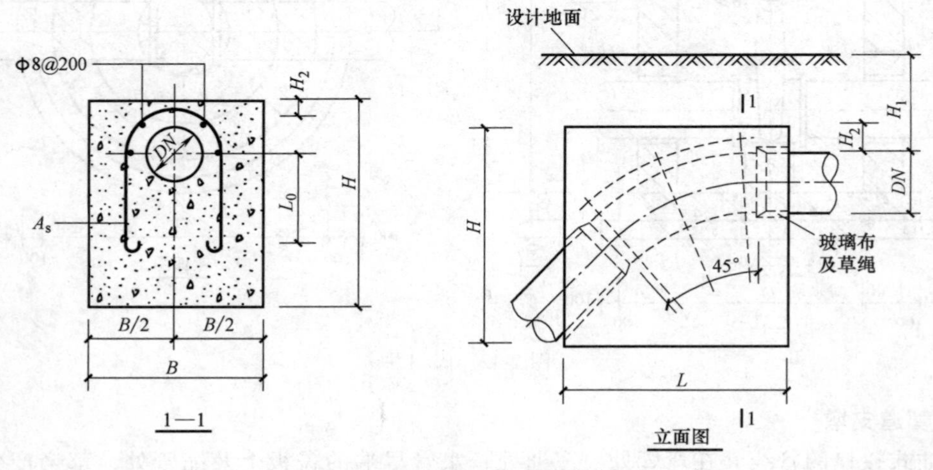

图2-15 45°垂直向下弯支墩

（2）设计原则

1）当管道转弯角度小于 10°时，可以不设置支墩。

2）管径大于 600mm 的管线，水平敷设时应尽量避免选用 90°弯头，垂直敷设时应尽量避免选用 45°以上的弯头。

3）支墩后背必须为原形土，支墩与土体应紧密接触，空隙处需用与支墩相同的材料填实。

4）支撑水平支墩后背的土壤，最小厚度应大于墩底在设计地面以下深度的 3 倍。

3. 水塔

在室外给水管网中，水塔既能调节流量，又可保证管网所需的水压。多数水塔采用钢筋混凝土或砖石等建造，但以钢筋混凝土水塔或砖支座的钢筋混凝土水柜用得较多。

钢筋混凝土水塔构造如图 2-16 所示，主要由水柜（或水箱）、塔架、管道和基础等组成。进、出水管可以合用，也可分别设置。进水管应设在水柜中心并伸到水柜的高水位附近，出水管可靠近柜底，以保证水柜内的水流循环。为防止水柜溢水和将柜内存水放空，须设置溢水管和排水管，管径可和进、出水管相同，溢水管上不应设阀门；排水管从水柜底接出，管上设阀门，并接到溢水管上。与水柜连接的水管上应安装伸缩接头，以便温度变化或水塔下沉时有适当的伸缩余地。为观察水柜内的水位变化，应设浮标水位尺或电传水位计。水塔顶应有避雷设施。

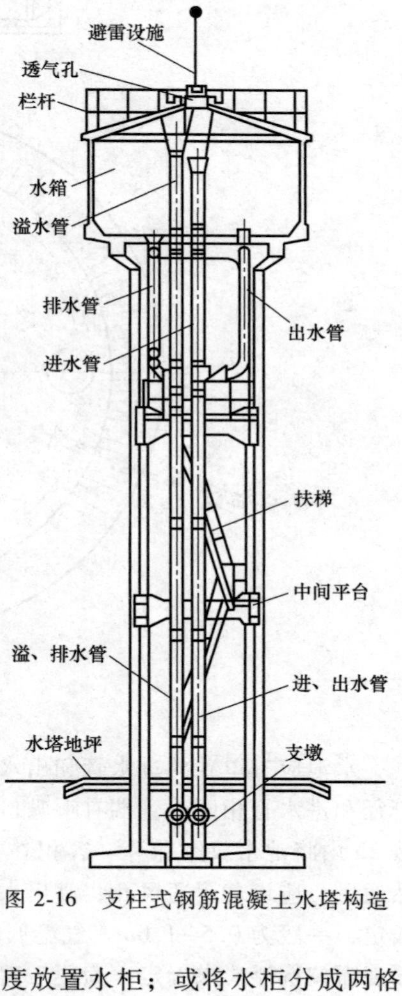

水塔外露于大气中，应注意保温问题。钢筋混凝土水柜经过长期使用后，会出现微细裂缝，浸水后再加上冰冻的影响，裂缝会扩大，可能因此引起漏水。根据当地气候条件，可采取以下不同的水柜保温措施：在水柜壁上贴砌 8~10cm 厚的泡沫混凝土、膨胀珍珠岩等保温材料；在水柜外贴砌一砖厚的空斗墙；在水柜外再加保温外壳，外壳与水柜壁的净距不应小于 0.7 m，内填保温材料。

避雷设施
透气孔
栏杆
水箱
溢水管
排水管
出水管
进水管
扶梯
中间平台
溢、排水管
进、出水管
水塔地坪
支墩

图 2-16　支柱式钢筋混凝土水塔构造

水柜通常做成圆筒形，高度和直径之比约为 0.5~1.0。水柜不宜过高，因为水位变化幅度过大会增加水泵的扬程，多耗动力，且影响水泵效率。有些工业企业，由于各车间要求的水压不同，而在同一水塔的不同高度放置水柜；或将水柜分成两格，以供应不同水质的水。

塔体用以支撑水柜，常用钢筋混凝土、砖石或钢材建造。近年来也采用装配式和预应力钢筋混凝土水塔。装配式水塔可以节约模板用量，塔体形状有圆筒形和支柱式两类。水塔基础可采用单独基础、条形基础和整体基础。砖石水塔的造价比较低，但施工费时，自重较大，宜建于地质条件较好的地区。从就地取材的角度考虑，砖石结构可和钢筋混凝土结构结合使用，即水柜采用钢筋混凝土结构，塔体采用砖石结构。

4. 水池

水池用来调节给水管网内的流量。建于高地的水池，其作用和水塔相同，既能调节流量，又可保证管网所需的水压。给水工程中，常用钢筋混凝土水池、预应力钢筋混凝土水池和砖石水池等，其中钢筋混凝土水池的使用最为广泛。水池一般做成圆形或矩形，如图2-17所示。

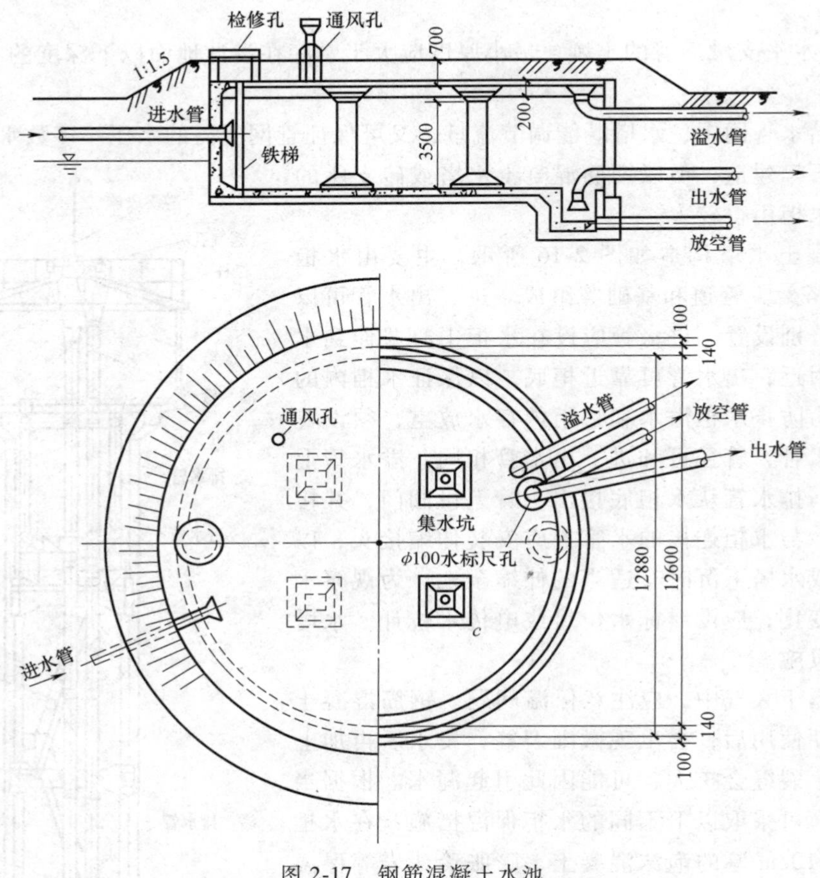

图2-17　钢筋混凝土水池

水池应有单独的进水管和出水管，安装位置应保证池内水流的循环。此外应有溢水管，管径和进水管相同，管端有喇叭口，管上不设阀门。水池的排水管接到集水坑内，管径一般按2h内将池水放空计算。容积在1000m^3以上的水池，至少应设两个检修孔。为使池内自然通风，应设若干通风孔，高出水池覆土面0.7m以上。池顶覆土厚度视当地平均室外气温而定，一般为0.5~1.0m，气温低则覆土应厚些。当地下水位较高，水池埋深较大时，覆土厚度需按抗浮要求确定。为便于观测池内水位，可设置浮标水位尺或水位传示仪。

预应力钢筋混凝土水池可做成圆形或矩形，其水密性高，大型水池可较钢筋混凝土水池节约造价。

装配式钢筋混凝土水池近年来也有采用。水池的柱、梁、板等构件事先预制，各构件拼装完毕后，外面再加钢箍，并施加张力，接缝处喷涂砂浆防止漏水。

砖石水池具有节约木材、钢筋、水泥，就地取材，施工简便等特点。我国中南、西南地区，盛产砖石材料，尤其是丘陵地带，地质条件好，地下水位低，砖石施工的经验也很丰富，更宜于建造砖石水池。但这种水池的抗拉、抗渗、抗冻性能差，所以不宜用在湿陷性黄土地区、地下水位过高地区或严寒地区。

2.3.2　室外排水管网构筑物

为了排除污水，除管渠本身之外，还需在管渠系统上设置某些构筑物。这些构筑物的设计是否合理，对整个系统运行影响较大，有的构筑物在排水系统上数量较多，有的造价很高，因此它们在排水系统的总造价中占有相当的比例。如何选用、设计这些构筑物，是排水系统设计的一个重要部分。

1. 检查井

检查井又称普通窨井，是为了便于对管渠系统做定期检查和清通，设置在排水管道交汇、转弯、管渠尺寸或坡度改变、跌水等处以及相隔一定距离的直线管渠上的井式地下构筑物。

在排水管道设计中，检查井在直线管道上的最大间距，可根据具体情况确定。一般情况下，检查井的间距按 50m 左右考虑。表 2-1 为检查井的最大间距，可供设计时参考。

表 2-1　直线管道上检查井的最大间距

管径/mm	最大间距/m	
	污水管道	雨水(合流)管道
200~400	40	50
500~700	60	70
800~1000	80	90
1100~1500	100	120
1600~2000	120	120
>2000	适当增大	

检查井由井底（包括基础）、井身和井盖（包括盖座）三部分组成，如图 2-18 所示。

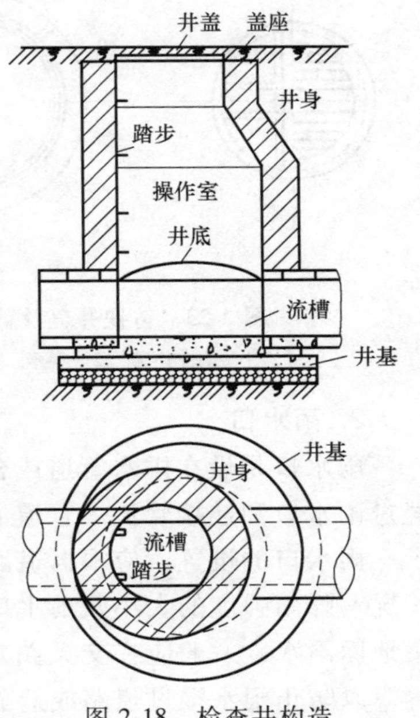

图 2-18　检查井构造

井基采用碎石、卵石、碎砖夯实或低强度等级混凝土。它一般采用低强度等级混凝土，它是检查井最重要的部分，为使水流通过检查井时受到的阻力较小，井底宜设计成半圆形或弧形流槽，流槽直壁向上伸展。直壁高度与下游管道的管顶相平或低些，槽顶两肩坡度为 0.05，以免淤泥沉积，槽两侧边应有 200mm 的宽度，以利于维修人员立足之用；在管渠转弯或几条管渠交汇处，为使水流通顺，流槽中心的弯曲半径应按转角大小和管径大小确定，但不得小于大管的管径。检查井底各种流槽的平面形式如图 2-19 所示。

井身材料可采用砖、石、混凝土、钢筋混凝土等。我国以前多采用砖砌，以水泥砂浆抹面；目前装配式钢筋混凝土检查井、混凝土砌块检查井、塑料检查井等已大量采用，如图 2-20~图 2-22 所示。井身的平面形状一般为圆形，但在大直径的管线上可做成正方形、长方形等形状，为便于养护

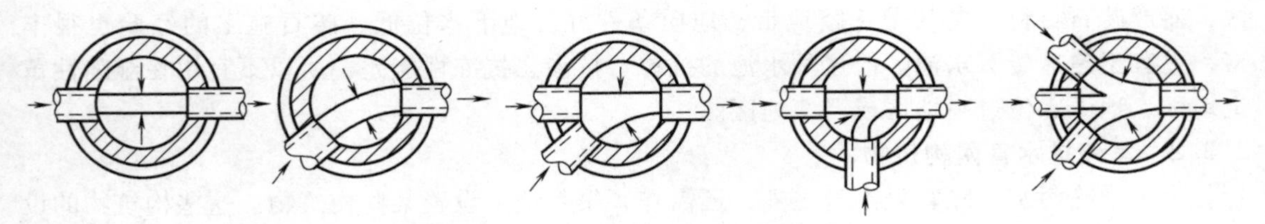

图 2-19 检查井底各种流槽的平面形式

人员进出检查井，井壁应设置爬梯。

图 2-20 装配式钢筋混凝土检查井

图 2-21 混凝土砌块检查井

图 2-22 塑料检查井

井口和井盖的直径为0.65~0.7m。检查井井盖可采用铸铁或钢筋混凝土材料，在车行道上一般采用铸铁井盖，在人行道或绿化带内可采用钢筋混凝土井盖。为防止雨水流入，盖顶应略高出地面。盖座采用铸铁、钢筋混凝土或混凝土材料制作。图 2-23 所示为铸铁井盖及盖座，图 2-24 所示为钢筋混凝土井盖及盖座。

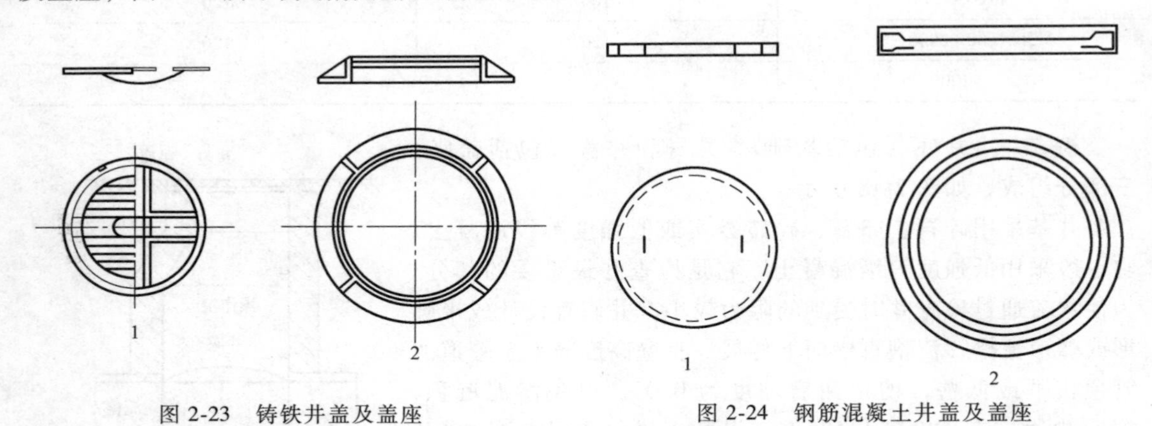

图 2-23 铸铁井盖及盖座
1—井盖 2—盖壳

图 2-24 钢筋混凝土井盖及盖座
1—井盖 2—盖壳

2. 雨水口

雨水口是设在雨水管道或合流管道上，用来收集地面雨水径流的构筑物。地面上的雨水经过雨水口和连接管流入管道上的检查井后进入排水管道。

雨水口的设置，应根据道路（广场）情况、街坊及建筑情况、地形、土壤条件、绿化情况、降雨强度的大小及雨水口的泄水能力等因素决定。其设置位置应能保证迅速有效地收集地面雨水，一般应在交叉路口、路侧边沟的一定距离处以及没有道路边石的低洼地方设置，以防止雨水漫过道路或造成道路及低洼地区积水而妨碍交通，如图 2-25、图 2-26 所示。

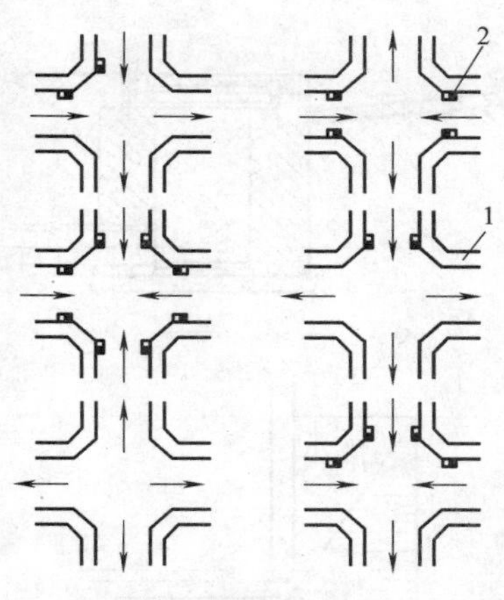

图 2-25　路口雨水口布置

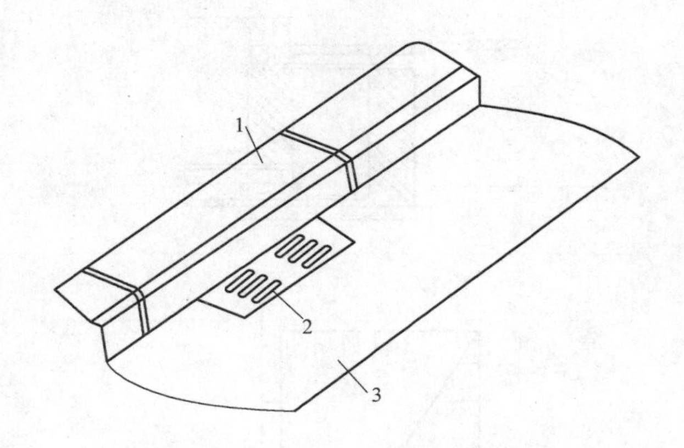

图 2-26　雨水口的设置位置

1—路边石　2—雨水口　3—道路路面

雨水口的构造包括进水箅、井筒和连接管三部分，如图 2-27 所示。

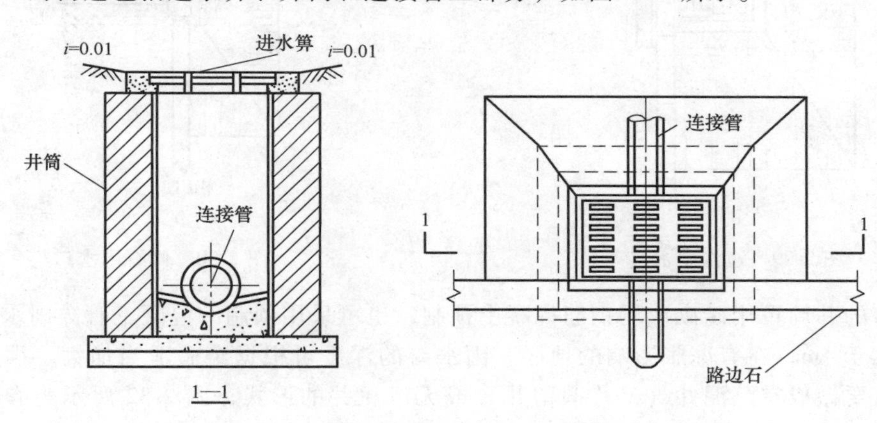

图 2-27　雨水口的构造

雨水口的进水箅可用铸铁或钢筋混凝土、石料制成。采用钢筋混凝土或石料进水箅可节约钢材，但其进水能力远不如铸铁进水箅，有些城市为加强钢筋混凝土或石料进水箅的进水能力，把雨水口处的边沟沟底下降数厘米，但这样会给交通造成不便，甚至可能引起交通事故。

进水箅条的方向与进水能力也有很大关系，箅条与水流方向平行比垂直的进水效果好，因此有些地方将进水箅设计成纵横交错的形式（图 2-28），以便排泄路面上从不同方向流来的雨水。雨水口按进水箅在街道上的设置位置可分为以下三种：边沟雨水口（图 2-29），进水箅稍低于边沟底水平放置；侧石雨水口（图 2-30），进水箅嵌入边石垂直放置；联合式雨水口（图 2-31），在边沟底和边石侧都安放进水箅。为提高雨水口的进水能力，目前我国许多城市已采用双箅联合式或三箅联合式雨水口，由于扩大了进水箅的进水面积，进水效果良好。

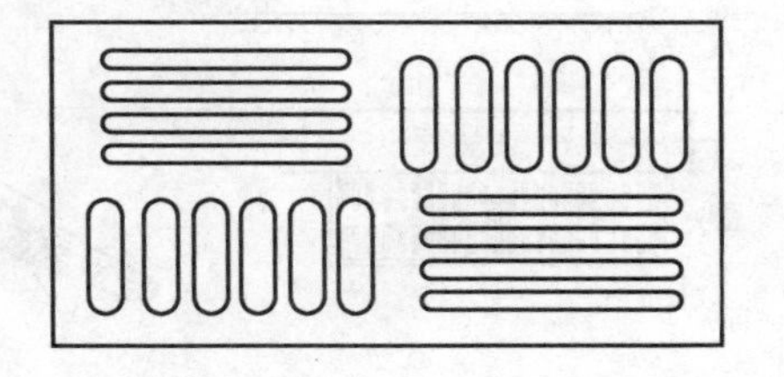

图 2-28　进水箅纵横交错的形式

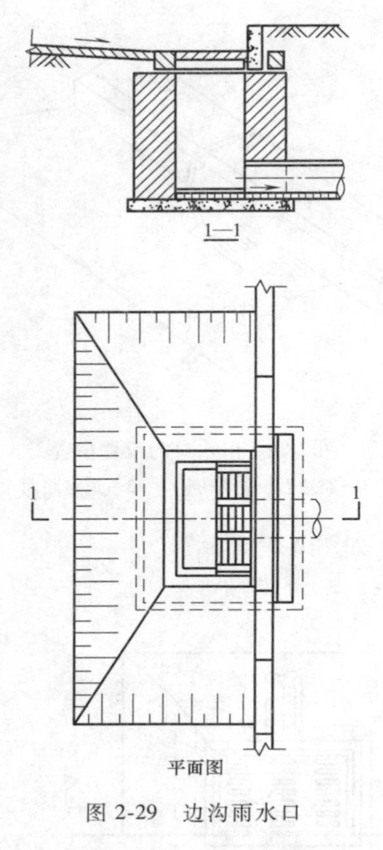

图 2-29　边沟雨水口

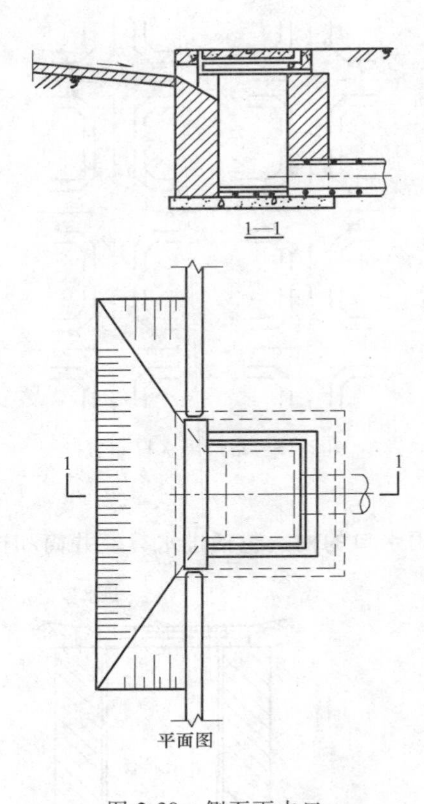

图 2-30　侧石雨水口

雨水口的井筒可用砖砌或用钢筋混凝土预制，也可采用预制的混凝土管。雨水口的深度一般不宜大于1m，在有冻胀影响的地区，雨水口的深度可根据经验适当加大。雨水口的底部可根据需要做成有沉泥井（又称截留井）或无沉泥井的形式，图2-32所示为有沉泥井的雨水口，它可截留雨水所夹带的砂砾，避免其进入管道造成淤塞。但是沉泥井往往会积水，散发臭气，影响环境卫生，因此需要经常清除，增加了养护工作量。通常仅在路面较差、地面上积秽很多的街道或菜市场等地方，才考虑设置有沉泥井的雨水口。

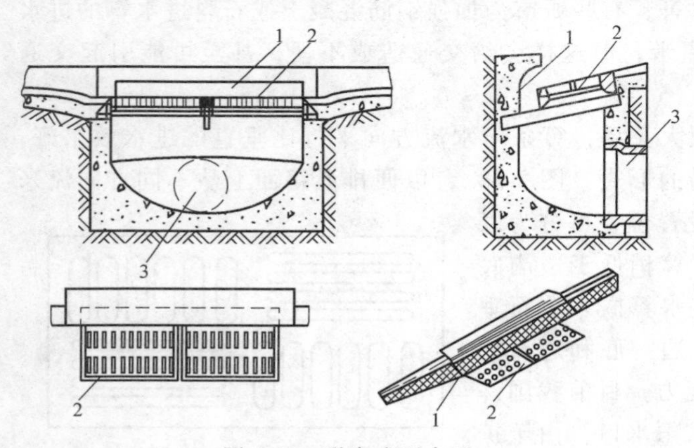

图 2-31　联合式雨水口

1—边石进水箅　2—边沟进水箅　3—连接管

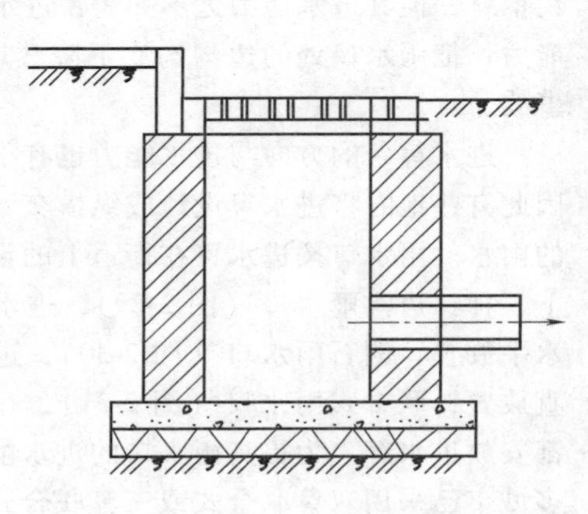

图 2-32　有沉泥井的雨水口

雨水口的形式和数量，通常应按汇水面积所产生的径流量和雨水口的泄水能力确定。一般一个平箅雨水口可排泄15~20L/s的地面径流量。在路侧边沟上及路边低洼地区，雨水口的设置间距还要考虑道路的纵坡和路边石的高度。道路上雨水口的间距宜为25~50m（视汇水面积大小而定），当道路纵坡大于0.02时，雨水口间距可以大于50m，其形式、数量和布置应根据具体情况和计算确定。雨水口连接管串联雨水口的个数不宜超过3个，长度不宜超过25m。在低洼和易积水的地段，应根据需要适当增加雨水口的数量。

2.3.3　室外排水管网的布置与敷设

本着安全、经济、有效的原则，既要排水通畅又要节能，同时还应考虑尽量减少管道工程量及投资，对室外排水管网的布置有如下要求：

1）各支管、干管、主干管的布置应尽量顺直少弯，污水应尽可能以最短距离排泄到污水处理厂。

2）按照地形地势，充分利用重力流的方式自流排水。

3）在地形起伏比较大的地区，宜将高、低区分离，管道应尽可能按平行地面的自然坡度埋设，以减小管道埋深。高区应利用重力流形式，低区可采用局部提升形式。尽量做到高水高排，防止高区水位下跌而加重抽升的负担。

4）地形平坦处的小流量管道，应以最短路线与干管相接，尽量减少污水泵站的数量。

5）管道应尽量避免或减少穿越河道、铁路及其他地下构筑物，当城市为分期建设时，第一期工程的干管内应有较大的流量通过，以免因初期流速太小而影响管道的正常排水。

6）管道在坡度改变、转弯、管径改变及支管接入等处应设置排水检查井，以便检查和清通排水管网。直线管段内排水检查井的距离与管径大小有关，最大间距见表2-1。

7）为避免管壁被地面活荷载压坏，要求管道有一定的覆土深度，覆土深度越大，活荷载对管道的影响就越小，但会增加工程量和造价。规范上规定管顶最小覆土深度宜为：人行道下0.6m，车行道下0.7m，当不能执行上述规定时，需对管道采取加固措施。一般情况下，排水管道宜埋设在冰冻线以下，当该地区或条件相似地区有浅埋经验或采取相应措施时，可埋设在冰冻线以上，其浅埋数值应根据该地区经验确定，但应保证排水管道安全运行。排水管道与其他地下管线（构筑物）之间的最小距离见附表1。

8）雨水管道系统应根据暴雨强度合理布置雨水系统。它包括雨水口、雨水管道和检查井、雨水出口等。

雨水管线的布置应与道路平行且布置在地势低的一侧。一般宜设在道路边的绿地下或人行道下，不宜设在快车道下，以免在维护管道时妨碍交通，甚至破坏道路。雨水干管在道路红线宽度大于40m的情况下宜在道路两侧布置，以免雨水支管穿过道路过多。雨水干管与主干管应力求简短，就地分散地将雨水排入水体。

在雨水干管的竖向布置中，有时为了减小埋深，避免与其他管路交叉过多，也可以采用暗沟浅埋的做法，雨水暗沟上设有盖板。其位置一般设在路边，此时须考虑盖板上的行车荷载。由于雨水管道通常尺寸很大，而且是以重力流的方式排水，故应特别注意要减小埋深。在城市中，各类管线（网）甚多，相互交叉在所难免，本着经济实用的原则，各管线之间要充分协调，妥善解决其中的矛盾。

1. 室外给排水工程的主要任务是什么？

2. 城镇给水的给水方式有哪些？各适用于什么条件？
3. 室外给排水工程由哪几部分组成？各起什么作用？
4. 室外排水系统有哪几种体制？各有什么优缺点？
5. 为什么给水管道需设置支墩？支墩应放在哪些部位？
6. 水塔和水池各有什么作用？应布置哪些管道？
7. 在排水管渠系统中，为什么要设置检查井？试说明其设置及构造。
8. 雨水口是由哪几部分组成的？有几种类型？试说明雨水口的作用及布置形式。
9. 室外排水管网布置应遵循哪些原则？

第3章

管材、附件及卫生器具

内容提要及学习要求

本章主要阐述建筑给排水系统的管材，给水附件、排水附件及水表，卫生器具及其冲洗设备。

通过学习本章内容，要求学生能够熟悉钢管、塑料管等建筑给排水常用管材及其连接方式，熟悉建筑给水附件和排水附件，熟悉常用水表类型，掌握水表的选择和计算方法，熟悉卫生器具及其冲洗设备种类，掌握卫生器具种类和数量的选择。

3.1 管材

3.1.1 给水管材及其连接方式

建筑内给水管材最常用的有钢管、铸铁管、塑料管等。

1. 钢管

（1）钢管分类　钢管有焊接钢管、无缝钢管和不锈钢管三种。

1）焊接钢管。焊接钢管又分为镀锌钢管和非镀锌钢管。钢管镀锌的目的是防锈、防腐，不使水质变坏，延长使用年限。生活用水管采用镀锌钢管（DN<150mm），自动喷水灭火系统的消防给水管采用镀锌钢管或镀锌无缝钢管，并且要求采用热浸镀锌工艺生产的产品。水质没有特殊要求的生产用水或独立的消防系统，才允许采用非镀锌钢管。表3-1为外径不大于219.1mm的钢管公称口径、外径、最小公称壁厚和不圆度，表3-2为外径和壁厚的允许偏差。

表3-1　外径不大于219.1mm的钢管公称口径、外径、最小公称壁厚和不圆度

（单位：mm）

公称口径 *DN*	外径 *D*			最小公称壁厚 *t*	不圆度不大于
	系列1	系列2	系列3		
6	10.2	10.0	—	2.0	0.20
8	13.5	12.7	—	2.0	0.20
10	17.2	16.0	—	2.2	0.20
15	21.3	20.8	—	2.2	0.30
20	26.9	26.0	—	2.2	0.35
25	33.7	33.0	32.5	2.5	0.40
32	42.4	42.0	41.5	2.5	0.40

（续）

公称口径 DN	外径 D			最小公称壁厚 t	不圆度不大于
	系列1	系列2	系列3		
40	48.3	48.0	47.5	2.75	0.50
50	60.3	59.5	59.0	3.0	0.60
65	76.1	75.5	75.0	3.0	0.60
80	88.9	88.5	88.0	3.25	0.70
100	114.3	114.0	—	3.25	0.80
125	139.7	141.3	140.0	3.5	1.00
150	165.1	168.3	159.0	3.5	1.20
200	219.1	219.0	—	4.0	1.60

注：1. 表中的公称口径是近似内径的名义尺寸，不表示外径减去两倍壁厚所得的内径。

2. 系列1是通用系列，属于推荐选用系列；系列2是非通用系列；系列3是少数特殊、专用系列。

表3-2　外径和壁厚的允许偏差　（单位：mm）

外径 D	外径允许偏差		壁厚 t 允许偏差
	管体	管端（距管端100mm范围内）	
$D \leqslant 48.3$	±0.5	—	±10%t
$48.3<D \leqslant 273.1$	±1%D	—	
$273.1<D \leqslant 508$	±0.75%D	+2.4 −0.8	
$D>508$	±1%D 或±10.0，两者取较小值	+3.2 −0.8	

2）无缝钢管。无缝钢管按制造方法分为热轧和冷轧，其精度分为普通和高级两种，由普通碳素钢、优质碳素钢、普通低合金钢和合金结构钢制造。其承压能力较高，在普通焊接钢管不能满足水压要求时选用。焊接钢管用电阻焊或埋弧焊的方法制造，普通焊接钢管一般用于工作压力不超过1.0MPa的管路中；加厚焊接钢管一般用于工作压力为1.0~1.6MPa的管路中；在工作压力超过1.6MPa的高层和超高层建筑给水工程中应采用无缝钢管。

3）不锈钢管。不锈钢管是一种高档的流体输送管材，特别是壁厚仅为0.6~1.2mm的薄壁不锈钢管，在优质饮用水系统、热水供应系统及将安全、卫生放在首位的给水系统中，具有安全可靠、卫生环保、经济适用等特点，已被国内外工程实践证明是给水系统综合性能最好的、新型、节能和环保型的管材之一。

钢管的强度高、承受流体的压力大、抗振性能好、长度大、重量比铸铁管轻、接头少、加工安装方便，但造价较铸铁管高、抗腐蚀性差。

（2）管道的连接方式　管道的连接方式有螺纹连接、焊接、法兰连接、沟槽连接、卡压连接和环压连接等。

1）螺纹连接。螺纹连接是利用配件连接的一种连接方式，其配件形式及应用如图3-1所示。配件用可锻铸铁制成，抗蚀性及机械强度均较大，也分镀锌和非镀锌两种，钢制配件较少。螺纹连接多用于明装管道。

2）焊接。焊接连接的方法有电弧焊和气焊两种，一般管径 $DN>32$mm 时采用电弧焊连

(3) 建筑给水金属管道的连接方式　建筑给水金属管道连接方式应根据管材、管径、用途、介质温度、建筑标准、敷设方法等因素合理选用。

1) 建筑给水金属管道中，镀锌焊接钢管、焊接钢管的连接应符合下列规定：

① 当管道公称直径小于或等于 100mm 时，宜采用螺纹连接，也可采用卡压式连接或环压式连接，并应符合下列规定：

(a) 当采用螺纹连接时，套螺纹时破坏的镀锌层表面及外露螺纹部分应做防腐处理。

(b) 当采用卡压式连接或环压式连接时，其管材壁厚应满足强度、刚度、加工裕量和腐蚀裕量的要求。

② 当管道公称直径大于 100mm 时，应采用沟槽连接或法兰连接，且法兰宜采用螺纹法兰；当采用平焊法兰时，镀锌焊接钢管与法兰的焊接处应二次镀锌。

2) 建筑给水金属管道中，镀锌无缝钢管的连接方式除与镀锌焊接钢管相同外，还可采用焊接连接，焊接连接处应二次镀锌。无缝钢管使用在不需要镀锌的场合时，可采用焊接连接。

3) 建筑给水金属管道中，薄壁不锈钢管的连接应符合下列规定：

① 当管道公称直径小于或等于 100mm 时，宜采用卡压式、环压式、双卡压式、内插卡压式连接。

② 当管道公称直径大于 100mm 时，宜采用卡凸式、沟槽式、卡箍式或法兰连接。

③ 焊接连接可用于各种管径薄壁不锈钢管的连接，可采用承插氩弧焊或对接氩弧焊。

④ 在使用中需拆卸的接口，宜采用卡凸式、沟槽式、卡箍式或法兰连接。

⑤ 薄壁不锈钢管与卫生器具给水配件、水表、阀门或与给水机组、给水设备连接处，宜采用螺纹连接或法兰连接，连接处的管件宜采用不锈钢锻压件或黄铜合金管件。

2. 铸铁管

铸铁管具有耐腐蚀性强、使用期长、价格低等优点，但其管壁厚、重量大、质脆、强度较钢管差，尤其适用于埋地敷设。铸铁管分类见表 3-3，球墨铸铁管较普通铸铁管管壁薄、强度高，接口及配件与普通铸铁管相同。

表 3-3　铸铁管分类

<table>
<tr><th colspan="2">分类方法</th><th colspan="5">分类名称</th></tr>
<tr><td colspan="2">按制造材料</td><td colspan="2">普通铸铁管</td><td colspan="3">球墨铸铁管</td></tr>
<tr><td colspan="2">按接口形式</td><td colspan="2">承插式铸铁管</td><td colspan="3">法兰铸铁管</td></tr>
<tr><td colspan="2">按浇注形式</td><td colspan="2">砂型离心铸铁管</td><td colspan="3">连续铸铁直管</td></tr>
<tr><td rowspan="3">按壁厚</td><td>名称</td><td>P 级
砂型管</td><td>G 级
砂型管</td><td>LA 级
连续管</td><td>A 级
连续管</td><td>B 级
连续管</td></tr>
<tr><td>型号表示</td><td>P—500—6000</td><td>G—500—6000</td><td>LA—500—5000</td><td>A—500—5000</td><td>B—500—5000</td></tr>
<tr><td>代表意义</td><td colspan="2">P、G 为壁厚分级，500 为公称直径，6000 为管长，单位均为 mm</td><td colspan="3">LA、A、B 为壁厚分级，500 为公称直径，5000 为管长，单位均为 mm</td></tr>
</table>

铸铁管接口形式分为承插连接和法兰连接，图 3-6 所示为常用的给水铸铁管件，选用时应根据工作压力及其他工作条件确定。给水铸铁管单根长度为 3~6m，有承插式和法兰式两种连接方法。承插连接可采用石棉水泥接口，如图 3-7 所示，承插接口应用最广泛，但施工强度大。在经常拆卸的部位应采用法兰连接，但法兰接口只用于明敷管道。

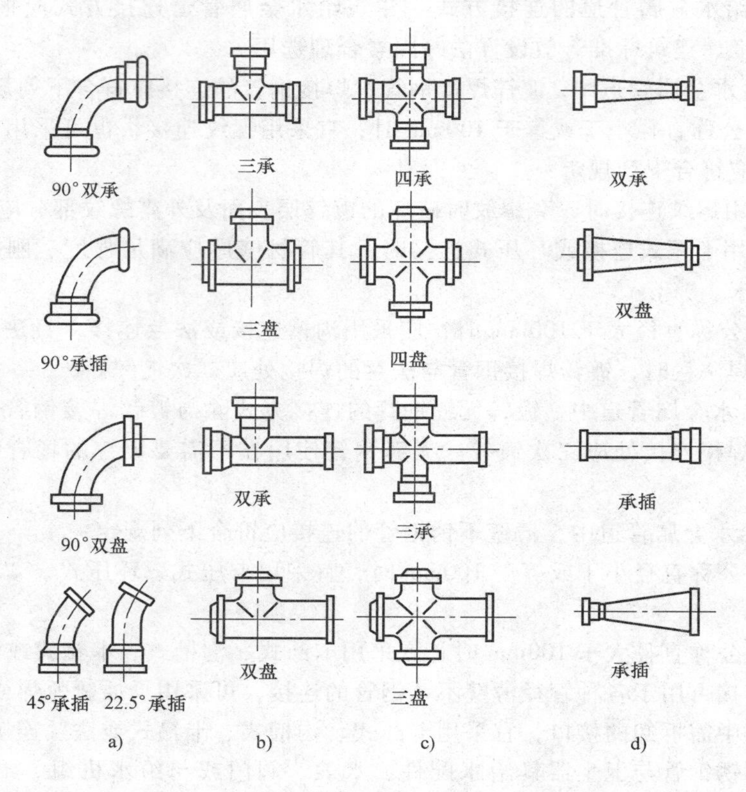

图 3-6　常用的给水铸铁管件

a）弯头　b）三通　c）四通　d）异径管

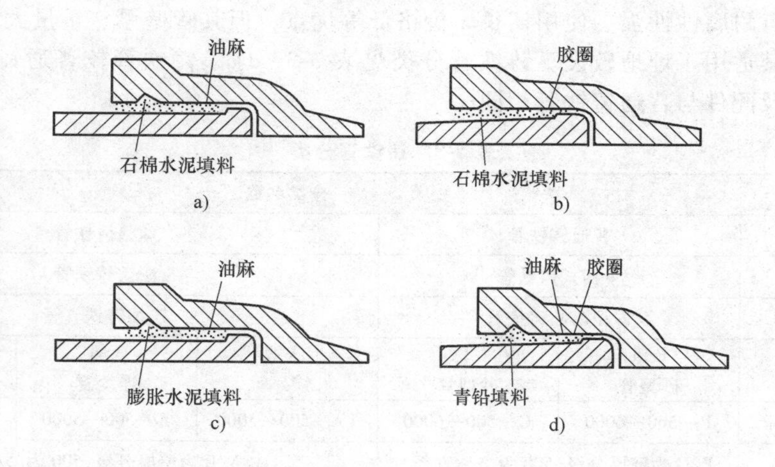

图 3-7　给水铸铁管承插接口

a）油麻-石棉水泥接口　b）胶圈-石棉水泥接口　c）油麻-膨胀水泥接口　d）胶圈-青铅接口

3. 塑料管

由于钢管易锈蚀、腐化水质，随着人们生活水平的提高，给水塑料管的应用日趋广泛。塑料管有优良的化学稳定性，耐腐蚀，不受酸、碱、盐、油类等物质的侵蚀；其物理机械性能好，不燃烧，无不良气味，质轻而坚，比重仅为钢的五分之一。此外，塑料管管壁光滑，容易切割，并可制成各种颜色，能代替金属管材，节省金属；但其强度低、耐久性差、耐温性差（使用温度为-5~45℃），因而使用受到一定限制。给水塑料管的类型见表 3-4。

表 3-4　给水塑料管的类型

系别	符号	化学名称	系别	符号	化学名称
氯乙烯系	UPVC HIPVC HTPVC	硬聚氯乙烯 高抗冲聚氯乙烯 耐高温聚氯乙烯	聚烯烃系	PB PP	聚丁烯 聚丙烯
聚烯烃系	PE PEX	聚乙烯 交联聚乙烯	ABS 系		由丙烯腈（A）、丁二烯（B）、苯乙烯（S）三种单体组成的三元共聚物，三种单体相对含量可任意变化，制成各种树脂

UPVC 管的全称是硬聚氯乙烯管，由聚氯乙烯树脂与稳定剂、润滑剂等配合后用热压法挤压成型。UPVC 管的规格见表 3-5。

表 3-5　UPVC 管的规格

公称外径 D/mm		壁厚 δ/mm			
		公称压力 0.63MPa		公称压力 1.00MPa	
基本尺寸	允许偏差	基本尺寸	允许偏差	基本尺寸	允许偏差
20	+0.30	1.6	+0.40	1.9	+0.40
25	+0.30	1.6	+0.40	1.9	+0.40
32	+0.30	1.6	+0.40	1.9	+0.40
40	+0.30	1.6	+0.40	1.9	+0.40
50	+0.30	1.6	+0.40	2.4	+0.50
63	+0.30	2.0	+0.40	3.0	+0.50
75	+0.30	2.3	+0.50	3.6	+0.60
90	+0.30	2.8	+0.50	4.3	+0.70
110	+0.40	3.4	+0.60	5.3	+0.80
125	+0.40	3.9	+0.60	6.0	+0.80
140	+0.50	4.3	+0.70	6.7	+0.90
160	+0.50	4.9	+0.70	7.7	+1.00
180	+0.60	5.5	+0.80	8.6	+1.10
200	+0.60	6.2	+0.90	9.6	+1.20
223	+0.70	6.9	+0.90	10.8	+1.30
250	+0.80	7.7	+1.00	11.9	+1.40

注：1. 壁厚是以 20℃环向（诱导）应力为 10MPa 确定的。
2. 公称压力是管材在 20℃下输送水的工作压力。

UPVC 管耐腐蚀性强、技术成熟、易于黏合、价格低廉、质地坚硬，但由于有 UPVC 单体和添加剂渗出，只适用于输送温度不超过 45℃的给水系统中。

聚乙烯管（PE 管）耐腐蚀且韧性好，连接方法为熔接、机械式胶圈压紧接头。PEX 管通过特殊工艺使材料分子结构由链状转成网状，提高了管材的强度和耐热性，可用于热水供应系统，但需用金属件连接。

聚丁烯管（PB管）是一种半结晶热塑性树脂，耐腐蚀、抗老化、保温性能好，具有良好的抗拉、抗压强度，耐冲击、高韧性可随意弯曲，使用年限为50年以上。PB管的接口方式主要有挤压连接和热熔焊接。

聚丙烯管（PP管）耐热性能较好，低温时脆性大，宜用于热水供应系统。改性的聚丙烯管还有PP-R、PP-C管。

ABS管是丙烯氰、丁二烯、苯乙烯的三元共聚物，具有良好的耐腐蚀性、韧性和强度，综合性能较高，可用于冷、热水供应系统中，多采用粘接方式，但粘接固化时间较长。

常用的塑料给水管材如图3-8所示。塑料管的连接可采用螺纹连接（配件为注塑制品）、焊接（热空气焊）、法兰连接、粘接等方法。

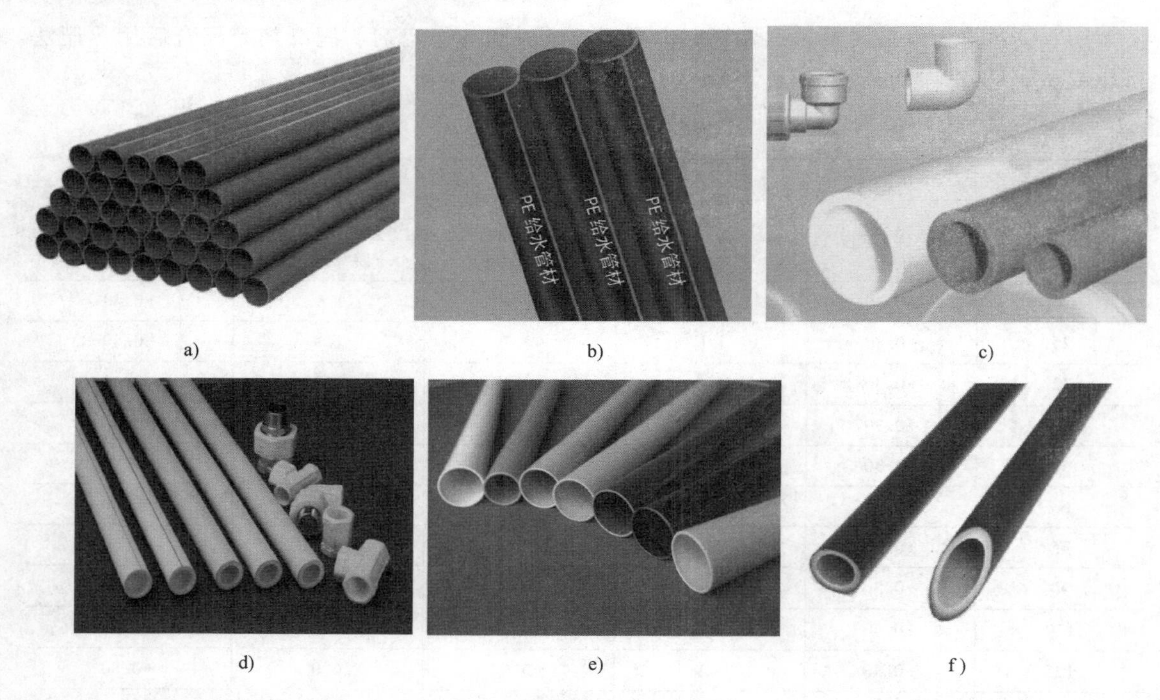

a)　b)　c)

d)　e)　f)

图3-8　常用的塑料给水管材

a）UPVC管　b）PE管　c）PB管　d）PP-R管　e）ABS管　f）PE-X管

4. 其他管材

给水管还可采用铜管、复合管等管材。

（1）铜管　铜管强度大，比塑料管坚硬，韧性好，不易产生裂缝，具有良好的抗冲击性能，延展性高；重量比钢管轻，且表面光滑，流动阻力小；耐热、耐腐蚀、耐火，经久耐用。铜管可以采用焊接、卡压连接等连接方式，如图3-9所示。

（2）复合管　复合管是金属与塑料混合型管材，有铝塑复合管和钢塑复合管两类，它结合了金属管材和塑料管材的优势。

1）铝塑复合管内外壁均为聚乙烯，中间以铝合金为骨架。该种管材具有重量轻、耐压强度高、输送流体阻力小、耐化学腐蚀性能强、接口少、安装方便、耐热、可挠曲、美观等

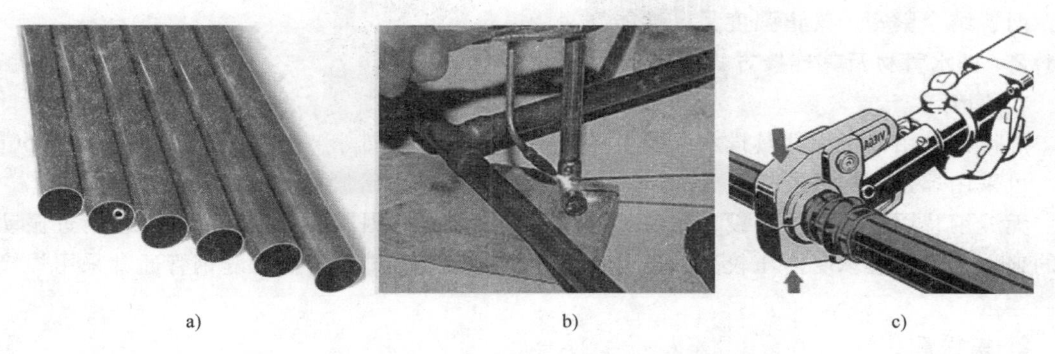
a)　　b)　　c)

图 3-9　铜管及其连接

a）铜管　b）铜管焊接　c）铜管卡压连接

优点，是一种可用于给水、热水、供暖、煤气等方面的多用途管材，在建筑给水范围可用于给水分支管。铝塑复合管可采用卡压连接和卡套连接，如图 3-10 所示。

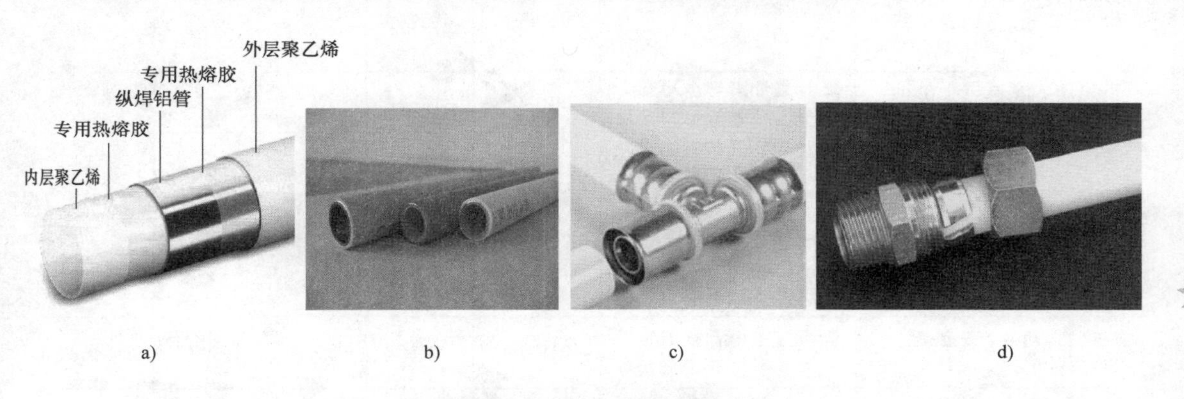

a)　　b)　　c)　　d)

图 3-10　铝塑复合管及其连接

a）铝塑复合管各层结构　b）铝塑管　c）卡压连接　d）卡套连接

2）钢塑复合管分为衬塑、涂塑、塑夹钢三大系列，如图 3-11 所示。衬塑钢管兼有钢材强度高和塑料耐腐蚀的优点，但需在工厂预制，不宜在施工现场切割。涂塑钢管是将高分子粉末涂料均匀地涂敷在金属表面，经固化或塑化后，在金属表面形成一层光滑、致密的塑料涂层，它也具备补塑钢管的优点。塑夹钢复合管是在 PE 管内部夹上钢丝网或多孔不锈钢

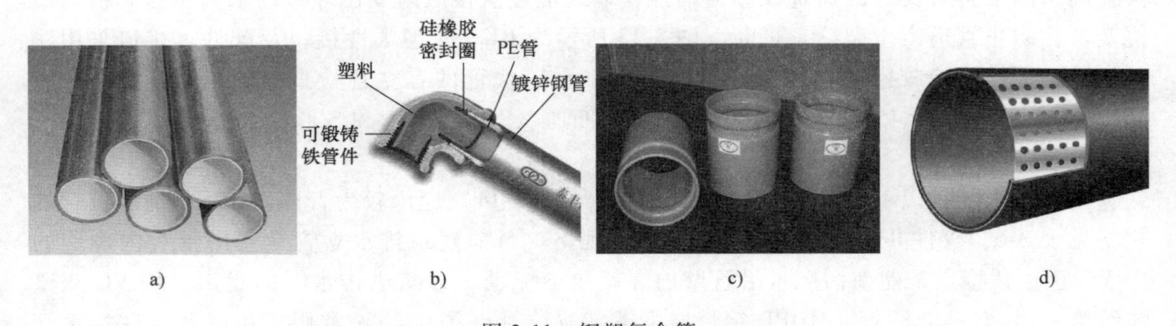

a)　　b)　　c)　　d)

图 3-11　钢塑复合管

a）衬塑钢管（一）　b）衬塑钢管（二）　c）涂塑钢管　d）塑夹钢复合管

管，两者结合紧密，管道强度大，性能好。

3.1.2　排水管材及其连接方式

1. 钢管

焊接钢管用作卫生器具排水管及生产设备的非腐蚀性排水支管。管径小于或等于50mm时，可采用焊接或配件连接。

无缝钢管用作镶入件埋设在建筑结构内部或用于检修困难的管段和机器设备附近振动较大的地方；因管道承受内压较高，也可作为非腐蚀性生产排水管。无缝钢管通常采用焊接或法兰连接。

2. 铸铁管

（1）普通排水铸铁管　普通排水铸铁管是建筑内部排水系统的主要管材，有排水铸铁承插口直管、排水铸铁双承直管。其管件有曲管、管箍、弯头、三通、四通、存水弯、瓶口大小头（锥形大小头）、检查口等，如图3-12所示。铸铁管因管径种类和管件齐全，故使用较为广泛。

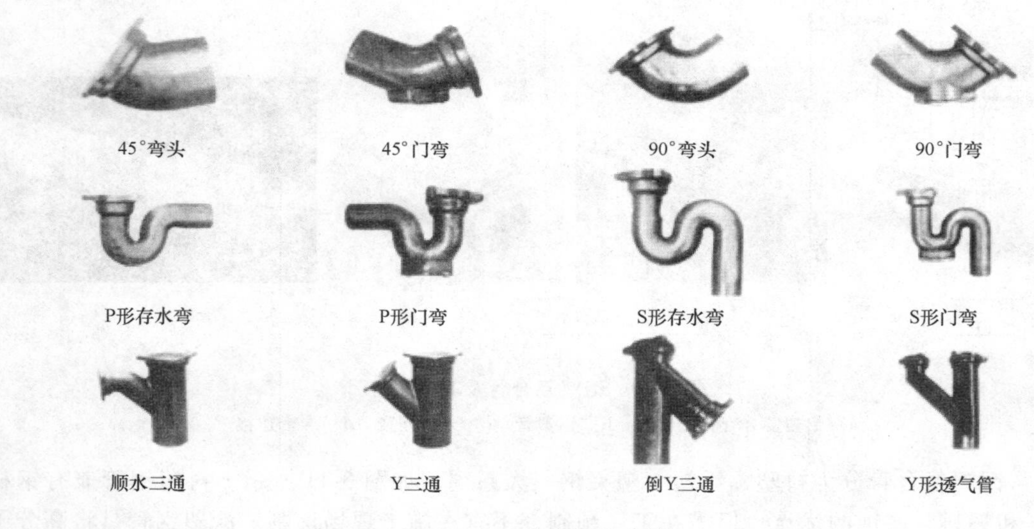

图3-12　排水管件示例

（2）柔性接口排水铸铁管　高层建筑及地震区建筑的排水铸铁管宜采用柔性接口，使其在内水压下具有良好的曲挠性和伸缩性，以适应建筑楼层间变位导致的轴向位移和横向曲挠变形，防止管道产生裂缝、折断。图3-13所示为RK—A型柔性接口及配件，接口采用法兰压盖和螺栓将橡胶密封圈压紧。柔性接口排水铸铁管件有立管检查口、三通、45°三通、45°弯头、90°弯头、45°通气管、30°通气管、四通、P形存水弯和S形存水弯等。

3. 塑料管

塑料排水管，以UPVC（硬聚氯乙烯）管（图3-14）应用较为普遍。UPVC排水直管的规格见表3-6，管件共有20多个品种，76个规格。目前建筑排水立管常使用带有内螺旋的UPVC管，其特点是能使污废水沿管壁内螺旋纹道流动，以减小排水时的噪声。UPVC双壁波纹管、PE双壁波纹管、HDPE钢带增强螺旋波纹管（图3-15）常用于小区及市政排水管道。塑料排水管国内目前的连接形式有粘接、橡胶圈连接和螺纹连接三种方法。

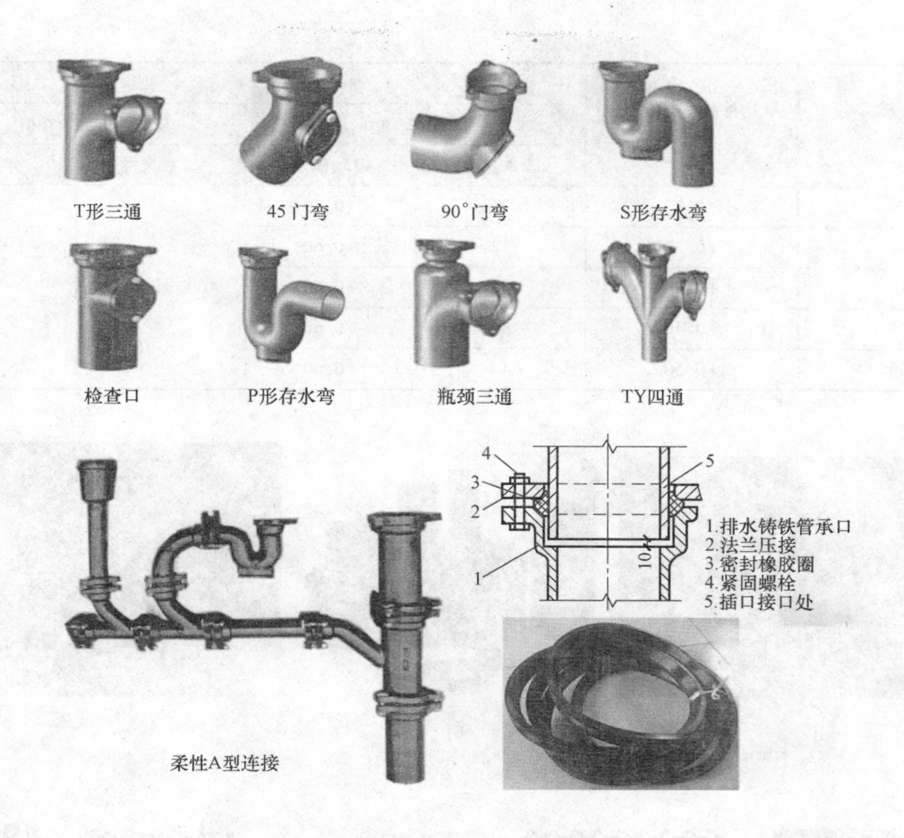

图 3-13　RK—A 型柔性接口及配件

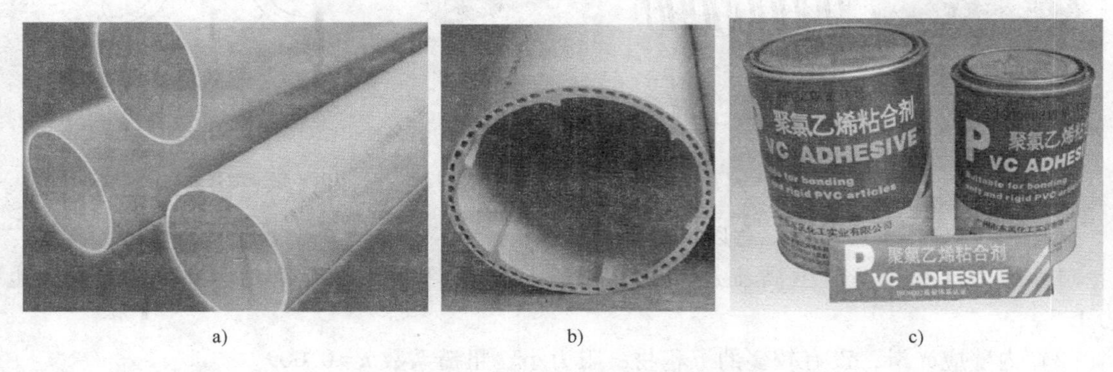

a)　　b)　　c)

图 3-14　UPVC 排水管及其粘合剂

a）UPVC 单壁排水管　b）UPVC 双壁螺旋降噪消声排水管　c）PVC 粘合剂

表 3-6　UPVC 排水直管的规格

公称外径 D/mm	平均外径极限偏差/mm	直管			
		壁厚 e/mm		长度 l/mm	
		基本尺寸	极限偏差	基本尺寸	极限偏差
40	+0.30	20	+0.40	4000 或 6000	−10
50	+0.30	20	+0.40		

（续）

公称外径 D/mm	平均外径极限偏差/mm	直　管			
		壁厚 e/mm		长度 l/mm	
		基本尺寸	极限偏差	基本尺寸	极限偏差
75	+0.30	23	+0.40	4000 或 6000	-10
90	+0.30	32	+0.60		
110	+0.30	32	+0.60		
125	+0.40	32	+0.60		
160	+0.50	40	+0.60		

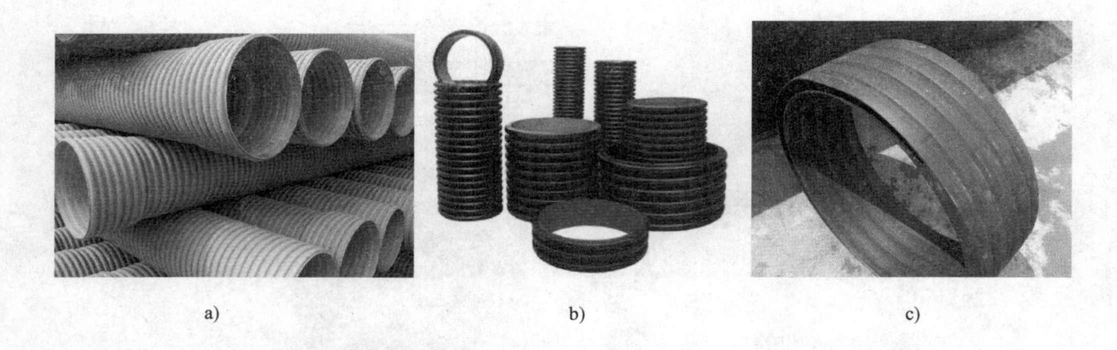

a)　　b)　　c)

d)

图 3-15　波纹排水管

a）UPVC 双壁波纹管　b）PE 双壁波纹管　c）PE 双壁波纹管断面　d）HDPE 钢带增强螺旋波纹管

使用 UPVC 排水管时应注意以下几点：

1）作为排水管，产生满流运动状态时，与铸铁管相比，流速比为 1.3，流量比也为 1.3。

2）内壁应光滑，没有较多的沉积物，阻力小，粗糙系数 $n=0.009$。

3）适用于排放温度不大于 40℃ 的水，以及瞬时排放温度不大于 80℃ 的生活污水。UPVC 排水管具有耐酸、耐碱、埋在土壤中不被腐蚀、耐久性好等优点，使用寿命长。

4）不可忽视伸缩问题，受环境温度变化而引起的伸缩长度可按式（3-1）计算

$$\Delta l=\alpha l\Delta t \tag{3-1}$$

式中　l——管道长度（m）；

Δl——管道温升长度（m）；

α——线胀系数，一般采用 $(6\sim8)\times10^{-5}$（m/m℃）；

Δt——温差（℃）。

为了消除 UPVC 管道受温度影响产生的胀缩，通常设置伸缩节。一般立管应每层设一伸缩节，横干管应根据表 3-7 的最大允许伸缩量设置伸缩节。螺纹连接和胶圈连接的管道系统可以不设伸缩节。

表 3-7　伸缩节最大允许伸缩量

外径/mm	50	75	110	160
最大允许伸缩量/mm	10	12	15	20

5）伸缩节的设置。设置位置应靠近水流汇合管件处，并根据排水支管接入部位和管道固定支撑情况确定。

① 当立管穿越楼层处为固定支撑且排水支管在楼板之下接入时，伸缩节可设置于楼板之中（图 3-16a）或设置于水流汇合管件之下（图 3-16b）。

② 当立管穿越楼层处为固定支撑且排水支管在楼板之上接入时，伸缩节可设置于水流汇合管件之上，如图 3-16c 所示。

③ 当立管穿越楼层处为不固定支撑时，伸缩节应设置于水流汇合管件之上，如图 3-16d、e所示。

④ 当立管上无排水支管接入时，伸缩节可按设计间距置于楼层任何部位，如图 3-16 f、g所示。

⑤ 横管上的伸缩节应设置于水流汇合管件上游端；横支管上水流汇合管件至立管的直线管段超过 2m 时，应设置伸缩节，但伸缩节之间的最大间距不得超过 4m，如图 3-16h 所示。

当立管穿越楼层处设置固定支撑时，伸缩节不得固定；伸缩节固定时，立管穿越楼层处不得固定。伸缩节承口应逆水流方向安装。

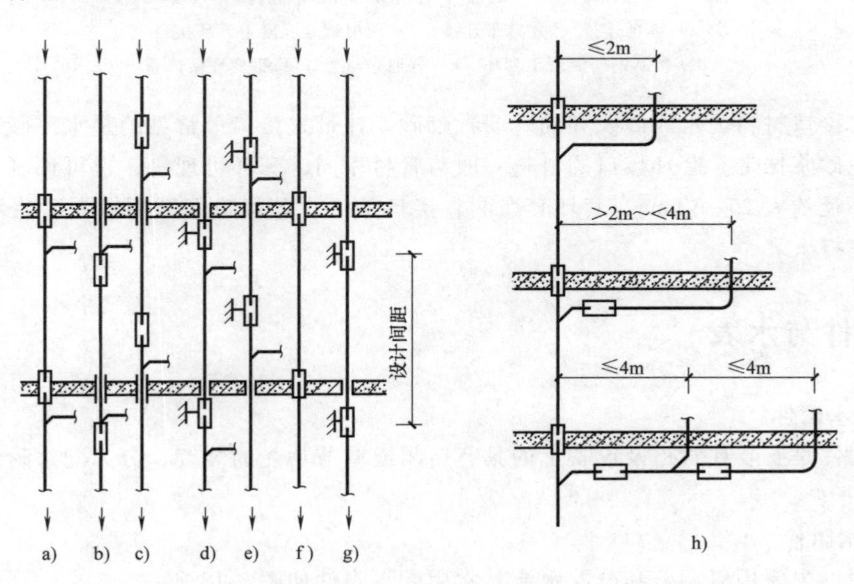

图 3-16　伸缩节设置位置

4. 混凝土管和钢筋混凝土管

混凝土管和钢筋混凝土管的最大优点是节约金属管材；缺点是耐腐蚀性差，内表面不光滑，抗压强度也差。直径在400mm以下者为混凝土管，用于室外排水支管；直径在400mm以上者为钢筋混凝土管，用于室外排水干管和主干管。混凝土管长度为1m，钢筋混凝土管长度为2m。混凝土管和钢筋混凝土管有承插口、平口、企口三种接口，其中平口管可采用抹带、套环两种连接方式，企口管有普通企口和钢套环接口两种形式，如图3-17所示。

a)　b)　c)　d)　e)　f)

图3-17　混凝土管和钢筋混凝土管

a）承插连接　b）抹带连接　c）现浇钢筋混凝土套环接口
d）预制钢筋混凝土套环　e）普通企口管　f）钢套环接口管

承插式接口材料为水泥砂浆和油麻沥青胶砂。抹带式接口最常见的是水泥砂浆抹带和铅丝网片水泥砂浆抹带。套环接口的材料一般与管材相同，套环可现浇，也可预制，预制套环内径比管外径约大25~30mm，套环套在两管接口处后，其接口间隙用水泥砂浆填塞，也可用石棉水泥打入。

3.2　附件与水表

3.2.1　给水附件

给水附件是安装在管道及设备上的具有启闭或调节功能的装置，分为配水附件和控制附件两大类。

1. 配水附件

配水附件主要用以调节和分配水流。常用配水附件如图3-18所示。

（1）球形阀式配水嘴　装设在洗涤盆、污水盆、盥洗槽上的水嘴均属于此类。水流经过此种水嘴因改变流向，故压力损失较大，如图 3-18a 所示。

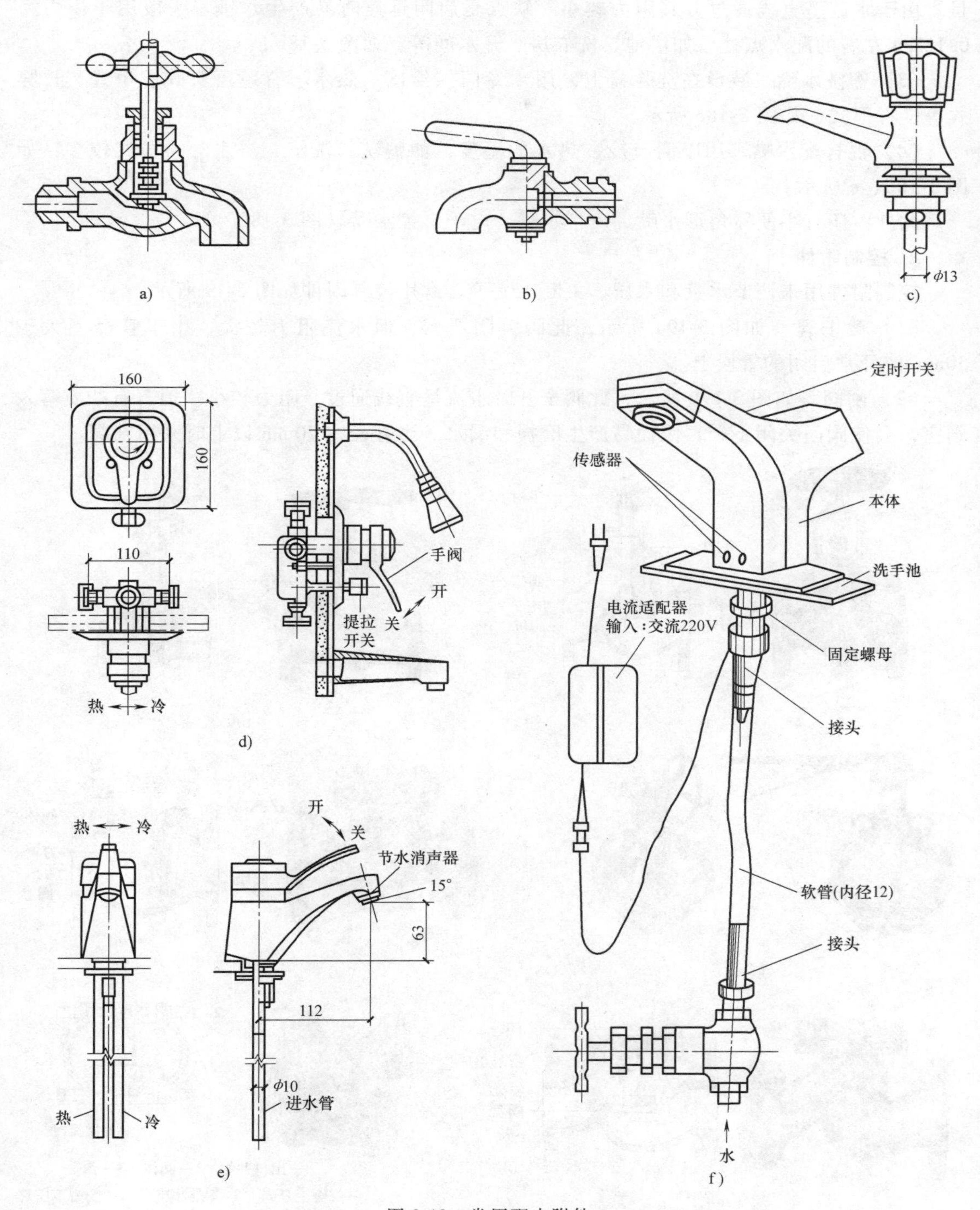

图 3-18　常用配水附件

a）球形阀式配水嘴　b）旋塞式配水嘴　c）盥洗水嘴

d）单手柄浴盆水嘴　e）单手柄洗脸盆水嘴　f）电子自控水嘴

（2）旋塞式配水嘴 这种水嘴的旋塞旋转90°时，即完全开启，短时间可获得较大的流量。由于水流呈直线通过，其阻力较小。缺点是启闭迅速时易产生水锤。一般用于压力为0.1MPa左右的配水点处，如浴池、洗衣房、开水间等，如图3-18b所示。

（3）盥洗水嘴 装设在洗脸盆上，用于专门供给冷、热水。有莲蓬头式、角式、长脖式等多种形式，如图3-18c所示。

（4）混合配水嘴 用以调节冷、热水的温度，如盥洗、洗涤、浴用等，样式较多，如图3-18d、e所示。

此外，还有小便器角形水嘴、皮带水嘴、电子自控水嘴（图3-18f）等。

2. 控制附件

控制附件用来调节水量和水压、关断水流等。常用控制附件如图3-19所示。

（1）截止阀 如图3-19a所示，此阀关闭严密，但水流阻力较大，用于管径不大于50mm或经常启闭的管段上。

（2）闸阀 如图3-19b所示，此阀全开时水流呈直线通过，阻力较小。但若有杂质落入阀座，会使阀门关闭不严，因而易产生磨损和漏水。当管径在70mm以上时采用闸阀。

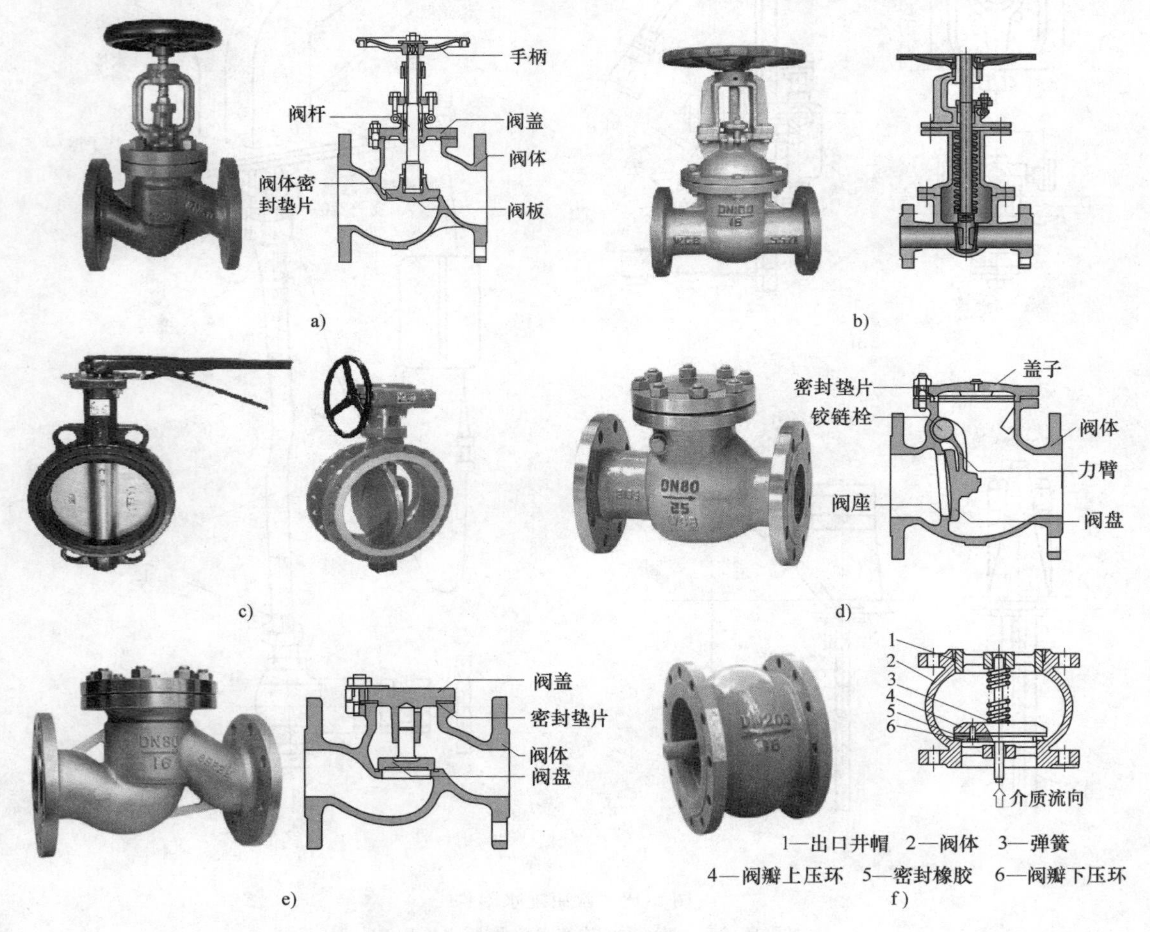

图3-19 常用控制附件

a）截止阀 b）闸阀 c）蝶阀 d）旋启式止回阀 e）升降式止回阀 f）消声止回阀

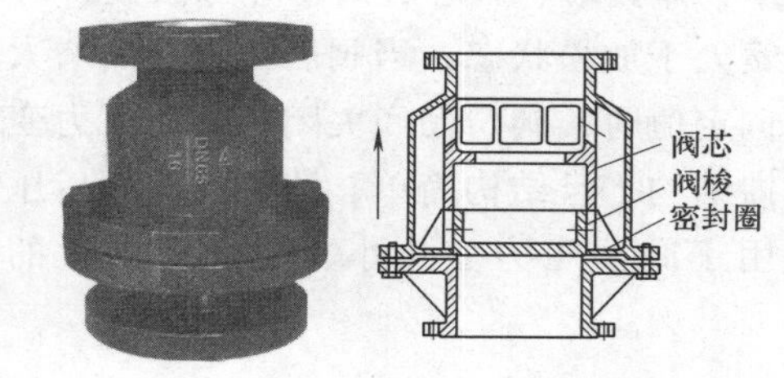

g)

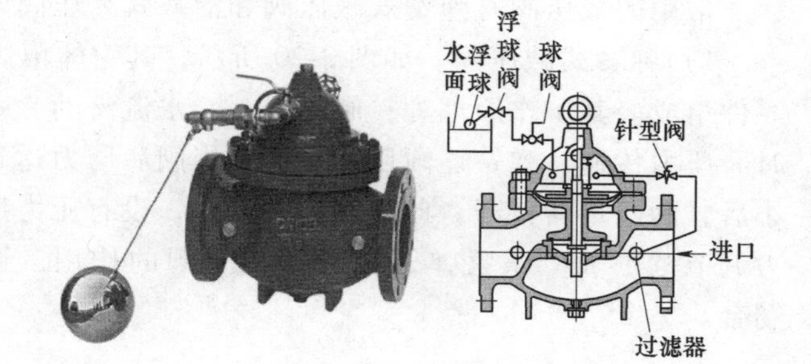

h)

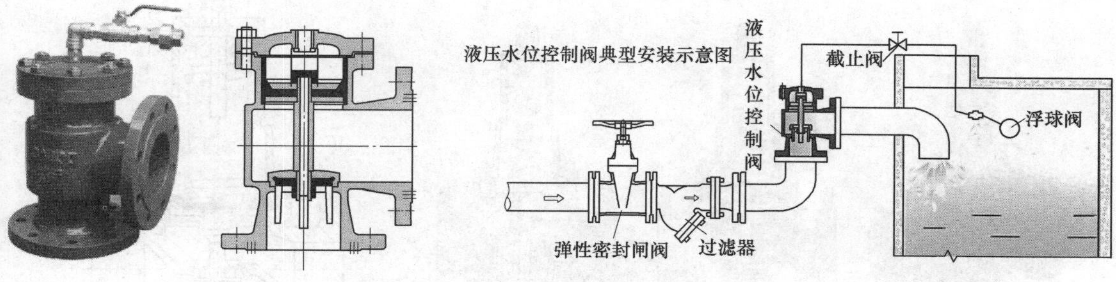

i)

图 3-19　常用控制附件（续）

g）梭式止回阀　h）浮球阀　i）液压水位控制阀

（3）蝶阀　如图 3-19c 所示，阀板在 90°翻转范围内起调节、节流和关闭作用，操作扭矩小，启闭方便，体积较小，适用于管径在 70mm 以上或双向流动的管道上。

（4）止回阀　止回阀用以阻止水流反向流动。常用的有以下四种类型：

1）旋启式止回阀。如图 3-19d 所示，此阀在水平、垂直管道上均可设置，其启闭迅速，易引起水击，不宜在压力大的管道系统中采用。

2）升降式止回阀。如图 3-19e 所示，此阀靠上下游压力差使阀盘自动启闭。水流阻力较大，宜用于小管径的水平管道上。

3）消声止回阀。如图 3-19f 所示，此阀是当水流向前流动时，推动阀瓣压缩弹簧，使阀门打开。水流停止流动时，阀瓣在弹簧作用下于水击到来前即关闭，可消除阀门关闭时的水击冲击和噪声。

4）梭式止回阀。如图 3-19g 所示，主要用于给水系统，垂直安装在管路中，靠系统内的压力差和阀瓣的自身重量实现升降，自动阻止介质水的逆流，保证管路的正常运行使用。此阀是利用压差梭动原理制造的，不但水流阻力小，而且密闭性能好。

（5）浮球阀和液压水位控制阀　浮球阀是一种用以自动控制水箱、水池水位的阀门，防止溢流浪费。图 3-19h 所示为其中的一种形式。其缺点是体积较大，阀芯易卡住引起关闭不严而溢水。与浮球阀功能相同的还有液压水位控制阀，如图 3-19i 所示。它克服了浮球阀的弊端，是浮球阀的升级换代产品。

（6）减压阀　减压阀的作用是降低水流压力。在高层建筑中使用，可以简化给水系统，减少水泵数量或减少减压水箱，同时可增加建筑的使用面积，降低投资，防止水质的二次污染。在消火栓给水系统中可用它防止消火栓栓口处的超压现象。

常用的减压阀有弹簧式减压阀和活塞式减压阀两种类型。

1）弹簧式减压阀。如图3-20所示，其主体由阀体、弹簧罩、阀芯、阀座和橡胶膜片等零件组成。其工作原理为：阀门常开，水流流动，弹簧处于放松状态；当阀后压力逐渐增大时，压力传递，弹簧逐渐压缩变短，当阀后压力达到调定值时，阀门彻底关闭；阀后压力变小后，阀门重新打开。此类阀为常开式，设有压力反馈结构，且结构简单、流量大、阀后压力调节范围大，压紧弹簧可起到截止阀的作用，适用于阀前压力变化小、流量需求大的场合。

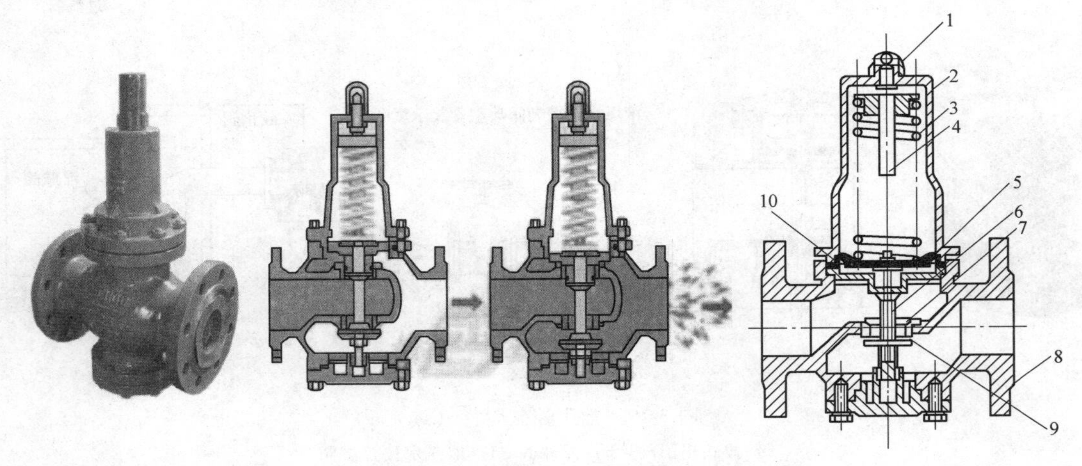

图3-20　弹簧式减压阀

1—盖形螺母　2—弹簧罩　3—弹簧　4—调节螺杆　5—膜片
6—阀杆　7—阀瓣　8—阀体　9—节流口　10—O形密封圈

2）活塞式减压阀，又称比例式减压阀。如图3-21所示，此阀是利用阀内活塞的运动来改变前后水流通过的截面面积，从而改变水流的压强。

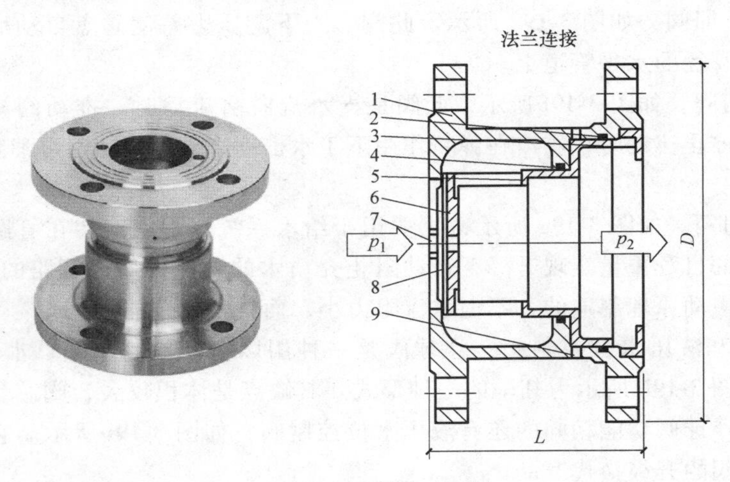

图3-21　比例式减压阀

1—阀体　2、4—O形密封圈　3—限位座　5—活塞
6—胶垫　7—螺钉　8—压板　9—呼吸孔

(7) 安全阀　安全阀是一种保安器材。管网中安装此阀，可以避免管网、用具或密闭水箱超压而遭到破坏。一般有弹簧式和杠杆式两种，如图 3-22 所示。

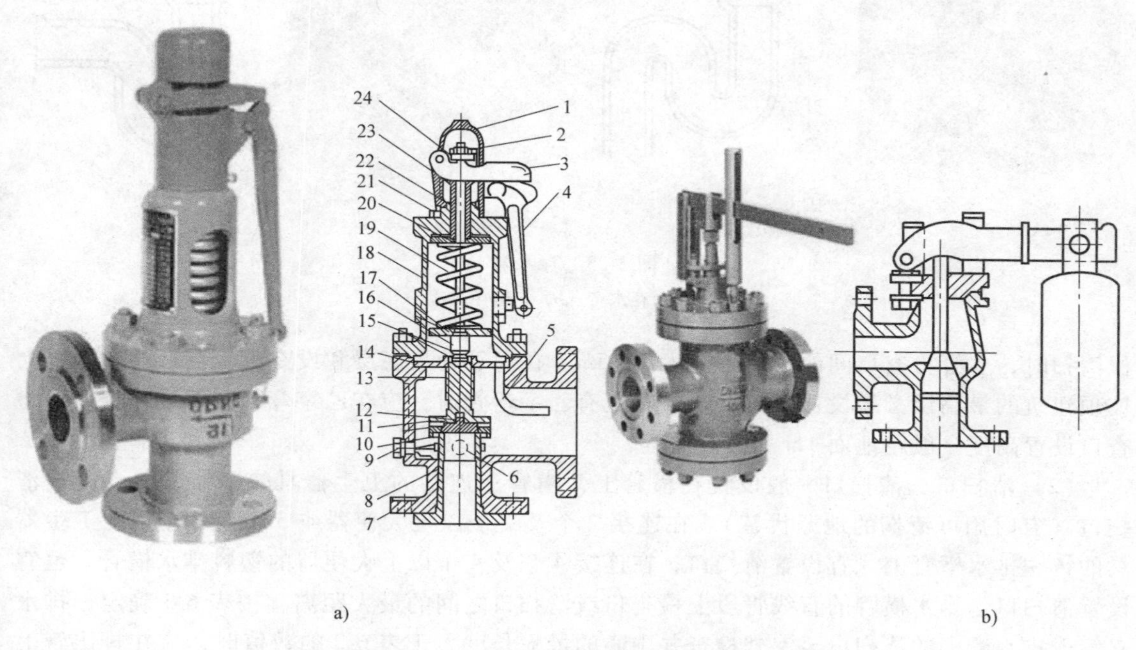

图 3-22　安全阀

a) 弹簧式　b) 拉杆式

1—护罩　2，22—锁紧螺帽　3，4—手动提升装置　5—阀盖疏水管　6—阀体疏水口　7—阀体　8—喷嘴　9，21—定位螺钉　10—调整环　11—阀瓣　12—阀瓣套　13—导向套　14—垫片　15—卡环　16—阀杆　17—下弹簧座　18—阀盖　19—弹簧　20—上弹簧座　23—调节螺栓　24—手动提档圈

除上述各种控制阀之外，还有脚踏阀、液压式脚踏阀、水力控制阀、弹性座封闸阀、静音式止回阀等。

3.2.2　排水附件

1. 存水弯

存水弯的作用是在其内部形成一定高度的水封，通常为 50～100mm，阻止排水系统中的有毒有害气体或虫类进入室内，保证室内的环境卫生。存水弯的类型主要有 S 形和 P 形两种，如图 3-23 所示。S 形存水弯常用在排水支管与排水横管垂直连接的部位；P 形存水弯常用在排水支管与排水横管和排水立管不在同一平面位置而需连接的部位。

需要把存水弯设在地面以上时，为满足美观要求，存水弯还有不同类型，如瓶式存水弯、存水盒等。

2. 检查口与清扫口

检查口与清扫口属于清通设备。为了保障室内排水管道排水畅通，一旦堵塞可以方便疏通，因此在排水立管和横管上都应设清通设备。

(1) 检查口　检查口是一个带有盖板的开口短管，拆开盖板便可以进行管道清通。检查口设置在立管上，多层或高层建筑内的排水立管每隔一层设一个，其间距不大于 10m；机

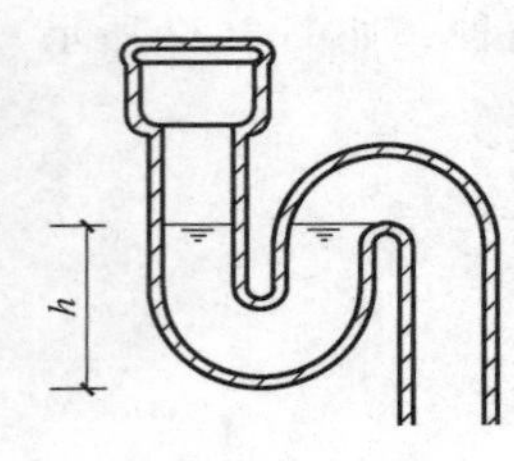

a)

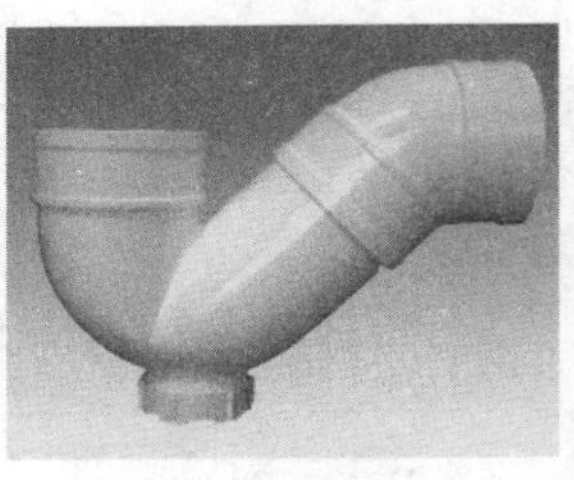
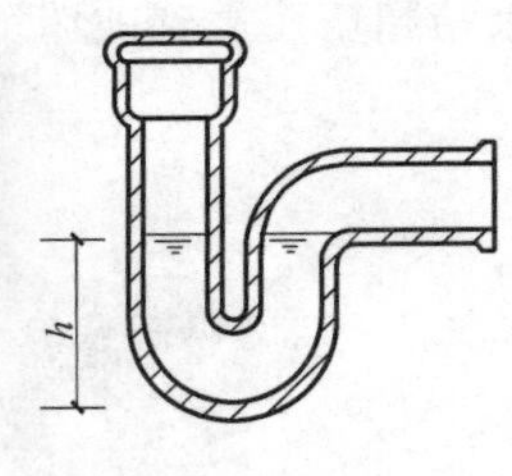

b)

图 3-23　存水弯
a）S形存水弯　b）P形存水弯

械清扫时，立管检查口间的距离不宜大于 15m。在立管的最底层和设有卫生器具的二层以上坡顶建筑的最高层必须设检查口；当立管上有乙字弯管时，应在乙字弯管上部设检查口。检查口设置高度一般距地面 1m 为宜。

(2) 清扫口　清扫口一般设置在横管上，横管上连接的卫生器具较多时，起点应设清扫口（有时用可清掏的地漏代替）。在连接 2 个及 2 个以上大便器或 3 个及 3 个以上卫生器具的铸铁排水横管上，宜设置清扫口；在连接 4 个及 4 个以上大便器的塑料排水横管上也宜设置清扫口。排水横管的直线管段上检查口或清扫口之间的最大距离，按表 6-3 确定；排水立管或排水管上的清扫口至室外检查井中心的最大长度大于表 6-2 的数值时，应在排出管上设清扫口。室内埋地横干管上应设检查口井。清扫口、检查口、检查口井如图 3-24 所示。

3. 地漏

地漏是一种特殊的排水装置，一般设置在经常有水溅落的地面、有水需要排除的地面和经常需要清洗的地面，如淋浴间、盥洗室、厕所、卫生间等。布置洗浴器和洗衣机的部位应设置地漏，并要求布置洗衣机的部位宜采用防止溢流和干涸的专用地漏。地漏应设置在易溅水的卫生器具附近的最低处，其地漏箅子应低于地面 5~10mm；带有水封的地漏，其水封深度不得小于 50mm。直通式地漏下必须设置存水弯，严禁采用钟罩式地漏。

(1) 普通地漏　普通地漏的水封深度较浅，如果只担负排除溅落水时，要注意经常注水，以免水封受蒸发破坏。该种地漏有圆形和方形两种形式供选择，材质有铸铁、塑料、黄铜、不锈钢、镀铬等，如图 3-25a 所示。

(2) 多通道地漏　多通道地漏有一通道、二通道、三通道等多种形式，而且通道位置可不同，使用方便。因多通道可连接多根排水管，所以主要用于设有洗脸盆、洗手盆、浴盆和洗衣机的卫生间等场所。这种地漏为防止不同卫生器具排水可能造成的地漏反冒，故设有塑料球可封住通向地面的通道，如图 3-25b、c 所示。

(3) 存水盒地漏　存水盒地漏的盖为盒状，并设有防水翼环，可随不同地面需要调节安装高度，施工时将翼环放在结构板上。这种地漏还附有单侧通道和双侧通道，可按实际情况选用，如图 3-26 所示。

(4) 双箅杯式地漏　双箅杯式地漏内部水封盒用塑料制作，形如杯子，便于清洗，比较卫生，排泄量大，排水快，采用双箅有利于拦截污物。这种地漏另附塑料密封盖，完工后去除，避免施工时发生泥砂石等杂物堵塞，如图 3-27 所示。

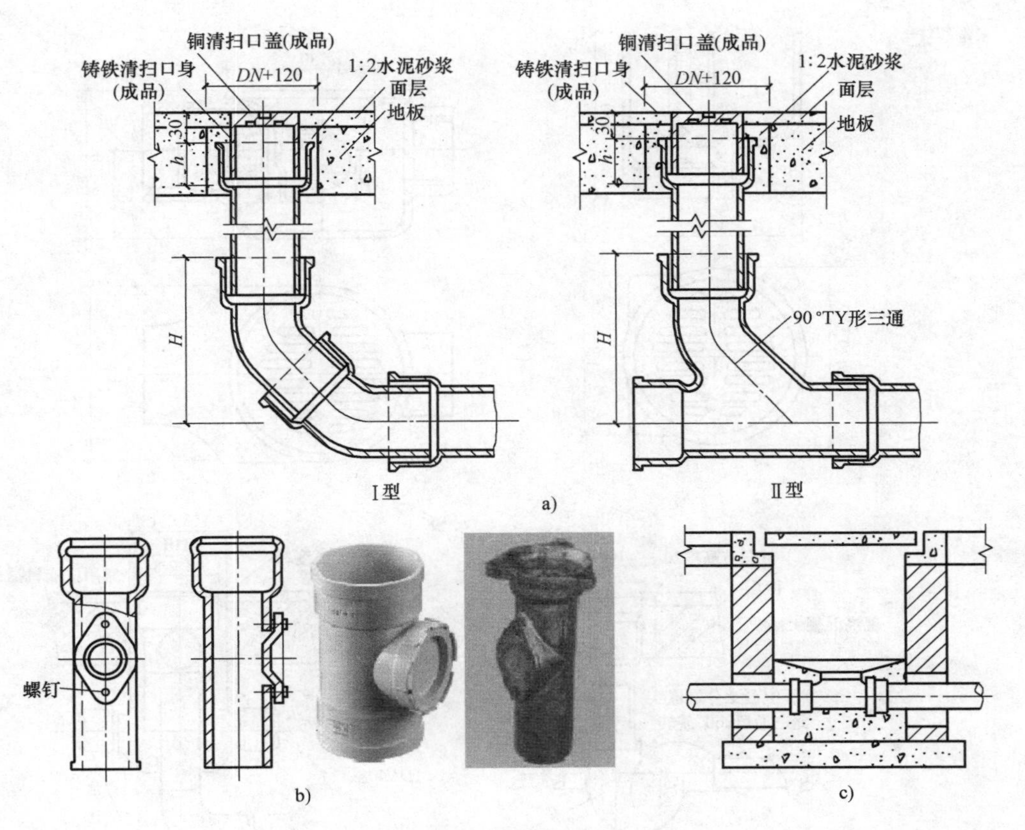

图 3-24　清通设备
a）清扫口　b）检查口　c）检查口井

（5）防回流地漏　防回流地漏适用于地下室，或用于电梯井排水和地下通道排水，这种地漏设有防回流装置，可防止污水倒流。一般设有塑料球，或采用防回流止回阀，如图 3-28、图 3-29 所示。

淋浴室内每个淋浴器的排水流量为 0.15L/s，排水当量数为 0.45，设置地漏的直径见表 3-8。

表 3-8　淋浴室地漏直径

地漏直径/mm	淋浴器数量/个
50	1~2
75	3
100	4~5

4. 通气帽

在通气管顶端应设通气帽，以防止杂物进入管内。其形式一般有两种，如图 3-30 所示。甲型通气帽采用 20 号钢丝编绕成螺旋形网罩，可用于气候较暖和的地区；乙型通气帽采用镀锌钢板制成，适用于冬季室外温度低于-12℃的地区，它可避免因潮气结霜封闭网罩而堵塞通气口。随着塑料管的普及使用，现在通气帽多使用塑料通气帽。

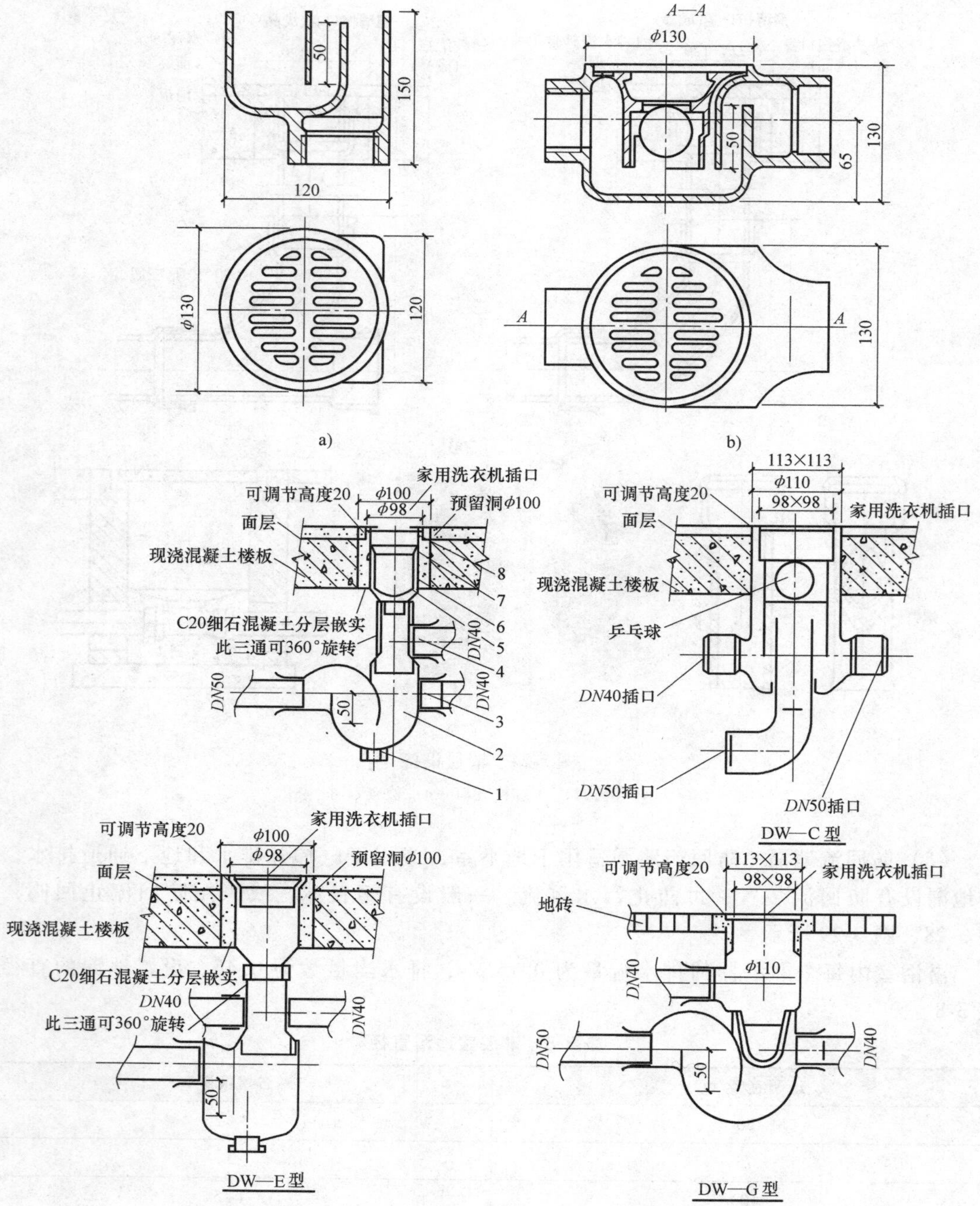

图3-25　地漏

a）普通地漏　b）多通道地漏　c）ABS塑料多通道地漏

1—存水盘　2—上接口件　3—带防水翼环的预埋件　4—高度调节件

5—清扫口堵头　6—洗衣机插口盖板　7—滤网斗　8—下接口件

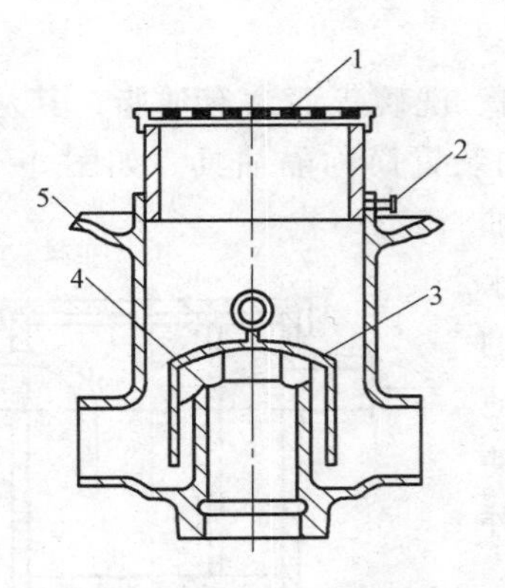

图 3-26 存水盒地漏

1—箅子 2—调高螺栓 3—存水盒罩 4—支撑件 5—防水翼

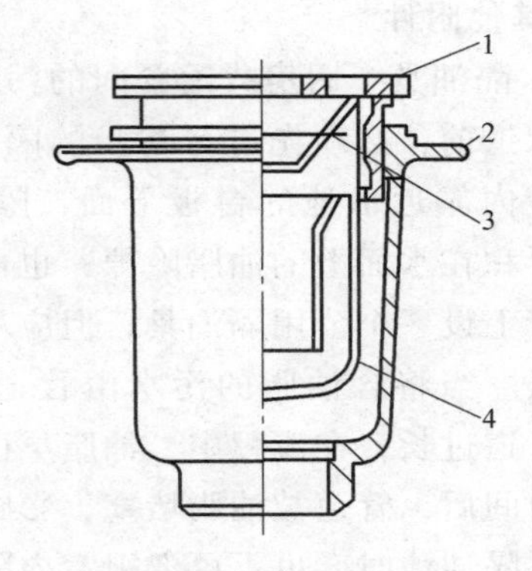

图 3-27 双箅杯式地漏

1—镀铬箅子 2—防水翼环 3—箅子 4—塑料杯式水封

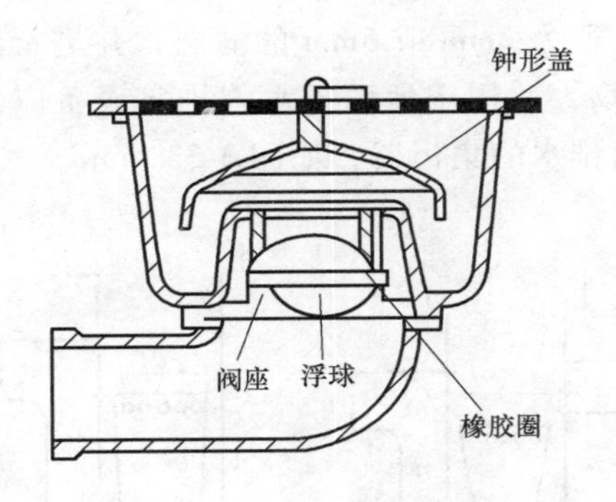

图 3-28 防回流地漏

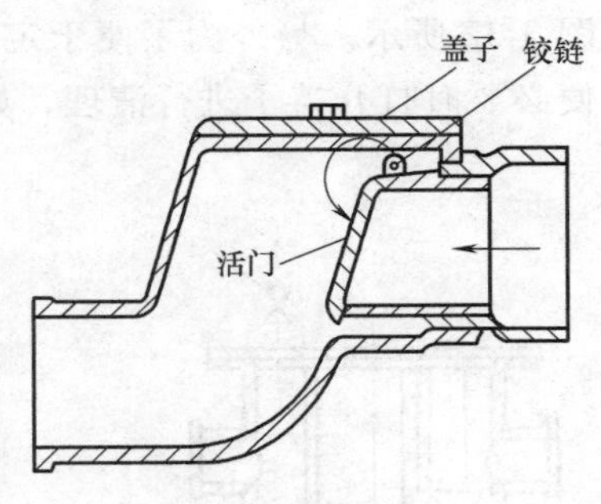

图 3-29 防回流阻止阀

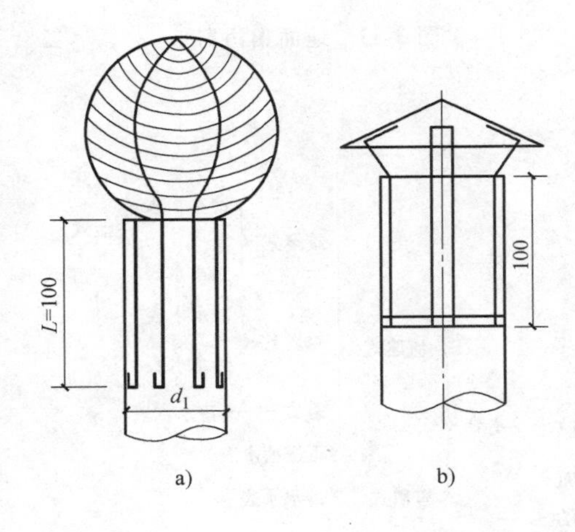

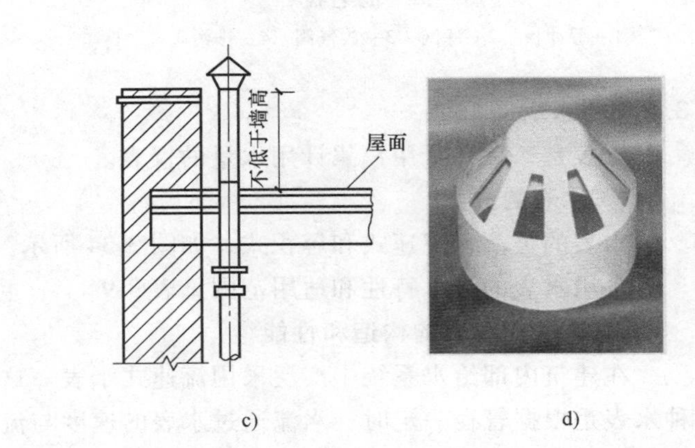

图 3-30 通气帽

a）甲型通气帽 b）乙型通气帽 c）通气帽的固定方式 d）塑料通气帽

5. 其他附件

（1）隔油具　厨房或配餐间的污水由于洗鱼、洗肉、洗碗等而含有油脂，其从洗涤池排入下水道前，必须先进行初步的隔油处理。这种隔油装置简称隔油具，如图3-31所示，其装在室内靠近水池的台板下面，隔一定时间打开隔油具，将浮积在水面上的油脂除掉；也可在几个水池的排水连接横管上设一个公用隔油具，但应尽量避免隔油具前的管道太长。当将含油脂的污水由管道引至室外设隔油池时，若管道过长，在流程中，油脂早已凝固在管壁上，使用一段时间后，管道被油脂堵塞，影响使用。因此，室外设有公共隔油池时，也不可忽视室内隔油具的作用。

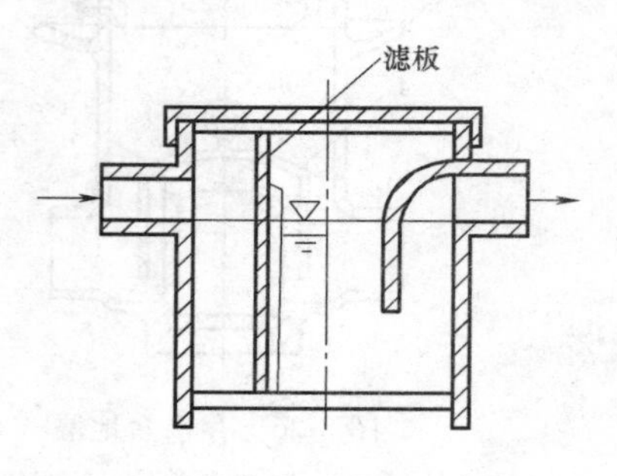

图3-31　隔油具

（2）滤毛器和集污器　理发室、游泳池和浴室的排水往往挟带着毛发等絮状物，堆积过多时容易造成管道堵塞。以上场所的排水管应先通过滤毛器后再与室内排水干管连接或直接排至室外。一般滤毛器为钢制，内设孔径为3mm或5mm的滤网，并进行防腐处理，如图3-32所示。另外为了便于定期清除堵塞物，适用于地面排水的排水设备应该设置盖子以便必要时打开盖子进行清理，如淋浴间地面排水的集污器，如图3-33所示。

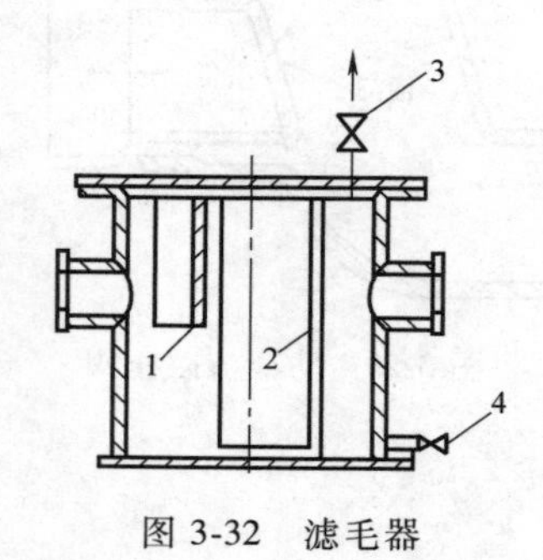

图3-32　滤毛器

1—缓冲板　2—滤网　3—放气阀　4—排污阀

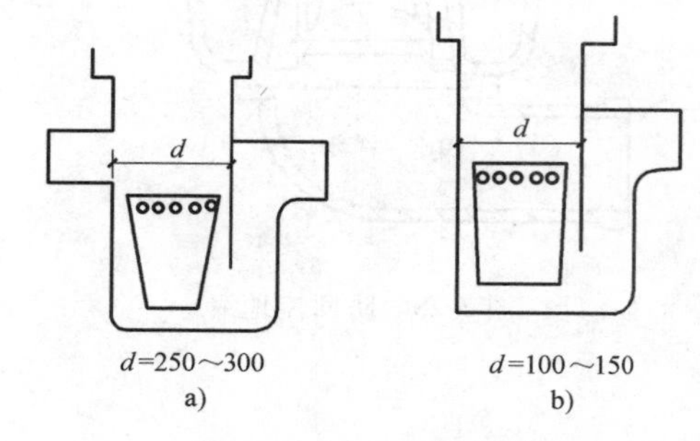

图3-33　地面集污器

3.2.3　水表

水表是一种计量用户累计用水量的仪表。

1. 水表的分类

水表的类型有流速式和容积式，如图3-34所示。常用水表的技术特性和适用范围见表3-9。

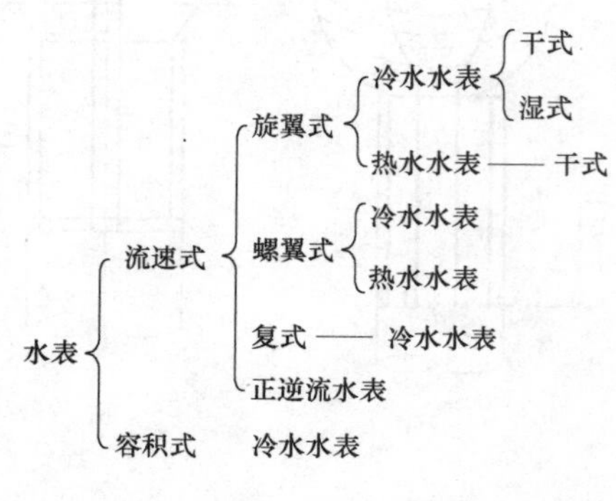

图3-34　水表的类型

2. 流速式水表的构造和性能

在建筑内部给水系统中广泛采用流速式水表。这种水表是根据管径一定时，水流通过水表的速度与流量成正比的原理来测量的。它主要由外壳、翼轮和传动指示机构等部分组成。当水流通过水表时，推动翼轮旋转，翼轮转轴传动一系列联动齿轮，指示针显示到度盘刻度上，便可读出流量的累积值。此外，还有计数器为字轮直读的形式。

流速式水表按翼轮构造不同分为旋翼式和螺翼式。旋翼式的翼轮转轴与水流方向垂直，如图3-35a所示，其阻力较大，多为小口径水表，宜用于测量较小的流量；螺翼式的翼轮转轴与水流方向平行，如图3-35b所示，其阻力较小，多为大口径水表，宜用于测量较大的流量。

表3-9　常用水表的技术特性和适用范围

类型	介质条件			公称直径/mm	主要技术特性	适用范围
	温度/℃	压力/MPa	性质			
旋翼式冷水水表	0~40	≤1.0	清洁的水	15~150	最小起步流量及计量范围较小，水流阻力较大，其中干式的计数机构不受水中杂质污损，但精度较低；湿式构造简单，精度较高	适用于用水量及其逐时变化幅度小的用户，只限于计量单向水流
旋翼式热水水表	0~90	≤0.6	清洁的水	15~150	仅有干式，其余同旋翼式冷水水表	适用于用水量及逐时变化幅度小的用户，只限于计量单向水流
螺翼式冷水水表	0~40	≤1.0	清洁的水	80~400	最小起步流量及计量范围较大，水流阻力小	适用于用水量大的用户，只限于计量单向水流
螺翼式热水水表	0~90	≤0.6	清洁的水	—	最小起步流量及计量范围较大，水流阻力小	适用于用水量大的用户，只限于计量单向水流
复式水表	0~40	≤1.0	清洁的水	主表：50~400 副表：15~40	水表由主表及副表组成，用水量小时，仅由副表计量，用水量大时，则由主表及副表同时计量	适用于用水量变化幅度大的用户，且只限于计量单向水流
正逆流水表	0~30	≤3.2	海水	50~150	可计量管内正逆两向流量的总和	主要用于计量海水的正逆方向流量
容积式活塞水表	0~40	≤1.0	清洁的水	15~20	为容积式流量仪表，精度较高，表型体积小，采用数码显示，可水平或垂直安装	适用于工矿企业及家庭计量水量，只限于计量单向水流
液晶显示远传水表	0~40	≤1.0	清洁的水	15~40	具有现场读数和远程同步读数两种功能	可集中显示、储存多个用户的房号及用水量；尤其适用于多层或高层住宅

复式水表是旋翼式和螺翼式的组合形式，在流量变化很大时采用。

流速式水表按其计数机件所处状态又分干式和湿式两种。干式水表的计数机件用金属圆盘与水隔开；湿式水表的计数机件浸在水中，在计数度盘上装一块厚玻璃，用以承受水压。湿式水表结构简单、计量准确、密封性能好，但只能用在水中不含杂质的管道上，因为水质浊度高，将降低水表精度，产生磨损，缩短水表寿命。

传统的水表都是“现场指示型水表”，即计数器读数机构不分离，与水表为一体。目前计数器示值远离水表安装现场的“远传型水表”（分为无线和有线两种），以及既可在现场读取示值，又可在远离现场处读取示值的“远传、现场组合型水表”也在逐步推广使用中。

3. 水表的技术参数

旋翼式、螺翼式水表的技术参数见附表2、附表3。

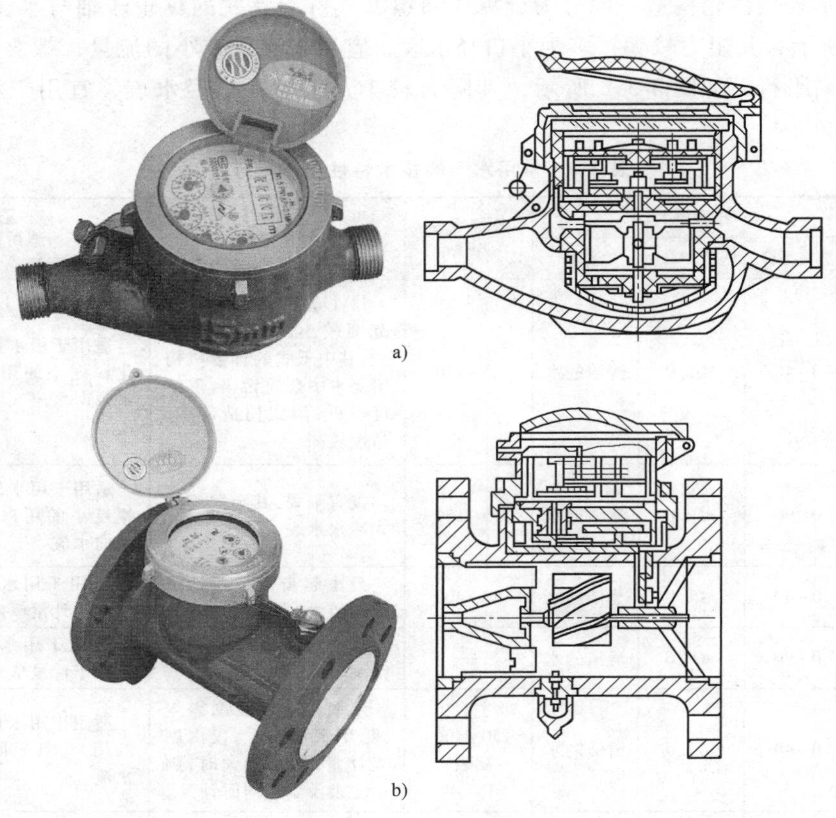

a)

b)

图 3-35　流速式水表

a）旋翼式水表　b）螺翼式水表

水表各技术参数的意义如下：

1）过载流量（Q_{max}）：又称最大流量，是水表在规定误差限内使用的上限流量。在过载流量时，水表只能短时间使用而不至损坏。此时旋翼式水表的压力损失为 100kPa，螺翼式水表的压力损失为 10kPa。

2）常用流量（Q_n）：又称公称流量或额定流量，是水表在规定误差限内允许长期通过的流量的上限，其数值为过载流量 Q_{max} 的 1/2。

3）分界流量（Q_t）：水表误差限改变时的流量，其数值是常用流量的函数。水表的流量范围分为高区和低区，高区与低区的允许误差不同。也就是说：当水嘴开到最大时，即通过水表的流量最大时，与水嘴开得非常小，水表刚开始转时，这两种情况下的允许误差是不同的。误差限改变时的流量就是分界流量。

4）最小流量（Q_{min}）：水表在规定误差限内使用的下限流量，其数值是常用流量的函数。

5）始动流量（Q_s）：水表开始连续指示时的流量，此时水表不计示值误差；但螺翼式水表没有始动流量。

6）流量范围：过载流量和最小流量之间的范围。流量范围分为两个区间，两个区间的误差限各不相同。

7）公称压力：水表的最大允许工作压力，单位为 MPa。

8）压力损失：水流经水表所引起的压力降低值，单位为 MPa。

9）示值误差：水表的示值和被测水量真值之间的差值。

10）示值误差限：技术标准给定的水表所允许的误差极限值，又称最大允许误差。

① 当 $Q_{\min} \leqslant Q \leqslant Q_{t}$时，示值误差限为±5%。

② 当 $Q_{t} \leqslant Q \leqslant Q_{\max}$时，示值误差限为±2%。

11）计量等级：水表按始动流量、最小流量和分界流量分为 A、B 两个计量等级。

4. IC 卡预付费水表和远程自动抄表系统

图 3-36 所示为 IC 卡预付费水表，由流量传感器、电控板和电磁阀三部分组成，以 IC 智能卡为载体传递数据。用户把预购的水量数据存于表中，系统按预定的程序自动从用户费用中扣除水费，并有显示剩余水量、累计用水量等功能。当剩余水量为零时自动关闭电磁阀停止供水。

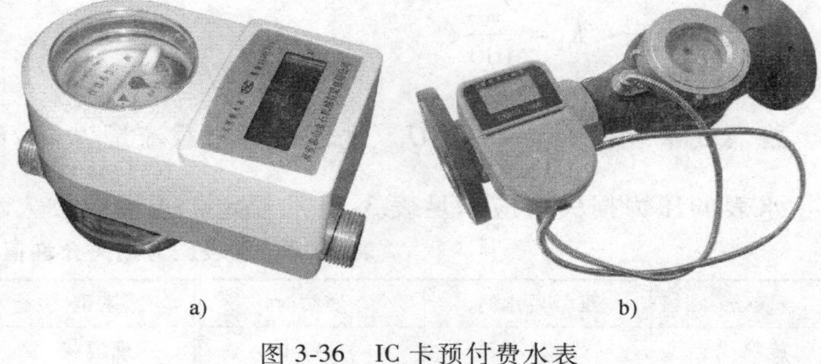

a)　　b)

图 3-36　IC 卡预付费水表

a）小口径 IC 卡预付费水表　b）大口径 IC 卡预付费水表

如图 3-37 所示，分户远传水表仍安装在户内，与普通水表相比，增加了一套信号发送系统。各户信号线路均接至楼宇的流量集中积算仪上，各户使用的水量均显示在流量集中积算仪上，并累计流量。自动抄表系统可免去逐户抄表，节省了大量的人力物力资源，且大大提高了计量水量的准确性。

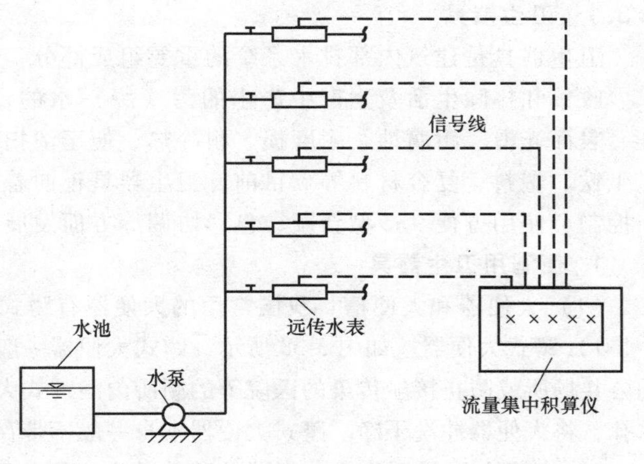

图 3-37　远程自动抄表系统

5. 水表的选择计算

（1）水表类型的选择　应考虑的因素有：水温、工作压力、水量大小及其变化幅度、计量范围、管径、工作时间、单向或正逆向流动、水质等。一般情况下，$DN \leqslant 50$mm 时，应采用旋翼式水表；$DN > 50$mm 时，应采用螺翼式水表；当通过的流量变幅较大时，应采用复式水表；计量热水时，宜采用热水水表。一般应优先采用湿式水表。

（2）水表公称口径的确定　当用水均匀时，以通过水表的设计秒流量不大于水表的常用流量去确定水表的公称口径。当用水不均匀，且连续高峰负荷每昼夜不超过 2～3h 时，螺翼式水表可按设计秒流量不大于水表的过载流量确定水表口径，因为过载流量是水表允许在短时间内通过的流量。在生活、消防共用系统中，因消防流量仅在发生火灾时才通过水表，故选表时管段设计流量不包括消防流量，但在选定水表口径后，应加消防流量进行复核，以满足生活、消防设计秒流量之和不超过水表的过载流量值。

(3) 水表压力损失的计算　水表选定后，应计算出水表的压力损失，再按表3-10的规定复核水表的压力损失。水表的压力损失可按式(3-2)计算

$$h_d = \frac{q_g^2}{K_b} \tag{3-2}$$

式中　h_d——水表的压力损失(kPa)；

q_g——计算管段的给水设计流量(m^3/h)；

K_b——水表的特性系数，一般由生产厂提供，也可按下式计算：

旋翼式水表：$K_b = \frac{Q_{max}^2}{100}$；

螺翼式水表：$K_b = \frac{Q_{max}^2}{10}$，$Q_{max}$为水表的过载流量($m^3/h$)。

水表的压力损失值应满足表3-10的规定，否则应放大水表的口径。

表3-10　水表压力损失允许值　(单位：kPa)

表型	正常用水时	消防时	表型	正常用水时	消防时
旋翼式	<24.5	<49.0	螺翼式	<12.8	<29.4

3.3　卫生器具及冲洗设备

3.3.1　卫生器具

卫生器具是建筑内部排水系统的重要组成部分，是用来满足生活和生产过程中的卫生要求、收集和排除生活及生产中产生的污(废)水的设备。卫生器具一般采用不透水、无气孔、表面光滑、耐腐蚀、耐磨损、耐冷热、便于清扫、有一定强度的材料制造，如陶瓷、搪瓷生铁、塑料、复合材料等。目前，卫生器具正向着冲洗功能强、节水消声、设备配套、便于控制、使用方便、造型新颖、色彩协调等方面发展。

1. 便溺用卫生器具

(1) 大便器和大便槽　我国常用的大便器有蹲式、坐式和大便槽式三种类型。

1) 蹲式大便器。如图3-38所示，蹲式大便器一般用于集体宿舍、普通住宅和公共建筑物的公共场所或防止接触传染的医院等的厕所内。蹲式大便器的压力冲洗水流经大便器周边的配水孔，将大便器冲洗干净。蹲式大便器本身一般不带存水弯，接管时需另外配置存水弯。

2) 坐式大便器。坐式大便器按冲洗的水力原理可分为以下几种，如图3-39所示。

① 冲洗式坐便器(图3-39a)：环绕便器上口是一圈开有很多小孔口的冲水槽，冲洗开始时，水进入冲洗槽，经小孔沿便器内表面冲下，便器内水面涌高，将粪便冲出存水弯边缘。冲洗式便器的缺点是受污面积大，水面面积小，每次冲洗不一定能保证将污物冲洗干净。

② 虹吸式坐便器(图3-39b)：靠虹吸作用，把粪便全部吸出。在冲洗槽进水口处有一个冲水缺口，部分水从缺口处冲射下来，加快虹吸作用的开始。虹吸式坐便器会因冲洗时流速过大而产生较大噪声。

③ 喷射虹吸式坐便器(图3-39c)：除了部分水从空心边缘孔口流下外，另一部分水从

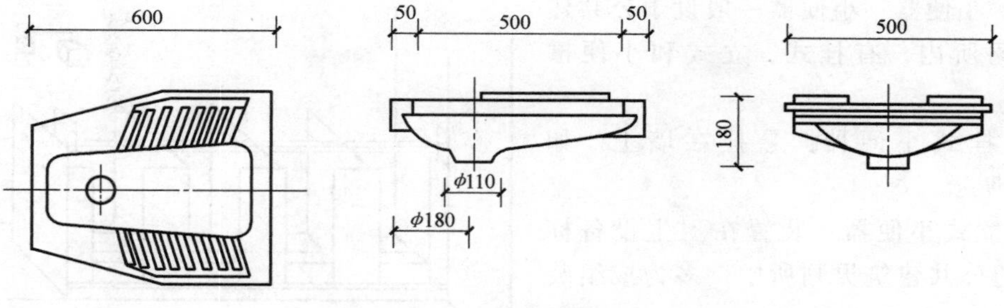

图 3-38　蹲式大便器

大便器边部的通道 O 处冲下来，由 a 口中向上喷射，这样很快造成强有力的虹吸作用，把大便器中的粪便全部吸出，从而加大排污能力。等水面下降到水封下限，空气进入，虹吸停止。其特点是冲洗过程短、噪声较小、便器存水面大、干燥面小。

④ 旋涡虹吸式坐便器（图 3-39d）：上圈下来的水量很小，其旋转已不起作用，因此在水道冲水出口 Q 处，形成弧形水流呈切线冲出，产生强大旋涡，使水封表面飘着的粪便连水一块，借助于旋涡向下旋转的作用，迅速下到水管入口处，紧接着在入口底反作用力的影响下，迅速进入排水管道的前段，从而大大加强了虹吸能力，有效降低了噪声。

⑤ 自动冲洗坐便器（图 3-39e）：是一种不需操作的现代化坐便器。其水箱进水、冲洗污物、冲洗下身、热风吹干、便器坐圈电热等全部功能与过程均由机械装置和电子装置自动完成，使用方便、舒适而且卫生。

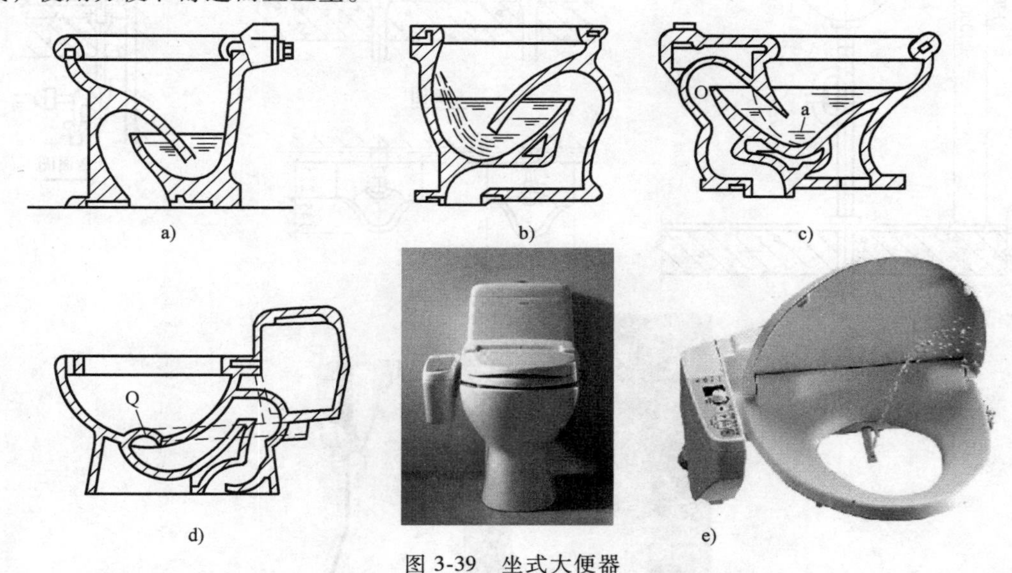

图 3-39　坐式大便器

a）冲洗式　b）虹吸式　c）喷射虹吸式　d）旋涡虹吸式　e）自动冲洗坐便器

3）大便槽。一般公共建筑如学校、火车站、游乐场及其他公共厕所，常以大便槽代替成排的蹲式大便器，如图 3-40 所示。从卫生角度来看，大便槽受污面积大，臭味重，且耗水量大，不够经济；但其设备简单，造价低。大便槽一般宽 200～300mm，起端槽深 350mm，槽的末端设有高出槽底 15mm 的挡水坎，槽底坡度不小于 0.015，排出口设存水弯，水封高度不小于 50mm。

(2) 小便器　小便器一般设于公共建筑的男厕所内，有挂式、立式和小便槽三种。

1) 挂式小便器：悬挂在墙上，如图 3-41a所示。

2) 立式小便器：装置在卫生设备标准较高的公共建筑男厕所中，多为成组装置，如图 3-41b 所示。

3) 小便槽：是用瓷砖沿墙砌筑的浅槽，其建造简单、经济，可同时供多人使用，如图 3-42 所示。

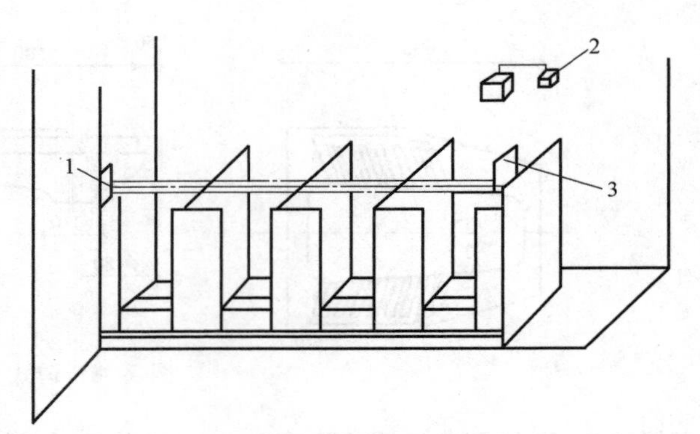

图 3-40　光电数控冲洗装置大便槽

1—发光器　2—接受器　3—控制箱

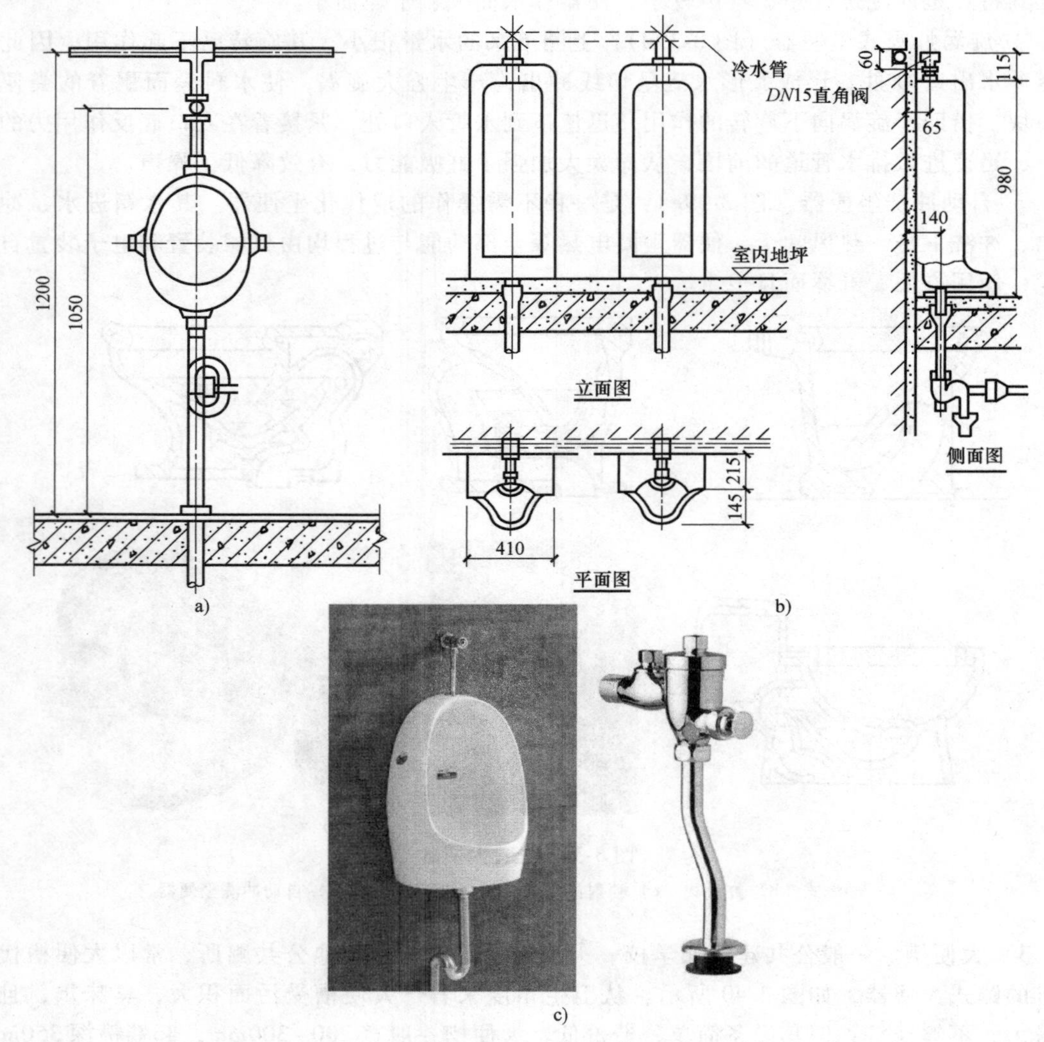

图 3-41　小便器安装

a) 挂式小便器　b) 立式小便器　c) 小便器及自闭冲洗阀实物图

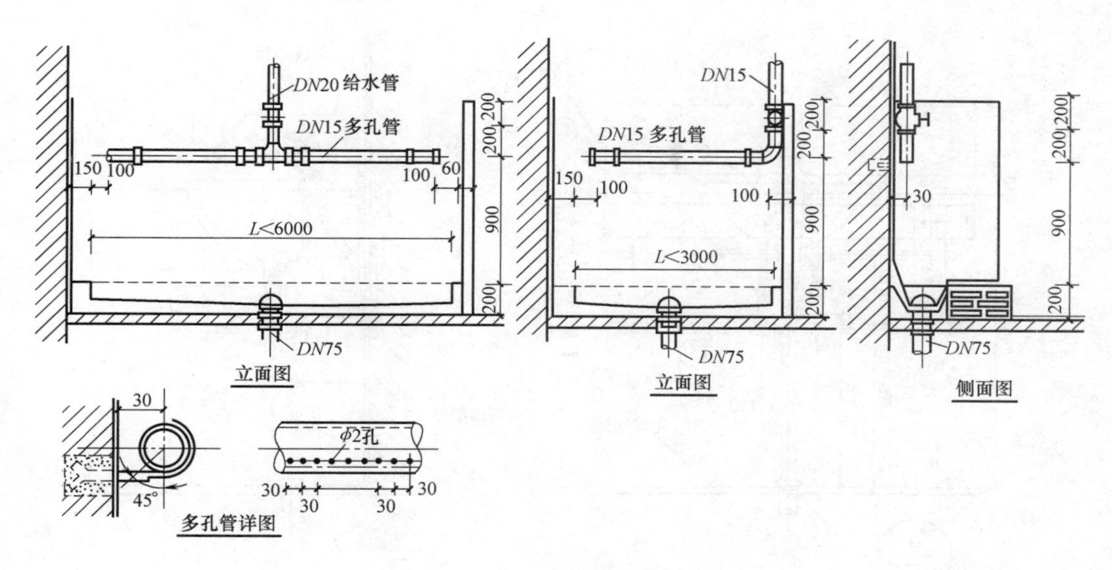

图 3-42　小便槽安装图

2. 盥洗、淋浴用卫生器具

（1）洗脸盆　一般用于洗脸、洗手、洗头，常设置在盥洗室、浴室、卫生间；也用于公共洗手间或厕所内洗手，理发室内洗头，医院各治疗间洗器皿和医生洗手等。洗脸盆的高度及深度适宜，盥洗不用弯腰，较省力，脸盆前沿设有防溅沿，使用时不溅水。洗脸盆可用流动水盥洗，这样比较卫生，也可用不流动水盥洗，有较大的灵活性。洗脸盆有长方形、椭圆形和三角形，安装方式有墙架式、柱脚式和台式，如图 3-43～图 3-45 所示。

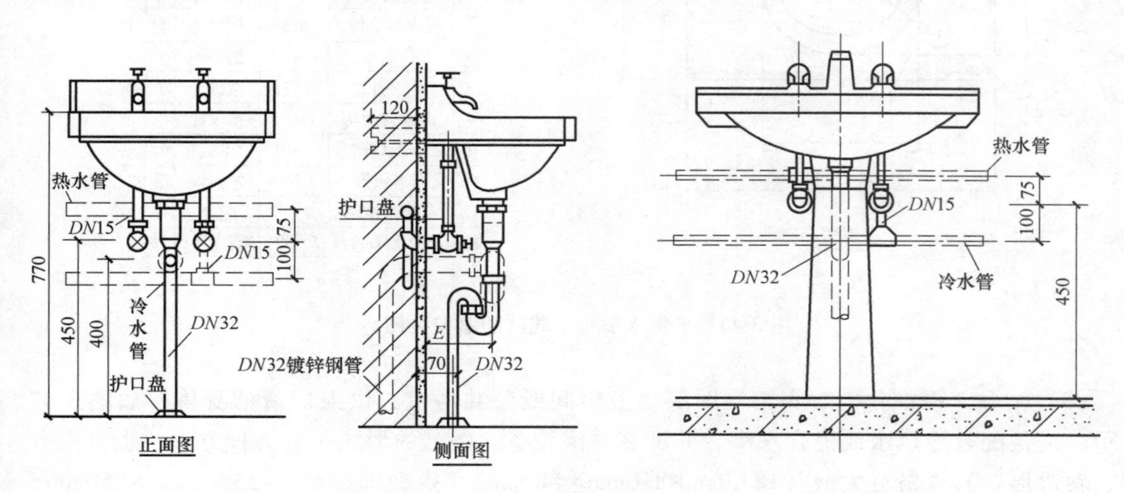

图 3-43　墙架式洗脸盆安装图　　图 3-44　柱脚式洗脸盆安装图

（2）盥洗台　有单面和双面之分，常设置在同时有多人使用的地方，如集体宿舍、教学楼、车站、码头、工厂生活间内。通常采用砖砌抹面、水磨石或瓷砖贴面现场建造而成。图 3-46 所示为单面盥洗台安装图。

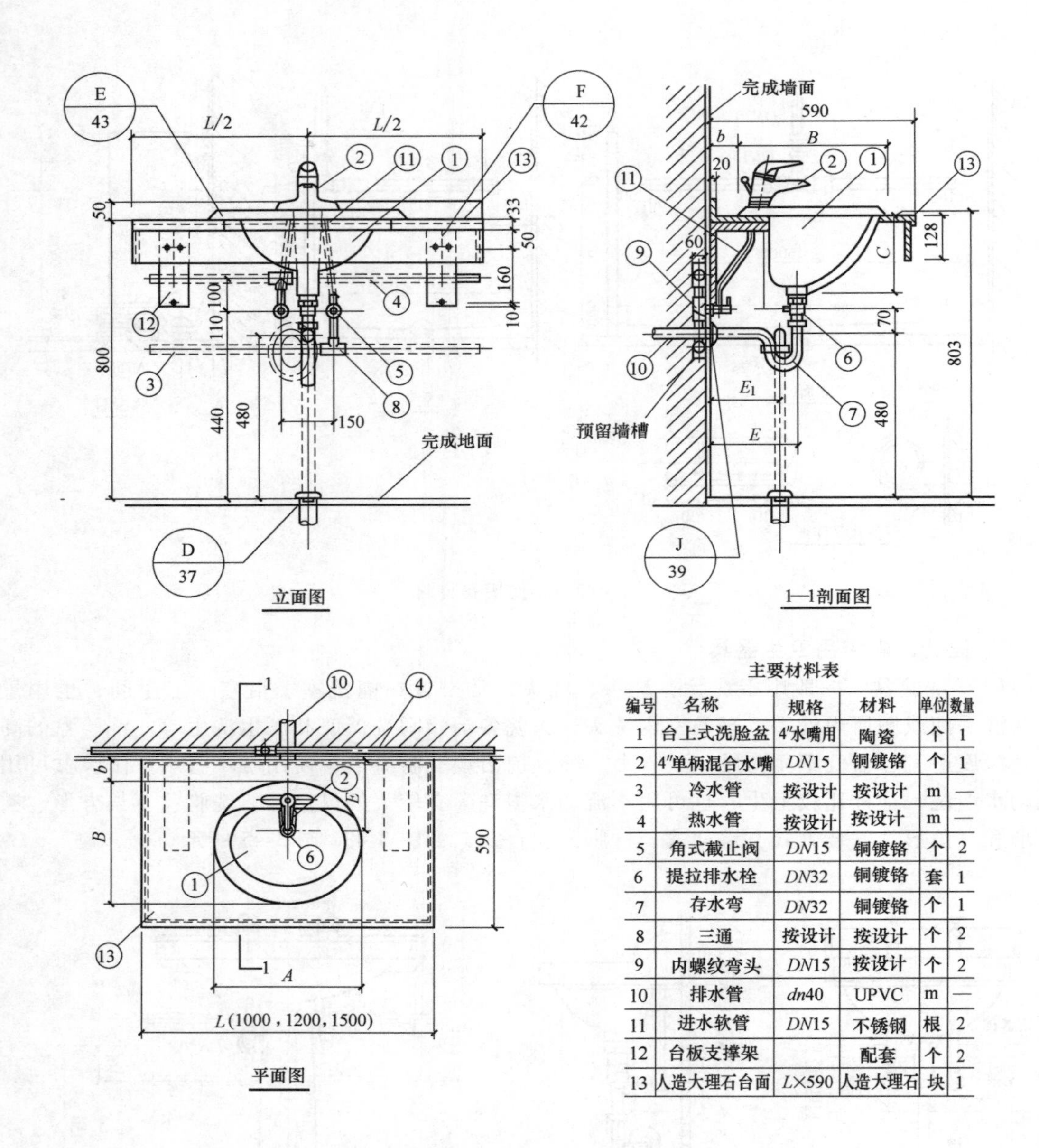

编号	名称	规格	材料	单位	数量
1	台上式洗脸盆	4″水嘴用	陶瓷	个	1
2	4″单柄混合水嘴	DN15	铜镀铬	个	1
3	冷水管	按设计	按设计	m	—
4	热水管	按设计	按设计	m	—
5	角式截止阀	DN15	铜镀铬	个	2
6	提拉排水栓	DN32	铜镀铬	套	1
7	存水弯	DN32	铜镀铬	个	1
8	三通	按设计	按设计	个	2
9	内螺纹弯头	DN15	按设计	个	2
10	排水管	dn40	UPVC	m	—
11	进水软管	DN15	不锈钢	根	2
12	台板支撑架		配套	个	2
13	人造大理石台面	L×590	人造大理石	块	1

图 3-45　单柄水嘴台上式洗脸盆安装图

(3) 浴盆　设在住宅、宾馆、医院等卫生间或公共浴室，供人们清洁身体，如图 3-47 所示。浴盆配有冷热水或混合水嘴，并配有淋浴设备。浴盆的形式一般为长方形，也有正方形、斜边形。其规格有大型（1830mm×810mm×440mm）、中型［(1680～1520)mm×750mm×(410～350)mm］、小型（1200mm×650mm×360mm）。材质有陶瓷、搪瓷钢板、塑料、复合材料等，其中材质为亚克力的浴盆与肌肤接触的感觉很舒适。根据不同的功能要求，浴盆可分为裙板式浴盆、扶手式浴盆、防滑式浴盆、坐浴式浴盆及普通式浴盆等类型。

随着人们生活水平的提高，具体保健功能的盆型正在逐渐普及，如在浴盆中装有水力按摩装置，旋涡泵使水在池内搅动循环，进水口附带吸入空气的装置，气水混合的水流对人体

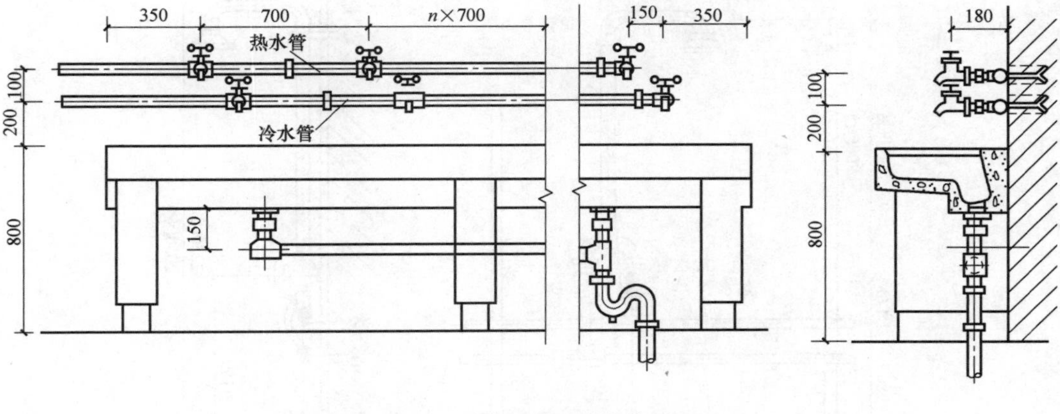

图 3-46　单面盥洗台安装图

进行按摩，且水流方向和冲力可以调节，能加强血液循环，松弛肌肉，消除疲劳。

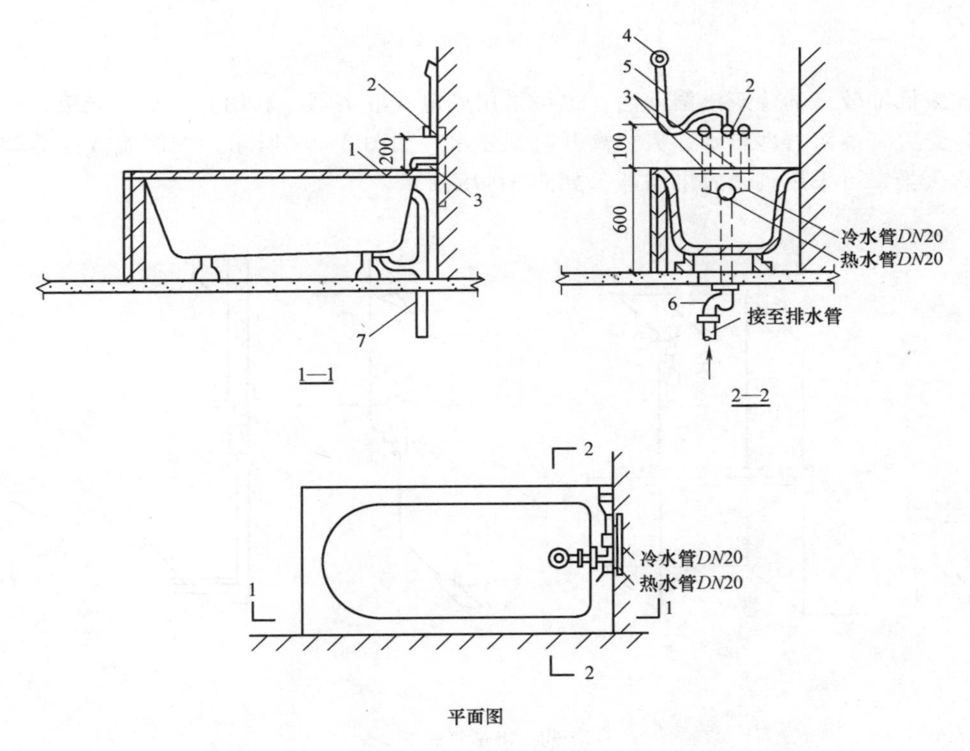

图 3-47　浴盆安装图

1—浴盆　2—混合阀门　3—给水管　4—莲蓬头　5—蛇皮管　6—存水弯　7—排水管

（4）淋浴器　多用于工厂、学校、机关、部队等单位的公共浴室和体育场馆内，也可安装在卫生间的浴盆上，作为配合浴盆一起使用的洗浴设备。淋浴器占地面积小，清洁卫生，避免疾病传染，耗水量小，设备费用低。有成品淋浴器，也可现场进行制作安装。图 3-48所示为现场制作安装的淋浴器。

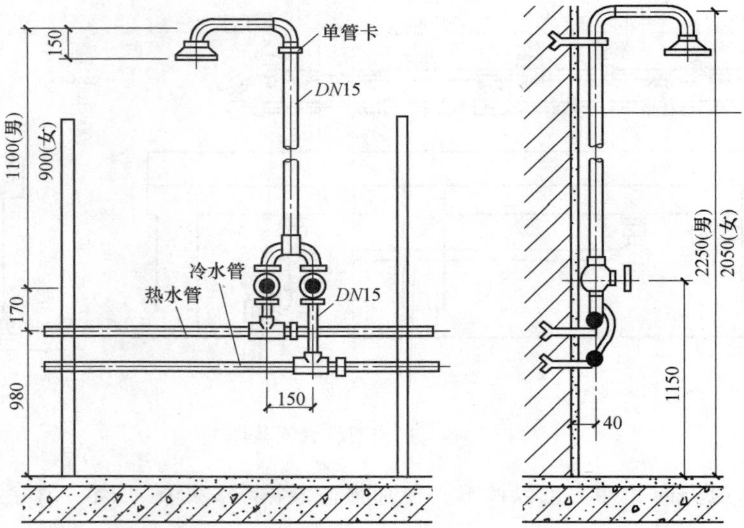

图 3-48　淋浴器安装图

在建筑标准较高的建筑淋浴间内，也可采用光电式淋浴器，利用光电打出光束，使用时人体挡住光束，淋浴器即出水，人体离开时即停水，如图 3-49a 所示。在医院或疗养院，为防止疾病传染，可采用脚踏式淋浴器，如图 3-49b 所示。

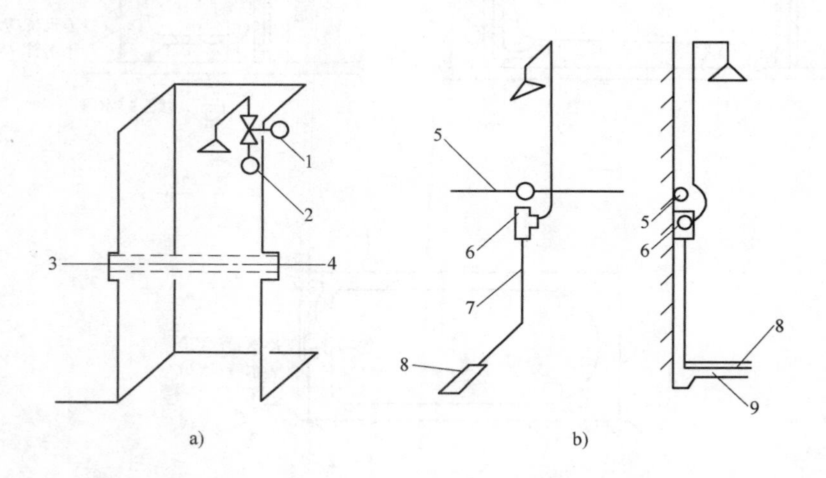

图 3-49　淋浴器类型

a）光电淋浴器　b）脚踏淋浴器

1—电磁阀　2、5—恒温水管　3—光源　4—接收器

6—脚踏水管　7—拉杆　8—脚踏板　9—排水沟

3. 洗涤用卫生器具

（1）洗涤盆　常设置在厨房或公共食堂内，用于洗涤碗碟、蔬菜等；医院的诊室、治疗室等处也需设置。洗涤盆有单格或双格之分，双格洗涤盆一格洗涤，另一格泄水，如

图 3-50所示。洗涤盆规格尺寸有大小之分，材质多为陶瓷或砖砌后瓷砖贴面，不锈钢制品质量较高。

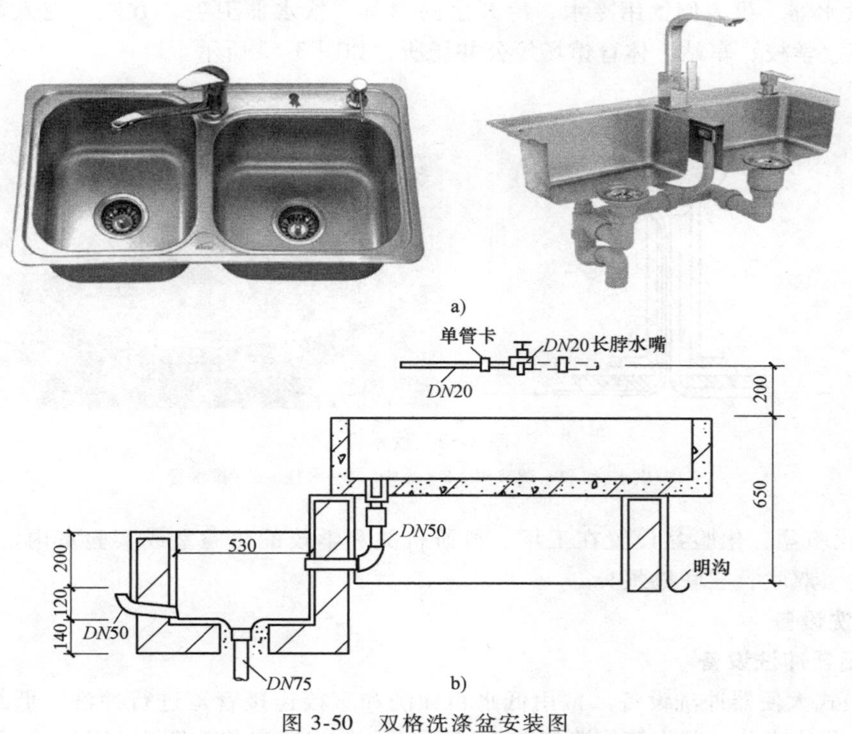

图 3-50　双格洗涤盆安装图

a）家用双格洗涤盆　b）公共食堂砖砌双格洗涤盆

（2）污水盆　污水盆又称污水池，常设置在公共建筑的厕所、盥洗室内，供洗涤拖把、打扫卫生或倾倒污水等。多为砖砌贴瓷砖现场制作安装，如图 3-51 所示。

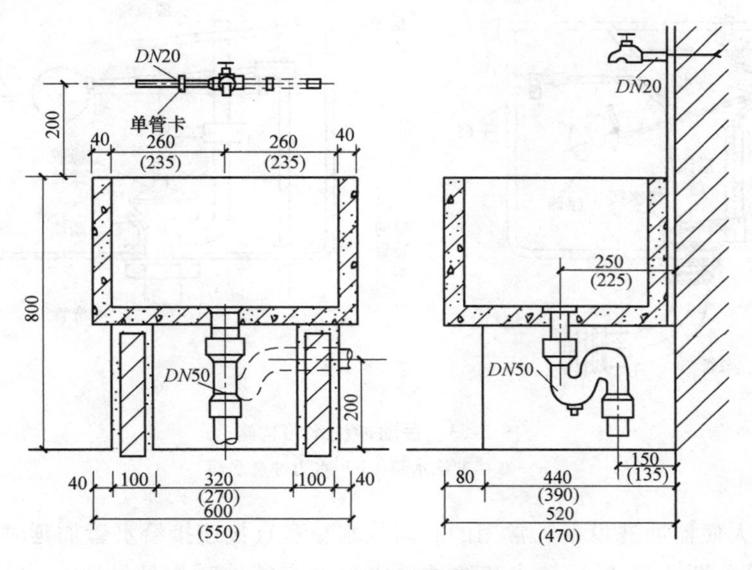

图 3-51　污水盆安装图

卫生器具及其给水配件的安装高度见附表4和附表5。

4. 专用卫生器具

(1) 饮水器　供人们饮用冷水、冷开水的器具。饮水器卫生、方便，受人欢迎，适宜设置在工厂、学校、车站、体育馆场等公共场所，如图3-52所示。

图3-52　饮水器

1—供水管　2—调节阀　3—喷嘴　4—水柱　5—排水管

(2) 化验盆　化验盆设置在工厂、科研机关和学校的化验室或实验室内，根据需要，可安装单联、双联、三联鹅颈头。

3.3.2　冲洗设备

1. 大便器冲洗设备

(1) 坐式大便器冲洗设备　常用低水箱冲洗和直接连接管道进行冲洗。低水箱与座体又有整体和分体之分，其水箱构造如图3-53所示，低水箱安装如图3-54所示。采用管道连接时必须设延时自闭式冲洗阀，如图3-55所示。

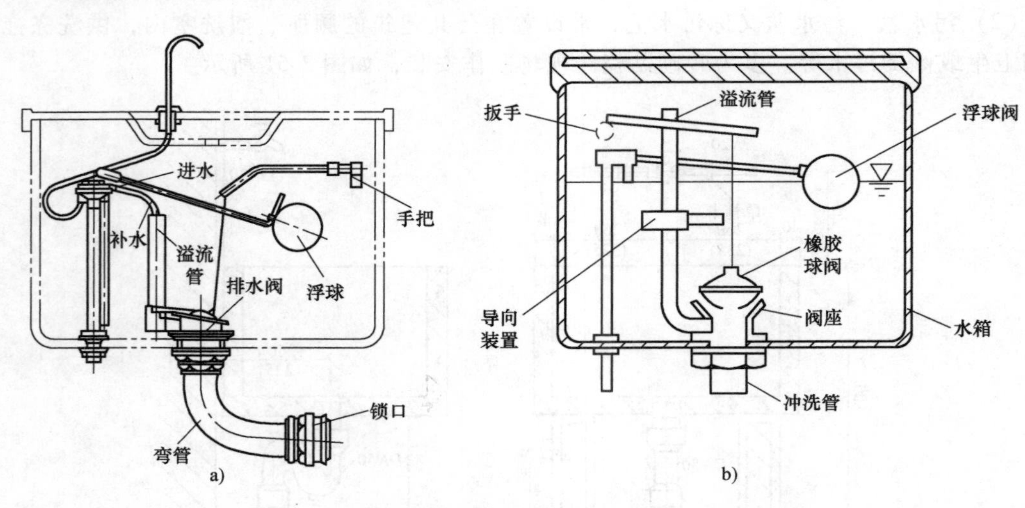

图3-53　手动冲洗水箱构造

a）双档冲洗水箱　b）水力冲洗水箱

(2) 蹲式大便器冲洗设备　常用的有高位水箱和直接连接给水管加延时自闭式冲洗阀。手动高水位水箱如图3-56所示。为节约冲洗水量，有条件时尽量设置自动冲洗水箱。延时

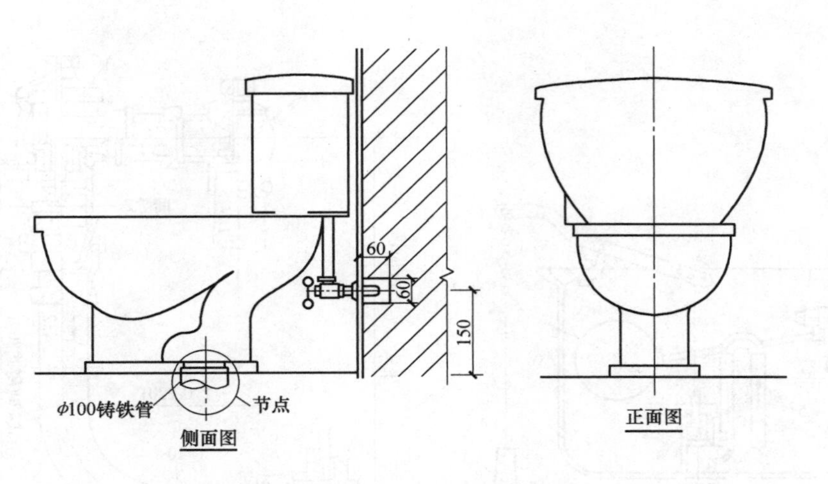

图 3-54　低水箱安装图

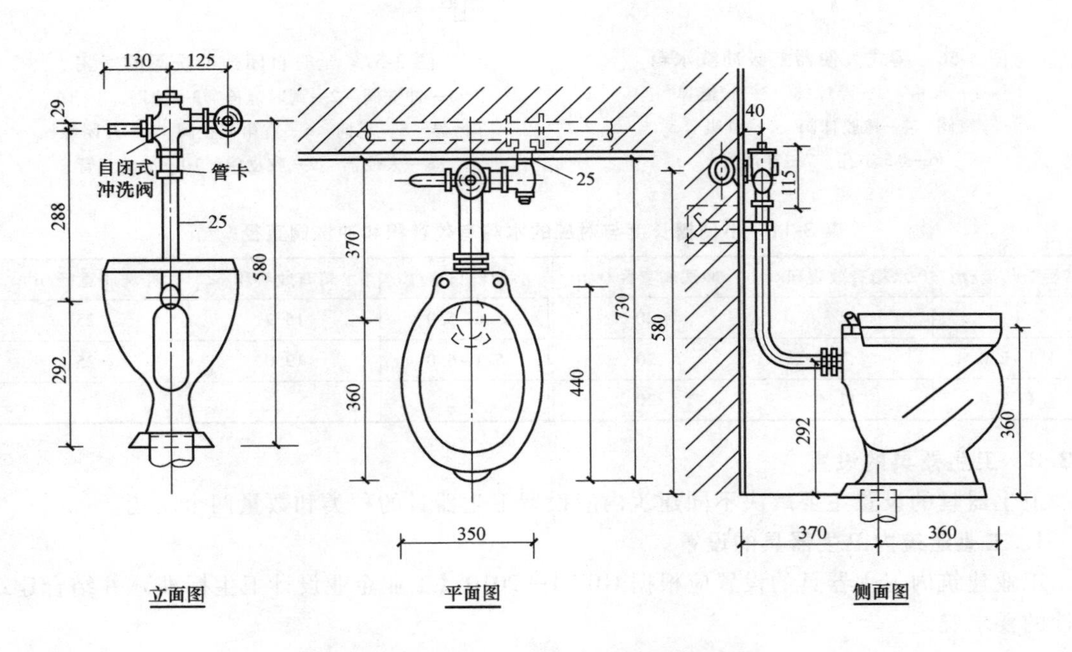

图 3-55　自闭式冲洗阀坐式大便器安装图

自闭式冲洗阀如图 3-57 所示。

2. 小便器和小便槽冲洗设备

（1）小便器冲洗设备　小便器冲洗设备常采用按钮式自闭式冲洗阀，既满足冲洗要求，又节约冲洗水量，如图 3-41 所示。

（2）小便槽冲洗设备　小便槽冲洗设备常采用多孔管冲洗，多孔管孔径为 2mm，与墙呈 45°角安装，可设置高位水箱或手动阀。为防止铁锈污染地面，除给水系统选用优质管材外，多孔管常采用塑料管。小便槽长度与对应的水箱有效容积和冲洗阀直径见表 3-11。

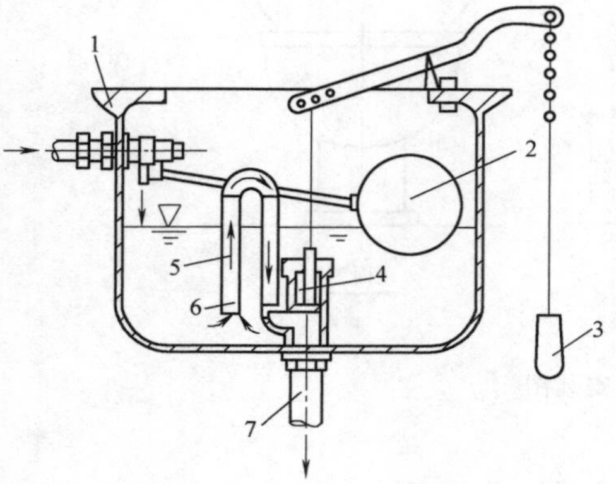

图 3-56　蹲式大便器虹吸冲洗水箱

1—水箱　2—浮球阀　3—拉链弹簧阀　4—橡胶球阀　5—虹吸管　6—ϕ5 小孔　7—冲洗管

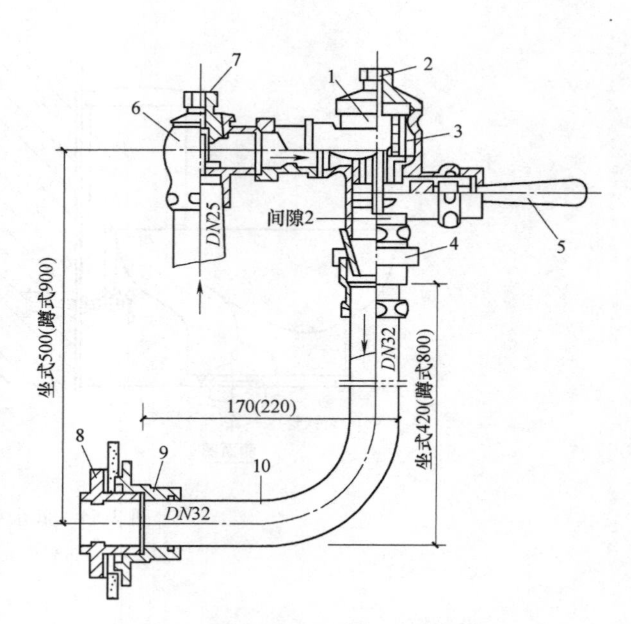

图 3-57　延时自闭式冲洗阀的安装

1—冲洗阀　2—调时螺栓　3—滤网　4—防污器　5—手柄　6—直角截止阀　7—开闭螺栓　8—大便器　9—胶皮碗　10—冲洗弯管

表 3-11　小便槽长度与对应的水箱有效容积和冲洗阀直径

小便槽长度/m	水箱有效容积/L	冲洗阀直径/mm	小便槽长度/m	水箱有效容积/L	冲洗阀直径/mm
1	3.8	20	3.6~5.0	15.2	25
1.1~2.0	7.6	20	5.1~6.0	19.0	25
2.1~3.5	11.4	20			

3.3.3　卫生器具的设置

卫生器具的设置主要解决不同建筑内应设置卫生器具的种类和数量两个问题。

1. 工业建筑内卫生器具的设置

工业建筑内卫生器具的设置应根据 GBZ 1—2010《工业企业设计卫生标准》并结合建筑设计的要求确定。

1）卫生特征 1 级、2 级的车间应设车间浴室；卫生特征 3 级的车间宜在车间附近或在厂区设置集中浴室；可能发生化学性灼伤及经皮肤吸收引起急性中毒的工作地点或车间，应设事故冲淋设施，并应保证不断水。

2）女浴室和卫生特征 1 级、2 级的车间浴室，不得设浴池。

3）女工卫生室的等候间应设洗手设备及洗涤池。处理间内应设温水箱及冲洗器。

2. 民用建筑内卫生器具的设置

民用建筑分为住宅和公共建筑，住宅分为普通住宅和高级住宅。公共建筑和住宅卫生器具设置的主要区别在于客房卫生间和公共卫生间。

1）普通住宅卫生器具的设置。普通住宅通常需在卫生间和厨房设置必需的卫生器具，每套住宅至少应配置便器、洗浴器、洗面器三件卫生器具。厨房内应设置洗涤盆和隔油具。

2）高级住宅卫生器具的设置。高级住宅包括别墅，一般都建有两个卫生间。在小卫生间内通常只设置一个蹲式大便器，在大卫生间内设置浴盆、洗脸盆、坐式便器和净身盆；当只建有一个面积较大的卫生间时，在卫生间内若设置了坐式大便器，则需考虑增设小便器和污水盆。厨房内应设两个单格洗涤盆、隔油具，有的还需设置小型贮水设备。

3）公共建筑内卫生器具的设置。客房卫生间内应设置浴盆、洗脸盆、坐式大便器和净身盆。考虑到使用方便，还应附设浴巾毛巾架、洗漱用具置物架、化妆板、衣帽钩、洗浴液盒、手纸盒、化妆镜、浴帘、剃须插座、烘手器、浴霸等。

公共建筑内的公共卫生间内常设置便溺用卫生器具、洗脸盆或盥洗槽、污水盆等，需要时可增设镜片、烘手器、皂液盒等。

4）公共浴室卫生器具的设置。公共浴室一般设有淋浴间、盆浴间，有的淋浴间还设有浴池，但女淋浴间不宜设浴池。淋浴间分为隔断的单间淋浴室和无隔断的通间淋浴室。单间淋浴室内常设有淋浴盆、洗脸盆和躺床。公共淋浴间内应设置冲脚池、洗脸盆及置放洗浴用品的平台。

公共浴室内洗浴器具的数量，一般可根据洗浴器具的负荷能力估算，浴盆 2 人/(h·个)，单间淋浴器 2~3 人/(h·个)，通间淋浴器 4~5 人/(h·个)，带隔断的单间淋浴器 4~5 人/(h·个)，洗脸盆 10~15 人/个。其平面布置既要紧凑，又要合理，应设置出入淋浴间不会相互干扰的通道。通间淋浴室应尽量避免淋浴者之间相互溅水而影响卫生，淋浴器中心距为 900~1100mm。

3. 卫生器具设置定额

不同建筑内卫生间由于使用情况不同，设置卫生器具的数量也不相同，除住宅和客房卫生间在设计时可统一设置外，各种用途的工业和民用建筑内公共卫生间卫生器具设置定额可按《工业企业设计卫生标准》《办公建筑设计规范》等选用。

1. 试述建筑给排水工程中常用的管材、连接方式。如何选用各种管材？
2. 建筑内部给水附件有哪些？适用条件如何？
3. 存水弯、检查口、清扫口各有哪几种？其构造、作用、规格以及设置的条件如何？
4. 建筑内部给水系统常用的水表有哪几种？各类水表主要性能参数有哪些？
5. 如何选用水表及计算水表的压力损失？
6. 卫生器具按用途一般分为哪几类？
7. 选定卫生器具时应满足哪些因素？
8. 卫生器具的冲洗设备有哪些？各有何缺点？

第4章 建筑给水系统

内容提要及学习要求

本章主要介绍室内给水系统的分类与组成、给水系统所需水压与水量，给水方式、给水管道的布置与敷设、给水设计秒流量、给水管网水力计算，以及给水增压与调节设备等内容，并分析水质污染的现象及原因，介绍水质污染的防止措施。

通过学习本章内容，要求学生能够熟悉室内给水系统的分类与组成，掌握室内给水系统水压、水量的计算方法，熟悉常用的室内给水系统给水方式，熟悉室内给水管道的布置和敷设原则，熟练掌握各类建筑给水管网水力计算方法，熟悉给水增压与调节设备，熟悉给水水质污染的原因及防止措施。

4.1 给水系统的分类与组成

建筑给水系统是指选择经济、合理、适用的最佳供水方式，将城镇给水管网或自备水源给水管网中的水，经配水管网送至室内各种卫生器具、用水嘴、生产装置和消防设备，供人们生活、生产和消防之用，并满足各类用水对水质、水量和水压要求的冷水供应系统。

4.1.1 给水系统的分类

给水系统按照其用途可分为生活给水系统、生产给水系统、消防给水系统三类。

1. 生活给水系统

生活给水系统是指供人们日常生活中饮用、烹饪、盥洗、洗涤、沐浴、冲厕、清洗地面和其他生活用途用水的给水系统。水质必须符合国家规定的 GB 5749—2006《生活饮用水卫生标准》。

2. 生产给水系统

生产给水系统是指供给各类产品在生产过程中所需的产品工艺用水、清洗用水、冷却用水、生产空调用水、稀释用水、除尘用水、锅炉用水等的给水系统。由于生产工艺和生产设备的不同，各类生产用水对水质、水量、水压的要求有较大的差异，有的低于生活饮用水标准，有的远远高于生活饮用水标准。

3. 消防给水系统

消防给水系统是指供给消火栓、消防软管卷盘、自动喷水灭火系统等消防设施扑灭火灾、控制火势用水的给水系统。消防用水对水质的要求不高，但必须按照《建筑设计防火规范》保证供应足够的水量和水压。

上述三类基本给水系统可以独立设置，也可根据各类用水对水质、水量、水压、水温的不同要求，结合室外给水系统的实际情况，经技术经济比较，兼顾社会、经济、技术、环境等因素的综合考虑，组成不同的共用给水系统。如生活-生产共用给水系统；生活-消防共用给水系统；生产-消防共用给水系统；生活-生产-消防共用给水系统等。

4.1.2 给水系统的组成

建筑内部给水系统如图4-1所示，一般情况下，由下列各部分组成。

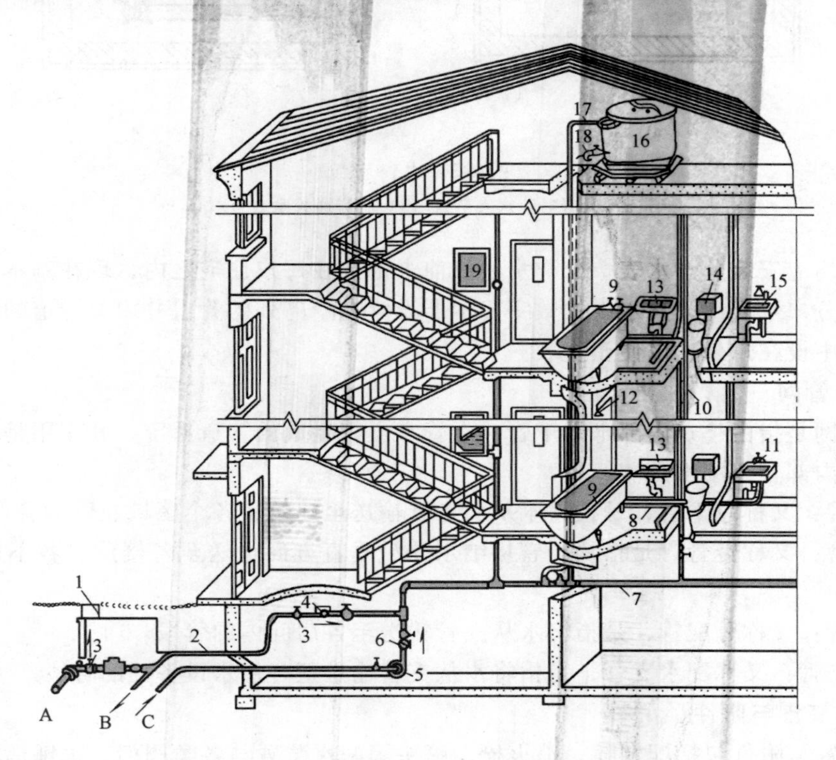

图4-1 建筑内部给水系统

1—阀门井 2—引入管 3—闸阀 4—水表 5—水泵 6—止回阀 7—干管 8—支管 9—浴缸 10—立管 11—水嘴 12—淋浴器 13—洗脸盆 14—大便器 15—洗涤盆 16—水箱 17—进水管 18—出水管 19—消火栓 A—从室外管网进水 B—入贮水池 C—来自贮水池

1. 水源

水源是指室外给水管网供水或自备水源。

2. 引入管

引入管是指从室外给水管网的接管点引至建筑物内的管段，一般又称进户管，是室外给水管网与室内给水管网之间的联络管段。引入管上一般设置水表、阀门等附件。

3. 水表节点

水表节点是安装在引入管上的水表及其前后设置的阀门和泄水装置的总称。水表用以计量该幢建筑的总用水量。水表前后的阀门用于水表检修、拆换时关闭管路。水表节点一般设在水表井中，如图4-2所示。温暖地区的水表井一般设在室外；寒冷地区为避免水表及管道冻裂，可将水表井设在采暖房间内或设置保温措施。

某些建筑内部给水系统中，需计量水量的某些部位和设备的配水管上也要安装水表。住

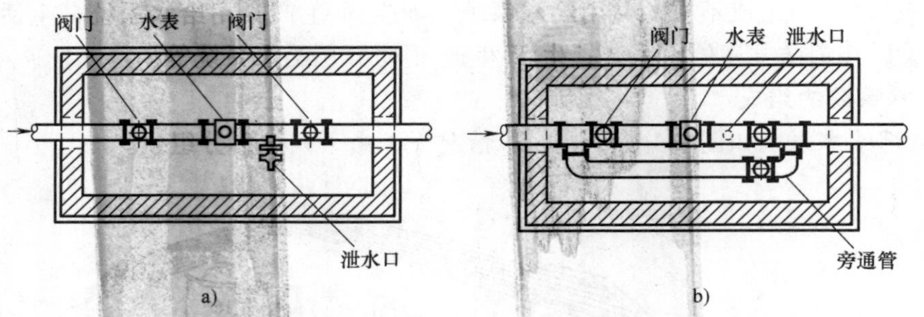

阀门 水表 阀门

泄水口

a)

阀门 水表 泄水口

旁通管

b)

图4-2 水表节点

a) 无旁通管水表节点 b) 有旁通管水表节点

宅建筑每户均应安装分户水表。分户水表以前大都设在每户住宅之内，现在基本上都采取水表出户，将分户水表或分户水表的数字显示器设置在户门外的管道井内、走道的壁龛内、水箱间，或集中设在户外，以便于查表。

4. 给水管网

给水管网是指由建筑内部水平干管、立管和支管组成的管道系统，其作用是将水输送和分配至建筑内部各个用水点。

1）干管：又称总干管，是指将水从引入管输送至建筑物各个区域立管的管段。

2）立管：又称竖管，是指从干管接纳水并沿垂直方向输送至各楼层、各不同标高处的管段。

3）支管：又称分配管，是指将水从立管输送至各房间内的管段。

4）分支管：又称配水支管，是指将水从支管输送至各用水设备处的管段。

5. 配水装置与附件

配水装置与附件包括配水嘴、消火栓、喷头等配水装置与各类阀门、水锤消除器、过滤器、减压孔板等管路给水附件。

6. 增压和贮水设备

当室外给水管网的水量、水压不能满足建筑用水要求，或建筑内对供水可靠性、水压稳定性有较高要求时，给水系统应设置增压和贮水设备，如水泵、水池、水箱、吸水井、气压给水装置等。

7. 给水局部处理设施

当用户对给水水质的要求超出我国现行《生活饮用水卫生标准》或因其他原因造成水质不能满足要求时，就需要设置一些设备、构筑物进行给水深度处理。

4.2 给水系统所需水压与水量

4.2.1 给水系统所需水压

建筑内部给水系统所需的水压、水量是确定给水系统供水方案，选择升压、调节、贮水设备的基本依据。

为满足卫生器具和用水设备用途要求而规定的，配水出口在单位时间流出的水量称为额定流量。各种配水装置为克服给水配件内摩阻、冲击及流速变化等阻力，其额定出流流量所需的最小静水压力称为最低工作压力。若给水系统水压能够满足某一配水点所需水压，那么系统中其他用水点的压力均能满足，则称该点为给水系统中的最不利配水点。最不利配水点一般为管网最高最远点。

选择给水方式时，可按建筑物的层数粗略估计所需最小服务压力值，从地面算起，一般建筑物一层为 100kPa，二层为 120kPa，三层及三层以上的建筑物，每增加一层，压力增加 40kPa。

要满足建筑内部给水系统各配水点单位时间内所需的水量，给水系统的水压（自室外引入管起点管中心标高算起）应保证最不利配水点具有足够的流出水头（即最低工作压力）。建筑内部给水系统所需水压如图 4-3 所示，其计算公式为

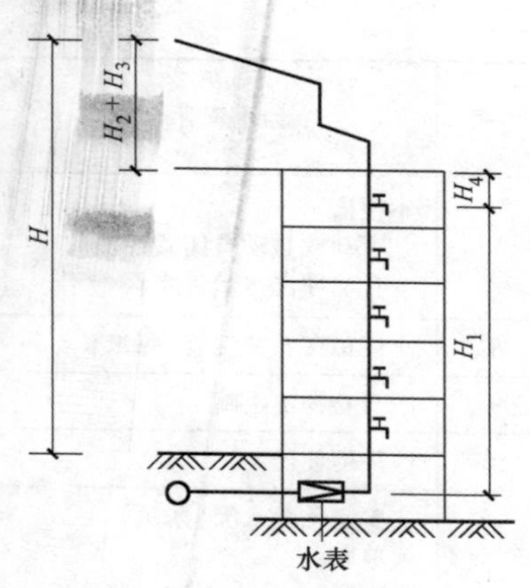

图 4-3　建筑内部给水系统所需水压

$$H=H_1+H_2+H_3+H_4 \tag{4-1}$$

式中　H——建筑内部给水系统所需水压（kPa）；

H_1——引入管起点至最不利配水点所需的静水压力（kPa）；

H_2——引入管起点至最不利配水点的给水管路（即计算管路）的沿程与局部水头损失之和（kPa）；

H_3——水流通过水表时的水头损失（kPa）；

H_4——最不利配水点所需的最低工作压力（kPa），见表 4-1。

表 4-1　卫生器具的给水额定流量、当量数、连接管公称管径和最低工作压力

序号	给水配件名称	给水额定流量/(L/s)	当量数	连接管公称管径/mm	最低工作压力/MPa
1	洗涤盆、拖布盆、盥洗槽				
	单阀水嘴	0.15~0.20	0.75~1.00	15	0.050
	单阀水嘴	0.30~0.40	1.50~2.00	20	0.050
	混合水嘴	0.15~0.20(0.14)	0.75~1.00(0.70)	15	0.050
2	洗脸盆				
	单阀水嘴	0.15	0.75	15	0.050
	混合水嘴	0.15(0.10)	0.75(0.50)	15	0.050
3	洗手盆				
	感应水嘴	0.10	0.50	15	0.050
	混合水嘴	0.15(0.10)	0.75(0.50)	15	0.050
4	浴盆				
	单阀水嘴	0.20	1.00	15	0.050
	混合水嘴(含带淋浴转换器)	0.24(0.20)	1.20(1.00)	15	0.050~0.070
5	淋浴器				
	混合阀	0.15(0.10)	0.75(0.50)	15	0.050~0.100
6	大便器				
	冲洗水箱浮球阀	0.10	0.50	15	0.020
	延时自闭式冲洗阀	1.20	6.00	25	0.100~0.150

（续）

序号	给水配件名称	给水额定流量/(L/s)	当量数	连接管公称管径/mm	最低工作压力/MPa
7	小便器 手动或自动自闭式冲洗阀 自动冲洗水箱进水阀	 0.10 0.10	 0.50 0.50	 15 15	 0.050 0.020
8	小便槽穿孔冲洗管（每米长）	0.05①	0.25	15~20	0.015
9	净身盆冲洗水嘴	0.10(0.07)	0.50(0.35)	15	0.050
10	医院倒便器	0.20	1.00	15	0.050
11	实验室化验水嘴（鹅颈） 单联 双联 三联	 0.07 0.15 0.20	 0.35 0.75 1.00	 15 15 15	 0.020 0.020 0.020
12	饮水器喷嘴	0.05	0.25	15	0.050
13	洒水栓	0.40 0.70	2.00 3.50	20 25	0.050~0.100 0.050~0.100
14	室内地面冲洗水嘴	0.20	1.00	15	0.050
15	家用洗衣机水嘴	0.20	1.00	15	0.050

注：1. 括号内的数值是在有热水供应时，单独计算冷水或热水时使用。
2. 当浴盆上附设淋浴器或混合水嘴有淋浴器转换开关时，其额定流量数和当量数只计水嘴，不计淋浴器，但水压应按淋浴器计。
3. 家用燃气热水器所需水压按产品要求和热水供应系统最不利配水点所需工作压力确定。
4. 绿地的自动喷灌应按产品要求设计。
5. 如为充气水嘴，其额定流量为表中同类配件额定流量的70%。
6. 当卫生器具给水配件所需额定流量和最低工作压力有特殊要求时，其值应按产品要求确定。
① 小便槽穿孔冲洗管的给水额定流量是以单位长度来计的，即定额流量为0.05L/(m·s)。

4.2.2　给水系统所需水量

建筑给水系统所需水量是选择给水系统的水量调节、贮存设备的基本依据。建筑内部用水包括生活、生产和消防三部分用水。

1）生活用水量。生活用水量是指为满足生活上的各种需要而消耗的用水量，它与建筑物内卫生设备的完善程度、当地气候、使用者的生活习惯、水价等因素有关，可根据国家制定的用水定额、小时变化系数和用水单位数等来确定。生活用水量的特点是用水量不均匀。

2）生产用水量。生产用水量要根据生产工艺过程、设备情况、产品性质、地区条件等因素确定。其计算方法有两种：按消耗在单位产品的水量计算；按单位时间内消耗在生产设备上的用水量计算。生产用水量一般比较均匀。

3）消防用水量。与建筑物的使用性质、规模、耐火等级和火灾危险程度等密切相关，为保证灭火效果，建筑内部消防用水量应按规定根据同时开启消防灭火设备的用水量之和计算。消防用水量的特点是水量大且集中。

给水系统用水量根据用水定额、小时变化系数和用水单位数，可按式（4-2）~式（4-5）计算

$$Q_{\mathrm{d}} = mq_{\mathrm{d}} \tag{4-2}$$

$$Q_{\mathrm{p}} = \frac{Q_{\mathrm{d}}}{T} \tag{4-3}$$

$$K_h = \frac{Q_h}{Q_p} \tag{4-4}$$

$$Q_h = Q_p K_h \tag{4-5}$$

式中　Q_d——最高日用水量（L/d）；

m——用水单位数，如人数、床位数等，工业企业建筑为每班人数；

q_d——最高日生活用水定额［L/(人·d)、L/(床·d) 或 L/(人·班) 等］；

Q_p——平均小时用水量（L/h）；

T——建筑物的日用水时间，工业企业建筑为每班用水时间（h）；

K_h——小时变化系数；

Q_h——最大小时用水量（L/h）。

若工业企业为分班工作制，则最高日用水量 $Q_d = mq_d n$，其中 n 为生产班数；若每班生产人数不等，则 $Q_d = \sum_{i=1}^{n} m_i q_d$。

各类建筑的最高日生活用水定额及小时变化系数见表 4-2～表 4-4。

表 4-2　住宅最高日生活用水定额及小时变化系数

住宅类型		卫生器具设置标准	最高日生活用水定额 q_d /[L/(人·d)]	小时变化系数 K_h	日用水时间 T/h
普通住宅	Ⅰ	有大便器、洗涤盆	85～150	3.0～2.5	24
	Ⅱ	有大便器、洗脸盆、洗涤盆、洗衣机、热水器和沐浴设备	130～300	2.8～8.3	24
	Ⅲ	有大便器、洗脸盆、洗涤盆、洗衣机、集中热水供应(或家用热水机组)和沐浴设备	180～320	2.5～2.0	24
别墅		有大便器、洗脸盆、洗涤盆、洗衣机、洒水栓、家用热水机组和沐浴设备	200～350 (300～400)	2.3～1.8	24

注：1. 直辖市、经济特区、省会、首府及部分省（广东、福建、浙江、江苏、湖南、湖北、四川、广西、安徽、江西、湖南、云南、贵州）的特大城市（市区和近郊区非农业人口 100 万及以上的城市）可取上限；其他地区可取中、下限。

2. 当地主管部门对住宅生活用水标准有规定的，按当地规定执行。

3. 别墅用水定额中含庭院绿化用水、汽车洗车水。

4. 表中用水定额为全部用水量。当采用分质供水时，有直饮水系统的，应扣除直饮水用水定额；有杂用水系统的，应扣除杂用水定额。

5. 括号内数字为参考数。

表 4-3　宿舍、旅馆和公共建筑的最高日生活用水定额及小时变化系数

序号	建筑物名称	最高日生活用水定额 q_d		日用水时间 T/h	小时变化系数 K_h
		计量标准	用水量/L		
1	宿舍				
	Ⅰ类、Ⅱ类	每人每日	150～200	24	3.0～2.5
	Ⅲ类、Ⅳ类	每人每日	100～150	24	3.5～3.0
2	招待所、培训中心、普通旅馆				
	设公用盥洗室	每人每日	50～100	24	3.0～2.5
	设公用盥洗室、淋浴室	每人每日	80～130	24	3.0～2.5
	设公用盥洗室、淋浴室、洗衣室	每人每日	100～150	24	3.0～2.5
	设单独卫生间、公用洗衣室	每人每日	120～200	24	3.0～2.5

（续）

序号	建筑物名称	最高日生活用水定额 q_d		日用水时间 T/h	小时变化系数 K_h
		计量标准	用水量/L		
3	酒店式公寓	每人每日	200~300	24	2.5~2.0
4	宾馆客房				
	旅客	每床位每日	250~400	24	2.5~2.0
	员工	每人每日	80~100	24	2.5~2.0
5	医院住院部				
	设公用盥洗室	每床位每日	100~200	24	2.5~2.0
	设公用盥洗室、淋浴室	每床位每日	150~250	24	2.5~2.0
	设单独卫生间	每床位每日	250~400	24	2.5~2.0
	医务人员	每人每班	150~250	8	2.0~1.5
	门诊部、诊疗所	每病人每次	10~15	8~12	1.5~1.2
	疗养院、休养所住房部	每床位每日	200~300	24	2.0~1.5
6	养老院、托老所				
	全托	每人每日	100~150	24	2.5~2.0
	日托	每人每日	50~80	10	2.0
7	幼儿园、托儿所				
	有住宿	每儿童每日	50~100	24	3.0~2.5
	无住宿	每儿童每日	30~50	10	2.0
8	公共浴室				
	淋浴	每顾客每次	100	12	2.0~1.5
	浴盆、淋浴	每顾客每次	120~150	12	2.0~1.5
	桑拿浴（淋浴、按摩池）	每顾客每次	150~200	12	2.0~1.5
9	理发室、美容院	每顾客每次	40~100	12	2.0~1.5
10	洗衣房	每千克干衣	40~80	8	1.5~1.2
11	餐饮场所				
	中餐酒楼	每顾客每次	40~60	10~12	1.5~1.2
	快餐店、职工及学生食堂	每顾客每次	20~25	12~16	1.5~1.2
	酒吧、咖啡馆、茶座、卡拉 OK 房	每顾客每次	5~15	8~18	1.5~1.2
12	商场				
	员工及顾客	每平方米营业厅面积每日	5~8	12	1.5~1.2
13	图书馆	每人每次	5~10	8~10	1.5~1.2
14	书店	每平方米营业厅面积每日	3~6	8~12	1.5~1.2
15	办公楼	每人每班	30~50	8~10	1.5~1.2
16	教学、实验楼				
	中小学校	每学生每日	20~40	8~9	1.5~1.2
	高等院校	每学生每日	40~50	8~9	1.5~1.2
17	电影院、剧院	每观众每场	3~5	3	1.5~1.2
18	会展中心（博物馆、展览馆）	每平方米展厅面积每日	3~6	8~16	1.5~1.2
19	健身中心	每人每次	30~50	8~12	1.5~1.2
20	体育场（馆）				
	运动员淋浴	每人每次	30~40	4	3.0~2.0
	观众	每人每场	3	4	1.2
21	会议厅	每座位每次	6~8	4	1.5~1.2

（续）

序号	建　筑　物　名　称	最高日生活用水定额 q_d		日用水时间 T/h	小时变化系数 K_h
		计量标准	用水量/L		
22	航站楼、客运站旅客	每人次	3~6	8~16	1.5~1.2
23	菜市场地面冲洗及保鲜用水	每平方米每日	10~20	8~10	2.5~2.0
24	停车库地面冲洗水	每平方米每次	2~3	6~8	1.0

注：1. 除养老院、托儿所、幼儿园的用水定额中含食堂用水外，其他均不含食堂用水。
2. 除注明外，均不含员工生活用水，员工用水定额为每人每班 40~60L。
3. 医疗建筑用水中已含医疗用水。
4. 表中用水量包括热水用量在内，空调用水应另计。
5. 宿舍分类如下：
Ⅰ类：博士研究生、教师和企业科技人员，每居室 1 人，有单独卫生间。
Ⅱ类：硕士研究生，每居室 2 人，有单独卫生间。
Ⅲ类：高等学校的本科、专科学生，每居室 3~4 人，有相对集中的卫生间。
Ⅳ类：中等学校的学生和工厂企业的职工，每居室 6~8 人，有集中盥洗卫生间。

表 4-4　工业企业建筑最高日生活、淋浴用水定额

<table>
<tr><td colspan="2">最高日生活用水定额 q_d[L/(人·班)]</td><td colspan="2">小时变化系数 K_h</td><td>备注</td></tr>
<tr><td colspan="2">30~50</td><td colspan="2">2.5~1.5</td><td>每班工作时间以8h计</td></tr>
<tr><td colspan="4">工业企业建筑淋浴用水定额</td><td rowspan="7">淋浴用水延续时间为 1h</td></tr>
<tr><td colspan="3">车间卫生特征</td><td rowspan="2">每人每班淋浴用水定额/L</td></tr>
<tr><td>有毒物质</td><td>生产性粉尘</td><td>其他</td></tr>
<tr><td>极易经皮肤吸收引起中毒的剧毒物质(如有机磷、三硝基甲苯、四乙基铅等)</td><td>—</td><td>处理传染性材料、动物原料(如皮毛等)</td><td rowspan="2">60</td></tr>
<tr><td>易经皮肤吸收的物质、有恶臭的物质、高毒物质(如丙烯腈、吡啶、苯酚等)</td><td>严重污染全身或对皮肤有刺激的粉尘(如炭黑、玻璃棉等)</td><td>高温作业、井下作业</td></tr>
<tr><td>其他毒物</td><td>一般粉尘(如棉尘)</td><td>重作业</td><td rowspan="2">40</td></tr>
<tr><td colspan="3">不接触有毒物质及粉尘,不污染或轻度污染身体(如仪表制造、金属冷加工等)</td></tr>
</table>

4.3　给水方式

室内给水方式是指建筑内部给水系统的供水方案。它是由建筑功能、建筑高度、配水点的布置情况、室内所需的水压和水量及室外管网的水压和水量等因素，通过综合评判法确定的。合理的给水方式应综合考虑工程涉及的各种因素，如技术因素（供水可靠性、水质对城市给水系统的影响、节水节能效果、操作管理、自动化程度等）、经济因素（基建投资、年经常费用、现值等）、社会和环境因素（对建筑立面和城市观瞻的影响、对结构和基础的影响、占地对环境的影响、建设难度和建设周期、抗寒防冻性能、分期建设的灵活性、对使用带来的影响等）。

4.3.1　依靠外网压力的给水方式

1. 直接给水方式

当室外给水管网提供的水量、水压在一天内任何时候均能满足建筑室内管网最不利配水点的用水要求时，可利用室外给水管网直接给水。直接给水方式最简单、最经济，如图 4-4所示，一般单层和层数较少的多层建筑采用这种给水方式。

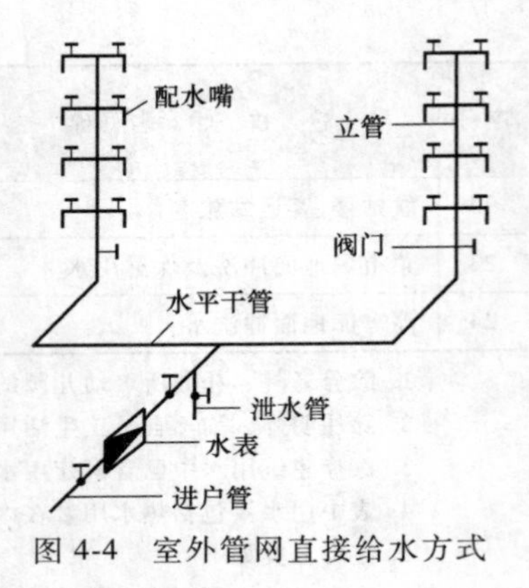

图 4-4　室外管网直接给水方式

直接给水方式的特点：可充分利用室外管网水压，节约能源，减少水质受污染的可能性，且给水系统简单，投资省；但室外管网一旦停水，室内立即断水，供水可靠性差。

2. 单设水箱的给水方式

当室外给水管网供水压力大部分时间满足要求，仅在用水高峰时段由于用水量增加，室外管网中水压降低而不能保证建筑上层用水时；或者建筑内部要求水压稳定，并且该建筑具备设置高位水箱的条件时，可采用这种方式。该方式在非用水高峰时段，利用室外给水管网直接供水并向水箱充水；用水高峰时段，水箱出水供给给水系统，从而达到调节水压和水量的目的。单设水箱的给水方式一般有下行上给式和上行下给式两种做法，如图 4-5 所示。

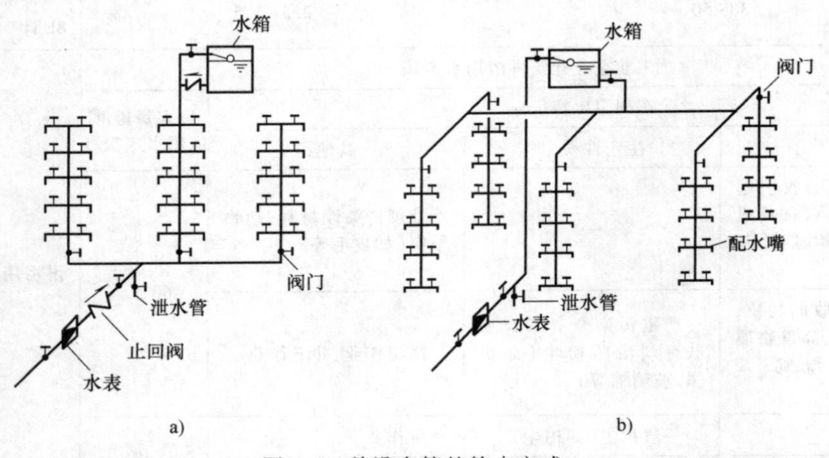

图 4-5　单设水箱的给水方式

a）下行上给式　b）上行下给式

4.3.2　增压给水方式

1. 设水泵的给水方式

当室外给水管网水压经常性不足时，可采用设水泵的给水方式，如图 4-6 所示。当建筑内部用水量大且较均匀时，可采用恒速水泵供水；当建筑内部用水不均匀时，宜采用多台水泵联合运行供水，以提高水泵的效率。

为充分利用室外管网压力，节约电能，可将水泵直接与室外管网连接，这时应设旁通管，如图 4-6a 所示。值得注意的是，因水泵直接从室外管网抽水，有可能使外网压力降低，影响外网上其他用户用水，严重时还可能造成外网局部负压，在管道接口不严密处，其周围土壤中的水会吸入管内，造成水质污染。采用这种方式，必须征得供水部门的同意，并在管道连接处采取必要的防护措施，以防污染。为避免上述问题，可在系统中增设贮水池，采用水泵与室外管网间接连接的方式，如图4-6b所示。但是采用这种方式时，水泵从贮水池吸水，水泵扬程不能利用外网水压，电能消耗较大。

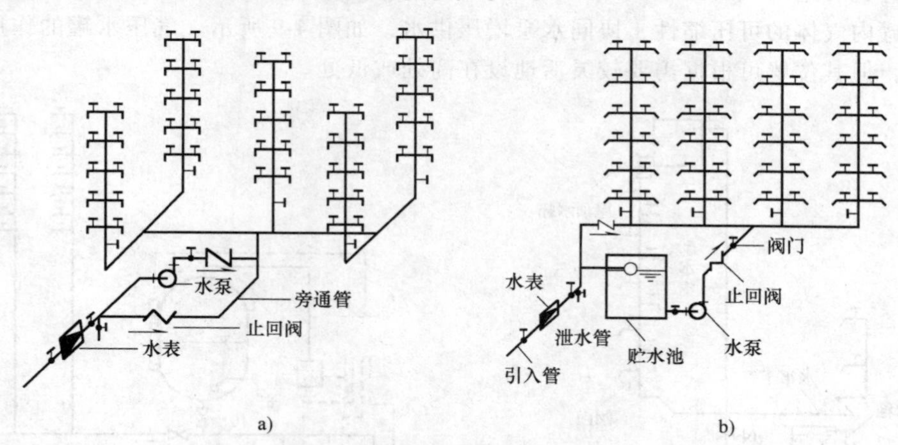

图4-6　设水泵的给水方式

在无水箱的供水系统中，目前大都采用变频调速水泵。这种水泵的构造与恒速水泵一样，也是离心式水泵，不同的是配用变速配电装置，其转速可随时调节，从而改变水泵的流量、扬程和功率，使水泵的出水量随时与管网的用水量一致，对不同的流量都可以在较高效率范围内运行，以节约电能。

控制变频调速水泵的运行需要一套自动控制装置，在高层建筑供水系统中常采取水泵出水管处压力恒定的方式来控制变频调速水泵。其原理是：在水泵的出水管上装设压力检出传送器，将此压力值信号输入压力控制器，并与压力控制器内原先给定的压力值相比较，根据比较的差值信号来调节水泵的转速。

这种方式一般适用于生产车间、住宅楼或居住小区的集中增压供水系统，水泵开停采用自动控制或采用变速电动机。

2. 设水泵和水箱的给水方式

当室外给水管网的水压低于或经常不满足建筑内部给水管网所需的水压，且室内用水不均匀，允许直接从外网抽水时，可采用设水泵和水箱的给水方式，如图4-7所示。该方式中的水泵能及时向水箱供水，可减小水箱容积；水箱具有调节作用，水泵出水量稳定，能保证水泵在高效区运行。

3. 设贮水池、水泵和水箱的给水方式

当建筑用水可靠性要求高，室外管网水量、水压经常不足，不允许直接从外网抽水，或外网不能保证建筑的高峰用水，且用水量较大，再或是要求贮备一定容积的消防水量者，都应采用这种给水方式，如图4-8所示。

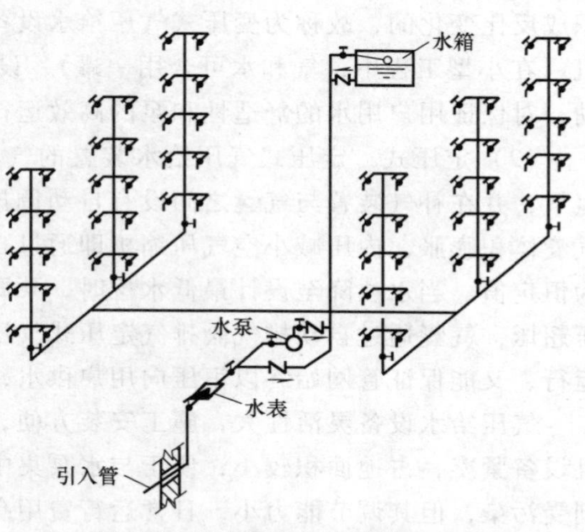

图4-7　设水泵和水箱的给水方式

4. 气压给水方式

当室外给水管网压力低于或经常不能满足室内所需水压，室内用水不均匀，且不宜设置高位水箱时，可采用气压给水方式。该方式即在给水系统中设置气压给水设备，利用该设备中气压水罐内气体的可压缩性，协同水泵增压供水，如图 4-9 所示。气压水罐的作用相当于高位水箱，但其位置可根据需要较灵活地设在高处或低处。

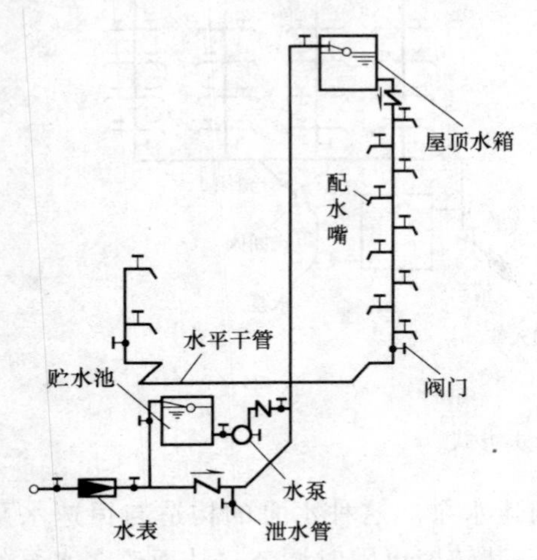

图 4-8　设贮水池、水泵和水箱的给水方式

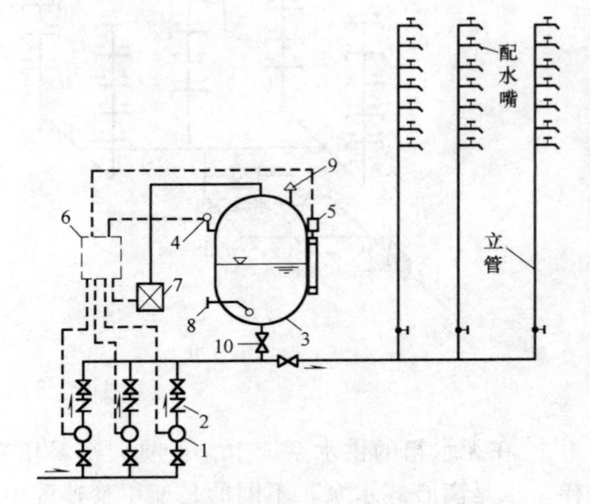

图 4-9　气压给水方式

1—水泵　2—止回阀　3—气压水罐　4—压力信号罐
5—液位信号器　6—控制器　7—补气装置
8—排气阀　9—安全阀　10—阀门

气压给水设备可分为变压式和定压式两种。

(1) 变压式　当用水量需求小于水泵出水量时，多余的水泵出水进入气压水罐，罐内空气因被压缩而增压，至高限（相当于最高水位）时，压力继电器会发出指令自动停泵，依靠罐内水表面上的压缩空气的压力将水输送至用户。当罐内水位下降至设计最低水位时，罐内空气因膨胀而减压，压力继电器又会发出指令自动启泵。罐内的气压是与压缩空气的体积成反比变化的，故称为变压式气压给水设备。它常用于中小型给水工程，可不设空气压缩机（在小型工程中，气和水可合用一罐），设备较定压式气压给水设备简单，但因压力有波动，对保证用户用水的舒适性和泵的高效运行均是不利的。

(2) 定压式　定压式气压给水装置的气压水罐内部加设气囊，气囊内充入高压空气或氮气，并在补气装置与气囊之间设有自动调压阀，当用户用水，气压水罐内的水位下降时，气囊体积膨胀，内压减小空气压缩机即通过自动调压阀自动向气囊内补气，保持气囊内气压为恒定值。当水位降至设计最低水位时，泵即自动开启向水罐充水，水量增加，气囊压缩气压超压，气囊通过自动排气阀排气定压式气压给水装置既能保证水泵始终稳定在高效范围内运行，又能保证管网始终以恒压向用户供水，但需专设空气压缩机，并且启动较频繁。

气压给水设备灵活性大，施工安装方便，便于扩建、改建和拆迁，可以设在水泵房内，且设备紧凑，占地面积较小，便于与水泵集中管理；供水可靠，且水在密闭系统中流动不会到受污染，但其调节能力小，日常运行费用高。

地震区建筑、临时性建筑，因建筑艺术等要求不宜设高位水箱或水塔的建筑，及有隐蔽要求的建筑，都可以采用气压给水设备；但对于压力要求稳定的用户不宜采用。

4.3.3　分区给水方式

对于高层建筑来说，室外给水管网的压力往往只能满足建筑下部若干层的供水要求，此时，可以采用分区给水方式。为了节约能源，有效地利用外网的水压，常将建筑物设置成低区由室外给水管网直接供水，高区由增压贮水设备供水，如图 4-10 所示。为保证供水的可靠性，可将低区与高区的一根或几根立管相连接，在分区处设置阀门，以备低区进水管发生故障或外网压力不足时，打开阀门由高区向低区供水。

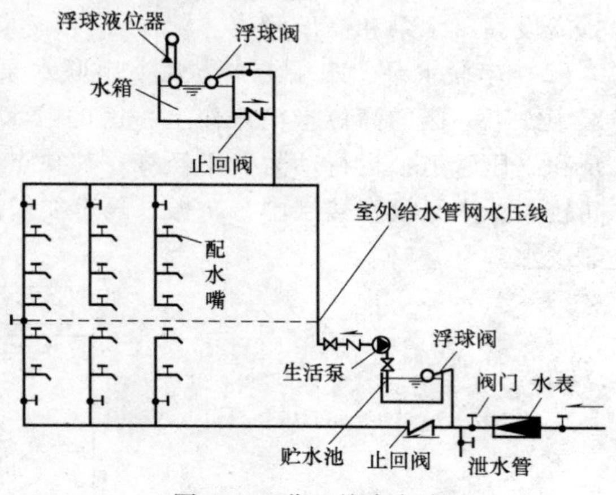

图 4-10　分区给水方式

对于高层建筑需要增压供水的上部楼层，可采取设置高位水箱分区和无水箱分区两类给水方式。其中，设置高位水箱分区给水方式有并联水泵、水箱给水方式，串联水泵、水箱给水方式，减压水箱给水方式和减压阀给水方式；无水箱分区给水方式有并联水泵分区给水方式，串联水泵分区给水方式和减压阀分区给水方式。

1. 设置高位水箱分区给水方式

这种给水方式是在建筑上部设置高位水箱，向下供水。水箱除具有保证管网正常水压的作用外，还兼具贮存、调节、减压作用。

(1) 并联水泵、水箱给水方式　并联水泵、水箱给水方式是指每一分区分别设置一套独立的水泵和高位水箱，向各分区供水。其中，水泵一般集中设置在建筑的地下室或底层，如图 4-11 所示。其优点是各区自成一体，互不影响；水泵集中，管理维护方便；运行动力

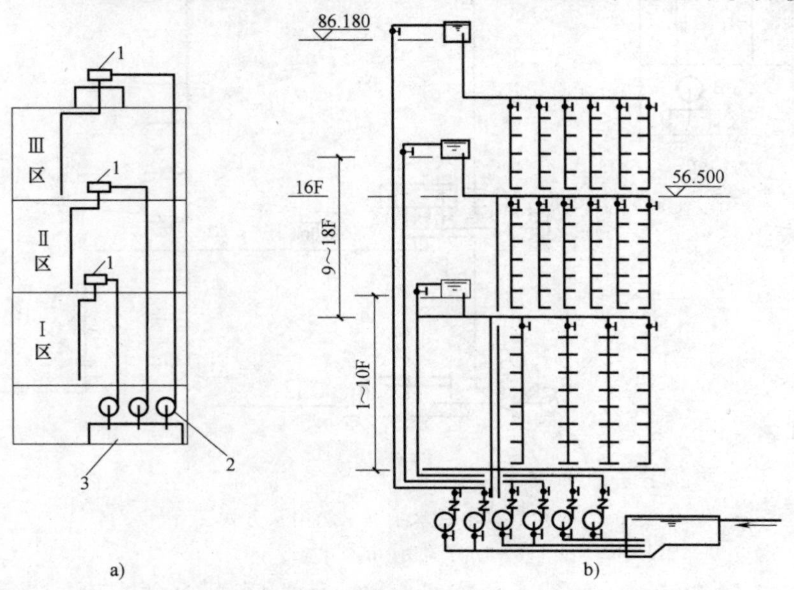

图 4-11　并联水泵、水箱给水方式

a) 示意图　b) 示例

1—水箱　2—水泵　3—贮水池

费用较低。其缺点是水泵数量较多，管材消耗较多，设备费用偏高；分区水箱占用楼层空间多；需设高压水泵和高压管道。

（2）串联水泵、水箱给水方式　串联水泵、水箱给水方式是指水泵分散设置在各区的楼层中，下一区的高位水箱兼作上一区的贮水池，如图 4-12 所示。其优点是无需设置高压水泵和高压管道；运行动力费用经济。其缺点是水泵分散设置，连同水箱所占楼层的平面、空间较大；水泵设在楼层中，防振、隔声要求高；管理维护不变；若下部发生故障，将影响上部供水。

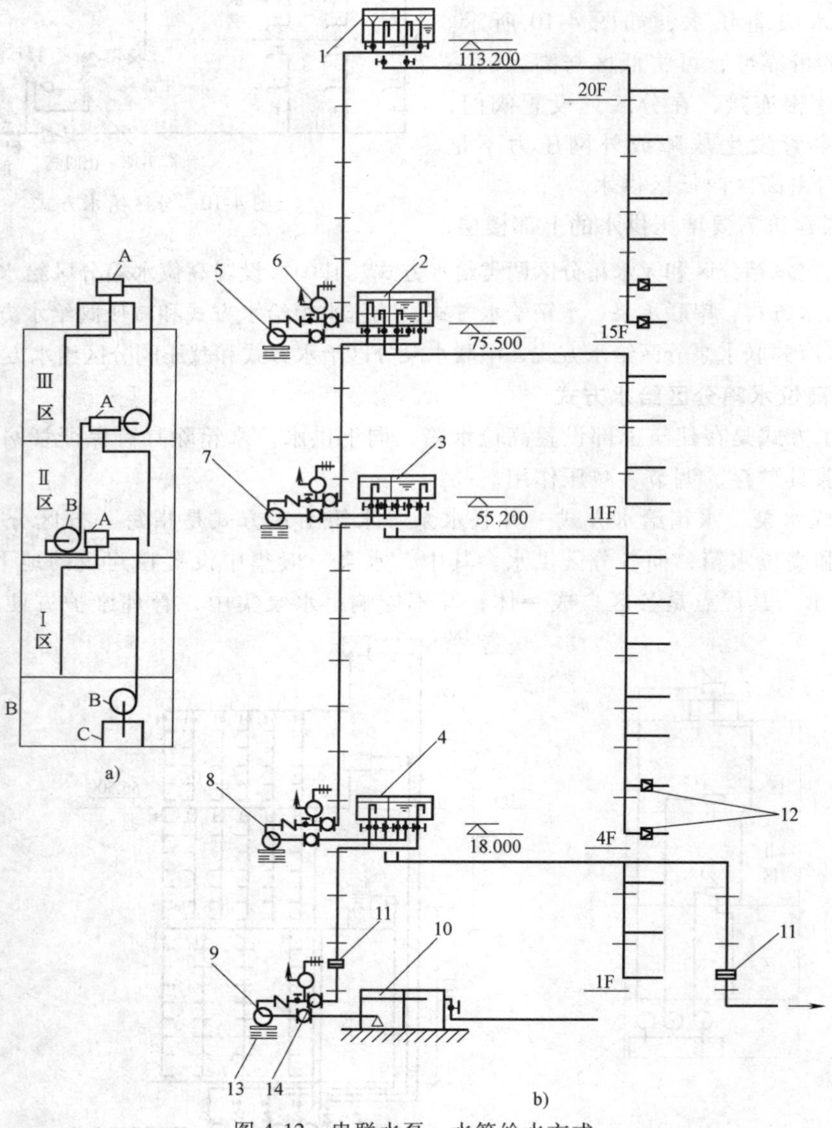

图 4-12　串联水泵、水箱给水方式

a）示意图　b）示意

1—顶区水箱　2—高区水箱　3—中区水箱　4—低区水箱　5—顶区加压泵　6—水锤消除器　7—高区加压泵　8—中区加压泵　9—低区加压泵　10—贮水池　11—孔板流量计　12—减压阀　13—减振台　14—软接头

A—水箱　B—水泵　C—贮水池

（3）减压水箱给水方式　减压水箱给水方式是指由设置在底层（或地下室）的水泵将整栋建筑的用水量提升至屋顶水箱，然后再分送给各分区水箱，分区水箱起到减压的作用，如图 4-13 所示。其优点是水泵数量少，水泵房面积小，设备费用低，管理维护简单，各分区减压水箱容积较小。其缺点是水泵运行动力费用高；屋顶水箱容积大；建筑高度大、分区较多时，下区减压水箱中浮球阀承压过大，易造成关闭不严现象；上区某些管道部位发生故障时，将影响下区供水。

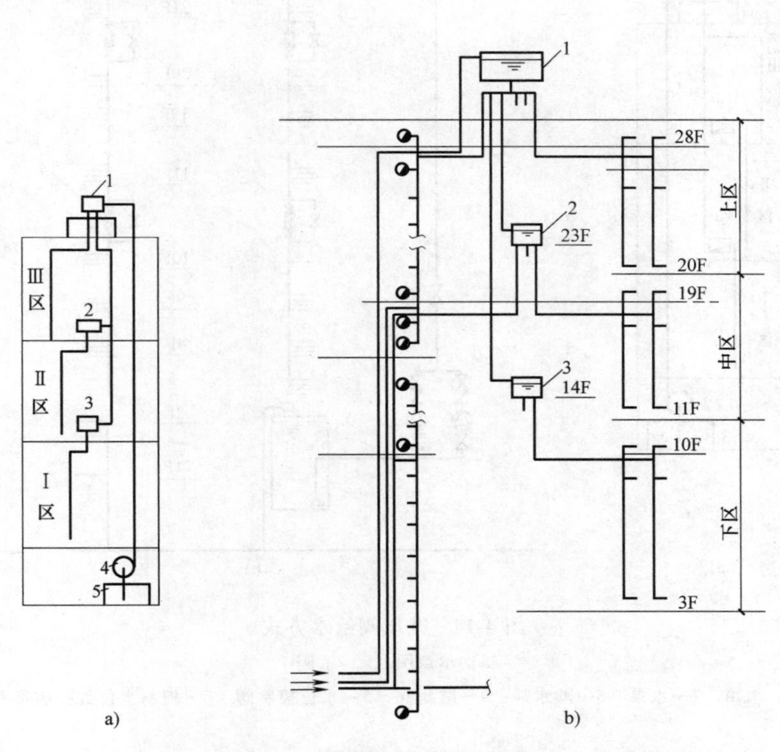

图 4-13　减压水箱给水方式

a）示意图　b）示例

1—屋顶贮水箱　2—中区减压水箱　3—下区减压水箱　4—水泵　5—贮水池

（4）减压阀给水方式　减压阀给水方式的工作原理和减压水箱给水方式相同，其不同之处是用减压阀代替减压水箱，如图 4-14 所示。

2. 无水箱分区给水方式

由于设置水箱的分区给水方式往往需要在建筑中设置多个水箱，占用过多建筑面积，设备布置分散，维护、管理较为不便，且水箱需要定期清洗，影响正常供水，现在很多建筑尤其是居住类建筑，往往倾向于使用无水箱的分区给水方式。

（1）并联水泵分区给水方式　各给水分区分别设置水泵或调速水泵，各分区水泵采用并联方式供水，如图 4-15a 所示。其优点是供水可靠、设备布置集中，便于维护、管理，省去水箱占用面积，能量消耗较少；缺点是水泵数量多，扬程各不相同。

（2）串联水泵分区给水方式　各分区均设置水泵或调速水泵，各分区水泵采用串联方式供水，如图 4-15b 所示。其优点是供水可靠，不占用水箱使用面积，能量消耗较少；缺点

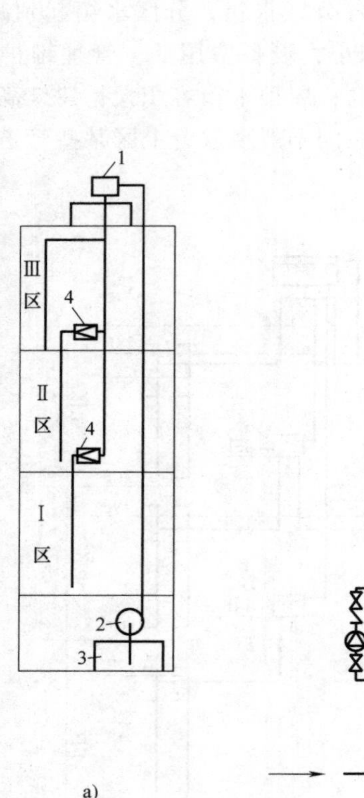

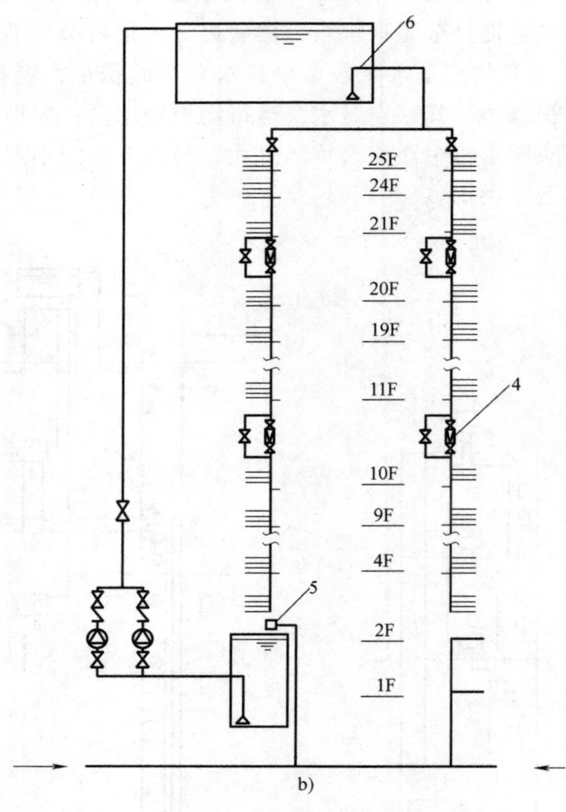

图 4-14　减压阀给水方式

a）示意图　b）示例

1—水箱　2—水泵　3—贮水池　4—减压阀　5—水位控制阀　6—控制水位虹吸破坏孔

是水泵数量多，设备布置不集中，维护、管理不便。在使用时，水泵启动顺序为自下而上，各分区水泵的能力应匹配。

（3）水泵供水减压阀减压分区给水方式　不设高位水箱的水泵供水减压阀减压分区给水方式，如图 4-15c 所示。其优点是供水可靠，设备与管材少，投资省，设备布置集中，省去水箱占用面积；缺点是下区水压损失大，能量消耗多。

分区供水的目的不仅是为了防止损坏给水配件，而且可避免过高供水压力造成不必要的浪费。我国现行标准 GB 50015—2003《建筑给水排水设计规范》规定：卫生器具给水配件承受的最大工作压力不得大于 0.60MPa；高层建筑生活给水系统各分区最低卫生器具配水点处的静水压力不宜大于 0.45MPa，特殊情况下不宜大于 0.55MPa；对静水压力大于 0.35MPa 的入户管（或配水横管），宜设减压或调压措施。

对于住宅及宾馆类高层建筑，由于卫生器具数量较多，布局分散，用水量较大，用户对供水安全及隔声防振的要求较高，其分区给水压力一般不宜太高，如高层居住建筑，要求入户管给水压力不应大于 0.35MPa。对于办公楼等非居住建筑，卫生器具数量相对较少，布局较为集中，用水量较小，其分区压力可允许稍高一些。

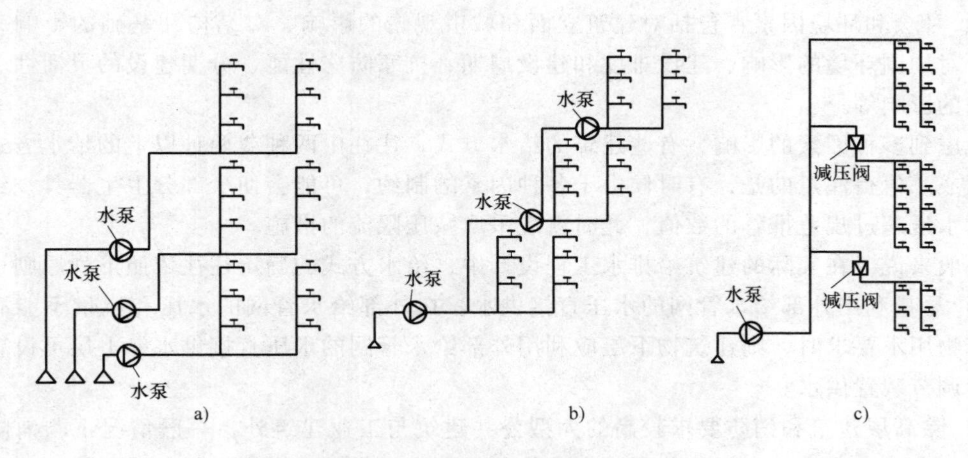

图 4-15　无水箱的分区给水方式

a) 并联水泵分区给水方式　b) 串联水泵分区给水方式　c) 减压阀减压分区给水方式

在分区中要避免产生过大的水压，同时还应满足分区给水系统中最不利配水点的出流要求，一般分区给水压力不宜小于 0.1MPa。

此外，高层建筑竖向分区的最大水压并不是卫生器具正常使用的最佳水压，常用卫生器具正常使用的最佳水压宜为 0.2～0.35MPa。为节省能源和投资，在进行给水分区时要考虑充分利用城镇管网水压。高层建筑的裙房及附属建筑（洗衣房、厨房、锅炉房等）由城镇管网直接供水，这对建筑节能有重要意义。

4.3.4　分质给水方式

分质给水方式即根据不同用途所需的不同水质，分别设置独立的给水系统。如图 4-16 所示，饮用水给水系统供饮用、烹饪、盥洗等生活用水，水质应符合 GB 5749—2006《生活饮用水卫生标准》的要求；杂用水给水系统水质较差，仅符合 GB/T 18920—2002《城市污水再生利用　城市杂用水水质》的要求，只能用于建筑内冲洗便器、绿化、洗车、扫除等用水。近年来为确保水质，有些国家还采用了饮用水与盥洗、沐浴等生活用水分设两个独立管网的分质给水方式。

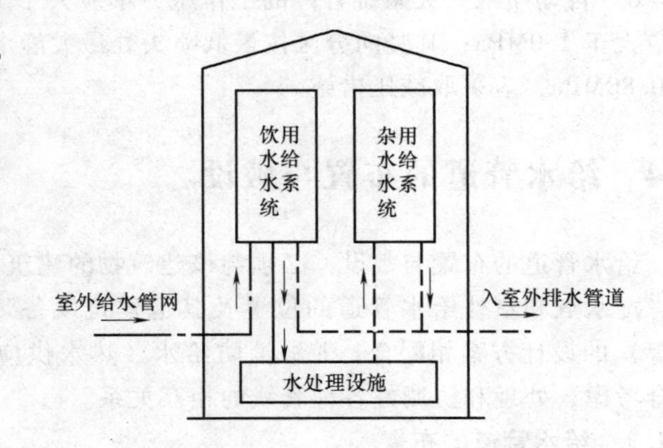

图 4-16　分质给水方式

4.3.5　给水方式的选择原则

在实际工程中，选择供水方式时，应当全面分析该项工程所涉及的各项因素。

1）技术因素：包括对城市给水系统的影响、水质、水压、供水的可靠性、节水节能效果、操作管理、自动化程度等。

2）经济因素：包括基建投资、年经常费用、现值等。

3）社会和环境因素：包括对建筑立面和城市观瞻的影响、对结构和基础的影响、占地面积、对周围环境的影响、建设难度和建设周期、抗寒防冻性能、分期建设的灵活性、对使用带来的影响等。

考虑到多种因素的影响，有些建筑的给水方式，往往由两种或两种以上的给水方式适当组合而成。值得注意的是，有时候由于各种因素的制约，可能会使少部分卫生器具、给水附件处的水压超过规范推荐的数值，此时就应采取减压限流的措施。

一般来说，在实际的建筑给排水工程设计中，给水方式的确定往往依照下列原则进行：

1）尽量利用外部给水管网的水压直接供水。在外部给水管网的水压和流量不能满足整个建筑物用水要求时，则建筑物下层应利用外部给水管网的水压直接供水，上层可设置加压和流量调节装置供水。

2）除高层建筑和消防要求较高的大型公共建筑与工业建筑外，一般情况下，消防给水系统宜与生活或生产给水系统共用一个系统，但应注意生活给水管道的水质不能被污染。

3）生活给水系统中，卫生器具处的静水压力不得大于0.60MPa。各分区最低卫生器具配水点的静水压力不宜大于0.45MPa（特殊情况下不宜大于0.55MPa），水压大于0.35MPa的入户管（或配水横管），宜设减压或调压设施。通常最低处卫生器具给水配件的静水压力应控制在以下数值范围：

① 旅馆、招待所、宾馆、住宅、医院等晚间有人住宿和停留的建筑，为0.30~0.35MPa。

② 办公楼、教学楼、商业楼等晚间无人住宿和停留的建筑，为0.35~0.45MPa。

4）生产给水系统的最大静水压力，应根据工艺要求、用水设备、管道材料、管道配件、附件、仪表等工作压力确定。

5）消火栓给水系统最低处的消火栓，最大静水压力不应大于0.80MPa，且超过0.50MPa时应采取减压措施。

6）自动喷水灭火系统管网的工作压力不应大于1.20MPa，最低喷头处的最大静水压力不应大于1.0MPa；其竖向分区按最低喷头处最大静水压力不大于0.80MPa进行控制，若超过0.80MPa，应采取减压措施。

4.4　给水管道的布置与敷设

给水管道的布置与敷设，必须与该建筑物的建筑和结构的设计情况、使用功能、用水要求、配水点和室外给水管道的位置及其他建筑设备（电气、供暖、空调、通风、燃气、通信等）的设计方案相配合，兼顾消防给水、热水供应、建筑中水、建筑排水等系统来进行综合考虑，处理和协调好各种管线的相互关系。

4.4.1　给水管道的布置

1. 布置形式

室内给水管道布置按供水可靠程度要求可分为枝状和环状两种形式。枝状管网单向供水，供水安全可靠性差，但节省管材，造价低；环状管网的管道相互连通，双向供水，安全可靠，但管线长，造价高。一般建筑内给水管网宜采用枝状布置，高层建筑宜采用环状布置。

按水平干管的布置位置又可分为上行下给式、下行上给式和中分式三种形式。干管设在顶层顶棚下、吊顶内或技术夹层中，由上向下供水的形式为上行下给式，如图4-5b所示，适用于设置高位水箱的居住与公共建筑和地下管线较多的工业厂房；干管埋地、设在底层或地下室中，由下向上供水的形式为下行上给式，如图4-5a所示，适用于利用室外给水管网直接供水的工业与民用建筑；水平干管设在中间技术层内或中间某层吊顶内，由中间向上、下两个方向供水的形式为中分式，适用于屋顶用作露天茶座、舞厅或设有中间技术层的高层建筑。同一幢建筑的给水管网也可同时兼有以上形式中的两种形式，如图4-10所示。

2. 布置要求

1）满足良好的水力条件，确保供水的可靠性，力求经济合理。引入管、给水干管宜布置在用水量最大处或尽量靠近不允许间断供水处；给水管道的布置应力求短而直，尽可能与墙、梁、柱、桁架平行；不允许间断供水的建筑，应从室外环状管网不同管段接出两条或两条以上引入管，在室内将管道连成环状或贯通枝状双向供水，也可采取设贮水池（箱）或增设第二水源等安全供水措施。

2）保证建筑物使用功能和生产安全。给水管道不能妨碍生产操作、生产安全、交通运输和建筑物的使用。管道不能穿过配电间，以免因渗漏造成电气设备故障或短路；不能布置在遇水易引起燃烧、爆炸、损坏的设备、产品和原料的上方，还应避免布置在生产设备的上方。消防管道的布置应符合GB 50016—2014《建筑设计防火规范》的要求。

3）保证给水管道的正常使用。生活给水引入管与污水排出管管道外壁的水平净距不宜小于1.0m。室内给水管与排水管之间的最小净距，平行埋设时，应为0.5m；交叉埋设时，应为0.15m，且给水管应在排水管的上面。埋地给水管道应避免布置在可能被重物压坏处；为防止振动，管道一般不得穿越生产设备基础，如果必须穿越，应与有关专业人员协商处理。管道不宜穿过伸缩缝、沉降缝，如果必须穿过，应采取保护措施，如软接头法（使用橡胶管或波纹管）、螺纹弯头法、活动支架法等。为防止管道腐蚀，管道不得设在烟道、风道和排水沟内，不得穿过大小便槽，当给水立管距小便槽端部小于或等于0.5m时，应采取建筑隔断措施。

塑料给水管应远离热源，立管距灶边不得小于0.4m，与供暖管道的净距不得小于0.2m，且不得因热辐射使管外壁温度大于40℃；塑料给水管与其他管道交叉敷设时，应采取保护措施或用金属套管保护，建筑物内塑料立管穿越楼板和屋面处应为固定支撑点；塑料给水管直线长度大于20m时，应采取补偿管道胀缩的措施。

4）便于管道的安装与维修。布置管道时，其周围要留有一定的空间，在管道井中布置管道要排列有序，以满足安装维修的要求；需进入检修的管道井，其通道不宜小于0.6m；管道井每层应设检修设施，每两层应有横向隔断；检修门宜开向走廊。给水管道与其他管道和建筑结构之间的最小净距见表4-5。

表4-5　给水管道与其他管道和建筑结构之间的最小净距　（单位：mm）

给水管道名称	室内墙面	地沟壁和其他管道	梁、柱、设备	排水管		备注
				水平净距	垂直净距	
引入管				≥1000	≥150	在排水管上方
横干管	≥100	≥100	≥50 且此处无接头	≥500	≥500	在排水管上方

（续）

给水管道名称		室内墙面	地沟壁和其他管道	梁、柱、设备	排水管		备注
					水平净距	垂直净距	
立管	管径<32	≥25					
	32~50	≥35					
	75~100	≥50					
	125~150	≥60					

4.4.2　给水管道的敷设

1. 敷设形式

根据建筑的性质和要求，给水管道的敷设有明装、暗装两种形式。明装即管道外露。其优点是安装维修方便，造价低；缺点是外露的管道影响美观，表面易结露、积尘。明装一般用于对卫生、美观没有特殊要求的建筑。暗装即管道隐蔽，如敷设在管道井、技术层、管沟、墙槽、顶棚或夹壁墙中，直接埋地或埋在楼板的垫层里。暗装的优点是管道不影响室内的美观、整洁；缺点是施工复杂，维修困难，造价高。暗装适用于对卫生、美观要求较高的建筑，如宾馆、高级公寓和要求无尘、洁净的车间、实验室、无菌室等。

2. 敷设要求

引入管进入建筑内有两种情形，一种是从建筑物的浅基础下通过，另一种是穿越承重墙或基础，如图4-17所示。在地下水位高的地区，引入管穿越地下室外墙或基础时，应采取防水措施，如设防水套管等。

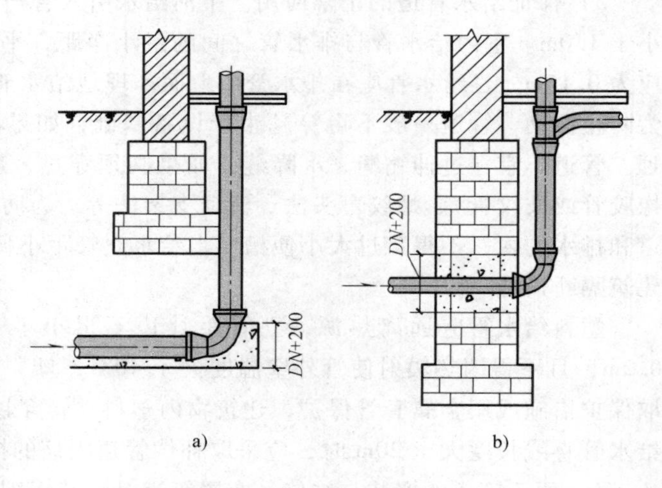

图4-17　引入管进入建筑物

a）从浅基础下通过　b）穿越基础

室外埋地引入管要注意地面动荷载和冰冻的影响，其管顶覆土厚度不宜小于0.7m，并且管顶埋深应在冻土线0.2m以下。建筑内埋地管在无动荷载和冰冻影响时，其管顶埋深不宜小于0.3m。

给水横管穿越承重墙或基础、立管穿楼板时均应预留孔洞。暗装管道在墙中敷设时，也应预留墙槽，以免临时打洞、凿槽影响建筑结构的强度。管道预留孔洞和墙槽的尺寸，见表4-6和表4-7。横管穿过预留孔洞时，管顶上部净空高度不得小于建筑物的沉降量，以保护管道不致因建筑沉降而损坏，其净空高度一般不小于0.10m。

给水横干管宜敷设在地下室、技术层、吊顶或管沟内，宜有0.2%~0.5%的纵坡坡向泄水装置；立管可敷设在管道井内；给水管道与其他管道同沟或共架敷设时，宜敷设在排水管、冷冻管的上面或热水管、蒸汽管的下面；给水管道不宜与输送易燃、可燃、有害的液体或气体的管道同沟敷设；通过铁路或地下构筑物下面的给水管道，必须有保护套管。

表4-6 给水管道预留孔洞和墙槽的尺寸

管道名称	管径/mm	明管预留孔洞尺寸 (长/mm)×(宽/mm)	暗管墙槽尺寸 (宽/mm)×(高/mm)
立 管	≤25 32~50 70~100	100×100 150×150 200×200	130×130 150×130 200×200
2根立管	≤32	150×100	200×130
横支管	≤25 32~40	100×100 150×130	60×60 150×100
引入管	≤100	300×200	—

表4-7 管道穿墙、楼板预留孔洞(或套管)的尺寸

管道名称	穿越楼板	穿越屋面	穿越(内)墙	备注
UPVC管	孔洞尺寸大于管外径50~100mm		孔洞尺寸大于管外径50~100mm	
CPVC管	套筒内径比管外径大50mm		套管内径比管外径大50mm	为热水管
PPR管			孔洞尺寸比管外径大50mm	
PEX管	孔洞尺寸宜大于管外径70mm,套管内径不宜大于管外径50mm			
PAP管	孔洞尺寸或套管内径比管外径大30~40mm			
铜管	孔洞尺寸比管外径大50~100mm		孔洞尺寸比管外径大50~100mm	
薄壁不锈钢管	(可用塑料套管)	(须用金属套管)	孔洞尺寸比管外径大50~100mm	
钢塑复合管	孔洞尺寸为管道外径加40mm			

管道在空间敷设时,必须采取固定措施,以保证施工方便与安全供水。固定管道常用的支架如图4-18所示。给水钢质立管一般每层须安装1个管卡,当层高大于5.0m时,每层须安装2个。钢管水平安装支架最大间距见表4-8;钢塑复合管采用沟槽连接时,管道支架最大间距见表4-9;塑料管、钢塑复合管管道支架最大间距见表4-10。

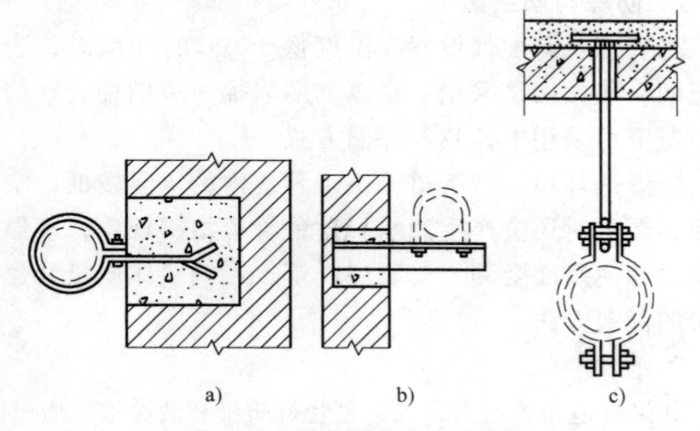

图4-18 固定管道常用的支架

a) 管卡 b) 托架 c) 吊环

表4-8 钢管水平安装支架最大间距

公称直径/mm		15	20	25	32	40	50	70	80	100	125	150	200	250	300
最大间距/m	保温管	2	2.5	2.5	2.5	3	3	4	4	4.5	6	7	7	8	8.5
	不保温管	2.5	3	3.25	4	4.5	5	6	6	6.5	7	8	9.5	11	12

表4-9　钢塑复合管采用沟槽连接时管道支架最大间距

管径/mm	65～100	125～200	250～315
最大间距/m	3.5	4.2	5.0

注：1. 横管的任何两个接头之间应有支撑。
2. 不得支撑在接头上。
3. 沟槽式连接管道，无须考虑管道因热胀冷缩的补偿。

表4-10　塑料管、钢塑复合管管道支架最大间距

管径/mm		12	14	16	18	20	25	32	40	50	63	75	90	110
最大间距/m	立管	0.5	0.6	0.7	0.8	0.9	1.0	1.1	1.3	1.6	1.8	2.0	2.2	2.4
	水平管	0.4	0.4	0.5	0.5	0.6	0.7	0.8	0.9	1.0	1.1	1.2	1.35	1.55

注：采用金属制作的管道支架，应在管道与支架间衬非金属垫或套管。

4.4.3　给水管道的防护

1. 防腐

金属管道的外壁容易氧化锈蚀，明装和暗装都须采取防护措施，以延长管道的使用寿命。通常的防腐做法是管道除锈后，在外壁涂刷防腐涂料进行防腐处理。

铸铁管及大口径钢管管内可采用水泥砂浆衬里防腐。

埋地铸铁管宜在管外壁刷冷底子油一遍、石油沥青两道；埋地钢管（包括热镀锌钢管）宜在外壁刷冷底子油一道、石油沥青两道外加保护层（当土壤腐蚀性较强时，可采用加强级或特加强防腐）；钢塑复合管就是加强钢管内壁防腐性能的一种形式，当钢塑复合管埋地敷设时，其外壁防腐同普通钢管；薄壁不锈钢管埋地敷设，宜采用管沟或对外壁采取防腐措施（管外加防腐套管或外缚防腐胶带）；薄壁铜管埋地敷设时应在管外加防护套管。

明装的热镀锌钢管应刷银粉漆两道（卫生间）或调和漆两道；明装铜管应刷防护漆。

管道敷设在有腐蚀性的环境中，管外壁应刷防腐漆或缠绕防腐材料。

2. 防冻与防结露

当管道及其配件设置在温度低于0℃的环境时，为保证使用安全，应当采取保温措施。保温的一般做法是采用一定厚度的岩棉、玻璃棉、硬聚氨酯、橡塑泡沫等材料包裹管道，特殊情况下可采用电伴热等保温方式。

在湿热环境下的管道，由于管道内的水温较低，空气中的水分会凝结成水珠附着在管道表面，严重时还会产生滴水。这种管道结露现象，不但会加速管道的腐蚀，还会影响建筑的使用，如使墙面受潮、粉刷层脱落，影响墙体质量和建筑美观。防结露一般也采用包裹保温材料的保温方法。

3. 防漏

如果管道布置不当，或者是管材质量和敷设施工质量低劣，都可能导致管道漏水，这不仅浪费水量、影响正常供水，严重时还会损坏建筑，特别是湿陷性黄土地区，埋地管道漏水将会造成土壤湿陷，影响建筑基础的稳固性，还可能造成建筑物的局部乃至整体破坏。防漏的措施如下：

1）避免将管道布置在易受外力损坏的位置；或采取必要且有效的保护措施，使其免于直接承受外力。

2）要健全管理制度，加强管材质量和施工质量的检查监督。

3）在湿陷性黄土地区，可将埋地管道设在防水性能良好的检漏管沟内，一旦漏水，水

可沿沟排至检漏井内，便于及时发现和检修。

4）管径较小的管道，可敷设在检漏套管内。

4. 防振和防噪声

当管道中水流速度过大，关闭水嘴、阀门时，易出现水击现象，从而引起管道、附件的振动，这不仅会损坏管道及附件，造成漏水，还会产生噪声。为防止管道损坏和噪声污染，在设计时应控制管道的水流速度，尽量减少使用电磁阀或速闭型阀门、水嘴。住宅建筑进户支管阀门后，应装设一个家用可曲挠橡胶接头进行隔振，如图 4-19 所示；并可在管道支架、吊架内衬垫减振材料，以减小噪声的扩散，如图 4-20 所示。

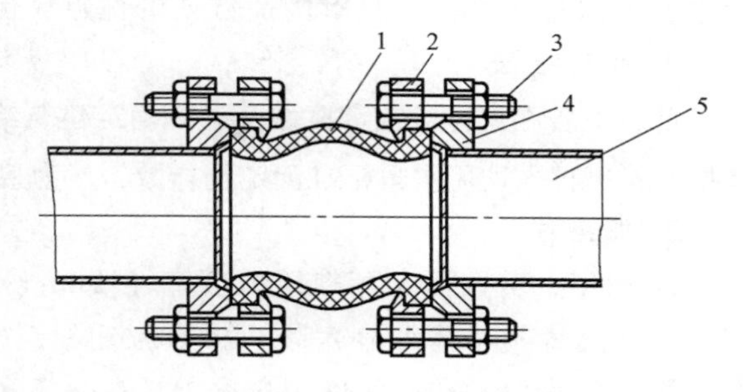

图 4-19　可曲挠橡胶接头
1—可曲挠橡胶接头　2—特制法兰
3—螺栓　4—普通法兰　5—管道

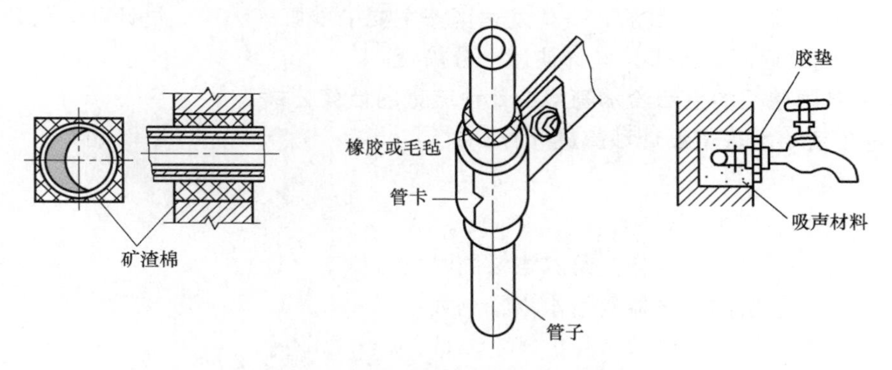

图 4-20　各种管道的防振和防噪声措施

4.5　给水设计秒流量

给水管道的设计流量不仅是确定各管段管径的主要依据，也是计算管道水头损失，进而确定给水系统所需压力的主要依据。因此，设计流量的确定应符合建筑内部的用水规律。建筑内的生活用水量是不均匀的，为保证用水，生活给水管道的设计流量，应为建筑内卫生器具按最不利情况组合出流时的最大瞬时流量，称为设计秒流量。

设计秒流量是根据建筑物内的卫生器具类型、数目和这些器具的使用情况确定的。为了计算方便，引用“卫生器具当量”这个概念，即以污水盆上支管公称直径为 15mm 的水嘴的额定流量 0.2L/s 作为一个当量值，其他卫生器具的额定流量均以它为标准折算成与当量值的比值，即当量数。卫生器具的额定流量、当量数、支管管径和最低工作压力见表 4-1。

4.5.1　设计秒流量计算方法概述

世界各国对建筑内给水管道设计秒流量的确定方法做了大量的研究，归纳起来有以下三种。

1. 经验法

这种计算方法早期在英国用于仅有少数卫生器具的私有住宅和公共建筑中，它是根据经验制定出几种卫生器具（浴盆、洗涤盆、洗脸盆、淋浴喷头）的大致出水量，将其相加得到给水管道设计流量。对有少数住户的住宅建筑中的各种卫生器具，设定同时使用系数确定管中的出水量。经验法具有简捷方便的优点，但不够精确。

2. 平方根法

此方法曾在德国、前苏联用于计算确定建筑给水管设计流量。其基本形式为 $q_g = bN^{1/2}$，b 为根据每人每日平均用水量标准而定的指数，N 为卫生器具给水当量总数。但其计算结果偏小。

3. 概率祛

1924 年，美国国家标准局的亨特（Hunter）提出运用数学概率理论来确定建筑给水管道的设计流量。其基本论点是：影响建筑给水流量的主要参数，即任一幢建筑给水系统中的卫生器具总数量 n 和放水使用概率 P（在一定条件下有多少个卫生器具同时使用），应遵循概率随机事件数量规律性。由于 n 为正整数，放水使用概率 P 满足 $0<P<1$ 的条件，因此给水流量的概率分布符合二项分布规律。

该法理论上正确，但需在合理确定卫生器具设置定额，进行大量卫生器具使用频率实测工作的基础上，才能使用。目前，一些发达国家主要采用概率法建立设计秒流量公式，然后再结合一些经验数据制成图表，设计使用十分简便。

4.5.2 当前我国使用的生活给水管网设计秒流量的计算公式

1. 住宅生活给水管道设计秒流量计算公式

$$q_g = kUN_g \tag{4-6}$$

式中 q_g——计算管段的设计秒流量（L/s）；

U——计算管段的卫生器具给水当量同时出流概率（%）；

N_g——计算管段的卫生器具给水当量总数；

k——一个卫生器具给水当量的额定流量，$k=0.2\text{L/s}$。

设计秒流量是根据建筑物配置的计算管段的卫生器具给水当量总数 N_g 和卫生器具给水当量同时出流概率 U 来确定的，而计算管段的卫生器具给水当量同时出流概率 U 与卫生器具的给水当量总数 N_g 和其平均出流概率 U_0 有关。根据数理统计结果，计算管段的卫生器具给水当量同时出流概率 U 的计算公式为

$$U = \frac{1+\alpha_c(N_g-1)^{0.49}}{\sqrt{N_g}} \times 100\% \tag{4-7}$$

式中 α_c——对应于最大用水量时卫生器具的给水当量平均出流概率 U_0 的系数，见表 4-11；

N_g——计算管段的卫生器具给水当量总数。

表 4-11 U_0 与 α_c 的对应关系表

U_0(%)	α_c	U_0(%)	α_c
1.0	0.00323	4.0	0.02816
1.5	0.00697	4.5	0.03263
2.0	0.01097	5.0	0.03715
2.5	0.01512	6.0	0.04629
3.0	0.01939	7.0	0.05555
3.5	0.02374	8.0	0.06489

而计算管段最大用水量时卫生器具的给水当量平均出流概率 U_0 计算公式为

$$U_0=\frac{q_d m K_h}{3600\times k N_g T}\times 100\% \tag{4-8}$$

式中　U_0——计算管段最大用水量时卫生器具的给水当量平均出流概率（%），其参考值见表4-12；

q_d——最高日生活用水定额，见表4-2、表4-3；

m——每户用水人数；

K_h——小时变化系数，见表4-2、表4-3；

k——一个卫生器具给水当量的定额流量，$k=0.2$L/s；

N_g——每户设置的卫生器具给水当量数；

T——用水时间（h）。

表4-12　住宅的卫生器具最大用水量时给水当量平均出流概率 U_0 参考值

建筑物性质	U_0 参考值(%)
普通住宅Ⅰ型	3.4~4.5
普通住宅Ⅱ型	2.0~3.5
普通住宅Ⅲ型	1.5~2.5
别墅	1.5~2.0

拥有两条或两条以上具有不同最大用水量时卫生器具给水当量平均出流概率 U_{0i} 的给水支管时，该给水干管的最大用水量时卫生器具给水当量平均出流概率 $\overline{U}_0$ 为

$$\overline{U_0}=\frac{\sum U_{0i}N_{gi}}{\sum N_{gi}} \tag{4-9}$$

式中　$\overline{U_0}$——给水干管的卫生器具给水当量平均出流概率；

U_{0i}——给水支管的最大用水量时卫生器具给水当量平均出流概率；

N_{gi}——相应支管的卫生器具给水当量总数。

2. 公共建筑的生活给水管道设计秒流量计算公式

宿舍（Ⅰ、Ⅱ类）、旅馆、招待所、宾馆、酒店式公寓、医院、疗养院、休养所、幼儿园、托儿所、养老院、办公楼、商场、图书馆、书店、航站楼、客运站、会展中心、中小学教学楼、公共厕所等建筑的生活给水管道设计秒流量 q_g 计算公式

$$q_g=k\alpha\sqrt{N_g} \tag{4-10}$$

式中　k——一个卫生器具给水当量的额定流量，$k=0.2$L/s；

α——根据建筑物用途确定的系数，见表4-13；

N_g——计算管段的卫生器具给水当量总数。

使用式（4-10）时应注意下列几点：

1）计算值小于该管段上一个最大卫生器具给水额定流量时，应采用一个最大的卫生器具给水额定流量作为设计秒流量。

2）计算值大于该管段上按卫生器具给水额定流量累加所得流量值时，应采用卫生器具给水额定流量累加所得的流量值。

3）有大便器延时自闭冲洗阀的给水管段，大便器延时自闭冲洗阀的给水当量均以0.5计，计算得到的q_g附加1.20L/s的流量后为该管段的设计秒流量。

4）综合性建筑总的秒流量系数α应按加权平均法计算

表4-13 根据建筑物用途确定的系数（α）

建筑物名称	α	建筑物名称	α
幼儿园、托儿所、养老院	1.2	中小学教学楼	1.8
门诊部、诊疗所	1.4	医院、疗养院、休养所	2.0
办公楼、商场	1.5	酒店式公寓	2.2
图书馆	1.6	宿舍（Ⅰ、Ⅱ类）、旅馆、招待所、宾馆	2.5
书店	1.7	客运站、航站楼、会展中心、公共厕所	3.0

$$\alpha=\frac{\alpha_1 N_{g1}+\alpha_2 N_{g2}+\cdots+\alpha_n N_{gn}}{\sum N_g} \tag{4-11}$$

式中 α——综合性建筑总的秒流量系数；

α_1，α_2，…，α_n——综合性建筑不同用途部分的α值；

$\sum N_g$——综合性建筑给水管道当量总数；

N_{g1}，N_{g2}，…，N_{gn}——综合性建筑不同用途部分的给水管道当量数。

3. 其他建筑的生活给水管道设计秒流量计算公式

宿舍（Ⅲ、Ⅳ类）、工业企业的生活间、公共浴室、职工食堂或营业餐馆的厨房、体育场馆、影剧院、普通理化实验室等建筑的生活给水管道的设计秒流量计算公式

$$q_g=\sum q_0 n_0 b \tag{4-12}$$

式中 q_g——计算管段的给水设计秒流量（L/s）；

q_0——同一类型的单个卫生器具给水额定流量（L/s），见表4-1；

n_0——同一类型卫生器具数；

b——卫生器具的同时给水百分数（%），按表4-14~表4-17采用。

1）如计算值小于该管段上一个最大卫生器具给水额定流量时，应采用一个最大的卫生器具给水额定流量作为设计秒流量。

2）大便器自闭式冲洗阀应单列计算。当单列计算值小于1.2L/s时，以1.2L/s计；大于1.2L/s时，以单列计算值计。

3）仅对有同时使用可能的卫生器具进行叠加计算。

表4-14 宿舍（Ⅲ、Ⅳ类）、工业企业生活间、公共浴室、影剧院、体育场馆等卫生器具同时给水百分数 b

卫生器具名称	同时给水百分数b(%)				
	工业企业生活间	公共浴室	影剧院	体育场馆	宿舍（Ⅲ、Ⅳ类）
洗涤盆(池)	33	15	15	15	—
洗手盆	50	50	50	(70)50	—
洗脸盆、盥洗槽水嘴	60~100	60~100	50	80	5~100
浴盆	—	50	—	—	—
无间隔淋浴器	100	100	—	100	20~100

（续）

卫生器具名称	同时给水百分数 b(%)				
	工业企业生活间	公共浴室	影剧室	体育场馆	宿舍（Ⅲ、Ⅳ类）
有间隔淋浴器	80	60~80	(60~80)	(60~100)	5~80
大便器冲洗水箱	30	20	50(20)	70(20)	5~70
大便槽自动冲洗水箱	100	—	100	100	100
大便器自闭式冲洗阀	2	2	10(2)	5(2)	1~2
小便器自闭式冲洗阀	10	10	50(10)	70(10)	2~10
小便器(槽)自动冲洗水箱	100	100	100	100	—
净身盆	33	—	—	—	—
饮水器	30~60	30	30	30	—
小卖部洗涤盆	—	50	50	50	—

注：1. 括号中的数值供电影院、剧院的化妆间，体育场馆运动员休息室使用。
2. 健身中心的卫生间，可采用体育场馆运动员休息室的同时给水百分数。

表 4-15　职工食堂、营业餐馆厨房设备同时给水百分数 b

厨房设备名称	同时给水百分数 b(%)
污水盆(池)	50
洗涤盆(池)	70
煮锅	60
生产性洗涤机	40
器皿洗涤机	90
开水器	50
蒸汽发生器	100
灶台水嘴	30

注：职工或学生食堂的洗碗台水嘴，同时给水百分数采用 100%，但不与厨房用水叠加。

表 4-16　实验室化验水嘴同时给水百分数 b

化验水嘴名称	同时给水百分数 b(%)	
	科研教学实验室	生产实验室
单联化验水嘴	20	30
双联或三联化验水嘴	30	50

表 4-17　洗衣房、游泳池卫生器具同时给水百分数 b

卫生器具名称	同时给水百分数 b(%)	
	洗衣房	游泳池
洗手盆	—	70
洗脸盆	60	80
淋浴器	100	100
大便器冲洗水箱	30	70
大便器自闭式冲洗阀	—	15
大便槽自动冲洗水箱	—	100
小便器手动冲洗阀	—	70
小便器自动冲洗水箱	—	100
小便槽多孔冲洗管	—	100
小卖部的污水盆(池)	—	50
饮水器	—	30

【例 4-1】 某宾馆有40套客房，每套客房均设有卫生间，其中卫生器具有：混合水嘴洗脸盆1个，冲洗水箱浮球阀大便器1套，混合水嘴（含带淋浴转换器）浴盆1个。有集中热水供应，且热水供应系统的水加热器从宾馆冷水引入管取水，不考虑各种用水损耗，锅炉用水另计。试确定每套客房冷水进户管和整栋楼冷水引入管的设计秒流量。

【解】 根据题意，用式（4-10）计算，查表4-13、表4-1确定 α 值以及各卫生器具的当量数。

1）计算每套客房冷水进户管的设计秒流量。

$$q_g = k\alpha\sqrt{N_g}$$

$$= (0.2\times2.5)\times\sqrt{0.5+0.5+1.0} = \text{L/s} = 0.71\text{L/s}$$

每套客房卫生器具冷水的给水额定流量累加值为

$$\sum q_0 = (0.10+0.10+0.20)\text{L/s} = 0.40\text{L/s}$$

故，取每套客房冷水进户管的设计秒流量为 $q_g = 0.40\text{L/s}$。

2）计算整栋楼冷水引入管设计秒流量。由于热水供应系统的水加热器从宾馆冷水引入管取水，故整栋楼冷水引入管流量为室内冷水和热水的流量之和，其设计秒流量为

$$q'_g = k\alpha\sqrt{N_g}$$

$$= [0.2\times2.5\times\sqrt{(0.75+0.5+1.2)\times40}]\text{L/s} = 4.95\text{L/s}$$

【例 4-2】 某公共浴室内设有间隔混合阀淋浴器60个，混合水嘴（带淋浴转换器）浴盆8个，混合水嘴洗脸盆10个，大便器（冲洗水箱浮球阀）5套，单阀水嘴拖布盆2个，热水锅炉从给水引入管取水加热后送至卫生器具处。试确定给水引入管中的设计秒流量。

【解】 根据题意，用式（4-12）计算，查表4-14、表4-1确定各卫生器具的同时给水百分数和当量数。

取淋浴器 $b_1=0.7$，浴盆 $b_2=0.5$，洗脸盆 $b_3=0.8$，大便器 $b_4=0.2$，拖布盆 $b_5=0.15$。

$$q_g = \sum q_0 n_0 b = q_0 n_1 b_1 + q_0 n_2 b_2 + q_0 n_3 b_3 + q_0 n_4 b_4 + q_0 n_5 b_5$$

$$= (0.15\times60\times0.7+0.24\times8\times0.5+0.15\times10\times0.8+0.1\times5\times0.2+0.2\times2\times0.15)\text{L/s}$$

$$= 8.62\text{L/s}$$

4.6 给水管网水力计算

建筑给水管网的水力计算是在完成给水管线布置、绘制管道轴测图、选定计算管路（又称最不利管路）以后进行的。

4.6.1 计算目的与类型

1. 水力计算目的

一是确定给水管网各管段的管径；二是求出计算管路通过设计秒流量时各管段产生的水头损失，进而确定管网所需水压。

2. 计算类型

根据不同给水方式所形成的管网系统，将计算类型分为以下两类：

1）复核型：如直接给水方式的供水系统，除确定管径外，主要是校核室外给水管网的

压力能否满足最不利点配水口或消火栓所需的水压要求。

2）设计型：如设有增压、贮水设备等的给水系统，除确定管径外，还要通过计算确定增压设备的扬程和高位水箱的高度。

4.6.2 管径的确定方法

在求得各管段的设计秒流量后，选定适当的流速，即可用式（4-13）求出管径

$$d=\sqrt{\frac{4q_g}{\pi v}} \tag{4-13}$$

式中 d——计算管段的管径（m）；

q_g——计算管段的设计秒流量（m^3/s）；

v——管段中的平均流速（m/s）。

管径的选择应从技术和经济两方面来综合考虑。从经济方面看，当流量一定时，管径越小管材越省；室外管网的压力越大，越应采用较小的管径，以便充分利用室外的压力。但管径太小，流速过大，将在管网中引起水锤，使管道损坏并且造成很大的噪声，并将增加管网的水头损失，同时还可能使给水系统中水嘴的出水量和压力互相干扰。

考虑以上因素，建筑物内给水管道内的水流速度应控制在一定范围内：对于生活或生产用给水管道，可按表4-18选取，但不宜大于2.0m/s；消火栓给水管道内的水流速度不宜大于2.5m/s；自动喷水灭火系统管道内的水流速度宜采用经济流速，必要时可超过5m/s，但不应大于10m/s。

表4-18 生活给水管道内的水流速度

公称直径/mm	15～20	25～40	50～70	≥80
水流速度/(m/s)	≤1.0	≤1.2	≤1.5	≤1.8

工程设计中，生活给水管道的水流速度可以采用下列数值：公称直径为15～20mm时，$v=0.6\sim1.0$m/s；公称直径为25～40mm时，$v=0.8\sim1.2$m/s。

4.6.3 给水管网水头损失计算

给水管网水头损失计算包括沿程水头损失和局部水头损失两部分。

1. 沿程水头损失的计算

$$h_y=il \tag{4-14}$$

式中 h_y——沿程水头损失（kPa）；

i——管道单位长度沿程水头损失（kPa/m），按式（4-15）计算；

l——管道计算长度（m）。

$$i=105c_h^{-1.85}d_j^{-4.87}q_g^{1.85} \tag{4-15}$$

式中 i——管道单位长度沿程水头损失（kPa/m）；

d_j——管道计算内径（m）；

q_g——给水管道的设计秒流量（m^3/s）；

c_h——海曾威廉系数。

海曾威廉系数取值如下：塑料管、内衬（涂）塑管，$c_h=140$；铜管、不锈钢管，$c_h=130$；衬水泥、树脂的铸铁管，$c_h=130$；普通钢管、铸铁管，$c_h=100$。

设计计算时，也可直接使用由上述公式编制的水力计算表，由管段的设计秒流量 q_g、

控制流速 v 在正常范围内，查出管径和单位长度沿程水头损失 i。“给水钢管水力计算表”“给水铸铁管水力计算表”“给水塑料管水力计算表”及“给水钢塑复合管水力计算表”分别见附表 6~附表 9。

2. 局部水头损失计算

在水力计算中，管段的局部水头损失可用式（4-16）计算

$$h_j = \sum \zeta \frac{v^2}{2g} \tag{4-16}$$

式中　h_j——管段局部水头损失之和（kPa）；

ζ——管段局部阻力系数，可查有关手册；

v——沿水流方向局部管件下游的水流速度（m/s），它应与 ζ 值相对应；

g——重力加速度（m/s^2）。

给水管网中，管道局部构件很多，同类构件由于构造的差异，其局部水头损失值也不相同，详细计算较为烦琐。在实际工程中给水管网的局部水头损失计算，可根据管道的连接方式采用管（配）件当量长度计算法，也可采用管网沿程水头损失百分数估算法。

（1）管（配）件当量长度计算法　若管（配）件产生的局部水头损失大小与同管径某一长度管道产生的沿程水头损失相等，则该长度即为该管（配）件的当量长度。螺纹接口的阀门及管件的摩阻损失当量长度，见表 4-19。

表 4-19　螺纹接口的阀门及管件的摩阻损失当量长度　（单位：m）

管件内径/mm	各种管件的折算管道长度						
	90°标准弯头	45°标准弯头	标准三通 90°转角流	三通直向流	闸板阀	球阀	角阀
9.5	0.3	0.2	0.5	0.1	0.1	2.4	1.2
12.7	0.6	0.4	0.9	0.2	0.1	4.6	2.4
19.1	0.8	0.5	1.2	0.2	0.2	6.1	3.6
25.4	0.9	0.5	1.5	0.3	0.2	7.6	4.6
31.8	1.2	0.7	1.8	0.4	0.2	10.6	5.5
38.1	1.5	0.9	2.1	0.5	0.3	13.7	6.7
50.8	2.1	1.2	3	0.6	0.4	16.7	8.5
63.5	2.4	1.5	3.6	0.8	0.5	19.8	10.3
76.2	3.0	1.8	4.6	0.9	0.6	24.3	12.2
101.6	4.3	2.4	6.4	1.2	0.8	38.0	16.7
127.0	5.2	3.0	7.6	1.5	1.0	42.6	21.3
152.4	6.1	3.6	9.1	1.8	1.2	50.2	24.3

注：螺纹接口是指管件无凹口的螺纹，即管件与管道在连接点内径有突变，管件内径大于管道内径。当管件有凹口螺纹，或管件与管道为等径焊接时，其折算补偿长度取表值的 1/2。

（2）管网沿程水头损失百分数估算法　不同材质管道、三通分水与分水器分水的局部水头损失占沿程水头损失百分数的估算值，分别见表 4-20、表 4-21。

表 4-20　不同材质管道的局部水头损失估算值

管材质		局部水头损失占沿程水头损失的百分数(%)
UPVC		25~30
PPR		
CPVC		
铜管		
PEX		25~45
PVP	三通分水	50~60
	分水器分水	30
钢塑复合管	螺纹连接内衬塑铸铁管件的管道	30~40(生活给水系统)
		25~30(生活,生产给水系统)
	法兰、沟槽式连接内涂塑钢管件的管道	10~20
热镀锌钢管	生活给水管道	25~30
	生产、消防给水管道	10~30
	其他生活、生产、消防共用系统管道	20
	自动喷水管道	30
	消防干管和室内消火栓	10~20

注：本表中钢塑复合管局部水头损失估算值依据 CECS 125：2001《建筑给水钢塑复合管管道工程技术规程》及 CECS 237：2008《给水钢塑复合压力管管道工程技术规程》，使用时可根据具体工程情况加以选择。

表 4-21　三通分水与分水器分水的局部水头损失估算值

管件内径特点	局部水头损失占沿程水头损失的百分数(%)	
	三通分水	分水器分水
管件内径与管道内径一致	25~30	15~20
管件内径略大于管道内径	50~60	30~35
管件内径略小于管道内径	70~80	35~40

注：此表只适用于配水管，不适用于给水干管。

对于给水管道中的特殊附件，其局部阻力一般按以下取值：

1）管道过滤器水头损失一般宜取 0.01MPa。

2）管道倒流防止器水头损失一般宜取 0.025~0.04MPa。

3）比例式减压阀阀后动水压力宜按阀后静水压力的 80%~90%选用。

4.6.4　管网水力计算的方法和步骤

确定给水计算管路水头损失、水表和特殊附件的水头损失之后，即可根据式（4-1）求得建筑内部给水系统所需压力。建筑物室内给水管网通常采用列表查阅水力计算表的方法进行水力计算。

1）根据多方面的综合因素初定给水方式。

2）根据建筑功能、空间布局以及用水点分布情况，布置卫生器具和给水管道，并绘制出给水平面图和系统图。

3）绘制水力计算用表格（其目的是便于将每一步的计算结果填入表内，使计算明了清晰，并便于检查校核）。

4）根据系统图选择最不利配水点，确定计算管路。若在系统图上能明确判定最不利配水点，则从引入管起点至最不利配水点为计算管路；若在系统图上难以明确判定最不利配水点，则应同时选择几条可能的计算管路，分别计算各管路所需压力，其值最大者方为该给水系统所需的供水压力。

5）以流量变化处为节点，从最不利配水点开始，进行节点编号，将计算管路划分为计算管段，并标注两节点间计算管段的长度。

6）按建筑的性质选用设计秒流量公式，计算各管段的设计秒流量。

7）根据设计秒流量，考虑流速，查水力计算表，进行管网的水力计算并校核给水方式。

对采用下行上给式布置的给水系统，在确定各计算管段的管径后，应计算水表和计算管路的水头损失，求出给水系统所需压力 H，并校核初定给水方式。若初定为外网直接给水方式，当室外给水管网水压 $H_0 \geqslant H$ 时，设计方案可行；当 H 略大于 H_0 时，可适当放大部分管段的管径，减小管道系统的水头损失，以满足 $H_0 \geqslant H$ 的条件；当 $H>H_0$ 很多时，则应修正原设计方案，在给水系统中增设增压设备。

对采用设水箱上行下给式布置的给水系统，应按式（4-20）校核水箱的安装高度，若水箱高度不能满足供水要求，可采取提高水箱高度、放大管径、设增压设备或选用其他供水方式来解决。

8）确定非计算管路各管段的管径。

9）如给水系统中设有增压、贮水设备，还应对这些设备进行计算选型。

【例 4-3】 某Ⅱ类普通住宅，6 层 12 户。每户卫生间内有低水箱浮球阀坐式大便器 1 套，混合水嘴洗脸盆 1 个，混合水嘴（含带淋浴转换器）浴盆 1 个；厨房内有混合水嘴洗涤盆 1 个。该建筑有局部热水供应。图 4-21 为该住宅给水系统轴测图，管材为给水塑料管。引入管与室外给水管网连接点到最不利配水点的高差为 17.05m，室外给水管网所能提供的最低工作压力 $H_0=280\text{kPa}$。试进行给水系统的水力计算。

【解】 由图 4-21 确定最不利配水点为浴盆淋浴喷头，故计算管路为 0，1，2，…，10。节点编号如图 4-21 所示。该建筑为Ⅱ类普通住宅，选用式（4-6）计算各管段设计秒流量。查表 4-2 取最高日生活用水定额 $q_d=200\text{L/(人·d)}$，小时变化系数 $K_h=2.5$，每户按 3.5 人计。查表 4-1 得：大便器 $N_g=0.5$，浴盆水嘴 $N_g=1.2$，洗脸盆水嘴 $N_g=0.75$，洗涤盆水嘴 $N_g=1.0$。

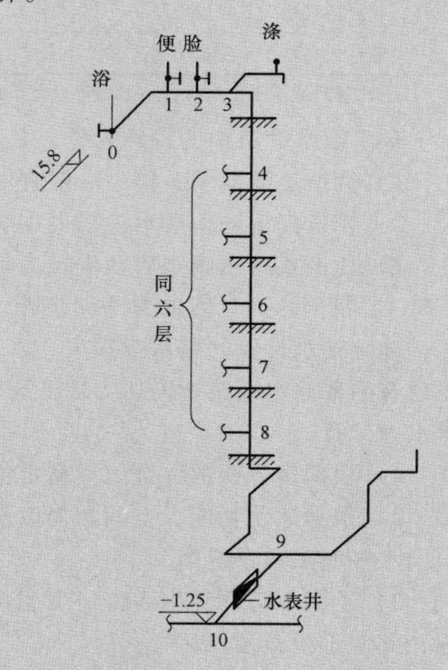

图 4-21　给水系统轴测图

1）根据式（4-8）先求出平均出流概率 U_0（用水时间以 24h 计算），然后查表 4-11 算出对应的 α_c 值代入式（4-7），求出同时出流概率 U，再代入式（4-6）就可求得该管段的设计秒流量 q_g。重复上述步骤可求出所有管段的设计秒流量。流速应控制在允许范围内，查附表 8 可得公称管径 DN 和单位长度沿程水头损失 i，从而计算出管路的沿程水头损失 $\sum h_y$。各项计算结果均列入表 4-22 中。

表 4-22　给水管网水力计算表

计算管段编号	当量总数 N_g	平均出流概率 U_0 (%)	α_c(%)	同时出流概率 U (%)	设计秒流量 q_g /(L/s)	公称管径 DN /mm	流速 v /(m/s)	单位长度沿程水头损失 i /(kPa/m)	管段长度 l/m	管段沿程水头损失 $h_y=il$ /kPa	管段沿程水头损失 $\sum h_y$ /kPa
0—1	1.2	100	—	100	0.24	20	0.63	0.292	0.9	0.263	0.263
1—2	1.7	5.96	4.590	79.6	0.27	20	0.71	0.357	0.9	0.321	0.584
2—3	2.45	4.13	2.926	66.1	0.32	20	0.84	0.478	4.0	1.912	2.496
3—4	3.45	2.94	1.900	55.4	0.38	20	1.00	0.647	5.0	3.235	5.731
4—5	6.9	1.47	0.675	38.7	0.53	25	0.81	0.311	3.0	0.933	6.664
5—6	10.35	0.98	0.317	31.4	0.65	25	0.99	0.447	3.0	1.341	8.005
6—7	13.8	0.73	0.236	27.1	0.75	25	1.14	0.575	3.0	1.725	9.730
7—8	17.25	0.59	0.191	24.3	0.84	32	0.83	0.250	3.0	0.750	10.480
8—9	20.7	0.49	0.158	22.1	0.91	32	0.89	0.288	7.7	2.218	12.698
9—10	41.4	0.24	0.079	15.6	1.29	40	0.77	0.170	4.0	0.68	13.378

2）计算局部水头损失。由表 4-20，取局部水头损失为沿程水头损失的 30%，则有

$$\sum h_j = 30\% \sum h_y = (0.3\times13.378)\text{kPa} = 4.01\text{kPa}$$

3）计算管路总水头损失

$$H_2 = \sum(h_y+h_j) = (13.378+4.013)\text{kPa} = 17.39\text{kPa}$$

4）计算水表的水头损失。因住宅建筑用水量较小，总水表及分户水表均选用 LXS 湿式水表，分户水表和总水表分别安装在 3—4 和 9—10 管段上，$q_{g3-4} = 0.38\text{L/s} = 1.37\text{m}^3/\text{h}$，$q_{g9-10} = 1.29\text{L/s} = 4.64\text{m}^3/\text{h}$。

查附表 2，选口径 15mm 的分户水表，其常用流量为 $1.5\text{m}^3/\text{h} > 1.37\text{m}^3/\text{h}$，过载流量为 $3\text{m}^3/\text{h}$。由式（3-2），分户水表的水头损失为

$$h_d = q_q{}^2/K_b = q_q{}^2/(Q_{max}{}^2/100) = [1.37^2/(3^2/100)]\text{kPa} = 20.85\text{kPa}$$

选口径 32mm 的总水表，其常用流量为 $6\text{m}^3/\text{h} > 4.64\text{m}^3/\text{h}$，过载流量为 $12\text{m}^3/\text{h}$，所以总水表的水头损失为

$$h'_d = q_q^2/K_b = q_q^2/(Q_{max}^2/100) = [4.64^2/(12^2/100)]\text{kPa} = 14.95\text{kPa}$$

h_d 和 h'_d 均小于表 3-10 中水表压力损失允许值。水表的总压力损失为

$$H_3 = h_d + h'_d = (20.85+14.95)\text{kPa} = 35.80\text{kPa}$$

住宅建筑用水不均匀，因此水表口径可按设计秒流量不大于水表过载流量确定，选口径 20mm 的总水表即可，但经计算口径 20mm 和口径 25mm 的水表，压力损失均大于表 3-10 中的允许值，故选用口径 32mm 的总水表。

由式（4-1）计算给水系统所需压力，即

$$\begin{aligned} H &= H_1+H_2+H_3+H_4 \\ &= (17.05\times10+17.39+35.80+50)\text{kPa} \\ &= 273.69\text{kPa} < H_0 = 280\text{kPa}，满足要求。\end{aligned}$$

4.7 给水增压与调节设备

室外给水管网的水压或流量经常或间断不足，有时不能满足室内给水要求，应设增压与贮水设备。常用的增压与贮水设备有水箱、贮水池、水泵和气压给水设备等。

4.7.1 水箱

根据不同用途，水箱可分为高位水箱、减压水箱、冲洗水箱、断流水箱等多种类型。其形状多为矩形和圆形，制作材料有钢板（包括普通钢板、搪瓷钢板、镀锌钢板、复合钢板与不锈钢板等）、钢筋混凝土、玻璃钢和塑料等。下面主要介绍在给水系统中使用较广的起到保证水压和贮存、调节水量作用的高位水箱。

1. 水箱的配管与附件

水箱的配管与附件如图4-22所示。

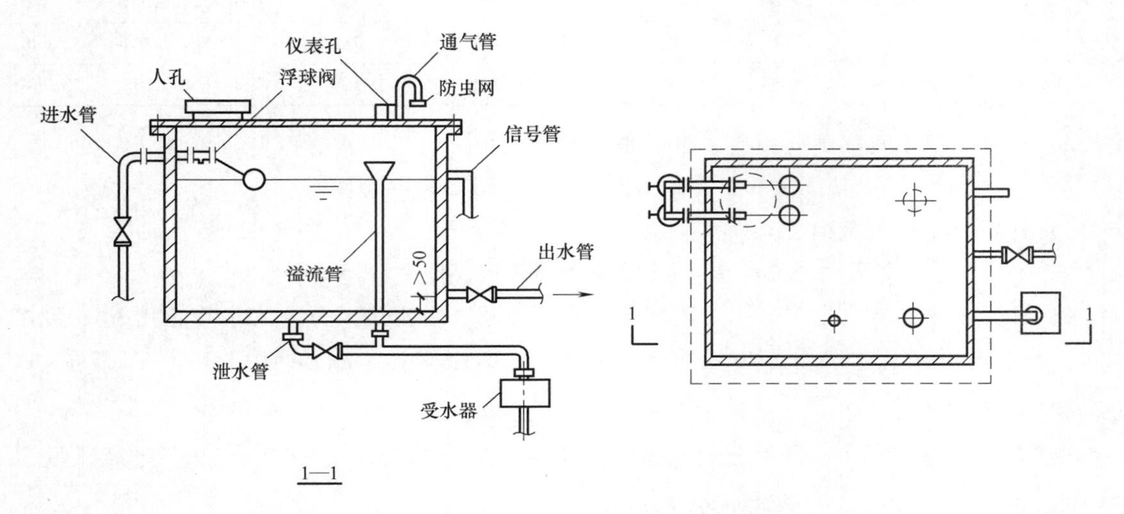

图4-22 水箱的配管与附件示意图

（1）进水管 进水管径可按水泵出水量或管网设计秒流量计算确定。进水管一般由水箱侧壁接入，也可从顶部或底部接入。利用外网压力直接进水的水箱，进水管上应装设与进水管管径相同的自动水位控制阀（包括杠杆式浮球阀和液压式水位控制阀），并不得少于两个，两个进水管口标高应一致；当水箱采用水泵加压进水时，进水管不得设置自动水位控制阀，应设置由水箱水位控制水泵开、停的装置。进水管入口距箱盖的距离应满足杠杆式浮球阀或液压式水位控制阀的安装要求，一般进水管中心距水箱顶应有150~200mm的距离。当水箱由水泵供水并采用自动控制水泵启闭的装置时，可不设水位控制阀。

（2）出水管 出水管管径应按管网设计秒流量计算确定。出水管可从侧壁或底部接出，出水管内底或管口应高出水箱内底50mm以上，以防沉淀物进入配水管网。为防止短流，进、出水管宜分设在水箱两侧；若进水、出水合用一根管道时（图4-23），则应在出水管上装设阻力较小的旋启式止回阀。止回阀的标高应低于水箱最低水位1.0m以上，以保证止回阀开启所需的压力。

（3）溢流管 溢流管口应在水箱设计最高水位以上50mm处，管径按排泄水箱最大入流量确定，一般应比进水管大一级。溢流管宜采用水平喇叭口集水，喇叭口下的垂直管段不宜小于 4 倍溢流管管径，溢流管上不允许设阀门。

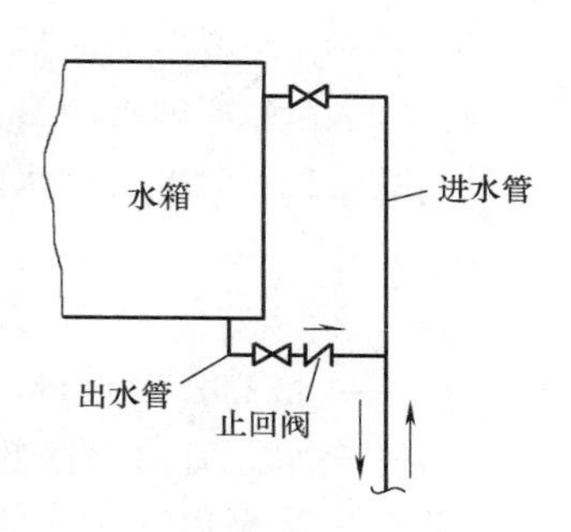

图 4-23　水箱进、出水管合用示意图

（4）水位信号装置　水位信号装置是反映水位控制阀失灵报警的装置。可在溢流管口下 10mm 处设水位信号管，直通值班室的洗涤盆等处，其管径为 15~20mm 即可。水箱一般应在侧壁安装玻璃液位计，并应有传送到监控中心的水位指示仪表。若水箱液位与水泵联动，则可在水箱侧壁或顶盖上安装液位继电器或信号器，采用自动水位报警装置。

（5）泄水管　水箱泄水管应自底部接出，用于检修或清洗时泄水，管上应装设阀门，其出口可与溢水管相接，但不得与排水系统直接相连，其管径不得小于 50mm。

（6）通气管　供生活饮用水的水箱，当贮水量较大时，宜在箱盖上设通气管，以使箱内空气流通。其管径一般为 100~150mm，管口应朝下并设网罩。

（7）人孔　为便于安装、清洗，以及检修时工作人员进出水箱，箱盖上应设人孔。

2. 水箱的布置与安装

水箱一般设置在净高不低于 2.2m，有良好的通风、采光和防蚊蝇条件的水箱间内，其安装间距见表 4-23，室内最低气温不得低于 5℃，水箱间的承重结构应为非燃烧材料。对于大型公共建筑和高层建筑，为避免因水箱清洗、检修时停水，高位水箱有效容积超过 $50m^3$ 时，宜将水箱分成两格或设置两个水箱。水箱有结冰、结露的可能时，要采取保温措施。水箱用槽钢（或工字钢）梁或钢筋混凝土支墩支撑，金属箱底与支墩接触面之间垫以橡胶板或塑料板等绝缘材料以防腐蚀。水箱底距地面宜有不小于 800mm 的净空高度，以便于安装管道和进行检修。

表 4-23　水箱的安装间距　（单位：m）

给水水箱形式	箱外壁至墙面的净距		水箱之间的距离	箱底至建筑结构最低点的距离	人孔盖顶至房间顶板的距离	最低水位至水管上止回阀的距离
	有管道一侧	无管道一侧				
圆形	1.0	0.7	0.7	0.8	0.8	1.0
矩形	1.0	0.7	0.7	0.8	0.8	1.0

注：水箱安装有管道的侧面，管道外壁与建筑本体墙面之间的通道宽度不宜小于 0.6m。

3. 水箱的有效容积

水箱的有效容积主要根据它在给水系统中的作用来确定。若仅作为水量调节之用，其有效容积即为调节容积；若兼有贮备消防和生产事故用水量的作用，其有效容积应以调节水量、消防贮备水量和生产事故备用水量之和来确定。

水箱的调节容积理论上应根据室外给水管网或水泵向水箱供水和水箱向建筑内给水系统输水的曲线，经分析后确定，但因为上述曲线不易获得，实际工程中可按水箱进水的不同情况由以下经验公式计算确定。

1）由室外给水管网直接供水时，水箱的调节容积计算公式为

$$V = Q_L T_L \tag{4-17}$$

式中　V——水箱的调节容积（m^3）；

Q_L——由水箱供水的最大连续平均小时用水量（m^3/h）；

T_L——由水箱供水的最大连续时间（h）。

2）由人工启动水泵供水时，水箱的调节容积计算公式为

$$V=\frac{Q_d}{n_b}-T_bQ_p \tag{4-18}$$

式中 Q_d——最高日用水量（m^3/d）；

n_b——水泵日启动次数（次/d）；

T_b——水泵启动一次的最短运行时间（h），由设计确定；

Q_p——水泵运行时间T_b内的建筑平均小时用水量（m^3/h）。

3）水泵自动启动供水时，水箱的调节容积计算公式为

$$V=C\frac{Q_b}{4K_b} \tag{4-19}$$

式中 Q_b——水泵出水量（m^3/h）；

K_b——水泵单位时间内启动次数，一般选用4~8次/h；

C——安全系数，可在1.5~2.0内选用。

用式（4-19）计算所得水箱调节容积偏小，必须在确保水泵自动启动装置安全可靠的条件下采用。

4）经验估算法。生活用水的调节水量按水箱服务区内最高日用水量Q_d的百分数估算：水泵自动启闭时，大于或等于$5\%Q_d$；人工操作时，大于或等于$12\%Q_d$。

生产事故备用水量可按工艺要求确定。

消防贮备水量用以扑救初期火灾，一般都以10min的室内消防设计流量计算。

4. 水箱的设置高度

水箱的设置高度，应使其在最低水位能满足最不利配水点的流出水头要求，即

$$h\geqslant(H_2+H_4)/10 \tag{4-20}$$

式中 h——高位水箱最低水位至最不利配水点位置高差（mH_2O）；

H_2——水箱出水口至最不利配水点管路的总水头损失（kPa）；

H_4——最不利配水点的流出水头（kPa）。

对于贮备消防水量的水箱，满足消防设备所需压力有困难时，应采取设置增压泵等措施。

4.7.2 贮水池及吸水井

1. 贮水池

贮水池是贮存和调节水量的构筑物。当一幢（特别是高层建筑）或数幢相邻建筑所需的水量、水压明显不足，或者用水量很不均匀（在短时间内特别大），城市供水管网难以满足时，应当设置贮水池。

贮水池可设置成生活用水贮水池、生产用水贮水池、消防用水贮水池，或者生活与生产、生活与消防、生产与消防，以及生活、生产与消防合用的贮水池。贮水池的形状有圆形、正方形、矩形和因地制宜的异形。小型贮水池可以是砖石结构，混凝土抹面；大型贮水池应该是钢筋混凝土结构。不管哪种结构，都必须牢固，保证不漏（渗）水。

贮水池的有效容积，应根据生活（生产）调节水量、消防贮备水量和生产事故备用水量确定，可按式（4-21）、式（4-22）计算。

$$V \geqslant (Q_b - Q_j) T_b + V_f + V_s \tag{4-21}$$

$$Q_j T_t \geqslant (Q_b - Q_j) T_b \tag{4-22}$$

式中　V——贮水池有效容积（m^3）；

Q_b——水泵出水量（m^3/h）；

Q_j——水池进水量（m^3/h）；

T_b——水泵最长连续运行时间（h）；

T_t——水泵运行的间隔时间（h）；

V_f——消防贮备水量（m^3）；

V_s——生产事故备用水量（m^3）。

对采用气罐或变频调速泵的系统，水泵的出水量是随用水量的变化而变化的，因此贮水池的有效容积应按外部管网的供水量与用水量的变化曲线经计算确定。

消防贮备水量应根据消防要求，以火灾延续时间内所需消防用水总量计算；生产事故备用水量应根据用户安全供水要求、中断供水的后果和城市给水管网停水可能性等因素确定。当资料不足时，生活（生产）调节水量 $(Q_b - Q_j) T_b$ 可按不小于建筑最高日用水量 Q_d 的 20%～25%确定，居住小区的调节水量可按不小于建筑最高日用水量 Q_d 的 15%～20%确定。若贮水池仅起调节水量的作用，则 V_f 和 V_s 不计入贮水池有效容积。

生活贮水池不得兼作他用。消防贮水池可兼作喷泉、水景和游泳池等的水源，但后者应采取净水措施。消防用水与生活或生产用水合用一个贮水池时，应有保证消防贮水平时不被动用的措施，如图 4-24 所示。贮水池一般宜分成容积基本相等的两格，以便清洗、检修时不中断供水。贮水池的设置高度应利于水泵自灌式吸水，且宜设置深度大于或等于 1.0m 的集水坑，以保证水泵的正常运行和贮水池的有效容积。

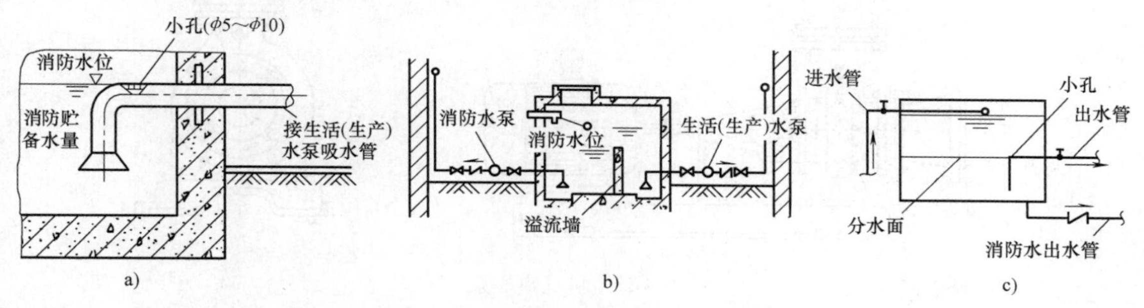

图 4-24　贮水池（箱）中消防贮水平时不被动用的措施

a）同时适用于水池和水箱　b）只适用于水池　c）只适用于水箱

贮水池应设进水管、出（吸）水管、溢流管、泄水管、人孔、通气管和水位信号装置。溢流管应比进水管大一号，溢流管出口应高出地坪 0.10m；通气管直径应为 200mm，其设置高度应距覆盖层 0.5m 以上；必须保证污水、尘土、杂物不得通过人孔、通气管、溢流管进入池内；贮水池进水管和出水管应布置在相对的位置上，以便贮水经常流动，避免滞留和死角，以防池水腐化变质。

2. 吸水井

当室外给水管网能够满足建筑内所需水量，但又不允许水泵直接抽水时，可设置仅满足水泵抽水要求的抽水井。吸水井尺寸应满足吸水管的布置、安装检修和水泵正常工作的要求，其最小尺寸如图4-25所示。吸水井有效容积不得小于最大一台水泵3min的出水量。

4.7.3　水泵

水泵是给水系统中的主要增压设备。在建筑内部的给水系统中，一般采用离心泵，它把从电动机获得的能量转换成流体的能量。离心泵具有结构简单、体积小、效率高，且流量和扬程在一定范围内可以调整等优点。选择水泵应以节能为原则，使水泵在给水系统中大部分时间保持高效运行。当采用设水泵、水箱的给水方式时，通常水泵直接向水箱输水，水泵的出水量与扬程几乎不变，选用离心式恒速水泵即可保持高效运行。对于无水量调节设备的给水系统，在电源可靠的条件下，可选用装有自动调速装置的离心泵，调节水泵的转速可改变水泵的流量、扬程和功率，使水泵变流量供水，保持高效运行。

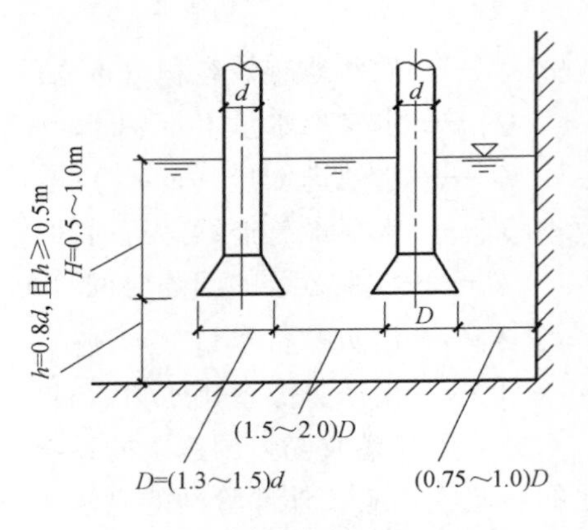

图4-25　吸水管在吸水井中布置的最小尺寸

离心泵的工作原理，是靠叶轮在泵壳内旋转，使水靠离心力甩出，从而得到压力，将水送到需要的地方。离心泵主要由泵壳、泵轴、叶轮、吸水管、压力管等部分组成，如图4-26所示。

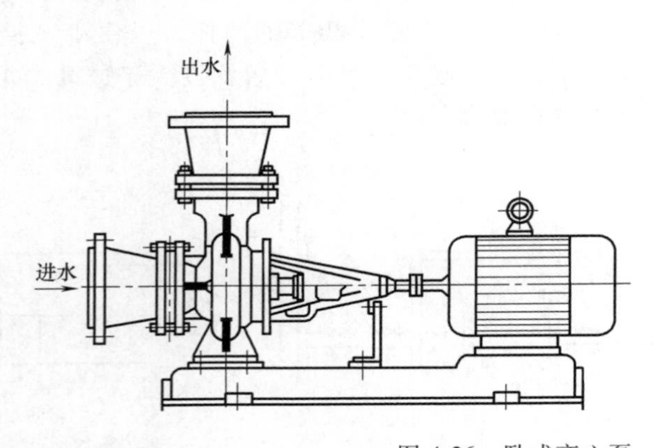

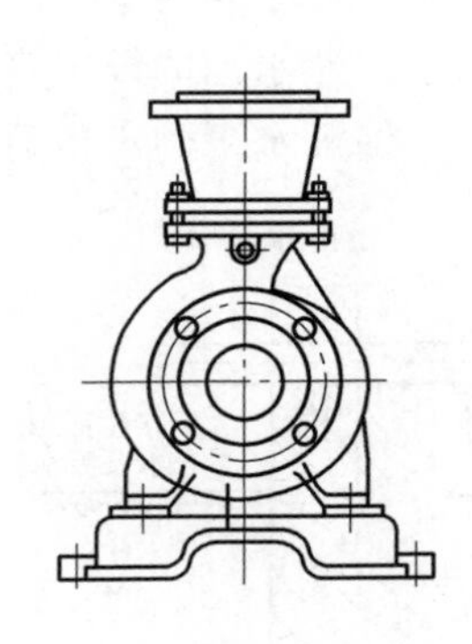

图4-26　卧式离心泵

1. 水泵的选择

选择水泵时，除应满足设计要求外，还应考虑节约能源，使水泵在大部分时间保持高效运行。要达到这个目的，正确地确定其流量、扬程至关重要。

(1) 流量　在生活（生产）给水系统中，无水箱调节时，水泵出水量要满足系统高峰用水要求，故不论恒速水泵还是调速水泵，其流量均应以系统的高峰用水量（即设计秒流量）确定。有水箱调节时，水泵流量可按最大时流量确定。若水箱容积较大，并且用水量均匀，则水泵流量可按平均小时流量确定。

消防水泵流量应以室内消防设计水量确定。生活、生产、消防共用的调速水泵在消防时，其流量除保证消防用水总量外，还应保证生活、生产用水量要求。

(2) 扬程　由于水泵的用途及其与室外给水管网连接方式的不同，水泵扬程可按以下不同公式计算。

1）当水泵直接从室外给水管网抽水时，其扬程为

$$H_b \geqslant H_1 + H_2 + H_3 + H_4 - H_0 \tag{4-23}$$

式中　H_b——水泵扬程（kPa）；

H_1——引入管至最不利配水点所需的静水压力（kPa）；

H_2——水泵吸水管端至最不利配水点的总水头损失（kPa）；

H_3——水流通过水表时的水头损失（kPa）；

H_4——最不利配水点所需的流出水头（kPa）；

H_0——室外给水管网所能提供的最小压力（kPa）。

根据以上计算选定水泵后，还应以室外给水管网的最大水压校核水泵的工作效率和超压情况。当室外给水管网出现最大压力时，水泵扬程过大，为避免管道、附件损坏，应采取相应的保护措施，如采用扬程不同的多台水泵并联工作，或设水泵回流管、管网泄压管等。

2）当水泵与室外给水管网间接连接，从贮水池（或水箱）抽水时，其扬程为

$$H_b \geqslant H_1 + H_2 + H_4 \tag{4-24}$$

式中　H_b、H_2、H_4——同式（4-23）；

H_1——贮水池（或水箱）最低水位至最不利配水点所需的静水压力（kPa）。

2. 水泵的设置

水泵应选择低噪声、节能型水泵，并按计算扬程乘以 1.05～1.10 来选泵。为保证安全供水，生活和消防水泵应设备用泵，生产用水泵可根据生产工艺要求设置备用泵。水泵机组一般设置在泵房内。泵房应远离有防振或有安静要求的房间，泵房内有良好的通风、采光、防冻和排水的条件。泵房的条件和水泵的布置要便于起吊设备的操作。水泵机组的布置间距要保证检修时能拆卸、放置泵体和电动机，并能进行维修操作，如图 4-27所示。与水泵连接的管道力求短、直。为操作安全，防止操作人员误触快速运转中的泵轴，水泵机组必须设置高出地面不小于 0.1m 的基础。当水泵基础需在基坑内时，基坑四周应有高出地面不小于 0.1m 的防水栏。水泵启闭尽可能采用自动控制，间接抽水时，应优先采用自吸充水方式，以便水泵及时启动。

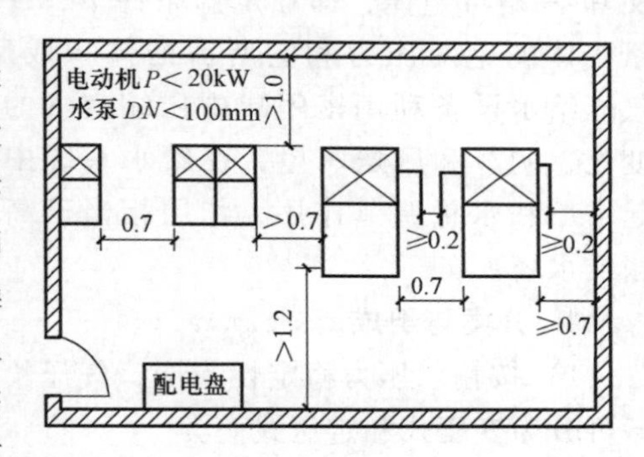

图 4-27　水泵机组的布置间距（单位：m）

水泵宜采用自灌式吸水。当因条件所限，不能采用自灌式启泵而采用吸上式时，应有抽气或灌水装置（如真空泵、底阀、水射器等）。水泵的引水时间不超过下列规定：4kW 以下的为 3min，大于或等于 4kW 的为 5min。每台水泵一般应设独立的吸水管，以免相邻水泵抽水时相互影响。多台水泵共用吸水管时，吸水总管伸入水池的引水管不宜少于两条，每条引水管上均应设闸阀，当一条引水管发生故障时，其余引水管应满足全部设计流量。每台水泵吸水管上要设阀门，出水管上要设阀门、止回阀和压力表，并宜有防水锤措施，如采用缓闭止回阀、气囊式水锤消除器等。为减小水泵运行时振动产生的噪声，在水泵基座下安装橡胶、弹簧减振器或橡胶隔振器（垫），在吸水管、出水管上装设可曲挠橡胶接头，以及采取

其他新型的隔振技术措施等，如图4-28、图4-29所示。当有条件和必要时，建筑上还可采取隔振和吸声措施。

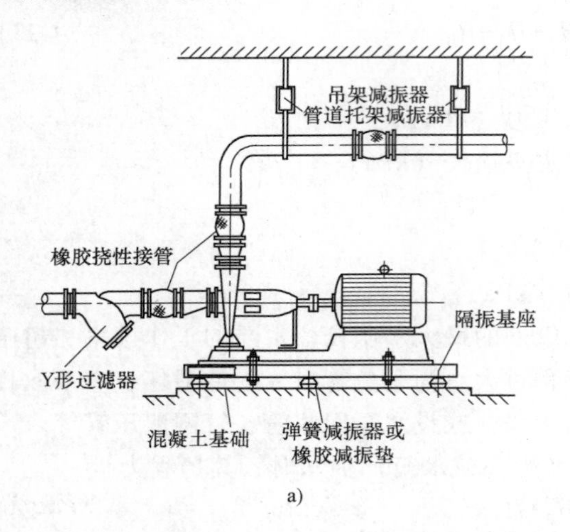

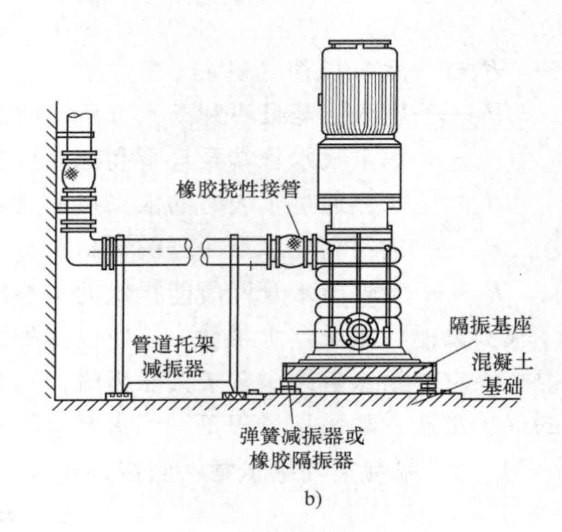

图4-28　水泵减振方法
a）卧式水泵减振方法　b）立式水泵减振方法

4.7.4　气压给水设备

气压给水设备升压供水的理论依据是波义耳-马略特定律，即在定温条件下，一定质量气体的绝对压力和它所占的体积成反比。气压给水设备利用密闭罐中压缩空气的压力变化，调节和压送水量，在给水系统中主要起增压和水量调节作用，作用相当于高位水箱或水塔。

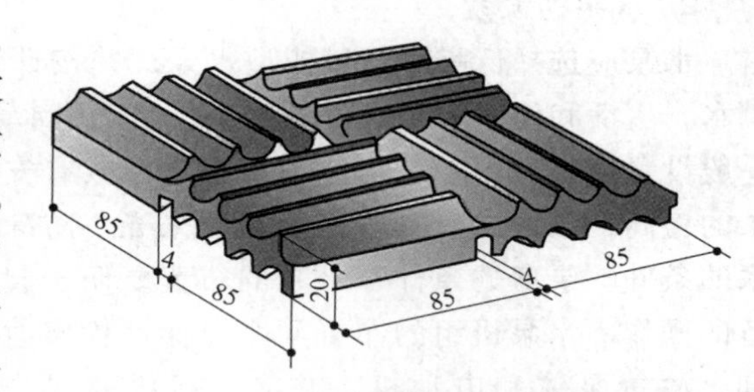

图4-29　SD型橡胶隔振垫

1. 分类与组成

1）按输水压力稳定性不同，气压给水设备可分为变压式和定压式两类。

变压式气压给水设备在向给水系统输水过程中，水压处于变化状态，如图4-30所示。罐内的水在压缩空气的起始压力（设计最大工作压力）P_2的作用下，被压送至给水管网。随着罐内水量的减少，压缩空气体积膨胀，压力减小，当压力降至最小工作压力P_1时，压力信号器动作，水泵启动，向室内给水系统加压供水，水泵出水除供用户外，多余部分进入气压水罐，罐内水位上升，空气被压缩。当压力达到P_2时，压力信号器动作，水泵停止工作，用户所需的水由气压水罐提供。随着罐内水量的减少，空气体积膨胀，压力将逐渐降低，当压力降至P_1时，

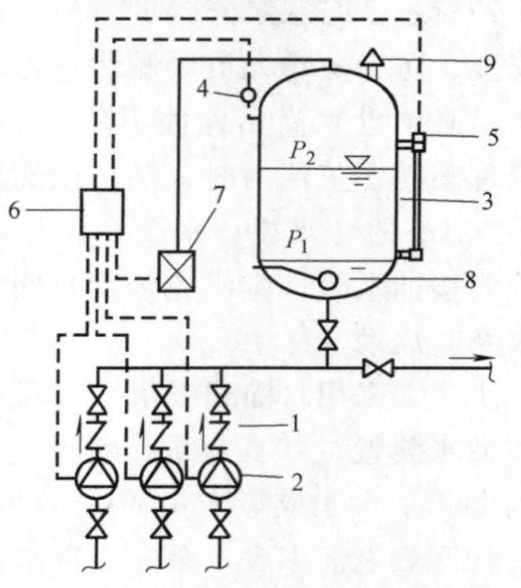

图4-30　单罐变压式气压给水设备
1—止回阀　2—水泵　3—气压水罐
4—压力信号器　5—液位信号器　6—控制器
7—补气装置　8—排气阀　9—安全阀

水泵再次启动，如此循环往复。这种方式适用于用户对水压允许有一定波动的情况。

定压式气压给水设备在向给水系统输水过程中，水压相对稳定，如图 4-31 所示。目前常见的做法是在气、水同罐的单罐变压式气压给水设备的供水管上，安装压力调节阀，将阀出口水压控制在要求范围内，使供水压力相对稳定；也可在气、水分罐的双罐变压式气压给水设备的压缩空气连通管上安装压力调节阀，将阀出口气压控制在要求范围内，以使供水压力稳定。当用户要求供水压力稳定时，宜采用这种方式。

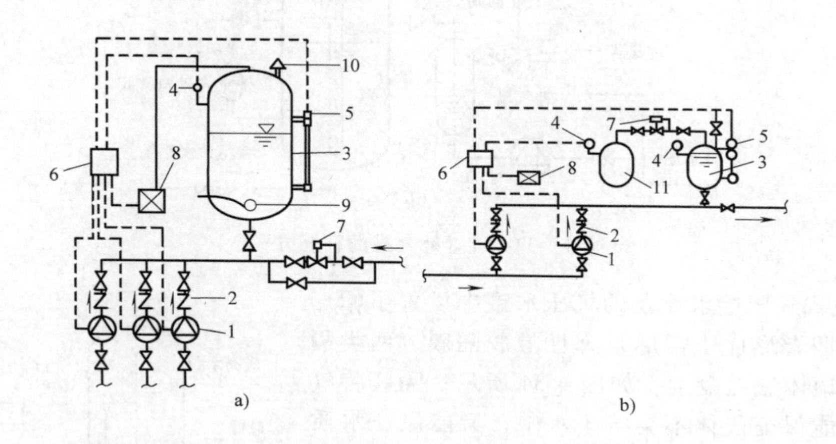

图 4-31　定压式气压给水设备

a）单罐　b）双罐

1—水泵　2—止回阀　3—气压水罐　4—压力信号器　5—液位信号器　6—控制器
7—压力调节阀　8—补气装置　9—排气阀　10—安全阀　11—贮气罐

2）按罐内气、水接触方式不同，气压给水设备可分为补气式和隔膜式两类。

① 补气式气压给水设备的气压水罐中，气、水直接接触。设备在运行过程中，部分气体会溶于水中，气体将逐渐减少，罐内压力随之下降，时间稍长，就不能满足设计要求。为保证系统正常工作，需设补气调压装置。补气的方法很多（如采用空气压缩机补气，在水泵吸水管上安装补气阀，在水泵出水管上安装水射器或补气罐等），这里介绍设置补气罐的补气方式。

如图 4-32 所示。当气压水罐中压力达到 P_2时，电接点压力表指示水泵停止工作，补气罐内水位下降，形成负压，进气止回阀自动开启进气。当气压水罐内水位下降使压力降至 P_1时，电接点压力表指示水泵开启，补气罐中水位上升，压力升高，进气止回阀自动关闭，补气罐中的空气随着水流进入气压水罐。当补入空气过量时，可通过自动排气阀排除部分空气。自动排气阀设在气压水罐最低工作水位以下 1~2cm 处。

当气压水罐内空气过量，至最低水位时，罐内压力大于 P_1，电接点压力表不动作，水位继续下降，自动排气阀即打开排出过量空气，直到压力降至 P_1，水泵启动水位恢复正常，排气阀自动关闭。罐内过量空气也可通过电磁排气阀排出，如图 4-33 所示，在设计最低水位下 1~2cm 处安装一个电触点，当罐内空气过量时，水位下降低于设计最低水位，电触点断开，通过电控器打开电磁阀排气，直至压力降至 P_1，水泵启动，水位恢复正常，电触点接通，电磁阀关闭，停止排气。以上方法属于余量补气法，多余的补气量需通过排气装置排出。有条件时，宜采用限量补气法，即补气量等于需气量，如当气压水罐内气量达到需气量时，补气装置停止从外界吸气，而从罐内吸气再补入罐内，自行平衡，达到限量补气的目的，可省去排气装置。

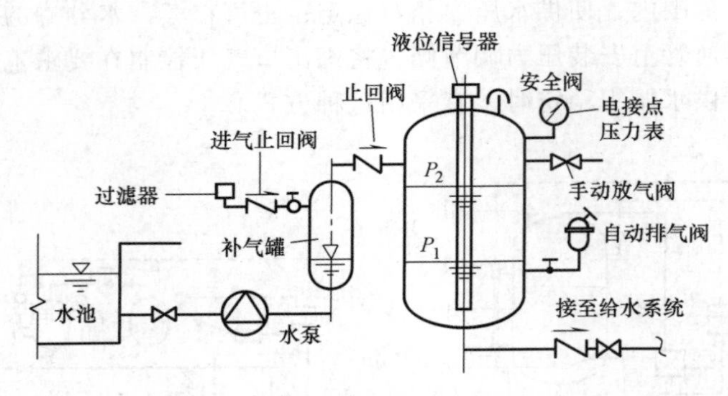

图 4-32　设置补气罐的补气方式

② 隔膜式气压给水设备的气压水罐中设置了帽形或胆囊形（胆囊形优于帽形）弹性橡胶隔膜，两类隔膜均固定在罐体法兰盘上，如图 4-34 所示；隔膜将气水分离，既能保证气体不会溶于水中，又能保证水质不易被污染，不需设置补气装置。

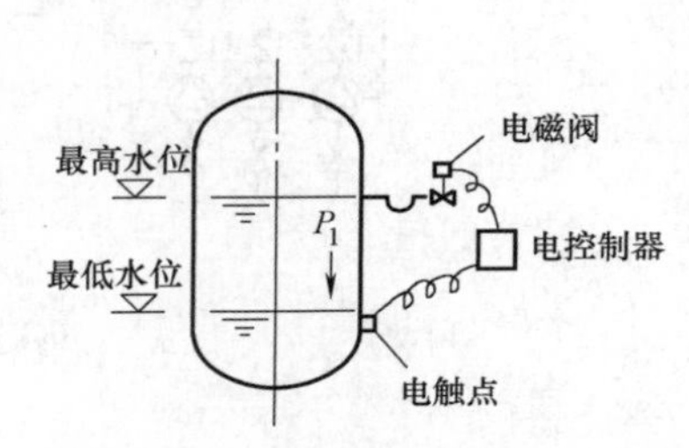

图 4-33　电磁阀排气

2. 气压给水设备的特点

气压给水设备与高位水箱或水塔相比，具有以下优点：

1）灵活性大。气压水罐可设在任何高度，施工安装简便，便于扩建、改建和拆迁。给水压力可在一定范围内进行调节，给水装置可设置在地震区、临时性有隐蔽要求等建筑内。

2）水质不易被污染。隔膜式气压给水装置为密闭系统，故水质不会受外界污染。补气式装置可能受补充空气和压缩机润滑油的污染，然而与高位水箱和水塔相比，被污染机会较少。

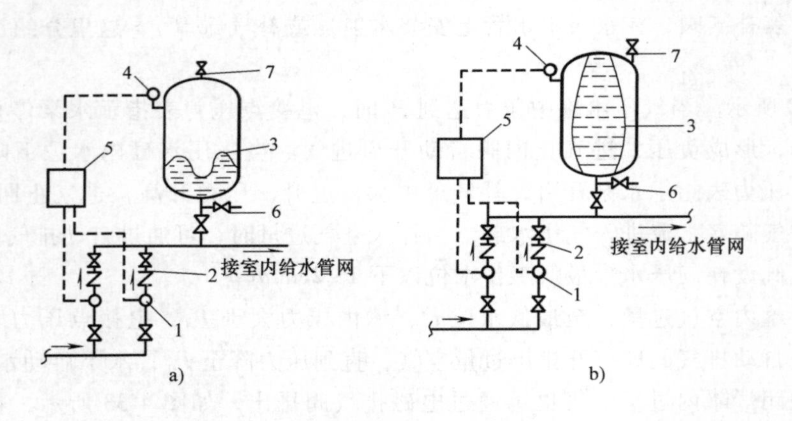

图 4-34　隔膜式气压给水设备

a）帽形隔膜　b）胆囊形隔膜

1—水泵　2—止回阀　3—隔膜式气压水罐　4—压力信号器　5—控制器　6—泄水阀　7—安全阀

3）投资省、工期短。气压给水装置可在工厂加工或成套购置，且施工安装简便、施工周期短、土建费用低。

4）实现自动化控制，便于集中管理。气压给水装置可利用简单的压力和液位继电器等实现水泵的自动化控制；气压水罐可设在水泵房内，且设备紧凑、占地面积较小，便于与水泵等集中管理。

气压给水设备存在以下明显的缺点：

1）给水压力不稳。供水压力变化大，影响给水配件的使用寿命，因此对压力要求稳定的用户不适用。

2）调节容积小。一般调节容积仅占总容积的 20%~30%，与其容积相对照，钢材消耗量较大。

3）供水安全性差。由于有效容积较小，一旦因故停电或自控失灵，断水的概率较大。

4）运行费用高。耗电较多，水泵启动频繁，启动电流大；水泵不是都在高效区工作，平均效率低；水泵工作要额外增加电耗，这部分是无用功但又是必需的，一般增加 15%~25%的电耗。

3. 气压给水设备的适用范围和设置要求

根据气压给水设备的特点，它适用于有升压要求，但又不适宜设置水塔或高位水箱的小区或建筑内的给水系统，如地震区、人防工程或屋顶立面有特殊要求等建筑的给水系统；适用于小型、简易和临时性的给水系统和消防给水系统等。

生活给水系统中的气压给水设备，必须注意采取水质防护措施，如气压水罐和补气罐内壁应涂无毒防腐涂料，隔膜应用无毒橡胶制作，补气装置的进气口都要设空气过滤装置，采用无油润滑型空气压缩机等。为保证安全供水，气压给水设备要有可靠的电源；为防止停电时水位下降，罐内气体随水流入管道流失，补气式气压水罐进水管上要装止回阀。为利于维护、检修，气压水罐的布置应满足下列要求：罐顶至建筑结构最低梁底距离不宜小于 1.0m；罐与罐之间及罐与墙面之间的净距不宜小于 0.7m；罐体应置于混凝土底座上，底座应高出地面不小于 0.1m，整体组装式气压给水设备采用金属框架支撑时，可不设设备基础。

4. 气压给水设备的选择和计算

计算的内容主要包括：确定气压水罐的总容积；确定配套水泵的流量和扬程，由此查水泵样本选定其型号。

（1）确定气压水罐的总容积　根据波义耳-马略特定律，由图 4-35 可得

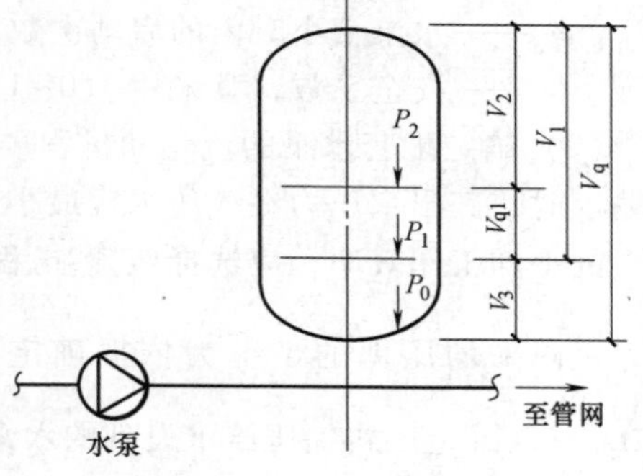

图 4-35　气压水罐容积计算示意图

$$V_q P_0 = V_1 P_1 = V_2 P_2 \tag{4-25}$$

$$V_{q1} = V_1 - V_2$$

$$V_{q1} = V_q \frac{P_0}{P_1}\left(1 - \frac{P_1}{P_2}\right)$$

$$V_q = V_{q1} \frac{\dfrac{P_1}{P_0}}{1 - \dfrac{P_1}{P_2}}$$

令 $\alpha_b=\frac{P_1}{P_2}$，$\beta=\frac{P_1}{P_0}$，则

$$V_q=\frac{\beta V_{q1}}{1-\alpha_b} \tag{4-26}$$

$$V_{q1}\geqslant V_{q1}=\alpha_a\frac{q_b}{4n_q}$$

式中　V_q——气压水罐的总容积（m^3）；

V_{q1}——气压水罐的水容积（m^3），应大于或等于调节容积；

P_0——气压水罐无水时的绝对压力，即启用时罐内的充气压力（以绝对压力计）（MPa）；

P_1——气压水罐内的最小工作压力（以绝对压力计），设计时取 P_1 等于给水系统所需压力（MPa）；

P_2——气压水罐内的最大工作压力（以绝对压力计）（MPa）；

V_1——罐内压力为 P_1 时，气体的体积（m^3）；

V_2——罐内压力为 P_2 时，气体的体积（m^3）；

α_b——气压水罐内的工作压力比（以绝对压力计），即 P_1 与 P_2 之比，其值增大 V_q 增大，钢材用量和成本增加，反之 P_2 增大，水泵扬程高，耗电量增加，所以 α_b 取值应经技术经济分析后确定，宜采用0.65~0.85；

β——容积系数，其值反映了罐内不起水量调节作用的附加水容积的大小，隔膜式气压水罐宜为1.05；

V_{q2}——气压水罐的调节容积（m^3）；

q_b——水泵（或泵组）启动1次的出流量（m^3/h），当罐内为平均压力时，水泵出流量不应小于管网最大小时流量的1.2倍；

n_q——水泵1小时内的启动次数，宜采用6~8次；

α_a——安全系数，宜采用1.0~1.3。

（2）确定配套水泵的流量和扬程　变压式和单罐定压式气压给水设备的水泵向气压水罐输水时，其出水压力在气压水罐最小工作压力 P_1 和最大工作压力 P_2 间变化，为尽量提高水泵的平均工作效率，应选择流量-扬程特性曲线较陡，且特性曲线高效区较宽的水泵。一般以罐内平均压力的工况为依据确定水泵扬程，即 $H=\frac{P_1+P_2}{2}$，此时水泵流量应不小于 $1.2Q_h$。双罐定压式气压给水设备的水泵扬程和流量则应以不小于给水系统所需压力和设计秒流量来确定。

【例 4-4】　某住宅楼共120户人家，平均每户4口人，最高日生活用水定额为200L/(人·d)，小时变化系数为2.5，拟采用补气式立式气压给水设备供水，试计算气压水罐总容积。

【解】　该住宅楼最高日最大时用水量为

$$Q_h=\frac{mq_d}{1000T}K_h=\left(\frac{120\times4\times200}{1000\times24}\times2.5\right)m^3/h=10m^3/h$$

水泵出流量为

$$q_b = 1.2Q_h = (1.2\times10)\,m^3/h = 12m^3/h$$

取 $\alpha_a = 1.3$、$n_q = 6$，则气压水罐的调节容积为

$$V_{q2} = \alpha_a \frac{q_b}{4n_q} = \left(1.3\times\frac{12}{4\times6}\right)m^3 = 0.65m^3$$

根据 $V_{q1} \geqslant V_{q2}$，取 $V_{q1} = 0.65m^2$。取 $\alpha_b = 0.75$、$\beta = 1.05$，则气压水罐的总容积为

$$V_q = \frac{\beta V_{q1}}{1-\alpha_b} = \frac{1.05\times0.65}{1-0.75}m^3 = 2.73m^3$$

4.8　给水水质防护

从城市给水管网引入建筑的自来水水质一般均符合《生活饮用水卫生标准》(GB 5749—2006) 的要求，但若建筑内部的给水系统设计、施工或维护不当，都可能出现水质污染现象，致使疾病传播，直接危害人们的健康和生命。因此，必须加强水质防护，确保供水安全。

4.8.1　水质污染的原因

1）与水接触的管材、管道接口的材料、附件、水池等材料选择不当，材料中有毒有害物质溶解于水，造成水质污染。

2）由于水在水池等贮水设备中停留时间过长，水中余氯耗尽，水中有害微生物繁殖，造成水质污染。

3）贮水池管理不当，如人孔不严密，通气管或溢流管口敞开设置，致使尘土等可能通过以上孔口进入水中，造成水质污染。

4）非饮用水或其他液体倒流（回流）入生活给水系统，造成水质污染。形成回流的主要原因和现象有如下几方面：

① 埋地管道及附件连接处不严密，平时有渗漏，当管道中出现负压时，管道外部的积水等污染物会通过渗漏处吸入管道内。

② 放水附件安装不当。如出水口设在卫生器具或用水设备溢流水位以下（或溢流管堵塞），而器具或设备中留有污水，当室外给水管网供水压力下降时，若开启放水附件，污水就会在负压作用下吸入给水管道，如图 4-36 所示。

③ 给水管与大便器冲洗管直接相连并采用普通阀门控制冲洗，当给水系统内压力下降时，开启阀门会出现粪便污水回流污染的现象。

④ 饮用水管道与非饮用水管道直接相连，当非饮用水管道压力大于饮用水管道压力，且连接其中的阀门密闭性差时，非饮用水就会渗入饮用水管道内，如图 4-37 所示。

4.8.2　水质污染的防止措施

1. 贮水设施的防污染措施

1）贮水池设在室外地下时，距污染源构筑物应不小于 10m；设在室内时，不应设在有污染源的房间下面，当不能避开时，应采取其他防止生活饮用水被污染的措施。

2）非饮用水管道不得在贮水池、水箱中穿过，也不得将非饮用水管道（包括上部水箱

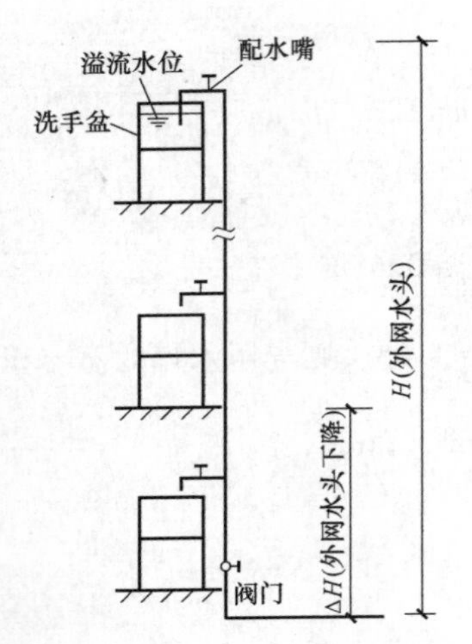

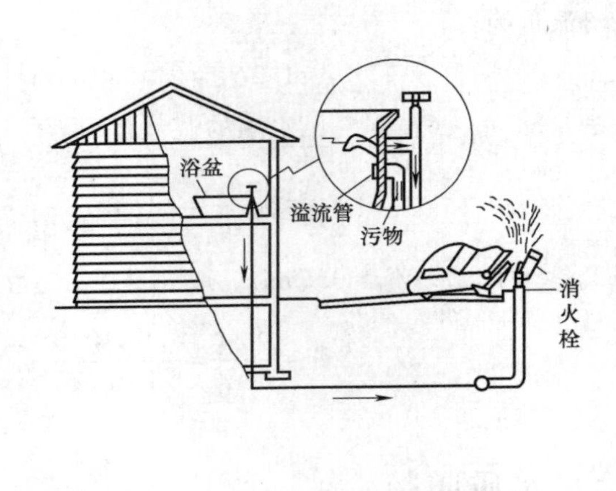

图 4-36　回流污染现象

的溢流排水管）接入。

3）生活或生产用水与其他用水合用的水池（箱），应采用独立结构形式，不得利用建筑物的本体结构作为水池池壁和水箱箱壁。

4）设置水池或水箱的房间应有照明和良好的通风设施。

5）水池和水箱的本体材料与表面涂料，不得影响水质卫生。

6）水池或水箱的附件和构造应满足如下要求：

① 人孔盖、通气管应能防止尘土、雨水、昆虫等有碍卫生的物质或动物进入。地下贮水池的人孔应凸出地面 0.15m。

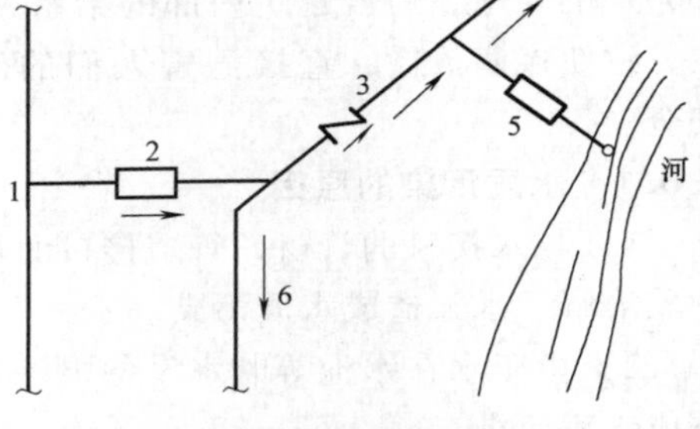

图 4-37　饮用水管道与非饮用水管道直接连接
1—城市给水管网　2—水表井　3—止回阀
4—供生产用水管　5—泵站　6—供生活用水管

② 地下贮水池的溢流排污管只能排入市政排水系统，且在接入检查井前，应设有空气隔断及防止倒灌的措施。

③ 水池（箱）溢流排污管应与排水系统通过断流设施排水（间接排水）。

2. 防止生活用水贮水时间过长引起污染的措施

1）当消防贮备水量远大于生活用水量时，不宜合用水池；如必须合用，应采取相应灭菌措施。

2）贮水池的进出水管，应采取相对方向进出；如有困难，则应采取导流措施，保证水流更新。

3）建筑物内的消防给水系统与生活给水系统应分设；当分设有困难时，应考虑设独立的消防立管或采取消防系统定期排空措施。

4）不经常使用的招待所、培训中心等建筑给水，宜采用变频给水方式，不宜采用水泵水箱供水方式，以防止贮水时间过长而引起污染。

3. 生活饮用水管道敷设防污染措施

1）生活饮用水管道应避开毒物污染区，当受条件限制不能避开时，应采取防护措施。

2）不得在大便槽、小便槽、污水沟、蹲便台阶内敷设给水管道。

3）生活饮用水管的敷设应符合建筑给水排水和小区给水排水规范对管线综合敷设的要求，特别是与生活污水管线的水平净距和竖向交叉的要求。

4）生活饮用水管道在堆放及操作安装中，应避免外界污染，验收前后应进行清洗和封闭。

4. 防止连接不当造成回流污染的措施

1）给水管配水出口不得被任何液体或杂质所淹没。

2）给水管配水出口高出用水设备溢流水位的最小空气隔断间隙，不得小于出水口直径的 2.5 倍，如图 4-38 所示。

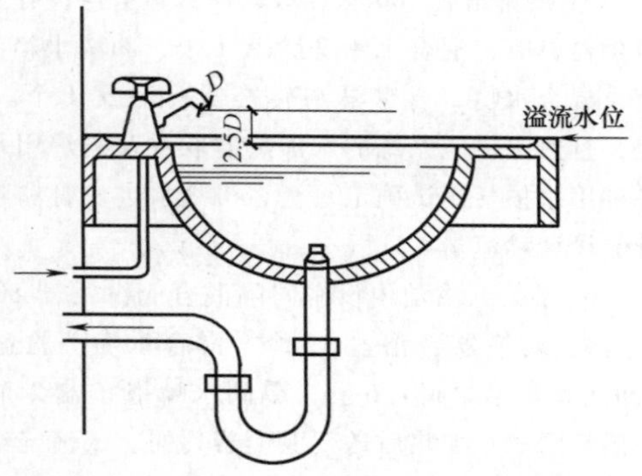

图 4-38　洗脸盆出水口的空气隔断间隙

3）特殊器具和生产用水设备无法设置最小空气隔断间隙时，应设置防污隔断器或采取其他有效的隔断措施。

4）生活饮用水管道不得与非饮用水管道连接。在特殊情况下，必须以饮用水作为工业备用水源时，两种管道的连接处应采取防止水质污染的措施，如图 4-39 所示。在连接处，生活饮用水的水压必须大于其他水管的水压。

5）由市政生活给水管道直接引入非饮用水贮水池时，进水管口应高出水池溢流水位。

6）生活饮用水在与加热器连接时，应有防止热水回流使饮用水温度升高的措施。

7）严禁生活饮用水管道与大便器（槽）冲洗水管道直接连接。

8）在非饮用水管道上接出用水接头时，应有明显标志，防止误接误饮。

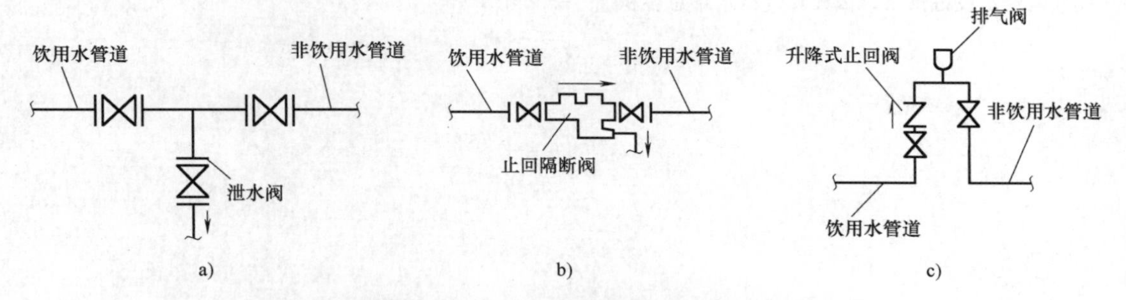

图 4-39　饮用水管道与非饮用水管道连接的水质防护措施

a）设泄水阀　b）设止回隔断阀　c）设升降式止回阀

复习思考题

1. 建筑给水系统一般由哪些部分组成？

2. 建筑给水系统的给水方式有哪几种？各适用于什么条件？

3. 布置建筑给水管道时要考虑哪些因素？

4. 某Ⅱ类普通住宅，5 层 10 户，每户卫生间内有低水箱浮球阀坐式大便器 1 套，混合水嘴洗脸盆 1 个、混合水嘴（含带淋浴转换器）浴盆1个，厨房内有混合水嘴洗涤盆 1 个，该建筑有集中热水供应，热水水源单独引入。图 4-40 所示为该住宅冷水系统轴测图，管材为给水塑料管。冷水引入管与室外给水管网连接点到最不利配水点的高差为 14.05m，室外给水管网所能提供的最小压力 H_0 = 250kPa。试进行冷水系统的水力计算。

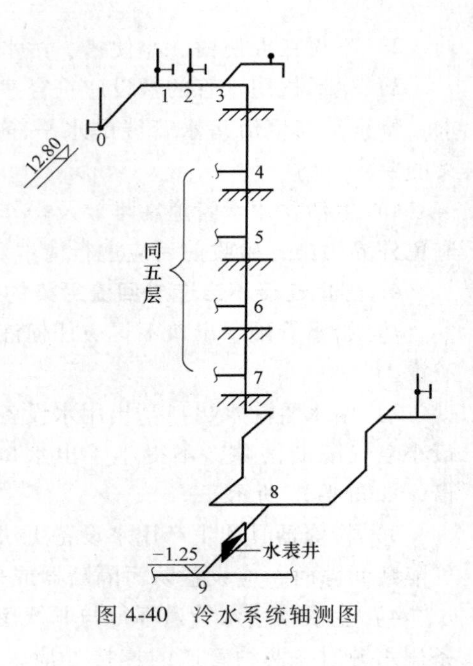

图 4-40　冷水系统轴测图

5. 某宾馆有 100 套客房，每套客房均设有卫生间，其中的卫生器具有：混合水嘴洗脸盆 1 个，冲洗水箱浮球阀大便器 1 套，混合水嘴（含带淋浴转换器）浴盆 1 个。有集中热水供应，且热水供应系统的水加热器取水及锅炉用水另计，不考虑各种用水损耗。试确定每套客房冷水进户管和整栋楼冷水引入管的设计秒流量。

6. 某公共浴池内设有间隔混合阀淋浴器 80 个，混合水嘴（带淋浴转换器）浴盆 12 个，混合水嘴洗脸盆 8 个，大便器（冲洗水箱浮球阀）6 套，单阀水嘴拖布盆 2 个，热水锅炉从外部管网取水加热后送至卫生器具处。试确定给水引入管中的设计秒流量。

7. 建筑给水系统所需水压包括哪几部分？当室内管网所需水压大于室外管网水压时，应如何处理？

8. 建筑给水管网水力计算的目的是什么？并简述水力计算的方法步骤。

9. 气压给水设备有哪些特点？其工作原理是怎样的？

10. 常用的增压与调节设备有哪些？各自适用于什么条件？

11. 某办公楼建筑给水系统，水泵从贮水池抽水，自贮水池最低水位到该建筑给水系统最不利配水点污水盆上的水嘴的垂直高度为 30.0m，已知该给水管路的水头损失为 50kPa，试计算水泵的总扬程。

12. 有 3 幢 11 层的住宅楼，每幢住宅楼有 3 个单元，每个单元有 22 户住家，平均每户 4 口人，最高日用水定额为 250L/(人·d)，小时变化系数为 2.4。因城市给水管网压力不能满足用户要求，拟采用补气式立式气压给水设备供水，试计算气压水罐总容积。

第5章 ▶▶▶▶▶

建筑消防给水系统

内容提要及学习要求

本章主要阐述建筑消防给水系统的类型、组成及布置，消火栓给水系统和自动喷水灭火系统的水力计算，水喷雾及固定消防炮灭火系统的原理及组成，非水灭火剂固定灭火系统及高层建筑消防给水系统的设计要求。

通过学习本章内容，要求学生能够熟悉建筑消防给水系统的类型、组成，掌握建筑消防给水系统的布置要点；熟练对消火栓给水系统和自动喷水灭火系统进行水力计算；了解水喷雾及固定消防炮灭火系统；熟悉高层建筑消防给水系统的形式和布置要求。

工业与民用建筑物都存在一定程度的火灾险情，为此，应按有关规范配备消防设备，减少火灾损失，保障人民生命财产安全。

建筑消防给水系统根据使用灭火剂的种类和灭火方式，可分为下列三种灭火系统：

1）消火栓灭火系统。

2）自动喷水灭火系统。

3）其他使用非水灭火剂的固定灭火系统，如二氧化碳灭火系统、干粉灭火系统、卤代烷灭火系统、泡沫灭火系统等。

在水、二氧化碳、干粉、卤代烷、泡沫等灭火剂中，水具有使用方便、灭火效果好、来源广泛、价格便宜、器材简单等优点，是目前建筑消防的主要灭火剂。

火灾统计资料表明，设有室内消防设备的建筑物内，初期火灾主要是用室内消防设备扑灭的。绝大多数的火灾是用水扑灭的，是否有完善的消防给水设施是能够有效扑灭火灾的主要因素之一，提高消防给水系统的可靠性和完备功能是十分必要的。

5.1 消火栓给水系统及布置

5.1.1 室外消火栓给水系统及组件

室外消火栓给水系统是设置在建筑物外消防给水管网的供水设备，由消防水源、室外消防给水管网、室外消火栓组成，火灾发生时向消防车供水或直接接出水带、水枪灭火。

1. 消防水源

消防水源可以是市政或企业供水系统、天然水源或专设的消防水池。

（1）市政给水管网供消防用水　城镇、居住区、企业事业单位的室外消防给水，一般均采用低压给水系统，为了维护管理方便和节约投资，消防给水管道宜与生产、生活给水管道合并设计和使用。

（2）天然水源作为消防水源，直接供水　如果地区天然水源很丰富，且建筑物紧靠天然水源，这种情况下可用天然水源作为消防用水水源。天然水源可以是江、河、湖、泊、池、塘等地表水，也可以是地下水。

2. 室外消防给水管网

（1）室外消防给水管网种类　根据系统的压力状态，室外消防给水系统可分为下列三种类型：

1）高压给水系统：始终处于高压状态，随时可喷水灭火。

2）临时高压给水系统：平时处于低压状态，火灾报警后，一般10min内启动，迅速升压，供给高压消防用水。

3）低压给水系统：平时系统中水压比较低，但系统中最不利点的供水压力不小于0.1MPa，灭火时需要的水压由消防车或消防水泵提供。

（2）室外消防给水管网布置

1）室外消防给水管网进水管数量不宜少于两条，并宜从两个不同方向的市政给水管引入。当一条发生故障时，其余进水管应能保证全部用水量需求。

进水管为一条时，必须设消防水池（不含二类建筑的住宅）。多层建筑的建设初期或室外消防用水量不超过15L/s时，允许由市政给水管上引出一条。

2）管网宜布置成环状，室外消防给水管道可与市政给水管道共同构成环状管网或室外消防给水管道独立构成环状管网。多层建筑的建设初期或室外消防用水量不超过15L/s时，可布置成枝状。

3）室外消防给水管网应设阀门，阀门应按管网连接点的管道数减一的原则布置，将管网分隔成若干独立的管段，用以控制水源和保证管网中某一管段维修或故障时其余管段仍能通水并正常工作。

4）建筑物室外消防给水管道的管径不应小于*DN*100，城市消防给水管道的最小直径不宜小于*DN*150。

3. 室外消火栓

（1）类型及规格　室外消火栓按设置位置分为地上式和地下式。室外消火栓规格见表5-1。

表5-1　室外消火栓规格

类别	参数					
	型号	公称压力/MPa	进水口 *DN*/mm	出水口		计算出水量/(L/s)
				口径/mm	个数	
地上式	SS100—1.0	1.0	100	65	2	10~15
				100	1	
	SS100—1.6	1.6	100	65	2	10~15
				100	1	
	SS150—1.0	1.0	150	65	2	15
				150	1	
	SS150—1.6	1.6	150	65	2	15
				150	1	

（续）

类别	参数					
	型号	公称压力/MPa	进水口 *DN*/mm	出水口		计算出水量/(L/s)
				口径/mm	个数	
地下式	SX100×65—1.0	1.0	100	65	1	10~15
				100	1	
	SX100×65—1.6	1.6	100	65	1	10~15
				100	1	

（2）设置场所　城镇、居住区及企事业单位；厂房、库房、民用建筑；汽车库、修车库、停车场；易燃、可燃材料露天、半露天堆场，可燃气体储罐、储罐区等室外场所。

（3）设置要求　市政消火栓和建筑室外消火栓应采用湿式消火栓系统。严寒、寒冷等冬季结冰地区城市隧道及其他构筑物的消火栓系统，应采取防冻措施，并宜采用干式消火栓系统和干式室外消火栓，干式消火栓系统的充水时间不应大于5min，并应在进水干管上设计快速启闭阀门，在系统管道的最高处应设置快速排气阀。严寒地区的市政管网宜设置消防水鹤，在城市主干道上消防水鹤的布置间距宜为1000m，连接消防水鹤的市政给水管管径不宜小于*DN*200，消防时消防水鹤的出流量不宜低于30L/s，且供水压力从地面算起不应小于0.10MPa。

市政消火栓宜采用直径*DN*150的地上式室外消火栓。室外地上式消火栓应有一个直径为150mm或100mm的栓口和两个直径为65mm的栓口；室外地下式消火栓应有直径为100mm和65mm的栓口各一个，并应设置明显的永久性标志。市政消火栓宜在道路的一侧设置，并宜靠近十字路口，但当市政道路宽度超过60m时，应在道路的两侧交叉错落设置市政消火栓。市政桥桥头和隧道出入口等市政公用设施处，应设置市政消火栓。市政消火栓的保护半径不应超过150m，且间距不应大于120m。市政消火栓应布置在消防车易于接近的人行道和绿地等地点，距路边不宜小于0.5m，并不应大于2m，距建筑外墙或外墙边缘不宜小于5m，且不应妨碍交通，并应避免设置在机械易撞击的地点，当确有困难时应采取防撞措施。市政给水管网的阀门设置应便于市政消火栓的使用和维护，并应符合现行国家标准GB 50013—2016《室外给水设计规范》的有关规定。设有市政消火栓的给水管网，平时运行工作压力不应小于0.14MPa，消防时水力最不利消火栓的出流量不应小于15L/s，且供水压力从地面算起不应小于0.10MPa。

建筑室外消火栓的数量应根据室外消火栓设计流量和保护半径经计算确定，保护半径不应大于150m，每个室外消火栓的出流量宜按10~15L/s计算。室外消火栓宜沿建筑周围均匀布置，且不宜集中布置在建筑一侧；建筑消防扑救面一侧的室外消火栓数量不宜少于2个。人防工程、地下工程等建筑应在出入口附近设置室外消火栓，且距出入口的距离不宜小于5m，并不宜大于40m。停车场的室外消火栓宜沿停车场周边设置，且与最近一排汽车的距离不宜小于7m，距加油站或油库不宜小于15m。甲、乙、丙类液体储罐区和液化烃罐罐区等构筑物的室外消火栓，应设在防火堤或防护墙外，数量应根据每个罐的设计流量经计算确定，但距罐壁15m范围内的消火栓，不应计算在该罐可使用的数量内。室外消防给水引入管，当设有减压型倒流防止器时，应在减压型倒流防止器前设置一个室外消火栓。

5.1.2　室内消火栓给水系统的设置范围

建筑消火栓给水系统是把室外给水系统提供的水量，经过加压（外网压力不满足需要时）输送到用于扑灭建筑物内的火灾而设置的固定灭火设备，是建筑物中最基本的灭火设施。

按照我国现行的GB 50016—2014《建筑设计防火规范》及GB 50974—2014《消防给水及消火栓系统技术规范》的规定，下列建筑或场所应设置消火栓给水系统：

1）建筑占地面积大于300m²的厂房和仓库。

2）高层公共建筑和建筑高度大于21m的住宅建筑。

注：建筑高度不大于27m的住宅建筑，设置室内消火栓系统确有困难时，可只设置干式消防竖管和不带消火栓箱的*DN*65的室内消火栓。

3）体积大于5000m³的车站、码头、机场的候车（船、机）建筑、展览建筑、商店建筑、旅馆建筑、医疗建筑和图书馆建筑等单、多层建筑。

4）特等、甲等剧场，超过800个座位的其他等级的剧场和电影院等以及超过1200个座位的礼堂、体育馆等单、多层建筑。

5）建筑高度大于15m或体积大于10000m³的办公建筑、教学建筑和其他单、多层民用建筑。

上述条款未规定的建筑或场所和下列建筑或场所，可不设置室内消火栓系统，但宜设置消防软管卷盘或轻便消防水龙：

1）耐火等级为一、二级且可燃物较少的单、多层丁、戊类厂房（仓库）。

2）耐火等级为三、四级且建筑体积不大于3000m³的丁类厂房，耐火等级为三、四级且建筑体积不大于5000m³的戊类厂房（仓库）。

3）粮食仓库、金库、远离城镇且无人值班的独立建筑。

4）存有与水接触能引起燃烧爆炸的物品的建筑。

5）室内无生产、生活给水管道，室外消防用水取自贮水池且建筑体积不大于5000m³的其他建筑。

国家级文物保护单位的重点砖木或木结构的古建筑，宜设置室内消火栓系统。

人员密集的公共建筑、建筑高度大于100m的建筑和建筑面积大于200m²的商业服务网点内应设置消防软管卷盘或轻便消防水龙。高层住宅建筑的户内宜配置轻便消防水龙。

5.1.3　低层建筑室内消火栓给水系统的方式及组成

低层建筑的室内消火栓给水系统是指9层及9层以下的住宅建筑、高度小于24m以下的其他民用建筑和高度不超过24m的厂房、车库以及单层公共建筑的室内消火栓给水系统。这种建筑物的火灾，能依靠一般消防车的供水能力直接进行灭火。

1. 低层建筑室内消火栓给水方式

按照室外给水管网可提供室内消防所需水量和水压情况，低层建筑室内消火栓给水方式有以下三种方式：

1）无水箱、水泵室内消火栓给水方式。如图5-1所示，当室外给水管网所提供的水量、水压，在任何时候均能满足室内消火栓给水系统所需水量、水压要求时，可以优先采用这种方式。当选用这种方式且与室内生活（或生产）合用管网时，进水管上如设有水表，则所选水表应考虑通过消防水量能力。

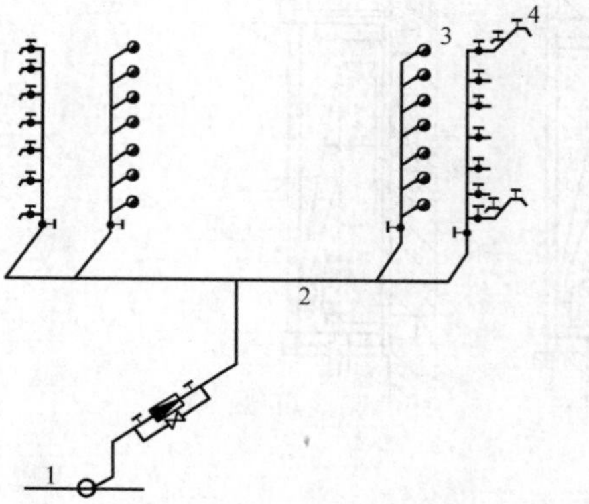

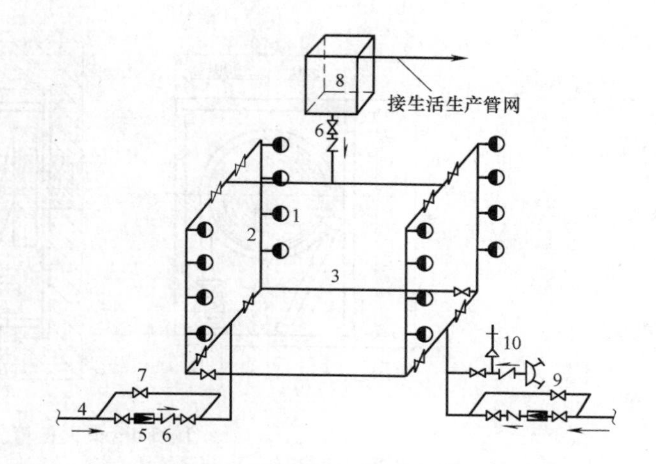

图 5-1　直接供水的消防-生活共用给水方式

1—室外给水管网　2—室内管网

3—消火栓及竖管　4—给水立管及支管

图 5-2　仅设水箱不设水泵的消火栓给水方式

1—室内消火栓　2—消防竖管　3—干管

4—进户管　5—水表　6—止回阀　7—旁通管及阀门

8—水箱　9—水泵接合器　10—安全阀

2）仅设水箱不设水泵的消火栓给水方式。如图 5-2 所示，这种方式适用于室外给水管网一天之内压力变化较大，但水量能满足室内消防、生活和生产用水要求的情况。这种方式管网应独立设置，水箱可以和生产、生活合用，但其生活或生产用水不能动用消防 10min 贮存的水量。

3）设水泵、水箱的消火栓给水方式。如图 5-3 所示，这种方式适用于室外给水管网的水压不能满足室内消火栓给水系统所需水压要求的情况，为保证初期使用消火栓灭火时有足够的消防水量，而设置水箱贮存 10min 的消防水量。

2. 消火栓给水系统的组成

建筑消火栓给水系统一般由水枪、水带、消火栓、消防管道、消防水池、高位水箱、水泵接合器及增压水泵等组成。

1）消火栓设备：由水枪、水带和消火栓组成，均安装于消火栓箱内，常用消火栓箱的规格有 800mm×650mm×200（320）mm，用木材、钢板或铝合金制作而成，外装玻璃门，门上应有明显的标志，如图 5-4 所示。

水枪一般为直流式，喷嘴口径有 13mm、16mm、19mm 三种。水带口径有 50mm、65mm 两种。喷嘴口径 13mm 的水枪配置口径 50mm 的水带，喷嘴口径 16mm 的水枪可配置口径 50mm 或 65mm 的水带，喷嘴口径 19mm 的水枪配置口径 65mm 的水带。低层建筑室内消火栓可选用喷嘴口径 13mm 或 16mm 的水枪，但

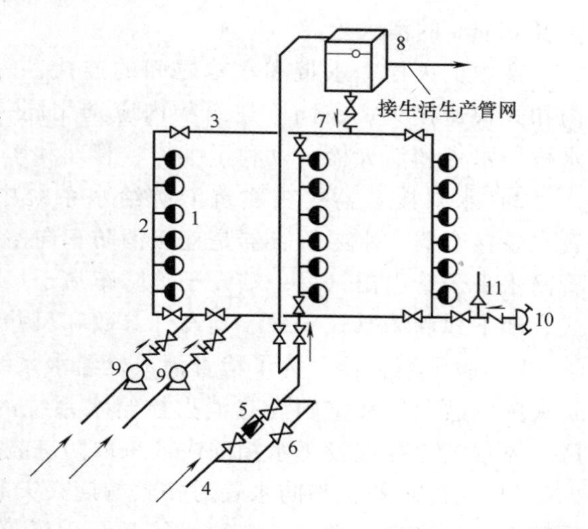

图 5-3　设水泵、水箱消防给水方式

1—室内消火栓　2—消防竖管　3—干管　4—进户管

5—水表　6—旁通管及阀门　7—止回阀　8—水箱

9—消防水泵　10—水泵接合器　11—安全阀

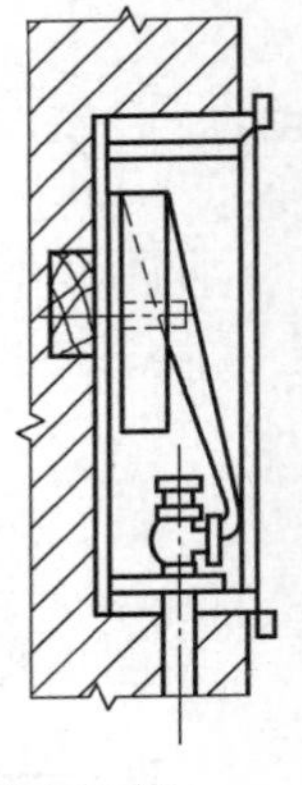

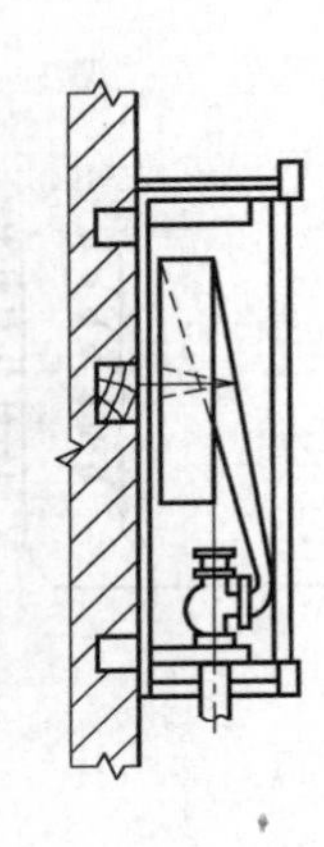

图 5-4　消火栓箱

必须根据消防流量和充实水柱长度经计算后确定。

水带长度一般有 15m、20m、25m、30m 四种，水带材质有麻织和化纤两种，有衬橡胶与不衬橡胶之分，衬橡胶水带阻力较小。水带的长度应根据水力计算确定。

消火栓均为内扣式接口的球形阀式水嘴，有单出口和双出口之分，栓口中心距地高度为 1.1m，允许误差为±20mm。双出口消火栓直径为 65mm，如图 5-5 所示。单出口消火栓直径有 50mm 和 65mm 两种。当每支水枪最小流量小于或等于 2.5L/s 时，选用直径 50mm 的消火栓；最小流量大于或等于 5L/s 时，选用直径 65mm 的消火栓。

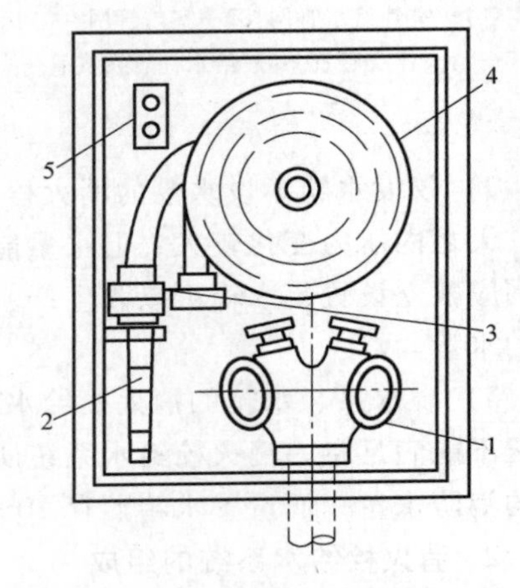

图 5-5　双出口消火栓
1—双出口消火栓　2—水枪　3—水带接口
4—水带　5—按钮

室内消火栓、水带和水枪之间的连接，一般采用内扣式快速接头。在同一建筑物内应选用同一规格的水枪、水带和消火栓，以利于维护、管理和串用。

2）水泵接合器：在建筑消防给水系统中均应设置水泵接合器。水泵接合器是连接消防车向室内消防给水系统加压的装置，一端由消防给水管网水平干管引出，另一端设于消防车易于接近的地方，如图 5-6 所示。水泵接合器有地上式、地下式和墙壁式三种，其设计参数和尺寸见表 5-2 和表 5-3。

3）屋顶消火栓：为了检查消火栓给水系统是否能正常运行及保护本建筑物免受邻近建筑火灾的波及，在室内设有消火栓给水系统的建筑屋顶应设一个消火栓。有可能结冻的地区，屋顶消火栓应设于水箱间内或采取防冻技术措施。

4）消防水箱：消防水箱对扑救初期火灾起着重要作用，为确保自动供水的可靠性，应采用重力自流供水方式。消防水箱常与生活（或生产）高位水箱合用，以保持箱内贮水经常流动，防止水质变坏。水箱的安装高度应满足室内最不利点消火栓所需的水压要求，且应贮存室内 10min 的消防用水量。

5）消防水池：消防水池用于无室外消防水源的情况下，贮存火灾延续时间（见附表 10）内的室内消防用水量。消防水池可设于室外地下或地面上，也可设在室内地下室，或与室内游泳池、水景水池兼用。

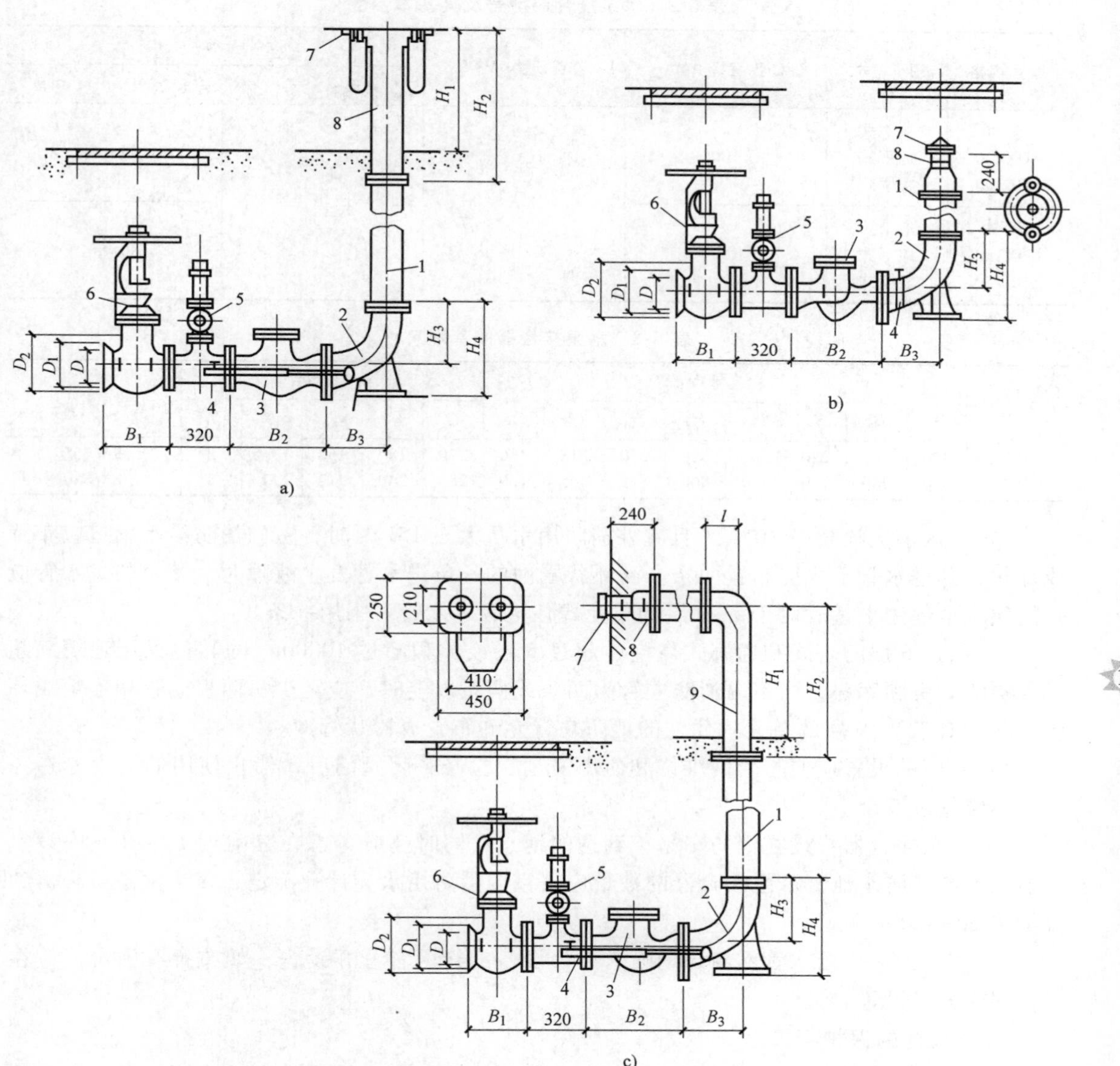

图 5-6　水泵接合器外形图

a）SQ 型地上式　b）SQX 型地下式　c）SQB 型墙壁式

1—法兰接管　2—弯管　3—升降式单向阀　4—放水阀　5—安全阀

6—楔式闸阀　7—进水用消防接口　8—本体　9—法兰弯管

5.1.4　室内消火栓给水系统的布置

1. 消防给水管道的布置

1）建筑物内的消火栓给水系统是否与生产、生活给水系统合用或单独设置，应根据建筑物的性质和使用要求经技术经济比较后确定。与生活、生产给水系统合用时，给水管一般采用热浸镀锌钢管或给水铸铁管。单独消防系统的给水管可采用非镀锌钢管或给水铸铁管。

表 5-2　水泵接合器型号及其基本参数

型号规格	形　式	公称直径/mm	公称压力/MPa	进水口	
				形　式	口径/(mm×mm)
SQ100 SQX100 SQB100	地上式 地下式 墙壁式	100	1.6	内扣式	65×65
SQ150 SQX150 SQB150	地上式 地下式 墙壁式	150			80×80

表 5-3　水泵接合器的基本尺寸

公称管径/mm	结构尺寸/mm								法兰/mm					消防接口
	B_1	B_2	B_3	H_1	H_2	H_3	H_4	L	D	D_1	D_2	d	n	
100	300	350	220	700	800	210	318	130	220	180	158	17.5	8	KWS65
150	350	480	310	700	800	325	465	160	285	240	212	22	8	KWS80

2）室内消火栓超过10个，且室外消防用水量大于15L/s时，室内消防给水管道应布置成环状，其进水管至少应布置两条。当环状管网的一条进水管发生故障时，其余的进水管应仍能供应全部用水量。对于7~9层的单元式住宅，进水管可采用一条。

3）超过6层的塔式和通廊式住宅，超过5层或体积超过10000m^3的其他民用建筑，超过4层的厂房和库房，当室内消防立管为两条或两条以上时，应至少每两根立管相连组成环状管网。对于7~9层的单元式住宅的消防立管允许布置成树状管网。

4）闸门的设置应便于管网维修和使用安全，检修关闭阀门后，停止使用的消火栓在一层中不应超过5个。

5）水泵接合器应设在消防车易于到达的地点，同时还应考虑在其附近15~40m内设室外消火栓或消防水池。水泵接合器的数量应按室内消防用水量计算确定，每个水泵接合器的流量按10~15L/s计算。

6）室内消火栓给水管网与自动喷水灭火设备的管网宜分开设置，如布置有困难，应在报警阀前分开设置。

2. 消火栓的保护半径

消火栓的保护半径是指某种规格的消火栓、水枪和一定长度的水带配套后，并考虑消防人员使用该设备时有安全保障（为此水枪的上倾角不宜超过45°，否则高处着火物下落时会伤及灭火人员）的条件下，以消火栓为圆心，消火栓能充分发挥作用的半径。

消火栓的保护半径可按式（5-1）计算

$$R=L_d+L_s \tag{5-1}$$

式中　R——消火栓的保护半径（m）；

L_d——水带的敷设长度（m），每根水带的长度不应超过25m，并应乘以水带的弯转曲折系数0.8；

L_s——水枪的充实水柱在平面的投影长度（m），$L_s=H_m\cos45°$；

H_m——水枪的充实水柱长度（m）。

3. 消火栓布置要求

1）设有消防给水的建筑物，其各层（无可燃物的设备层除外）均应设置消火栓。室内消火栓的布置，应保证有两支水枪的充实水柱可同时达到室内任何部位（建筑高度小于或等于 24m，且体积小于或等于 5000m^3 的库房可采用一支水枪的充实水柱射到室内任何部位），如图 5-7 所示，布置间距按下列公式计算：

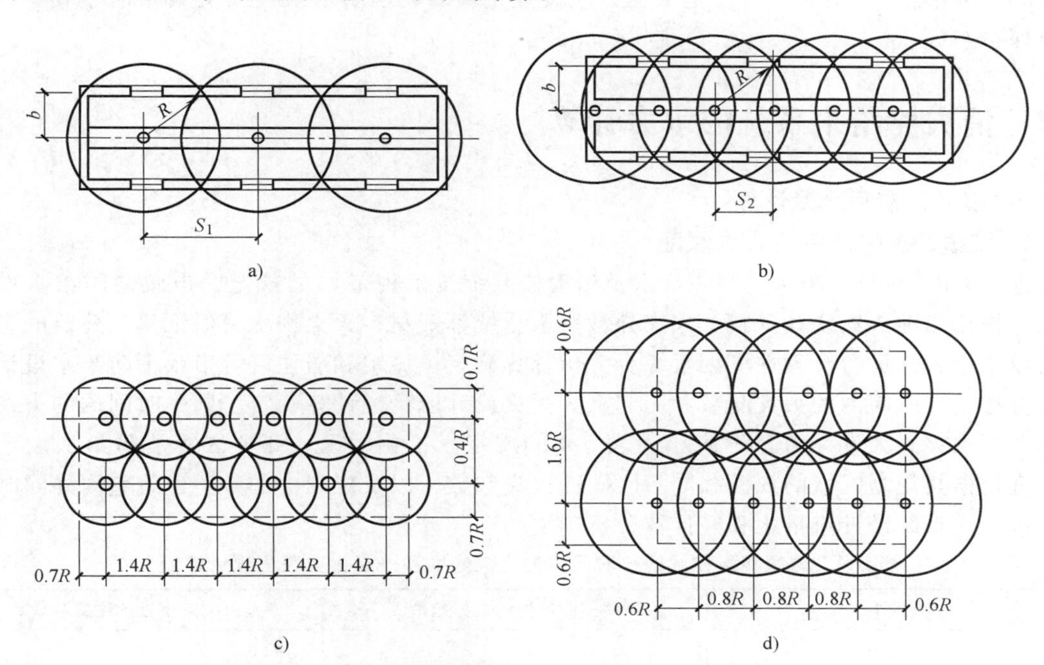

图 5-7　消火栓布置间距

a）单排一股水柱到达室内任何部位　b）单排两股水柱到达室内任何部位

c）多排一股水柱到达室内任何部位　d）多排两股水柱到达室内任何部位

① 如图 5-7a 所示，当室内宽度较小只有一排消火栓，且要求有一股水柱达到室内任何部位时，消火栓的间距按式（5-2）计算

$$S_1 \leqslant 2(R^2-b^2)^{1/2} \tag{5-2}$$

式中　S_1——消火栓间距（m）；

R——消火栓保护半径（m）；

b——消火栓的最大保护宽度（m），外廊式建筑，b 为建筑宽度；内廊式建筑，b 为走道两侧中最大一边宽度。

② 如图 5-7b 所示，当室内只有一排消火栓，且要求有两股水柱同时达到室内任何部位时，消火栓的间距按式（5-3）计算

$$S_2 \leqslant (R^2-b^2)^{1/2} \tag{5-3}$$

式中　S_2——两股水柱时消火栓间距（m）。

③ 如图 5-7c 所示，当房间较宽，需要布置多排消火栓，且要求有一股水柱达到室内任何部位时，消火栓的间距按式（5-4）计算

$$S_n \leqslant \sqrt{2} R \tag{5-4}$$

④ 如图 5-7d 所示，当房间较宽，需要布置多排消火栓，且要求有两股水柱同时达到室内任何部位时，消火栓的间距按式（5-3）计算值缩短一半。

2）室内消火栓栓口距楼地面安装高度为 1.1m，栓口方向宜向下或与墙面垂直。

3）消火栓应设在使用方便的走道内，宜靠近疏散方便的通道口处、楼梯间内。

4）为保证及时灭火，每个消火栓处应设置直接启动消防水泵按钮或报警信号装置，并应有保护措施。

5.2　消火栓给水系统的水力计算

5.2.1　室外消防用水量计算

1. 城镇、居住区室外消防水量

根据 GB 50974—2014《消防给水及消火栓系统技术规范》的规定，市政消防给水设计流量应根据当地火灾统计资料、火灾扑救用水量统计资料、灭火用水量保证率、建筑的组成和市政给水管网运行合理性等因素综合分析计算确定。城镇和居住区等市政消防给水设计流量，应按同一时间内的火灾起数和一起火灾灭火设计流量经计算确定。同一时间内的火灾起数和一起火灾灭火设计流量不应小于表 5-4 的规定。工业园区、商务区等消防给水设计流量，宜根据其规划区域的规模和同一时间的火灾起数，以及规划中的各类建筑室内外同时作用的水灭火系统设计流量之和经计算分析确定。

表 5-4　城镇和居住区同一时间内的火灾起数和一起火灾灭火设计流量

<table>
<tr><th>人数 N</th><th>同一时间内的火灾起数</th><th>一起火灾灭火设计流量/(L/s)</th></tr>
<tr><td>N≤1.0</td><td rowspan="2">1</td><td>15</td></tr>
<tr><td>1.0<N≤2.5</td><td rowspan="2">30</td></tr>
<tr><td>2.5<N≤5.0</td><td rowspan="4">2</td></tr>
<tr><td>5.0<N≤20.0</td><td>45</td></tr>
<tr><td>20.0<N≤30.0</td><td>60</td></tr>
<tr><td>30.0<N≤40.0</td><td rowspan="2">75</td></tr>
<tr><td>40.0<N≤50.0</td><td rowspan="3">3</td></tr>
<tr><td>50.0<N≤70.0</td><td>90</td></tr>
<tr><td>N>70.0</td><td>100</td></tr>
</table>

2. 建筑物室外消火栓设计流量

建筑物室外消火栓设计流量，应根据建筑物的用途功能、体积、耐火等级、火灾危险性等因素综合分析确定。建筑物室外消火栓设计流量不应小于表 5-5 的规定。

3. 室外消火栓用水量计算

按消防用水量最大的一座建筑物或一个防火分区考虑，成组布置时按消防用水量最大的相邻两座建筑物考虑。

除消火栓灭火系统外，如果还有泡沫灭火设备、带架水枪、自动喷水灭火火设备，或其他消防用水设备时，则总消防用水量为这些灭火设备的用水量与计算所得的室外消火栓用水量 50%之和，且不得小于表 5-5 中的要求。

室外消火栓的数量应按其保护半径和室外消防用水量等综合计算确定，每个室外消火栓的用水量应按 10~15L/s 计算；与保护对象的距离在 5~40m 范围内的市政消火栓，可计入室外消火栓的数量内。

表 5-5　建筑物室外消火栓设计流量　（单位：L/s）

<table>
<tr><th rowspan="2">耐火等级</th><th rowspan="2" colspan="3">建筑物名称及类别</th><th colspan="6">建筑体积 V/m^3</th></tr>
<tr><th>$V \leqslant 1500$</th><th>$1500<V \leqslant 3000$</th><th>$3000<V \leqslant 5000$</th><th>$5000<V \leqslant 20000$</th><th>$20000<V \leqslant 50000$</th><th>$V>50000$</th></tr>
<tr><td rowspan="11">一、二级</td><td rowspan="6">工业建筑</td><td rowspan="3">厂房</td><td>甲、乙</td><td colspan="2">15</td><td>20</td><td>25</td><td>30</td><td>35</td></tr>
<tr><td>丙</td><td colspan="2">15</td><td>20</td><td>25</td><td>30</td><td>40</td></tr>
<tr><td>丁、戊</td><td colspan="5">15</td><td>20</td></tr>
<tr><td rowspan="3">仓库</td><td>甲、乙</td><td colspan="2">15</td><td colspan="2">25</td><td colspan="2">—</td></tr>
<tr><td>丙</td><td colspan="2">15</td><td colspan="2">25</td><td>35</td><td>45</td></tr>
<tr><td>丁、戊</td><td colspan="5">15</td><td>20</td></tr>
<tr><td rowspan="3">民用建筑</td><td>住宅</td><td>普通</td><td colspan="6">15</td></tr>
<tr><td rowspan="2">公共建筑</td><td>单层及多层</td><td colspan="3">15</td><td>25</td><td>30</td><td>40</td></tr>
<tr><td>高层</td><td colspan="3">—</td><td>25</td><td>30</td><td>40</td></tr>
<tr><td colspan="3">地下建筑（包括地铁）、平战结合的人防工程</td><td colspan="3">15</td><td>20</td><td>25</td><td>30</td></tr>
<tr><td colspan="3">汽车库、修车库（独立）</td><td colspan="5">15</td><td>20</td></tr>
<tr><td rowspan="3">三级</td><td rowspan="2" colspan="2">工业建筑</td><td>乙、丙</td><td>15</td><td>20</td><td>30</td><td>40</td><td>45</td><td>—</td></tr>
<tr><td>丁、戊</td><td colspan="3">15</td><td>20</td><td>25</td><td>35</td></tr>
<tr><td colspan="3">单层及多层民用建筑</td><td colspan="2">15</td><td>20</td><td>25</td><td>30</td><td>—</td></tr>
<tr><td rowspan="2">四级</td><td colspan="3">丁、戊类工业建筑</td><td colspan="2">15</td><td>20</td><td>25</td><td colspan="2">—</td></tr>
<tr><td colspan="3">单层及多层民用建筑</td><td colspan="2">15</td><td>20</td><td>25</td><td colspan="2">—</td></tr>
</table>

注：1. 成组布置的建筑物应按消火栓设计流量较大的相邻两座建筑物的体积之和确定。
2. 火车站、码头和机场的中转库房，其室外消火栓设计流量应按相应耐火等级的丙类物品库房确定。
3. 国家级文物保护单位的重点砖木、木结构的建筑物室外消火栓设计流量，按三级耐火等级民用建筑物消火栓设计流量确定。

5.2.2　室内消火栓给水系统的水力计算

建筑消火栓消防管道的水力计算主要任务，是根据室内消火栓消防水量的要求，进行合理的流量分配后，确定系统管道的管径、系统所需水压、水箱和水塔的高度或选择消防水泵的扬程。

1. 消防用水量

建筑的室内消火栓消防用水量应根据建筑物的性质、面积、体积和消火栓布置计算确定，但不应小于表 5-6 的规定。

建筑物内如设有消火栓灭火系统的同时，还设有自动喷水、水幕、泡沫等灭火系统时，其室内消防水量应按需要同时开启的灭火系统用水量之和计算。

表 5-6　建筑物室内消火栓设计流量

建筑物名称			高度 h/m、层数、体积 V/m^3、座位数(n)、火灾危险性		消火栓设计流量/(L/s)	同时使用消防水枪支数	每根竖管最小流量/(L/s)
工业建筑	厂房		$h\leqslant 24$	甲、乙、丁、戊	10	2	10
				丙	20	4	15
			$24<h\leqslant 50$	乙、丁、戊	25	5	15
				丙	30	6	15
			$h>50$	乙、丁、戊	30	6	15
				丙	40	8	15
	仓库		$h\leqslant 24$	甲、乙、丁、戊	10	2	10
				丙	20	4	15
			$h>24$	丁、戊	30	6	15
				丙	40	8	15
民用建筑	单层及多层	科研楼、试验楼	$V\leqslant 10000$		10	2	10
			$V>10000$		15	3	10
		车站、码头、机场的候车(船、机)楼和展览建筑(包括博物馆)等	$5000<V\leqslant 25000$		10	2	10
			$25000<V\leqslant 50000$		15	3	10
			$V>50000$		20	4	15
		剧场、电影院、会堂、礼堂、体育馆等	$800<n\leqslant 1200$		10	2	10
			$1200<n\leqslant 5000$		15	3	10
			$5000<n\leqslant 10000$		20	4	15
			$n>10000$		30	6	15
		旅馆	$5000<V\leqslant 10000$		10	2	10
			$10000<V\leqslant 25000$		15	3	10
			$V>25000$		20	4	15
		商店、图书馆、档案馆等	$5000<V\leqslant 10000$		15	3	10
			$10000<V\leqslant 25000$		25	5	15
			$V>25000$		40	8	15
		病房楼、门诊楼等	$5000<V\leqslant 25000$		10	2	10
			$V>25000$		15	3	10
		办公楼、教学楼等其他建筑	$V>10000$		15	3	10
		住宅	$21<h\leqslant 27$		5	2	5
	高层	住宅　普通	$27<h\leqslant 54$		10	2	10
			$h>54$		20	4	10
		二类公共建筑	$h\leqslant 50$		20	4	10
			$h>50$		30	6	15
		一类公共建筑	$h\leqslant 50$		30	6	15
			$h>50$		40	8	15

（续）

建筑物名称		高度 h/m、层数、体积 V/m^3、座位数（n）、火灾危险性	消火栓设计流量/（L/s）	同时使用消防水枪支数	每根竖管最小流量/（L/s）
国家级文物保护单位的重点砖木或木结构的古建筑		$V \leqslant 10000$	20	4	10
		$V > 10000$	25	5	15
汽车库/修车库（独立）			10	2	10
地下建筑		$V \leqslant 5000$	10	2	10
		$5000 < V \leqslant 10000$	20	4	15
		$10000 < V \leqslant 25000$	30	6	15
		$V > 25000$	40	8	20
人防工程	展览厅、影院、剧场、礼堂、健身体育场所等	$V \leqslant 1000$	5	1	5
		$1000 < V \leqslant 2500$	10	2	10
		$V > 2500$	15	3	10
	商场、餐厅、旅馆、医院等	$V \leqslant 5000$	5	1	5
		$5000 < V \leqslant 10000$	10	2	10
		$10000 < V \leqslant 25000$	15	3	10
		$V > 25000$	20	4	10
	丙、丁、戊类生产车间、自行车库	$V \leqslant 2500$	5	1	5
		$V > 2500$	10	2	10
	丙、丁、戊类物品库房、图书资料档案库	$V \leqslant 3000$	5	1	5
		$V > 3000$	10	2	10

注：1. 丁、戊类高层厂房（仓库）室内消火栓的设计流量可按本表减少 10L/s，同时使用消防水枪数量可按本表减少 2 支。

2. 当高层民用建筑高度超过 50m，室内消火栓用水量超过 20L/s，且设有自动喷水灭火系统时，其室内外消防用水量可按本表减少 5L/s。

3. 消防软管卷盘、轻便消防水龙及多层住宅楼梯间中的干式消防竖管，其消防给水设计流量可不计入室内消防给水设计流量。

2. 水枪充实水柱长度

建筑物内消火栓消防系统是依靠消火栓喷嘴喷出的射流水股来扑灭火焰的。水枪的射流不但要射及火焰，而且应有一定的喷射密度，即需要有一股密集不分散水柱以确保灭火效果；这就要求水枪喷嘴处应能形成一定长度且密集不分散的水柱（即充实水柱 H_m）。手提式水枪的充实水柱规定为：从喷嘴出口起至射流 90% 的水量穿过直径 38cm 圆圈为止的一端射流长度，如图 5-8 所示。

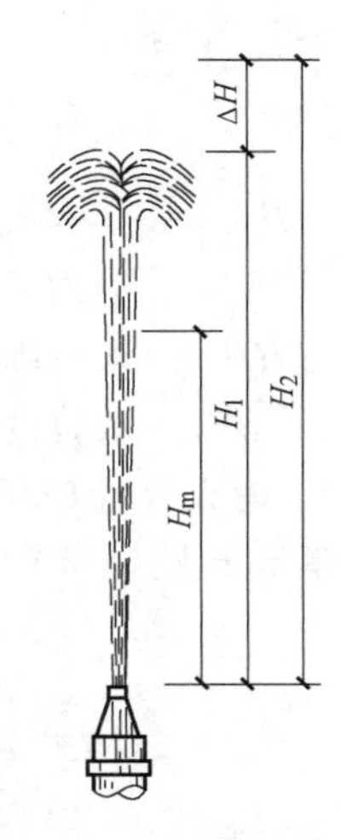

图 5-8　垂直射流组成

水枪的充实水柱长度应由计算确定，一般不应小于 7m，但甲、乙类厂房，超过 6 层的民用建筑，超过 4 层的厂房和库房内，不应小于 10m；高层工业建筑、高架库房内，水枪的充实水柱不应小于 13m 水柱。根据实验数据统计，当水枪充实水柱长度小于 7m 时，火场的热辐射使消防人员无法接近着火点，不能达到有效灭火的目的；当水枪的充实水柱大于 15m 时，射流的反作用力往往会使消防人员无法把握水枪灭火。充实水柱长度的要求与选择见表5-7和表5-8。

表5-7　各类建筑要求水枪充实水柱长度 H_m

建筑物类别	H_m/m
高层建筑、厂房、库房和室内净空高度超过8m的民用建筑等场所	13
其他场所	10

表5-8　直流水枪充实水柱技术数据

H_m/m	不同喷嘴口径的压头和流量					
	13mm		16mm		19mm	
	压头/m	流量/(L/s)	压头/m	流量/(L/s)	压头/m	流量/(L/s)
6.0	8.1	1.7	8.0	2.5	7.5	3.5
7.0	9.6	1.8	9.2	2.7	9.0	3.8
8.0	11.2	2.0	10.5	2.9	10.5	4.1
9.0	13.0	2.1	12.5	3.1	12.0	4.3
10.0	15.0	2.3	14.0	3.3	13.5	4.6
11.0	17.0	2.4	16.0	3.5	15.0	4.9
12.0	19.0	2.6	17.5	3.8	17.0	5.2
12.5	21.5	2.7	19.5	4.0	18.5	5.4
13.0	24.0	2.9	22.0	4.2	20.5	5.7
13.5	26.5	3.0	24.0	4.4	22.5	6.0
14.0	29.6	3.2	26.5	4.6	24.5	6.2
15.0	33.0	3.4	29.0	4.8	27.0	6.5
15.5	37.0	3.6	32.0	5.1	29.5	6.8
16.0	41.5	3.8	35.5	5.3	32.5	7.1
17.0	47.0	4.0	39.5	5.6	33.5	7.5

充实水柱的长度可按室内最高着火点离地面高度、水枪喷嘴离地面高度和水枪的倾角用式（5-5）计算

$$H_m=(H_1-H_2)/\sin\alpha \tag{5-5}$$

式中　H_m——消火栓所需的充实水柱长度（m）；

H_1——室内最高着火点离地面的高度（m）；

H_2——水枪喷嘴离地面的高度（m）；

α——水枪的倾角，一般为45°~60°。

3. 消火栓栓口所需水压

消火栓栓口所需水压按式（5-6）计算

$$H_{xh}=H_q+h_d+H_k \tag{5-6}$$

式中　H_{xh}——消火栓栓口所需水压（kPa）；

H_q——水枪喷嘴处的压力（kPa）；

h_d——消防水带的水头损失（kPa）；

H_k——消火栓栓口水头损失（kPa），按20kPa计算。

1）水枪喷嘴处的压力：应保证水枪在喷出流量满足计算流量的同时，还能保证喷出后的射流具有一定长度和密集度。其压力与喷嘴的口径 d、喷嘴的出流量（q_{xh}）和要求的充实水柱长度有关，通过实验测定其间关系如下：

水枪喷嘴处的压头与消火栓充实水柱长度的关系为

$$H_q=\frac{\alpha_f H_m}{1-\varphi\alpha_f H_m} \tag{5-7}$$

式中　H_q——水枪喷嘴处的压头（m）；

φ——与水枪喷嘴口径 d 有关的实验系数，其值见表5-9；

α_f——实验系数，其值见表5-10；

H_m——消火栓所需的充实水柱长度（m）。

表5-9　系数 φ 值

喷嘴口径/mm	13	16	19
φ	0.0165	0.0124	0.0097

表5-10　系数 α_f 值

H_m/m	6	8	10	12	16
α_f	1.19	1.19	1.20	1.21	1.24

喷嘴的出流量与水枪喷嘴处压力的关系为

$$q_{xh}=\sqrt{BH_q} \tag{5-8}$$

式中　q_{xh}——喷嘴的出流量（其值不小于表5-6规定的每支水枪最小流量）（L/s）；

B——水流特性系数，与水枪喷嘴口径有关，见表5-11。

表5-11　水流特性系数 B 值

喷嘴口径/mm	13	16	19
B	0.346	0.793	1.577

为了方便使用，根据式（5-7）、式（5-8）制成表5-12，由水枪喷嘴口径和充实水柱长度可查出水枪喷嘴的出流量和喷嘴处的压力。

表5-12　H_m-H_q-q_{xh} 技术数据

H_m/m	不同喷嘴口径的压力和流量					
	13mm		16mm		19mm	
	H_q/m	q_{xh}/(L/s)	H_q/m	q_{xh}/(L/s)	H_q/m	q_{xh}/(L/s)
6	8.1	1.7	7.8	2.5	7.7	3.5
8	11.2	2.0	10.7	2.9	10.4	4.1
10	14.9	2.3	14.1	3.3	13.6	4.5
12	19.1	2.6	17.7	3.8	16.9	5.2
14	23.9	2.9	21.8	4.2	20.6	5.7
16	29.7	3.2	26.5	4.6	24.7	6.2

2）消防水带的水头损失按式（5-9）计算

$$h_d = \gamma A_d l q_{xh}^2 \tag{5-9}$$

式中　h_d——消防水带的水头损失（kPa）；

γ——水的重度（kN/m^3）；

A_d——水带阻力系数，见表5-13；

l——水带长度（m）。

表5-13　水带阻力系数A_d值

水带口径/mm	阻力系数A_d值	
	帆布、麻织水带	衬胶水带
50	0.01501	0.00677
65	0.00430	0.00172

4. 消防水箱、水泵及减压节流装置

（1）消防水箱　按照我国GB 50016—2014《建筑设计防火规范》的规定，消防水箱应贮存10min的室内消防用水总量，以供扑救初期火灾之用。其计算公式为

$$V_x = 0.6Q_x \tag{5-10}$$

式中　V_x——消防水箱贮存消防水量（m^3）；

Q_x——室内消防用水总量（L/s）；

0.6——单位换算系数。

为避免水箱容积过大，当室内消防用水量小于或等于25L/s，经计算水箱消防容积大于$12m^3$时，仍可采用$12m^3$；当室内消防用水量大于25L/s，经计算水箱消防容积大于$18m^3$时，仍可采用$18m^3$。

（2）消防水泵的选定　消防水泵扬程相应压力的计算公式为

$$H_0 = H_Z + H_S + H_{xh} \tag{5-11}$$

式中　H_0——消防水泵扬程（kPa）；

H_Z——吸水池最低水位到最不利消火栓口的最小工作压力（kPa）；

H_S——水泵吸水口到最不利消火栓口的总水头损失（kPa）；

H_{xh}——最不利消火栓口所需压力（kPa）。

水泵的流量应按计算所得的总消防用水量计算，此值应大于室内消防用水量。

（3）减压节流装置　火灾发生后，消防水泵工作时，由于同一立管上不同位置高度的消火栓栓口压力不同，因而引起其射流流量不同，且当栓口压力过大（超过0.5MPa）时，栓口射流的反作用力（因水枪进口与出口的口径不同所引起）使得消防人员难以控制水枪射流方向，从而影响灭火效果。GB 50974—2014《消防给水及消火栓系统技术规范》第7.4.12条规定：消火栓栓口动压力不应大于0.5MPa，当大于0.7MPa时应设置减压装置；高层建筑、厂房、库房和室内净空高度超过8m的民用建筑等场所的消火栓栓口动压不应小于0.35MPa，且消防水枪充实水柱应按13m计算，其他场所的消火栓栓口动压不应小于0.25MPa，且消防水枪充实水柱应按10m计算。为此，在实际工程中，当消防泵工作时，栓口压力超过0.7MPa的消火栓，应采用减压措施，保证各栓口压力相同，其流量也相同。但同时也应注意减压装置的型号不宜过多，以减少安装与管理的困难。

常用的减压装置为减压孔板。减压孔板常用铝制或铜制的孔板；孔板的中央设一圆孔，以法兰连接方式嵌装在消火栓立管与消火栓之间的支管上，水流通过截面面积较小的孔洞，造成局部水头损失从而减压。

5. 消防管网水力计算

消防管网水力计算的主要目的在于确定消防给水管网的管径、计算消防水箱的设置高度、选择消防水泵。

（1）确定计算管路　由于建筑物发生火灾地点的不确定性，在进行消防管网水力计算时，对于枝状管网应首先选择最不利立管和最不利消火栓，以此确定计算管路；对于环状管网，可假定某管段发生故障，仍按枝状管网进行计算。

（2）计算最不利点消火栓的消防流量和流量分配　低层建筑最不利点消火栓的消防流量，可根据建筑物的性质、面积、体积、消火栓设备的型号，按所选定充实水柱计算确定，但不得小于表 5-7 和表 5-8 中的规定。

（3）消防管道的管径计算　消防管道的管径和给水管道管径的确定方法相同，但消防管道的水流速度不宜大于 2.5m/s。

（4）消防管道水头损失计算　消防管道的沿程水头损失计算方法与给水管道相同；局部水头损失可取沿程水头损失的 10%确定。

（5）水箱、水塔的高度确定和消防水泵扬程确定　水箱、水塔的设置高度和消防水泵的扬程应按保证最不利消火栓栓口所需的压力要求计算确定。

（6）消火栓栓口压力校核　经校核，如低层消火栓栓口压力过大，水枪射流反作用力太大或实际射流流量太大，应进行减压计算，设置减压装置。

5.2.3　室内消火栓给水系统的水力计算例题

【例 5-1】　某市有一栋楼长 38.28m、宽 14.34m、层高 2.8m 的 8 层集体宿舍楼，耐火等级为二级，建筑物体积为 12000m^3，平屋顶，室内消火栓灭火系统如图 5-9 所示。已知系统用管材为低压流体输送用焊接钢管，SN65 直角单出口式室内消火栓，直径 65mm 麻织水

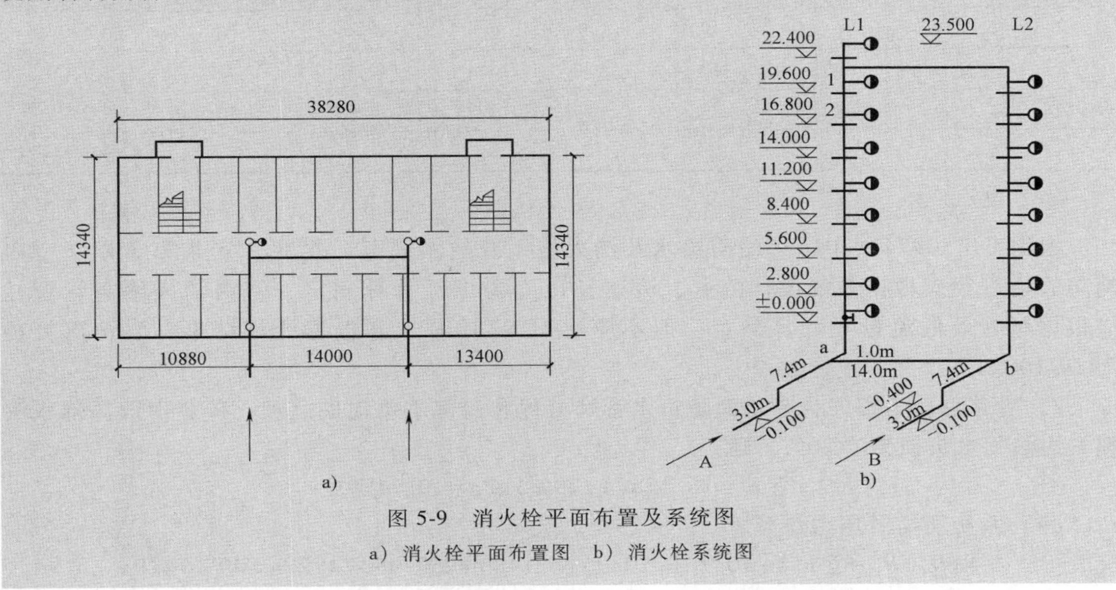

图 5-9　消火栓平面布置及系统图

a）消火栓平面布置图　b）消火栓系统图

带，长度为25m，QZ65×19mm直流式水枪，800×650×200S163（甲型）钢制消火栓箱。试确定系统各管段的管径及系统消防设计水压。

【解】（1）消防设计流量的确定　本建筑属于其他类型建筑，由表5-6可得：消火栓设计流量为15L/s，同时使用水枪数量为3支，每支水枪最小出流量为5L/s，每根竖管最小流量为10L/s。

由于本建筑层数超过6层，其充实水柱长度应大于或等于10m，由表5-7和表5-8可知，选取喷嘴口径为19mm的水枪，出流量为5.0L/s，充实水柱长度为11.3m。

（2）消火栓栓口所需水压的确定　按式（5-6）确定消火栓栓口所需水压为

$$H_{xh}=h_d+H_q+H_k=\gamma A_d l q_{xh}^2+\frac{q_{xh}^2}{B}\gamma+H_k$$

$$=\left(10\times0.0043\times25\times5.0^2+\frac{5.0^2}{1.577}\times10+20\right)\text{kPa}$$

$$=205.40\text{kPa}$$

根据GB 50974—2014《消防给水及消火栓系统技术规范》第7.4.12条规定，消火栓栓口动压不小于0.25MPa，所以应取$H_{xh}=250\text{kPa}$。

（3）系统压力损失计算

1）沿程压力损失的计算。为了供水安全，系统立管连成环状，但仍以支状管网进行水力计算，由于屋顶消火栓一般不纳入水力计算，故最不利消火栓为消火栓1，选定1—2—a—b—B为最不利计算管路，将各计算值填入表5-14内。

表5-14　消防系统水力计算表

序号	管段号		管段设计流量/(L/s)	管径/mm	流速/(m/s)	每米管道的压力损失/kPa	管道长度/m	管道沿程水头损失/kPa
	起	止						
1	1	2	5	100	0.58	0.0749	2.80	0.21
2	2	a	10	100	1.15	0.269	19.30	5.19
3	a	b	10	100	1.15	0.269	14.0	3.77
4	b	B	15	100	1.73	0.602	12.10	7.28
合计								$\sum h_f=16.45\text{kPa}$

根据GB 50974—2014《消防给水及消火栓系统技术规范》第8.1.5条第3款“室内消防管道管径应根据系统设计流量、流速和压力要求经计算确定，室内消火栓竖管管径应根据竖管最低流量经计算确定，但不应小于$DN100$”，并根据计算结果，取管道管径为$DN100$。

2）管路总压力损失为建筑消防给水管网沿程和局部水头损失之和，计算中取局部水头损失为沿程水头损失的20%，则

$$\sum h'=16.45\times(1+20\%)\text{kPa}=19.74\text{kPa}$$

（4）系统所需总压力计算

$$H=\gamma H_1+H_{xh}+\sum h'=[10\times(19.60+1.1+2.10)+250+19.74]\text{kPa}=497.74\text{kPa}$$

5.3 自动喷水灭火系统及布置

自动喷水灭火系统是一种在发生火灾时，能自动打开喷头喷水灭火并同时发出火警信号的消防灭火设施。据资料统计，自动喷水灭火系统扑救初期火灾的效率在 97%以上，因此在国外一些国家的公共建筑都要求设置自动喷水灭火系统。

鉴于我国的经济发展状况，仅要求对发生火灾频率高、火灾危险等级高的建筑物中一些部位设置自动喷水灭火系统，见表 5-15。

表 5-15　设置各类自动喷水灭火系统的原则

自动喷水灭火系统类型	设置原则
闭式喷水灭火系统	1. 不小于 50000 纱锭的棉纺厂的开包、清花车间，不小于 5000 锭的麻纺厂的分级、梳麻车间，火柴厂的烤梗、筛选部位；占地面积大于 $1500m^2$ 或总建筑面积大于 $3000m^2$ 的单、多层制鞋、制衣、玩具及电子等类似生产的厂房；占地面积大于 $1500m^2$ 的木器厂房；泡沫塑料厂的预发、成型、切片、压花部位；高层乙、丙、丁类厂房；建筑面积大于 $500m^2$ 的地下或半地下丙类厂房 2. 每座占地面积大于 $1000m^2$ 的棉、毛、丝、麻、化纤、毛皮及其制品的仓库；每座占地面积大于 $600m^2$ 的火柴仓库；邮政建筑内建筑面积大于 $500m^2$ 的空邮袋库；可燃、难燃物品的高架仓库和高层仓库；设计温度高于 0℃的高架冷库，设计温度高于 0℃且每个防火分区建筑面积大于 $1500m^2$ 的非高架冷库；总建筑面积大于 $500m^2$ 的可燃物品地下仓库；每座占地面积大于 $1500m^2$ 或总建筑面积大于 $3000m^2$ 的其他单层或多层丙类物品仓库 3. 一类高层公共建筑(除游泳池、溜冰场外)及其地下、半地下室；二类高层公共建筑及其地下、半地下室的公共活动用房、走道、办公室和旅馆的客房、可燃物品库房、自动扶梯底部；高层民用建筑内的歌舞娱乐放映游艺场所；建筑高度大于 100m 的住宅建筑 4. 特等、甲等剧场，超过 1500 个座位的其他等级的剧场，超过 2000 个座位的会堂或礼堂，超过 3000 个座位的体育馆，超过 5000 人的体育场的室内人员休息室与器材间等；任一层建筑面积大于 $1500m^2$ 或总建筑面积大于 $3000m^2$ 的展览、商店、餐饮和旅馆建筑，以及医院中同样建筑规模的病房楼、门诊楼和手术部；设置送回风道(管)的集中空气调节系统且总建筑面积大于 $3000m^2$ 的办公建筑等；藏书量超过 50 万册的图书馆；大、中型幼儿园，总建筑面积大于 $500m^2$ 的老年人建筑；总建筑面积大于 $500m^2$ 的地下或半地下商店；设置在地下或半地下或地上四层及以上楼层的歌舞娱乐放映游艺场所(除游泳场所外)，设置在首层、二层和三层且任一层建筑面积大于 $300m^2$ 的地上歌舞娱乐放映游艺场所(除游泳场所外) 注：单层占地面积不大于 $2000m^2$ 的棉花库房，可不设置自动喷水灭火系统
水幕系统	1. 特等、甲等剧场、超过 1500 个座位的其他等级的剧场、超过 2000 个座位的会堂或礼堂和高层民用建筑内超过 800 个座位的剧场或礼堂的舞台口及上述场所内与舞台相连的侧台、后台的洞口 2. 应设置防火墙等防火分隔物而无法设置的局部开口部位 3. 需要防护冷却的防火卷帘或防火幕的上部 注：舞台口也可采用防火幕进行分隔，侧台、后台的较小洞口宜设置乙级防火门、窗
雨淋喷水灭火系统	1. 火柴厂的氯酸钾压碾厂房，建筑面积大于 $100m^2$ 且生产或使用硝化棉、喷漆棉、火胶棉、赛璐珞胶片、硝化纤维的厂房 2. 乒乓球厂的轧坯、切片、磨球、分球检验部位 3. 建筑面积大于 $60m^2$ 或贮存量大于 2t 的硝化棉、喷漆棉、火胶棉、赛璐珞胶片、硝化纤维的仓库 4. 日装瓶数量大于 3000 瓶的液化石油气储配站的灌瓶间、实瓶库 5. 特等、甲等剧场、超过 1500 个座位的其他等级剧场和超过 2000 个座位的会堂或礼堂的舞台葡萄架下部 6. 建筑面积不小于 $400m^2$ 的演播室，建筑面积不小于 $500m^2$ 的电影摄影棚

（续）

自动喷水灭火系统类型	设置原则
水喷雾灭火系统	1. 单台容量在40MV · A及以上的厂矿企业油浸变压器,单台容量在90MV · A及以上的电厂油浸变压器,单台容量在125MV · A及以上的独立变电站油浸变压器 2. 飞机发动机试验台的试车部位 3. 充可燃油并设置在高层民用建筑内的高压电容器和多油开关室 注:设置在室内的油浸变压器、充可燃油的高压电容器和多油开关室,可采用细水雾灭火系统

5.3.1　自动喷水灭火系统的工作原理及组成

1. 闭式自动喷水灭火系统

闭式自动喷水灭火系统是指在自动喷水灭火系统中采用闭式喷头，平时系统为封闭系统，火灾发生时喷头打开，使得系统为敞开式系统喷水。

闭式自动喷水灭火系统一般由水源、加压贮水设备、喷头、管网、报警装置等组成。

1）湿式自动喷水灭火系统：为喷头常闭的灭火系统，如图5-10所示，管网中充满有压水，当建筑物发生火灾，火点温度达到开启闭式喷头时，喷头出水灭火。此时管网中有压水流动，水流指示器被感应送出电信号，在报警控制器上指示某一区域已在喷水。持续喷水造成报警阀的上部水压低于下部水压，其压力差值达到一定值时，原来处于关闭的报警阀就会自动开启。同时，消防水流通过湿式报警阀流向自动喷洒管网供水灭火。另一部分水通过延迟器、压力开关及水力警铃等设施发出火警信号。另外，根据水流指示器和压力开关的信号

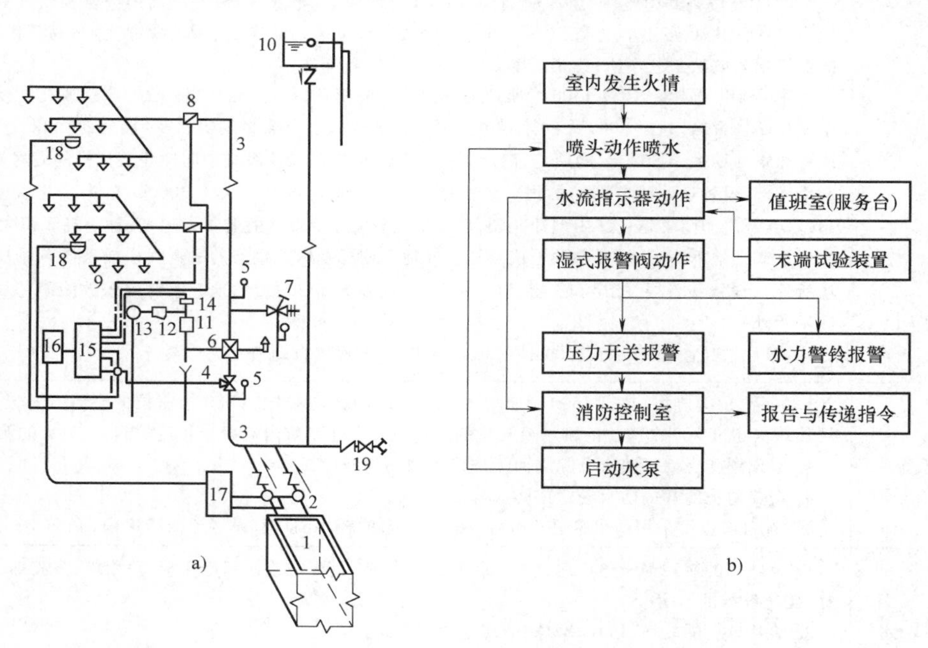

图5-10　湿式自动喷水灭火系统图

1—消防水池　2—消防泵　3—管网　4—控制蝶阀　5—压力表　6—湿式报警阀　7—泄放试验阀　8—水流指示器　9—喷头　10—高位水箱、稳压泵或气压给水设备　11—延时器　12—过滤器　13—水力警铃　14—压力开关　15—报警控制器　16—非标控制箱　17—水泵启动箱　18—探测器　19—水泵接合器

或消防水箱的水位信号，控制箱内的控制器能自动开启消防泵，以达到持续供水的目的。该系统有灭火及时、扑救效率高的优点，但由于管网中充满有压水，当渗漏时会损坏建筑装饰和影响建筑的使用。该系统适用于环境温度 4℃<T<70℃的建筑物。

2）干式自动喷水灭火系统：为喷头常闭的灭火系统，管网中平时不充水，充满有压空气（或氮气），如图 5-11 所示。当建筑物发生火灾，火点温度达到开启闭式喷头时，喷头开启、排气、充水、灭火。该系统灭火时，需先排除管网中的空气，故喷头出水不如湿式系统及时。但管网中平时不充水，对建筑装饰无影响，对环境温度也无要求，适用于供暖期长而建筑物内无供暖的场所。为减少排气时间，一般要求管网的容积不大于 3000L。

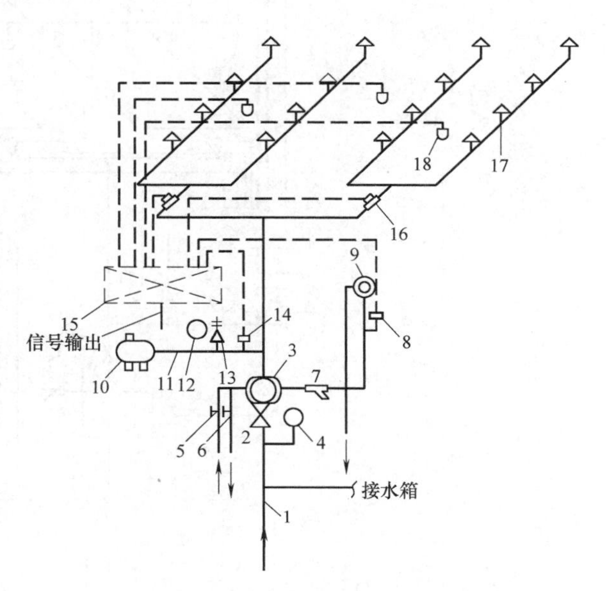

图 5-11　干式自动喷水灭火系统图

1—供水管　2—闸阀　3—干式阀　4—压力表　5、6—截止阀　7—过滤器　8—压力开关　9—水力警铃　10—空压机　11—止回阀　12—压力表　13—安全阀　14—压力开关　15—火灾报警控制箱　16—水流指示器　17—闭式喷头　18—火灾探测器

3）干、湿交替自动喷水灭火系统：当环境温度满足湿式自动喷水灭火系统设置条件（4℃<T<70℃）时，报警阀后的管段充以有压水，系统形成湿式自动喷水灭火系统；当环境温度不满足湿式自动喷水灭火系统设置条件（T<4℃或 T>70℃）时，报警阀后的管段充以有压空气（或氮气），系统形成干式自动喷水灭火系统。该系统适用于环境温度周期变化较大的地区。

4）预作用喷水灭火系统：为喷头常闭的灭火系统，管网中平时不充水（无压），如图 5-12所示。发生火灾时，火灾探测器报警后，自动控制系统控制阀门排气、充水，由干式系统变为湿式系统。只有当着火点温度达到开启闭式喷头时，才开始喷水灭火。该系统弥补了上述系统的缺点，适用于对建筑装饰要求高、灭火及时的建筑物。

2. 开式自动喷水灭火系统

开式自动喷水灭火系统是指在自动喷水灭火系统中采用开式喷头，平时系统为敞开状，报警阀处于关闭状态，管网中无水；火灾发生时报警阀开启，管网充水，喷头喷水灭火。

开式自动喷水灭火系统中分为三种形式，即雨淋自动喷水灭火系统、水幕自动喷水灭火系统、水喷雾自动喷水灭火系统。

开式自动喷水灭火系统由开式喷头、管道系统、雨淋阀、火灾探测器、报警控制装置、控制组件和供水设备等组成。

（1）雨淋自动喷水灭火系统　该系统为喷头常开的灭火系统，当建筑物发生火灾时，由自动控制装置打开集中控制阀门，使整个保护区域的所有喷头喷水灭火，如图 5-13 所示。该系统具有出水量大、灭火及时的优点，适用于火灾蔓延快、危险性大的建筑或部位。

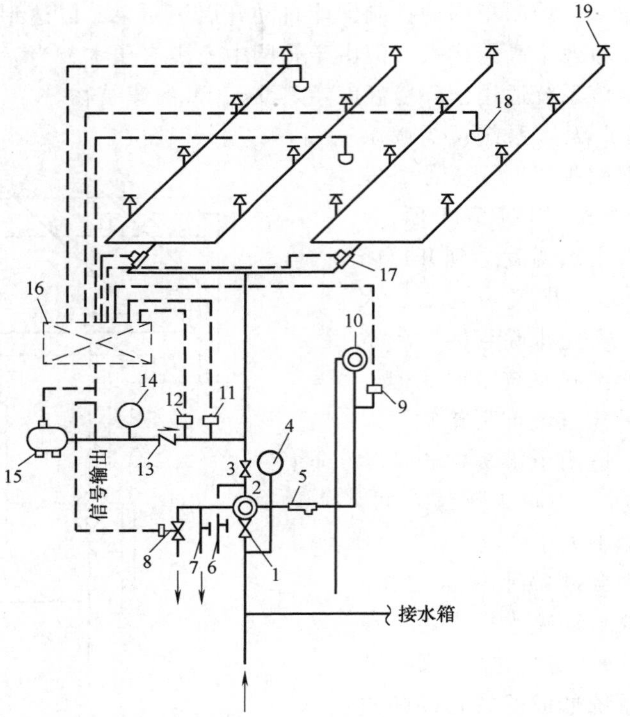

图 5-12 预作用喷水灭火系统图

1—总控制阀 2—预作用阀 3—检修闸阀 4、14—压力表 5—过滤器 6—截止阀 7—手动开启截止阀 8—电磁阀 9—压力开关 10—水力警铃 11—压力开关（启闭空压机） 12—低气压报警压力开关 13—止回阀 15—空压机 16—火灾报警控制箱 17—水流指示器 18—火灾探测器 19—闭式喷头

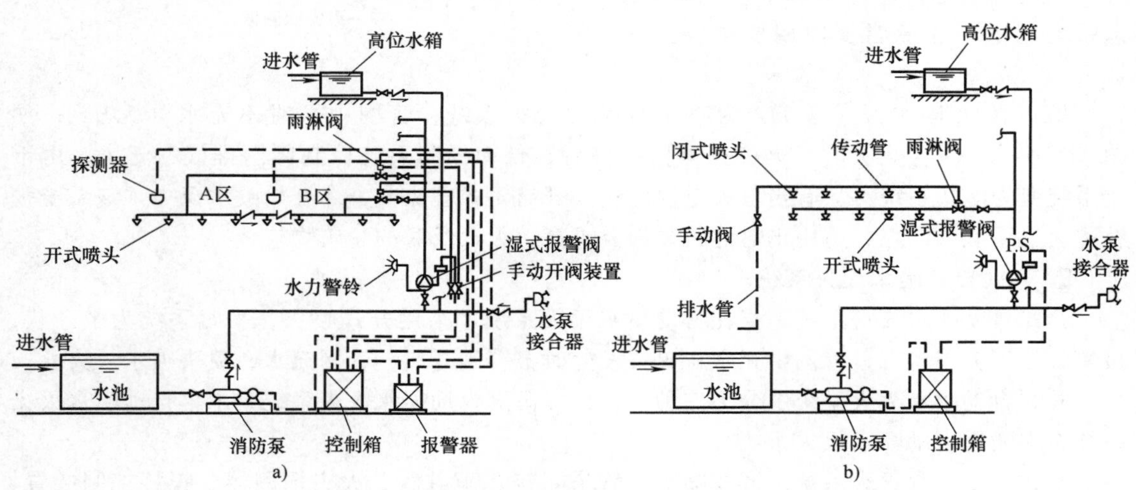

图 5-13 雨淋自动喷水灭火系统图

a）电动启动 b）传动管启动

平时，雨淋阀后的管网无水，雨淋阀由于传动系统中的水压作用而紧紧关闭。火灾发生时，火灾探测器感受到火灾因素，便立即向控制器送出火灾信号，控制器将信号做声光显示并相应输出控制信号，打开传动管网上的传动阀门，自动释放掉传动管网中的有压水，使雨

淋阀上传动水压骤然降低，雨淋阀启动，消防水便立即充满管网并经过开式喷头同时喷水。该系统提供了一种整体保护作用，实现了对保护区的整体灭火或控火。同时，压力开关和水力警铃以声光报警，做反馈指示，消防人员在控制中心便可确认系统是否及时开启。

（2）水幕自动喷水灭火系统　该系统工作原理与雨淋系统不同的是：雨淋系统中使用开式喷头，将水喷洒成锥体状扩散射流；而水幕系统中使用开式水幕喷头，将水喷洒成水帘幕状，如图 5-14 所示，因此，它不能直接用来扑灭火灾，而是与防火卷帘、防火幕配合使用，即对它们进行冷却并提高它们的耐火性能，阻止火势扩大和蔓延。它也可单独使用，用来保护建筑物的门、窗、洞口或在大空间造成防火水帘起防火分隔作用。

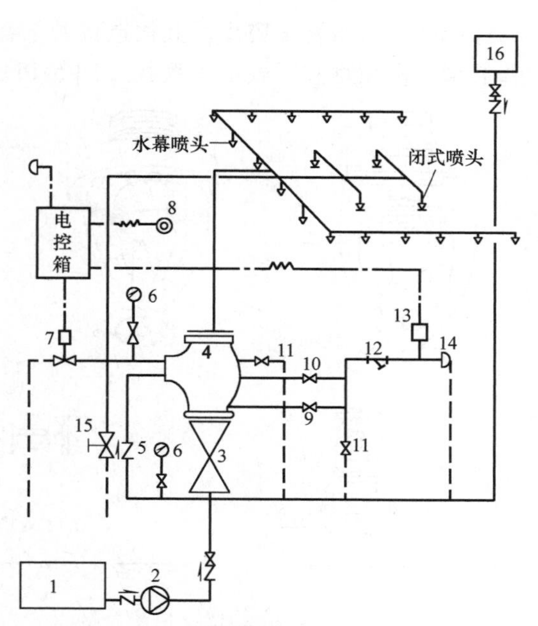

图 5-14　水幕自动喷水灭火系统示意图

1—水池　2—水泵　3—供水闸阀　4—雨淋阀　5—止回阀　6—压力表　7—电磁阀　8—按钮　9—试警铃阀　10—警铃管阀　11—放水阀　12—过滤器　13—压力开关　14—警铃　15—手动快开阀　16—水箱

（3）水喷雾自动喷水灭火系统　水喷雾自动喷水灭火系统用喷雾喷头把水粉碎成细小的水雾滴之后喷射到正在燃烧的物质表面，通过表面冷却、窒息及乳化的同时作用实现灭火。由于水喷雾具有多种灭火机理，使其具有适用范围广的优点，不仅可以提高扑灭固体火灾的灭火效率，同时由于水雾具有不会造成液体火飞溅、电气绝缘性好的特点，在扑灭可燃液体火灾、电气火灾中均得到了广泛的应用，如应用于飞机发动机实验台、各类电气设备、石油加工场所等。图 5-15 所示为变压器水喷雾灭火系统布置示意图。

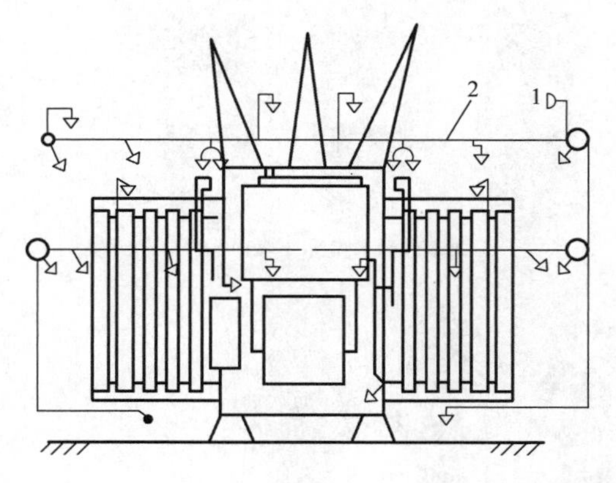

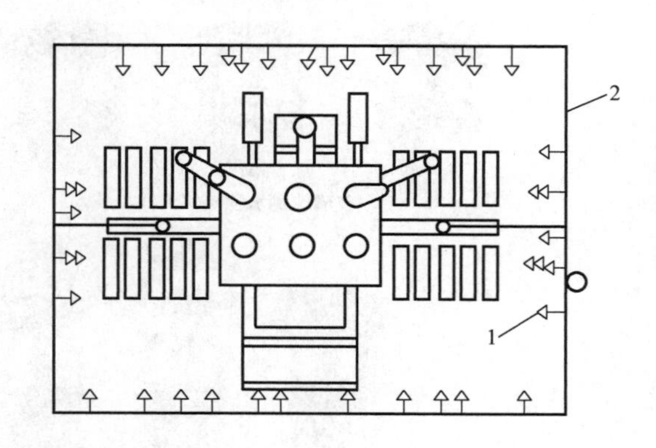

图 5-15　变压器水喷雾灭火系统布置示意图

1—水喷雾喷头　2—管路

5.3.2　自动喷水灭火系统主要组件

1. 喷头

闭式喷头的喷口用热敏元件组成的释放机构封闭，当达到一定温度时能自动开启，如玻璃球爆炸、易熔合金脱离。其构造按溅水盘的形式和安装位置有直立型、下垂型、边墙型、普通型、吊顶型和干式下垂型等（图 5-16），各种类型喷头的适用场所见表 5-16。各种喷头

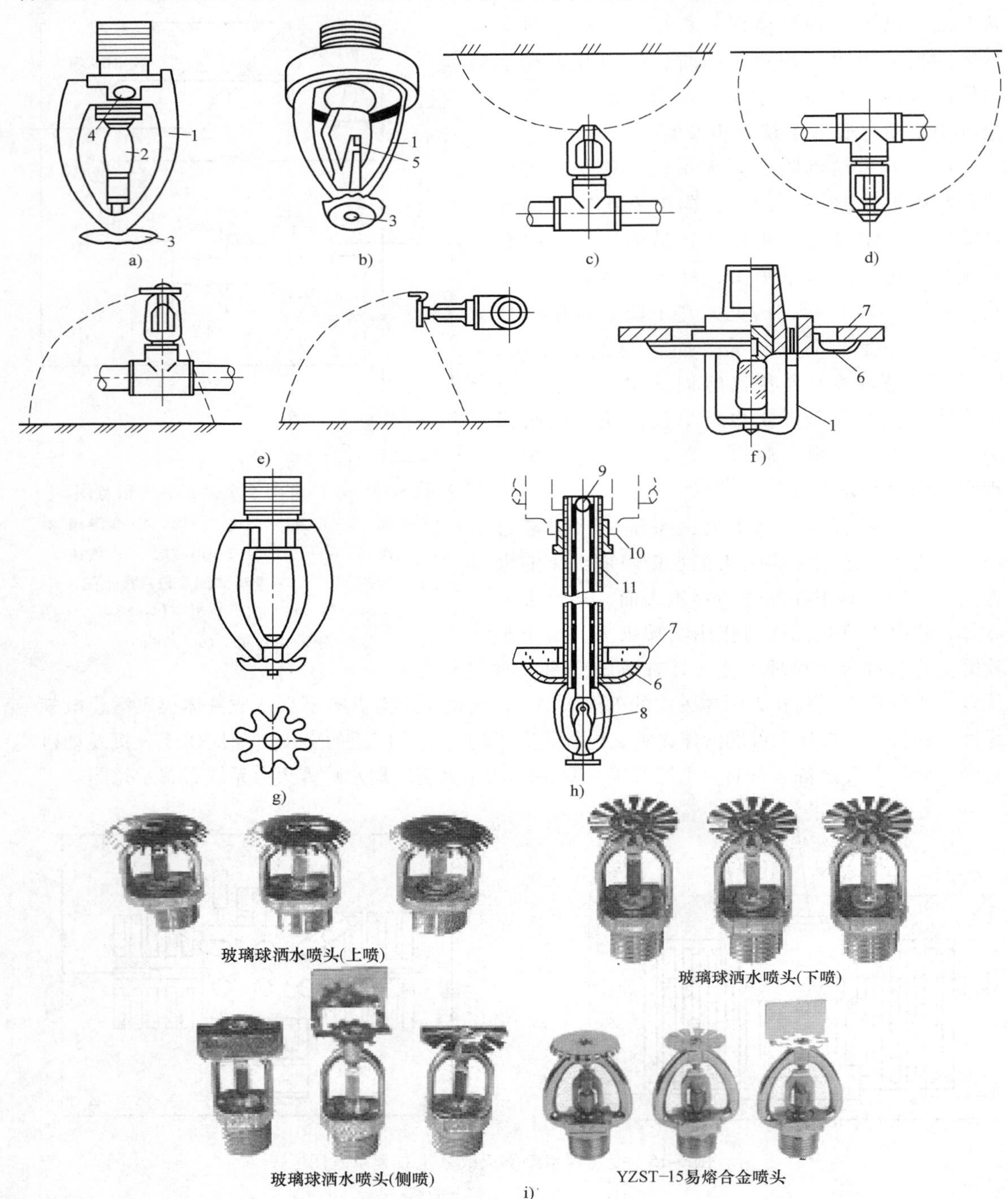

图 5-16　闭式喷头构造示意图

a）玻璃球洒水喷头　b）易熔合金洒水喷头　c）直立型　d）下垂型　e）边墙型（立式、水平式）
f）吊顶型　g）普通型　h）干式下垂型　i）闭式喷头实物图
1—支架　2—玻璃球　3—溅水盘　4—喷水口　5—合金锁片　6—装饰罩
7—吊顶　8—热敏元件　9—钢球　10—铜球密封圈　11—套筒

的技术性能参数见表 5-17。

表 5-16　各种类型喷头的适用场所

	喷头类别	适用场所
闭式喷头	玻璃球洒水喷头	因具有外形美观、体积小、重量轻、耐腐蚀等优点，适用于宾馆等美观要求高和具有腐蚀性的场所
	易熔合金洒水喷头	适用于外观要求不高、腐蚀性不大的工厂、仓库和民用建筑
	直立型洒水喷头	适用于管路下经常有移动物体的场所，以及尘埃较多的场所
	下垂型洒水喷头	适用于各种保护场所
开式喷头	边墙型洒水喷头	适用于安装空间狭窄、通道状建筑
	吊顶型喷头	属于装饰型喷头，适用于旅馆、客厅、餐厅、办公室等建筑
	普通型洒水喷头	可直立、下垂安装，适用于有可燃吊顶的房间
	干式下垂型洒水喷头	专用于干式喷水灭火系统的下垂型喷头
	开式洒水喷头	适用于雨淋喷水灭火和其他开式系统
	水幕喷头	凡需保护的门、窗、洞、檐口、舞台口等应安装这类喷头
特殊喷头	自动启闭洒水喷头	具有自动启闭功能，凡需降低水渍损失场所均适用
	快速反应洒水喷头	具有短时启动效果，凡要求启动时间短的场所均适用
	大水滴洒水喷头	适用于高架库房等火灾危险等级高的场所
	扩大覆盖面洒水喷头	喷水保护面积可达 30~36m^2，可降低系统造价

开式喷头与闭式喷头的区别仅在于缺少由热敏感元件组成的释放机构。它是由本体、支架、溅水盘等组成的。按安装形式分为双臂下垂型、单臂下垂型、双臂直立型和双臂边墙型四种，如图 5-17 所示。

表 5-17　各种类型喷头的技术性能参数

喷头类别	喷头公称口径/mm	动作温度(℃)和颜色	
		玻璃球喷头	易熔元件喷头
闭式喷头	10、15、20	57—橙、68—红 79—黄、93—绿 141—蓝、182—紫红 227—黑、343—黑	57~77—本色 80~107—白 121~149—蓝 163~191—红 204~246—绿 260~302—橙 320~343—黑
开式喷头	10、15、20	—	—
水幕喷头	6、8、10、12.7、16、19	—	—

选择喷头时应严格按照环境温度来选用喷头温度。为了正确有效地使喷头发挥喷水作用，在不同环境温度场所内设置喷头时，喷头的公称动作温度要比环境温度高 30℃左右。

2. 报警阀

报警阀的作用是开启和关闭管网的水流，传递控制信号至控制系统并启动水力警铃直接报警。报警阀分为湿式报警阀、干式报警阀、干湿式报警阀和雨淋阀四种类型，如图 5-18 所示。湿式报警阀用于湿式自动喷水灭火系统；干式报警阀用于干式自动喷水灭火系统；干

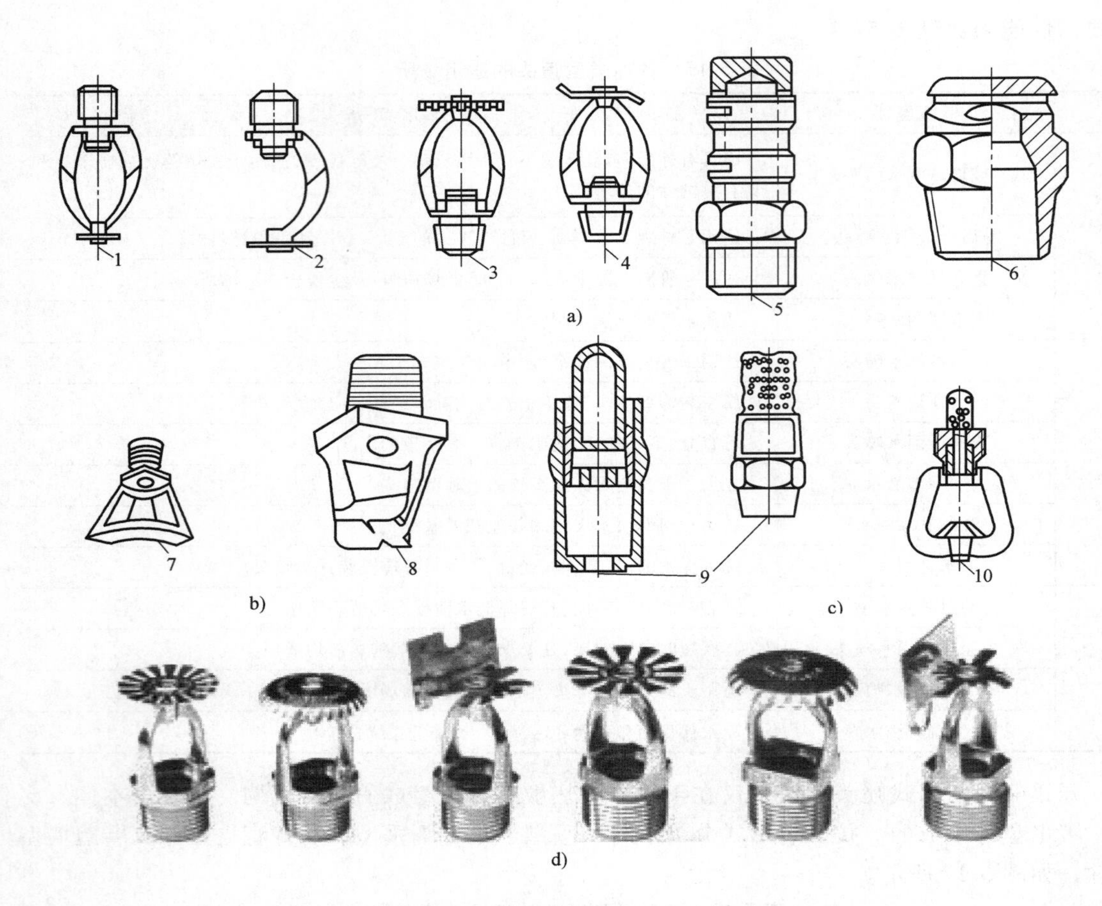

图 5-17 开式喷头构造示意图

a）开启式洒水喷头 b）水幕喷头 c）喷雾喷头 d）开式喷头实物图

1—双臂下垂型 2—单臂下垂型 3—双臂直立型 4—双臂边墙型 5—双隙式

6—单隙式 7—窗口式 8—檐口式 9—高速喷雾式 10—中速喷雾式

湿式报警阀用于干、湿交替式喷水灭火系统，它是由湿式报警阀与干式报警阀依次连接而成的，在温暖季节用湿式装置，在寒冷季节则用干式装置；雨淋阀用于雨淋、预作用、水幕、水喷雾自动喷水灭火系统。

报警阀宜设在明显地点，且便于操作，距地面高度宜为 1.2m，报警阀地面应有排水措施。

3. 水流报警装置

水流报警装置主要有水力警铃、水流指示器和压力开关。

1）水力警铃主要用于湿式自动喷水灭火系统，宜装在报警阀附近与报警阀连接的管道管径应为 20mm，总长不宜大于 20m。当报警阀打开消防水源后，具有一定压力的水流冲动叶轮打铃报警。水力警铃不得由电动报警装置取代。

2）水流指示器用于湿式自动喷水灭火系统中，通常安装在各楼层配水干管或支管上。其功能是当喷头开启喷水时，水流指示器中的桨片摆动而接通电信号送至报警控制器报警，并指示火灾楼层。

a)

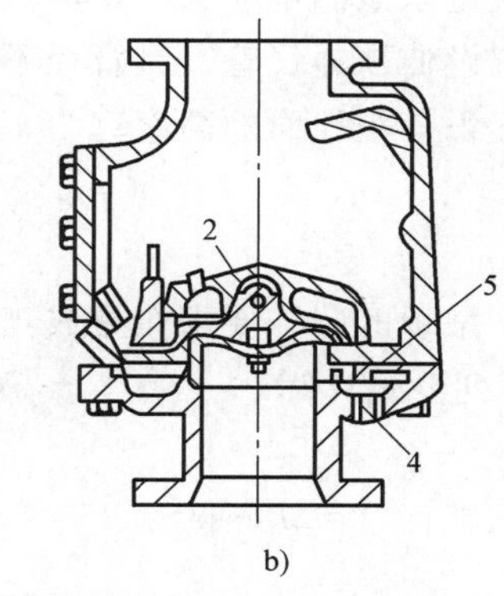

b)

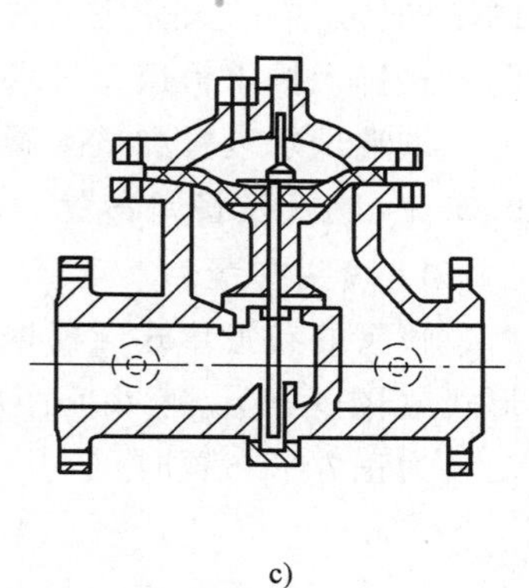

c)

d)

图 5-18　报警阀构造示意图

a）座圈型湿式阀　b）差动式干式阀　c）雨淋阀　d）湿式报警阀实物

1—阀体　2—阀瓣　3—沟槽　4—水力警铃接口　5—弹性隔膜

3）压力开关垂直安装于延迟器和报警阀之间的管道上。在水力警铃报警的同时，依靠警铃管内水压的升高自动接通电触点，完成电动警铃报警，向消防控制室传送电信号或启动消防水泵。

4. 延迟器

延迟器是一个罐式容器，安装于报警阀与水力警铃（或压力开关）之间。用于防止由于水压波动原因引起报警阀开启而导致的误报。报警阀开启后，水流需经 30s 左右充满延迟器后方可冲打水力警铃。

5. 火灾探测器

火灾探测器是自动喷水灭火系统的重要组成部分。目前常用的有感烟探测器和感温探测器。感烟探测器是利用火灾发生地点的烟雾浓度进行探测；感温探测器是通过火灾引起的温升进行探测。火灾探测器布置在房间或走道的顶棚下面，其数量应根据探测器的保护面积和探测区的面积计算确定。

6. 末端检试装置

每个报警阀组控制的最不利点洒水喷头处应设末端试水装置，其他防火分区楼层均应设直径为 25mm 的试水阀，以检验最不利点水压，检测水流指示器、报警阀组和自动喷水灭火系统的消防水泵联动装置是否可以正常工作。

末端试水装置应由试水阀、压力表及试水接头组成。试水接头出水口的流量系数，应等同于同楼层或防火分区内的最小流量系数洒水喷头。末端试水装置的出水，应采取孔口出流的方式排入排水管道，排水立管宜设伸顶通气管，且管径不应小于75mm。

末端试水装置和试水阀应有标识，距地面的高度宜为1.5m，并应采取不被他用的措施。

5.3.3　喷头及管网布置

1. 喷头布置

喷头的布置形式应根据顶棚、吊顶的装饰要求布置成正方形、长方形、平行四边形三种形式（图5-19）。喷头间距应按下列公式计算

为正方形布置时

$$X=2R\cos 45^{\circ} \tag{5-12}$$

为长方形布置时，要求

$$\sqrt{A^2+B^2}\leqslant 2R \tag{5-13}$$

为平行四边形布置时

$$A=4R\cos 30^{\circ}\sin 30^{\circ} \tag{5-14}$$

$$B=2R\cos 30^{\circ}\cos 30^{\circ} \tag{5-15}$$

式中　R——喷头的最大保护半径（m），见表5-18～表5-20。

水幕喷头布置根据呈帘状的要求应呈线状布置，根据隔离强度要求可布置为单排、双排和防火带形式。

图5-19所示为喷头布置的基本形式。

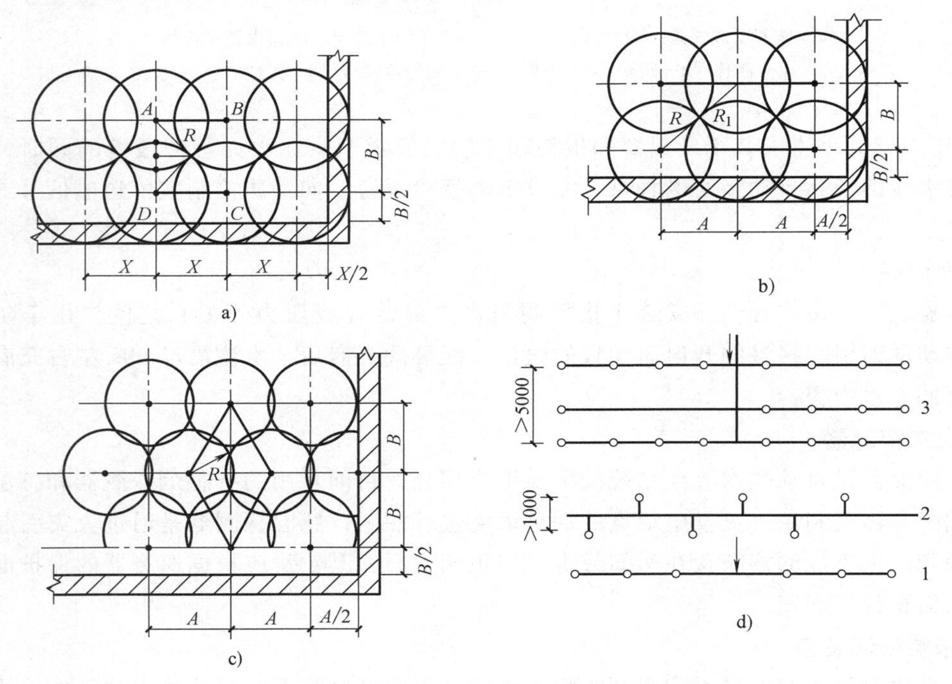

图5-19　喷头布置的基本形式

a）喷头正方形布置　b）喷头平行四边形布置　c）喷头长方形布置　d）单排、双排及水幕防火带平面布置

X—喷头间距　R—喷头计算喷水半径　A—长边喷头间距　B—短边喷头间距

1—单排　2—双排　3—防火带

喷头应布置在顶板或吊顶下易于接触到火灾热气流并有利于均匀布水的位置。当喷水附近有障碍物时，应符合 GB 50084—2017《自动喷水灭火系统设计规范》中喷头与障碍物的距离规定或增设补偿喷水强度的喷头。

直立型、下垂型标准覆盖面积洒水喷头的布置，包括同一根配水支管上喷头的间距及相邻配水支管的间距，应根据设置场所的火灾危险等级、洒水喷头类型和工作压力确定，并不应大于表 5-18～表 5-20 的规定，且不应小于 1.8m。

表 5-18　直立型、下垂型标准覆盖面积洒水喷头的布置

火灾危险等级	正方形布置的边长/m	长方形或平行四边形布置的长边边长/m	一只喷头的最大保护面积/m^2	喷头与端墙的距离/m	
				最大	最小
轻危险级	4.4	4.5	20.0	2.2	0.1
中危险级Ⅰ级	3.6	4.0	12.5	1.8	
中危险级Ⅱ级	3.4	3.6	11.5	1.7	
严重危险级、仓库危险级	3.0	3.6	9.0	1.5	

注：1. 设置单排洒水喷头的闭式系统，其洒水喷头间距应按照地面不留漏喷空白点确定。
2. 严重危险级或仓库危险级场所宜采用流量系数大于 80 的洒水喷头。

表 5-19　边墙型标准覆盖面积洒水喷头的最大保护跨度与间距

火灾危险等级	配水支管上喷头的最大间距/m	单排喷头的最大保护跨度/m	两排相对喷头的最大保护跨度/m
轻危险级	3.6	3.6	7.2
中危险级Ⅰ级	3.0	3.0	6.0

注：1. 两排相对洒水喷头应交错布置。
2. 室内跨度大于两排相对喷头的最大保护跨度时，应在两排相对喷头中间增设一排喷头。

表 5-20　直立型、下垂型扩大覆盖面积洒水喷头的布置间距

火灾危险等级	正方形布置的边长/m	一只喷头的最大保护面积/m^2	喷头与端墙的距离/m	
			最大	最小
轻危险级	5.4	29.0	2.7	0.1
中危险级Ⅰ级	4.8	23.0	2.4	
中危险级Ⅱ级	4.2	17.5	2.1	
严重危险级	3.6	13.0	1.8	

边墙型扩大覆盖面积洒水喷头的最大保护跨度和配水支管上的洒水喷头间距，应按洒水喷头工作压力下能够喷湿对面墙和邻近端墙距溅水盘 1.2m 高度以下的墙面确定，且保护面积内的喷水强度应符合表 5-24 的规定。

喷头的具体位置可设于建筑的顶板下、吊顶下，喷头距顶板、梁及边墙的距离可参考表5-21。

表 5-21　喷头布置在不同场所的布置要求

喷头布置场所	布置要求
除吊顶型喷头外喷头与吊顶、楼板间距	不宜小于 7.5cm,不宜大于 15cm
喷头布置在坡屋顶或吊顶下面	喷头应垂直于其斜面,间距按水平投影确定,但当屋面坡度大于 1∶3,而且在距屋脊 75cm 范围内无喷头时,应在屋脊处增设一排喷头
喷头布置在梁、柱附近	对有过梁的屋顶或吊顶,喷头一般沿梁跨度方向布置在两梁之间。梁距大时,可布置成两排
	当喷头与梁边的距离为 20~180cm 时,喷头溅水盘与梁底距离(cm):直立型喷头为 1.7~34cm;下垂型喷头为 4~46cm(尽量减小梁对喷头喷洒面积的阻挡)
喷头布置在门窗口处	喷头距洞口上表面的距离小于或等于 15cm;距墙面的距离宜为 7.5~15cm
在输送可燃物的管道内布置喷头时	沿管道全长间距小于或等于 3m 均匀布置
输送易燃而有爆炸危险的管道	喷头应布置在该种管道外部的上方
生产设备上方布置喷头	当生产设备并列或重叠而出现隐蔽空间时 当其宽度大于 1m 时,应在隐蔽空间增设喷头
仓库中布置喷头	喷头溅水盘距下方可燃物品堆垛不应小于 90cm;距难燃物品堆垛不应小于 45cm
货架高度大于 7m 的自动控制货架库房内布置喷头时	在可燃物品或难燃物品堆垛之间应设一排喷头,且堆垛边与喷头的垂线水平距离不应小于 30cm 屋顶下面喷头间距不应大于 2m 货架内应分层布置喷头,分层垂直高度,当贮存可燃物品时小于或等于 4m,当贮存难燃物品时小于或等于 6m
舞台部位喷头布置	此束喷头上应设集热板 舞台葡萄架下应采用雨淋喷头 葡萄棚以上为钢屋架时,应在屋面板下布置闭式喷头 舞台口和舞台与侧台、后台的隔墙上洞口处应设水幕系统
大型体育馆、剧院、食堂等净空高度大于 8m 时	吊顶或顶板下可不设喷头
闷顶或技术夹层净高大于 80cm,且有可燃气体管道、电缆电线等	其内应设喷头
装有自动喷水灭火系统的建筑物、构筑物,与其相连的专用铁路线月台、通廊	应布置喷头
装有自动喷水灭火系统的建筑物、构筑物内;宽度大于 80cm 挑廊下;宽度大于 80cm 长方形风道或直径大于 1m 圆形风道下面	应布置喷头
自动扶梯或螺旋梯穿楼板部位	应设喷头或采用水幕分隔

（续）

喷头布置场所	布置要求
吊顶、屋面板、楼板下安装边墙喷头时	要求在其两侧 1m 和墙面垂直方向 2m 范围内不应设有障碍物 喷头与吊顶、楼板、屋面板的距离应为 10~15cm，距边墙距离应为 5~10cm
沿墙布置边墙型喷头	沿墙布置为中危险级时，每个喷头最大保护面积为 8m^2，轻危险级为 14m^2；中危险级时喷头最大间距为 3.6m；轻危险级为 4.6m 房间宽度小于或等于 3.6m 可沿房间长向布置一排喷头；3.6~7.2m 时应沿房间长向的两侧各布置一排喷头；宽度大于 7.2m 房间除两侧各布置一排边墙型喷头外，还应按表 5-18~表 5-20 要求布置标准喷头

2. 管网布置

设置自动喷水灭火系统的建筑物，应根据内部场所的用途、面积、高度、所容纳可燃物品的性质、数量、分布状况及火灾荷载密度，分析发生火灾时的蔓延趋势，热气流驱动喷头开放和喷水灭火的难易程度，以及外部增援条件等。设置场所火灾危险等级见表 5-22。

表 5-22　设置场所火灾危险等级

火灾危险等级		设置场所分类
轻危险级		住宅建筑、幼儿园、老年人建筑、建筑高度为 24m 及以下的旅馆、办公楼；仅在走道设置闭式系统的建筑等
中危险级	Ⅰ级	1）高层民用建筑：旅馆、办公楼、综合楼、邮政楼、金融电信楼、指挥调度楼、广播电视楼（塔）等 2）公共建筑（含单多高层）：医院、疗养院；图书馆（书库除外）、档案馆、展览馆（厅）；影剧院、音乐厅和礼堂（舞台除外）及其他娱乐场所；火车站、机场及码头的建筑；总建筑面积小于 5000m^2 的商场、总建筑面积小于 1000m^2 的地下商场等 3）文化遗产建筑：木结构古建筑、国家文物保护单位等 4）工业建筑：食品、家用电器、玻璃制品等工厂的备料与生产车间等；冷藏库、钢屋架等建筑构件
	Ⅱ级	1）民用建筑：书库；舞台（葡萄架除外）；汽车停车场；总建筑面积 5000m^2 及以上的商场；总建筑面积 1000m^2 及以上的地下商场；净空高度不超过 8m、物品高度不超过 3.5m 的超级市场等 2）工业建筑：棉毛麻丝及化纤的纺织、织物及制品；木材木器及胶合板、谷物加工、烟草及制品；饮用酒（啤酒除外）；皮革及制品；造纸及纸制品；制药等工厂的备料与生产车间
严重危险级	Ⅰ级	印刷厂；酒精制品；可燃液体制品等工厂的备料与车间；净空高度不超过 8m、物品高度超过 3.5m 的超级市场等
	Ⅱ级	易燃液体喷雾操作区域、固体易燃物品、可燃的气溶胶制品、溶剂清洗、喷涂油漆、沥青制品等工厂的备料及生产车间、摄影棚、舞台葡萄架下部
仓库危险级	Ⅰ级	食品、烟酒；木箱、纸箱包装的不燃、难燃物品等
	Ⅱ级	木材、纸、皮革、谷物及制品；棉毛麻丝化纤及制品；家用电器；电缆；B 组塑料与橡胶及其制品；钢塑混合材料制品；各种塑料瓶盒包装的不燃、难燃物品及各类物品混杂贮存的仓库等
	Ⅲ级	A 组塑料与橡胶及其制品；沥青制品等

自动喷水灭火系统管网的布置，应根据建筑平面的具体情况布置成侧边式和中央式两种形式，如图 5-20 所示。一般情况下，轻危险级和中危险级系统每根支管上设置的喷头不宜多于 8 个，严重危险级系统每根支管上设置的喷头不宜多于 6 个，以防止配水支管管径过大、支管过长、喷头出水量不均衡和系统中压力过高。由于管道因锈蚀等因素引起过流面缩小，要求配水支管最小管径不小于 25mm。一个报警阀所控制的喷头数不宜超过表 5-23 中规

定的数量。

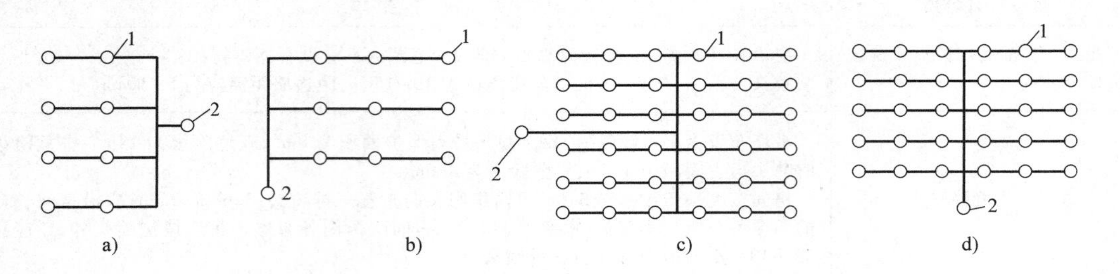

图 5-20　管网布置形式

a）侧边中心式　b）侧边末端式　c）中央中心式　d）中央末端式

1—配水管　2—喷头

表 5-23　一个报警阀控制的最多喷头数

系统类型		危险级别		
		轻危险级	中危险级	严重危险级
		喷头数		
充水式喷水灭火系统		500	800	800
充气式喷水灭火系统	有排气装置	250	500	500
	无排气装置	125	250	—

5.4　自动喷水灭火系统的水力计算

5.4.1　自动喷水灭火系统设计参数

民用建筑和厂房采用湿式系统的设计参数不应低于表 5-24 的规定。

表 5-24　民用建筑和厂房采用湿式系统的设计参数

火灾危险等级		净空高度/m	喷水强度/[L/(min·m²)]	系统作用面积/m²
轻危险级		≤8	4	160
中危险级	Ⅰ级		6	
	Ⅱ级		8	
严重危险级	Ⅰ级		12	260
	Ⅱ级		16	

注：系统最不利点喷头工作压力不应低于 0.05MPa。

闭式系统自动喷水灭火系统的设计参数见表 5-24；雨淋系统的设计参数应按闭式自动喷水灭火系统中严重危险级的标准确定。

水幕系统的设计基本参数应符合表 5-25 的规定。

表 5-25　水幕系统的设计基本参数

水幕类别	喷水点高度/m	喷水强度/[L/(s·m)]	喷头工作压力/MPa
防火分隔水幕	≤12	2	0.1
防护冷却水幕	≤4	0.5	

注：防护冷却水幕的喷水点高度每增加 1m，喷水强度应增加 0.1L/(s·m)，但超过 9m 时喷水强度仍采用 1.0 L/（s·m）。

5.4.2　自动喷水灭火系统管网水力计算

自动喷水灭火系统管网水力计算的目的在于确定管网各管段管径、计算管网所需的供水压力、确定高位水箱的设置高度和选择消防水泵。

系统的设计流量是管网水力计算的基本参数，是指最不利一组作用面积内的喷头的流量之和。

管段计算流量是具体确定一组作用面积内管网各管段的计算流量，进而确定管径。

目前，我国关于自动喷水灭火系统管网水力计算的方法有作用面积法和特性系数法两种。

1. 作用面积法

作用面积法是 GB 50084—2017《自动喷水灭火系统设计规范》推荐的计算方法。

首先按照表 5-24 中对基本设计数据的要求，选定自动喷水灭火系统中最不利工作作用面积（以 F 表示）的位置，此作用面积的形式宜为长方形，其长边应平行于配水支管，长度不宜小于 $1.2\sqrt{F}$。

在计算喷水量时，仅包括作用面积的喷头。对于轻危险级和中危险级建（构）筑物的自动喷水灭火系统，计算时可假定作用面积内每只喷头的喷水量相等，均以最不利点喷头喷水量取值。系统设计流量的计算，应保证任意作用面积内的平均喷水强度不低于表 5-24 的规定值。最不利点处作用面积内任意 4 只喷头围合范围内的平均喷水强度，轻危险级、中危险级不应低于表 5-24 规定值的 85%；严重危险级和仓库危险级不应低于表 5-24 和 GB 50084—2017《自动喷水灭火系统设汁规范》中仓库相应喷水强度的规定值。

作用面积选定后，从最不利点喷头开始，依次计算各管段的流量和水头损失，直至作用面积内最末一个喷头为止。以后管段的流量不再增加，仅计算管道水头损失。

对仅在过道内布置一排喷头的情形，其水力计算无须按作用面积法进行。无论此排管道上布置有多少个喷头，计算动作喷头数每层最多按 5 个计算。

对于雨淋喷水灭火系统和水幕系统，其喷水量应按每个设计喷水区内的全部喷头同时开启喷水计算。

（1）喷头出流量　应按式（5-16）计算

$$q = K\sqrt{10p} \tag{5-16}$$

式中　q——喷头出流量（L/min）；

p——喷头工作压力（MPa）；

K——喷头流量系数，标准喷头 $K=80$。

（2）系统的设计流量　应按最不利点处作用面积内喷头同时喷水的总流量确定，即

$$Q_S = \frac{1}{60}\sum_{i=1}^{n} q_i \tag{5-17}$$

式中　Q_S——系统设计流量（L/s）；

q_i——最不利点处作用面积内各喷头节点的流量（L/min）；

n——最不利点处作用面积内各喷头数。

系统的理论计算流量，应按设计喷水强度与作用面积的乘积确定，即

$$Q_L = \frac{q_p F}{60} \tag{5-18}$$

式中　Q_L——系统理论计算流量（L/s）；

q_p——设计喷水强度［L/(min·m²)］；

F——作用面积（m²）。

由于各个喷头在管网中的位置不同，所处的实际压力亦不相同，喷头的实际喷水量与理论值有偏差，自动喷水灭火系统设计秒流量可按理论值的 1.15~1.30 倍计算。

$$Q_S = 1.15 \sim 1.30 Q_L \tag{5-19}$$

（3）沿程水头损失和局部水头损失　每米管道的水头损失应按式（5-20）计算

$$i = 0.0000107 \frac{v^2}{d_j^{1.3}} \tag{5-20}$$

式中　i——每米管道的水头损失（MPa/m）；

v——管道内的平均流速（m/s）；

d_j——管道的计算内径（m），取值应按管道的内径减 1mm 确定。

沿程水头损失应按式（5-21）计算

$$h = il \tag{5-21}$$

式中　h——沿程水头损失（MPa）；

l——管道长度（m）。

管道的局部水头损失宜采用当量长度法计算，当量长度见附表 11。

（4）系统供水压力或水泵所需扬程　自动喷水灭火系统所需的水压应按式（5-22）计算

$$H = \sum h + p_0 + h_Z \tag{5-22}$$

式中　H——系统所需水压或水泵扬程（MPa）；

$\sum h$——管道的沿程和局部水头损失的累计值（MPa）；湿式报警阀、水流指示器取值 0.02MPa，雨淋阀取值 0.07MPa；

p_0——最不利点处喷头的工作压力（MPa）；

h_Z——最不利点处喷头与消防水池的最低水位或系统入口管水平中心线之间的静压差（MPa）。

（5）管道系统的减压措施　自动喷水灭火系统分支多，每个喷头位置不同，喷头出口压力也不同。为了使各分支管段水压均衡，可采用减压孔板、节流管或减压阀消除多余水压。减压孔板、节流管的结构示意图如图 5-21 所示。

1）减压孔板。减压孔板应设在直径不小于 50mm 的水平直管段上，前后管段的长度不宜小于该管段直径的 5 倍。孔口直径不应小于管段直径的 30%，且不应小于 20mm。减压孔板应采用不锈钢板材制作。

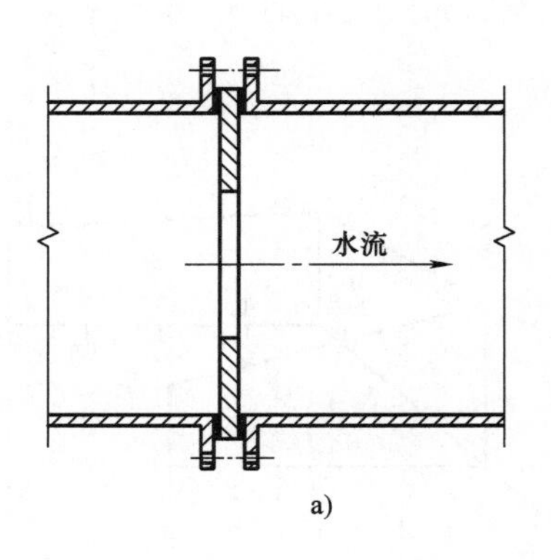

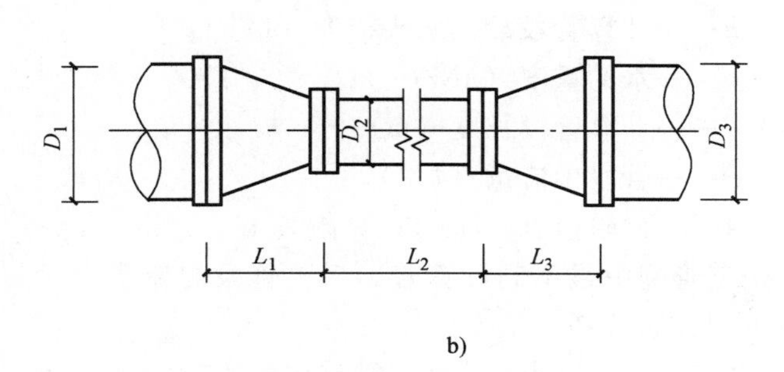

图 5-21　减压孔板、节流管的结构示意图

a）减压孔板的结构示意图　b）节流管的结构示意图（技术要求：$L_1=D_1$；$L_3=D_3$）

减压孔板的水压损失应按式（5-23）计算

$$H_k=\xi\frac{v_k^2}{2g} \tag{5-23}$$

式中　H_k——减压孔板的水头损失（10^{-2}MPa）；

v_k——减压孔板后管道内水的平均流速（m/s）；

ξ——减压孔板局部阻力系数，见附表 12。

2）节流管。节流管直径宜按上游管段直径的 1/2 确定，且节流管内水平均流速不大于 20m/s，长度不宜小于 1m。

节流管的水头损失应按式（5-24）计算

$$H_g=\zeta\frac{v_g^2}{2g}+0.00107l\frac{v_g^2}{d_g^{1.3}} \tag{5-24}$$

式中　H_g——节流管的水头损失（10^{-2}MPa）；

v_g——节流管内水的平均流速（m/s）；

ζ——节流管中渐缩管与渐扩管的局部阻力系数之和，取值 0.7；

d_g——节流管的计算内径（m），取值应按节流管内径减 1mm 确定；

l——节流管的长度（m）。

3）减压阀。减压阀应设在报警阀组入口前，为了防止堵塞，在入口前应装设过滤器。垂直安装的减压阀，水流方向宜向下。

2. 特性系数法

特性系数法是从系统设计最不利点喷头开始，沿程计算各喷头的压力、喷水量和管段的累积流量、水头损失，直至某管段累计流量达到设计流量为止。此后的管段流量不再累计，仅计算水头损失。

喷头的出流量和管段的水头损失应按式（5-25）和式（5-26）计算

$$q=K\sqrt{H} \tag{5-25}$$

$$h=\gamma AlQ^2 \tag{5-26}$$

式中　q——喷头出流量（L/s）；

K——喷头流量系数，玻璃球喷头 $K=0.133$ 或用压头（m）表示时 $K=0.42$；
H——喷头处水压（kPa）；
h——计算管段沿程水头损失（kPa）；
γ——水的重度（kN/m^3）；
l——计算管段长度（m）；
Q——管段中流量（L/s）；
A——比阻值（s^2/m^2），见附表 13。

选定管网中最不利计算管路后，管段的流量可按下列方法计算：

图 5-22 所示为某系统计算管路中最不利喷水工作区的管段，设喷头 1、2、3、4 为Ⅰ管段，喷头 a、b、c、d 为Ⅱ管段，Ⅰ管段的水力计算结果见表 5-26。

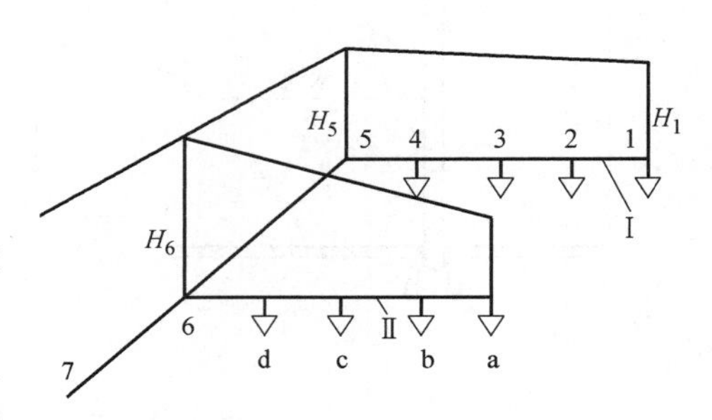

图 5-22　最不利喷水工作区的管段

表 5-26　Ⅰ管段的水力计算结果

节点编号	管段编号	喷头流量系数	喷头处水压 /kPa	喷头出流量 /(L/s)	管段流量 /(L/s)
1		K	H_1	$q_1=K\sqrt{H_1}$	
	1-2				q_1
2		K	$H_2=H_1+h'_{1\text{-}2}$	$q_2=K\sqrt{H_2}$	
	2-3				q_1+q_2
3		K	$H_3=H_2+h'_{2\text{-}3}$	$q_3=K\sqrt{H_3}$	
	3-4				$q_1+q_2+q_3$
4		K	$H_4=H_3+h'_{3\text{-}4}$	$q_4=K\sqrt{H_4}$	
	4-5				$q_1+q_2+q_3+q_4$

Ⅰ管段在节点 5 处只有转输流量，无支出流量，则

$$Q_{6\text{-}5}=Q_{5\text{-}4} \tag{1}$$

$$\Delta H_{5\text{-}4}=H_5-H_4=A_{5\text{-}4}l_{5\text{-}4}Q_{5\text{-}4}^2 \tag{2}$$

与Ⅰ管段计算方法相同，Ⅱ管段可得

$$\Delta H_{6\text{-}d}=H_6-H_d=A_{6\text{-}d}l_{6\text{-}d}Q_{6\text{-}d}^2 \tag{3}$$

式（2）与式（3）相除（设Ⅰ、Ⅱ管段布置条件相同），可得

$$Q_{6\text{-}d}=Q_{5\text{-}4}\sqrt{\frac{\Delta H_{6\text{-}d}}{\Delta H_{5\text{-}4}}} \tag{4}$$

管段 6-7 的转输流量为

$$Q_{6\text{-}7}=Q_{6\text{-}d}+Q_{5\text{-}4} \tag{5}$$

将式（4）代入式（5）得

$$Q_{6\text{-}7}=Q_{5\text{-}4}\left(1+\sqrt{\frac{\Delta H_{6\text{-}d}}{\Delta H_{5\text{-}4}}}\right) \tag{6}$$

将式（1）代入式（6）得

$$Q_{6\text{-}7}=Q_{6\text{-}5}\left(1+\sqrt{\frac{\Delta H_{6\text{-d}}}{\Delta H_{5\text{-}4}}}\right) \tag{7}$$

将式（2）和（3）代入式（7），得

$$Q_{6\text{-}7}=Q_{6\text{-}5}\left(1+\sqrt{\frac{H_6-H_d}{H_5-H_4}}\right) \tag{8}$$

为简化计算，认为 $\sqrt{\frac{H_6-H_d}{H_5-H_4}}\approx\sqrt{\frac{H_6}{H_5}}$，可得

$$Q_{6\text{-}7}=Q_{6\text{-}5}\left(1+\sqrt{\frac{H_6}{H_5}}\right) \tag{9}$$

式中　$Q_{6\text{-}7}$——管段 6-7 中转输流量（L/s）；

$Q_{6\text{-}5}$——管段 6-5 中转输流量（L/s）；

H_6——节点 6 的水压（kPa）；

H_5——节点 5 的水压（kPa）；

$\sqrt{\frac{H_6}{H_5}}$——调整系数。

按上述方法简化计算各管段流量值，直至达到系统所要求的消防水量为止。

这种计算方法偏于安全，在系统中除最不利点喷头外的任何喷头的喷水量和任意 4 个相邻喷头的平均喷水量均高于设计要求。该方法适用于严重危险级建筑物、构筑物的自动喷水灭火系统及雨淋、水幕系统。

自动喷水灭火系统设计秒流量宜按式（5-27）计算

$$Q_S=(1.15\sim1.30)Q_L \tag{5-27}$$

式中　Q_S——系统设计秒流量（L/s）；

Q_L——喷水强度与作用面积的乘积，即理论秒流量（L/s）。

自动喷水灭火系统管道内的水流速度不宜超过 5m/s，在个别情况下配水支管内的水流速度不应大于 10m/s。

自动喷水灭火系统管道的沿程水头损失可按式（5-26）计算；也可由钢管水力计算表直接查出 i 值计算。管道的局部水头损失可按其沿程水头损失的 20%采用。

自动喷水灭火系统分支管路多，同时作用的喷头数较多，且喷头出流量各不相同，因而管道水力计算烦琐。在进行初步设计时可参考表 5-27 估算。

表 5-27　配水管允许安装的喷头数

公称管径/mm	控制的标准喷头数		
	轻危险级	中危险级	严重危险级
25	1	1	1
32	3	3	3
40	5	4	4
50	10	8	8
65	18	12	12
80	48	32	20
100	按水力计算	64	40

自动喷水灭火系统所需的水压按式（5-28）计算

$$H=h_Z+h_0+\sum h+h_r \tag{5-28}$$

式中　H——系统所需的水压（或消防水泵扬程相应压力）(kPa)；

h_Z——最不利点处喷头与给水管或消防水泵中心之间的静水压力（kPa）；

$\sum h$——计算管路沿程水头损失与局部水头损失之和（kPa）；

h_0——最不利喷头的工作压力（kPa）；

h_r——报警阀的局部水头损失（kPa）。

自动喷水灭火系统中，存在着高低层管道水压不平衡；同一层中，当保护面积较大时，由于是按最不利工作面积计算，则系统中大量的有利工作面积内喷头需求水压比管网实际水压小，所以对通向有利工作面积的配水管或配水干管应予以减压。常用的减压措施有设置减压阀、减压孔板、节流管等。

5.4.3 自动喷水灭火系统管网水力计算例题

【例5-2】 某综合楼地上7层，最高层喷头安装标高为23.7m（一层地坪标高为±0.00m）。喷头流量特性系数为80，喷头处压力为0.1MPa，设计喷水强度为6L/(min·m^2)，作用面积为160m^2，形状为长方形，长边 $L=1.2\sqrt{F}=1.2\times\sqrt{160}\text{m}=15.18\text{m}$，取16m，短边为10.8m。作用面积内喷头数共15个，布置形式如图5-23所示，按作用面积法进行管道水力计算。

【解】 1）每个喷头的出流量为 $q=K\sqrt{10p}=80\times\sqrt{1}\text{L/min}=80\text{L/min}=1.33\text{L/s}$

2）作用面积内的设计秒流量为 $Q_S=nq=15\times1.33\text{L/s}=19.95\text{L/s}$

3）理论秒流量为 $Q_L=\dfrac{F\times q_p}{60}=\dfrac{(16\times10.8)\times6}{60}\text{L/s}=17.28\text{L/s}$

比较 Q_S 与 Q_L，设计秒流量 Q_S 为理论设计秒流量 Q_L 的1.15倍，符合要求。

4）作用面积内的计算平均喷水强度为

$$\bar{q}_p=\frac{15\times80}{172.8}\text{L/(min·m}^2)=6.94\text{L/(min·m}^2)$$

此值大于规定要求6L/(min·m^2)。

5）根据式（5-13）可求出喷头的保护半径，即

$$R\geqslant\frac{\sqrt{3.2^2+3.6^2}}{2}\text{m}=2.41\text{m，取 }R=2.41\text{m}$$

6）作用面积内最不利点处4个喷头所组成的保护面积为

$$F_4=[(1.6+3.2+1.6)\times(1.8+3.6+1.8)]\text{m}^2=46.08\text{m}^2$$

每个喷头的保护面积为 $F_1=F_4/4=(46.08/4)\text{m}^2=11.52\text{m}^2$

其平均喷水强度为 $\bar{q}=(80/11.52)\text{L/(min·m}^2)=6.94\text{L/(min·m}^2)>6.0\text{L/(min·m}^2)$

7）管段的总水头损失为

$$\begin{aligned}\sum h'&=[1.2\times(25+22+49+40+16+8+5+7+4+2+8)+20]\text{kPa}\\&=(1.2\times186+20)\text{kPa}=243\text{kPa}\end{aligned}$$

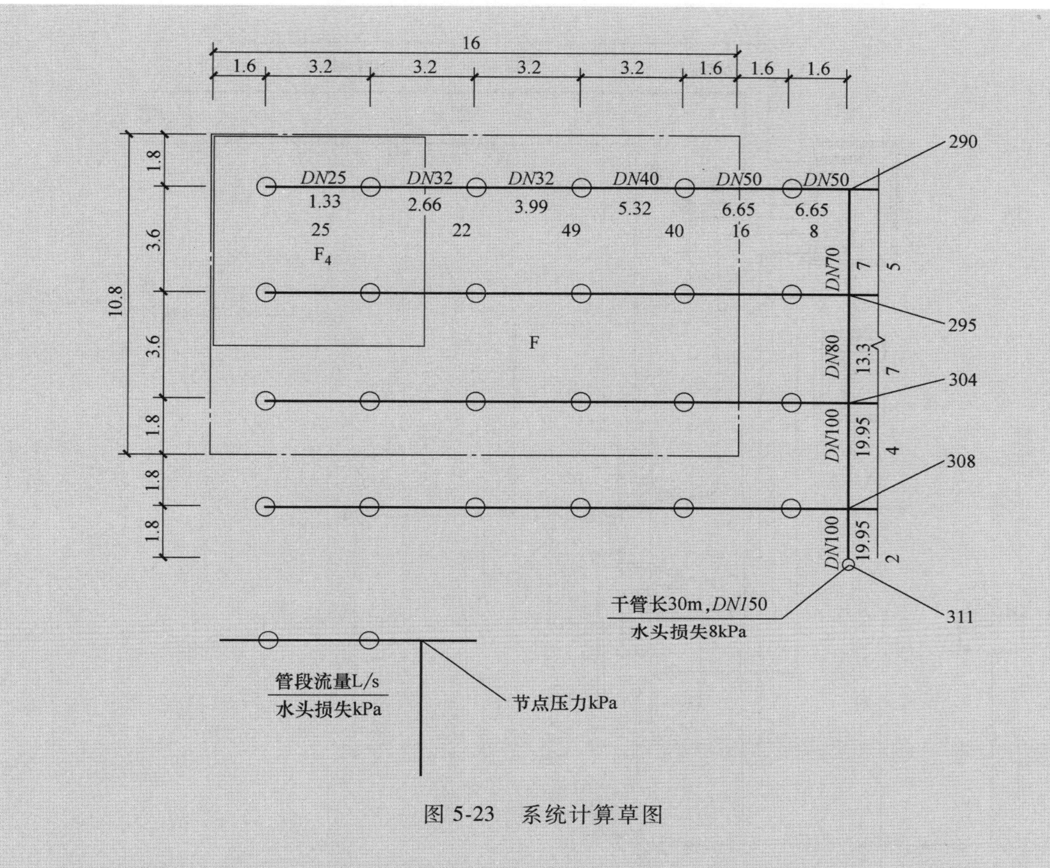

图 5-23 系统计算草图

8）系统所需的水压，按式（5-22）计算

$$H=[243+100+(23.7+2.0)\times10]\text{kPa}=600\text{kPa}$$

给水管中心线标高以-2.0m 计，湿式报警阀和水流指示器的局部水头损失取 20kPa。

5.5 水喷雾及固定消防炮灭火系统

5.5.1 水喷雾灭火系统简介

1. 系统的组成

水喷雾灭火系统有固定式和移动式两种装置，移动式装置可起到固定装置的辅助作用。

固定式水喷雾灭火系统一般由高压给水设备、控制阀、水雾喷头、火灾探测自动控制系统等组成，如图 5-24 所示。

2. 水雾喷头

水雾喷头的类型有离心雾化型水雾喷头和撞击雾化型水雾喷头，如图 5-25 所示。

离心雾化型水雾喷头喷射出的雾状水滴较小，雾化程度高，具有良好的电绝缘性，可用于扑救电气火灾。撞击雾化型水雾喷头是利用撞击原理分散水流，水的雾化程度较差，雾状水的电绝缘性能差，不适用于扑救电气火灾。

水雾喷头大多数内部装有雾化芯，雾化芯内部的有效过水断面面积较小，长期暴露在有

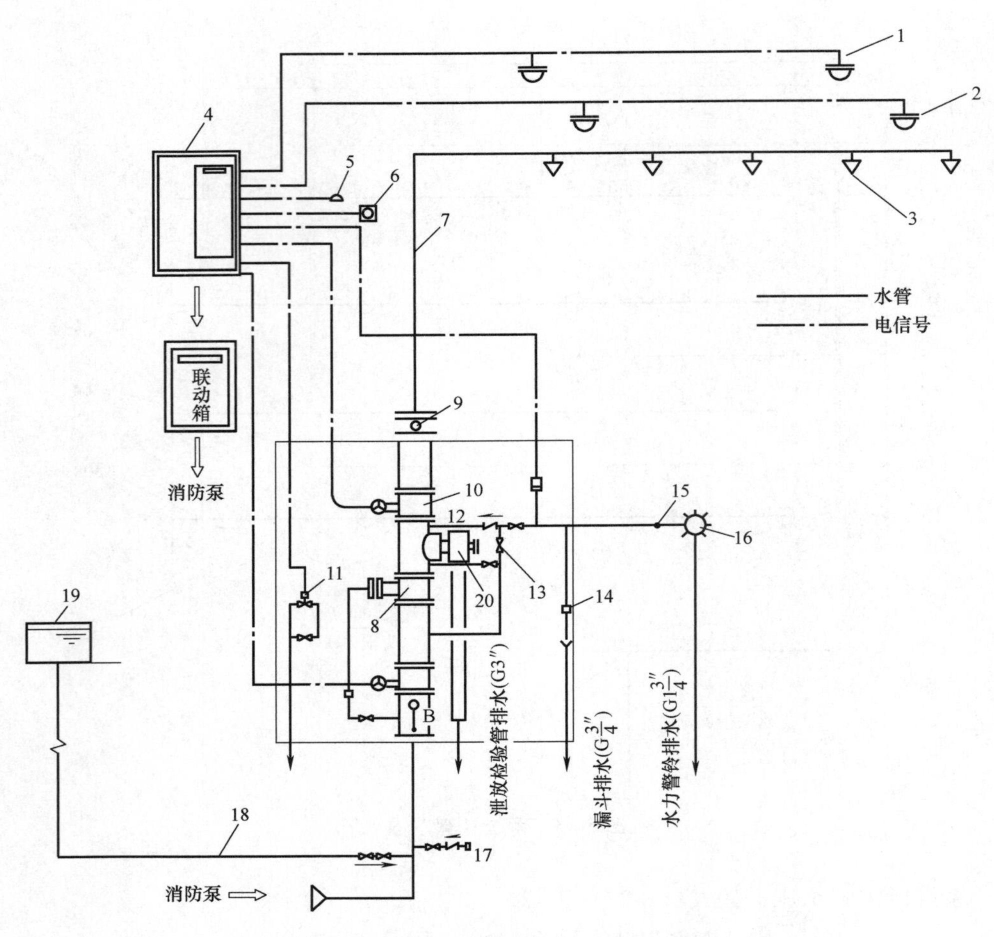

图 5-24　固定式水喷雾灭火系统示意图

1—定温探测器　2—差温探测器　3—水雾喷头　4—报警控制器　5—现场声报警　6—防爆遥控现场电启动器　7—配水干管　8—雨淋阀　9—挠曲橡胶接头　10—蝶阀　11—电磁阀　12—止回阀　13—报警试验阀　14—节流孔　15—过滤器　16—水力警铃　17—水泵接合器　18—消防专用水管　19—水塔　20—泄水试验阀

粉尘的场所，容易被堵塞使水雾喷头在发生火灾时无法工作，因此当水雾喷头设置于有粉尘的场所时，应设防尘罩，发生火灾时防尘罩在系统给水的水压作用下打开或脱落。

水雾系统用于含有腐蚀性介质的场所，水雾喷头长期暴露在腐蚀环境中极易被腐蚀，当发生火灾时必然影响水雾喷头的使用效率，因此应选用防腐型水雾喷头。

3. 雨淋阀组和控制阀门

雨淋阀组由雨淋阀、电磁阀、闸阀、水力警铃、放水阀、压力开

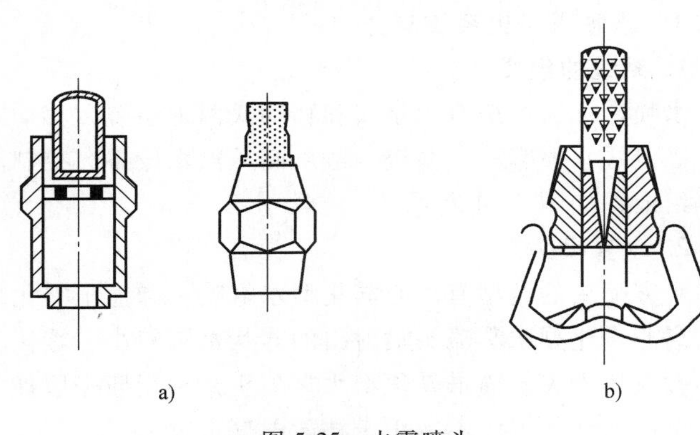

图 5-25　水雾喷头

a）离心雾化型水雾喷头　b）撞击雾化型水雾喷头

关和压力表等部件组成。

为保证水流的畅通和防止水雾喷头发生堵塞，应在雨淋阀前的管道上设置可冲洗的过滤器，过滤器的滤网应采用耐腐蚀金属材料，其网孔基本尺寸应为0.600~0.710mm。

5.5.2　水喷雾灭火系统的设计

1. 水喷雾灭火系统的应用范围

水喷雾灭火系统可用于扑救固体火灾、闪点高于60℃的液体火灾和电气火灾，并可用于可燃气体和甲、乙、丙类液体的生产、贮存装置或装卸设施的防护冷却；不得用于扑救遇水发生化学反应造成燃烧、爆炸的火灾，以及水雾对保护对象造成严重破坏的火灾。

2. 水喷雾灭火系统设计的基本参数

水喷雾灭火系统设计的基本参数包括：供给强度、持续供给时间、水喷雾的工作压力和保护面积、系统的响应时间，设计时应根据防护目的和保护对象确定，见附表14。

(1) 供给强度和持续供给时间　供给强度是系统在单位时间内每平方米保护面积提供的最低限度的供给量。供给强度和持续供给时间是保证灭火或防护冷却效果的基本参数。

(2) 水雾喷头的工作压力　同一种水雾喷头，工作压力越高雾化效果越好。当用于灭火时，水雾喷头的工作压力不应小于0.35MPa；用于防护冷却时不应小于0.2MPa，但对于甲$_B$、乙、丙类液体储罐不应小于0.15MPa。

(3) 保护面积　水喷雾灭火系统保护对象的保护面积应按外表面面积确定，并应符合下列要求：

1) 当保护对象外形不规则时，应按包容保护对象的最小规则形体的外表面面积确定。

2) 变压器的保护面积除应按扣除底面面积以外的变压器油箱外表面面积确定外，尚应包括散热器的外表面面积和油枕及集油坑的投影面积。

3) 分层敷设的电缆的保护面积应按整体包容电缆的最小规则形体的外表面面积确定。

(4) 系统的响应时间　系统的响应时间即为由火灾探测器发出火警信号至水雾喷头喷出有效水雾的时间间隔。

3. 水喷雾系统喷头布置

水雾喷头的布置，应使水雾直接喷射和覆盖保护对象，喷头的数量应根据设计供给强度、保护面积和喷头特性按下列公式计算并确定：

1) 水雾喷头流量按式(5-29)计算

$$q = K\sqrt{10p} \tag{5-29}$$

式中　q——水雾喷头的流量(L/min)；

p——水雾喷头的工作压力(MPa)；

K——水雾喷头的流量系数，取值由喷头制造商提供。

2) 被保护对象的水雾喷头的计算数量按式(5-30)计算

$$N = \frac{SW}{q} \tag{5-30}$$

式中　N——被保护对象的水雾喷头的计算数量；

S——被保护对象的保护面积(m^2)；

W——被保护对象的设计供给强度[L/(min·m^2)]。

水雾喷头的平面布置方式可为长方形式或平行四边形。为保证水雾完全覆盖被保护对象，当按长方形布置时，水雾喷头之间的距离不应大于1.4R；按平行四边形布置时，水雾喷头之间的距离不应大于1.7R，如图5-26所示。

水雾锥底圆半径R（图5-27）应按式（5-31）计算

$$R=B\tan\frac{\theta}{2} \tag{5-31}$$

式中　R——水雾锥底圆半径（m）；

B——水雾喷头的喷口与保护对象之间的距离（m）；

θ——水雾喷头的雾化角（°），θ的取值范围为30°、40°、45°、90°、120°。

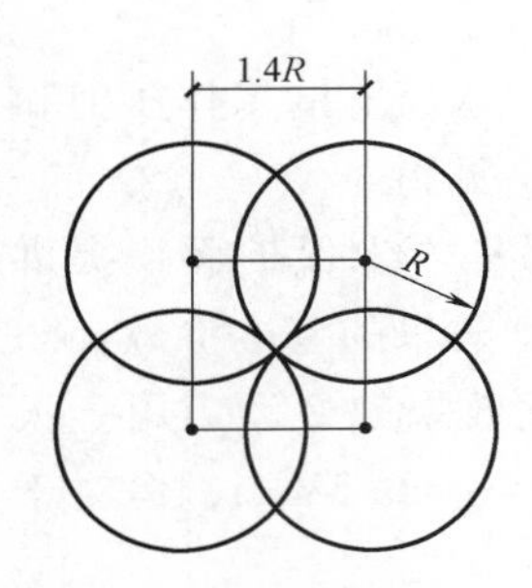

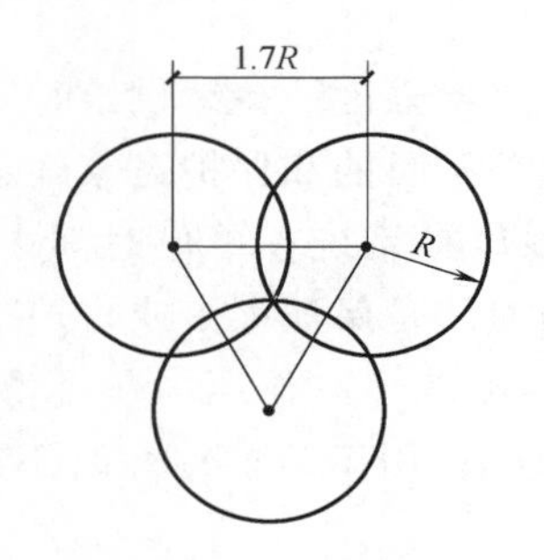

图5-26　水雾喷头间距及布置方式

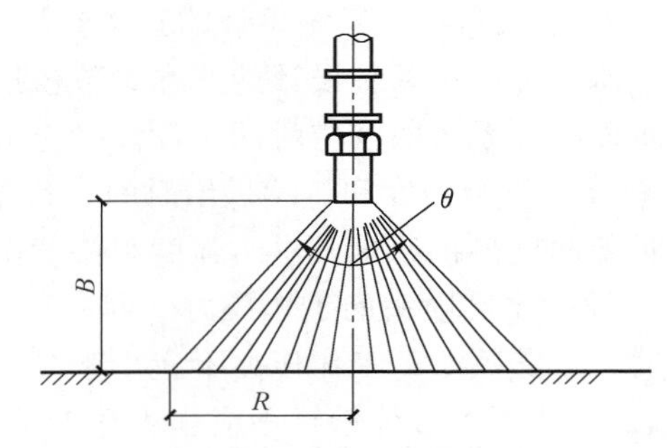

图5-27　水雾喷头的喷雾半径

保护油浸式电力变压器的水雾喷头应布置在变压器的周围，不宜布置在变压器的顶部。变压器的外形不规则，设计时应保证整个变压器的表面有足够的供给强度和完全覆盖，同时还要考虑喷头及管道与电器设备之间要有一定的安全距离。其布置形式如图5-15所示。

当保护对象为液化石油气储罐时，要求喷头与储罐外壁之间的距离不大于0.7m，以便利用水雾对罐壁的冲击起到降温冷却作用，减少火焰的热气流与风对水雾的影响。

当保护对象为电缆时，喷雾应完全包围电缆。

当保护对象为输送机皮带时，喷雾应完全包围输送机的机头、机尾和上、下行皮带。

4. 水力计算

（1）设计流量　系统的计算流量应按式（5-32）计算

$$Q_{\mathrm{j}}=\frac{1}{60}\sum_{i=1}^{n}q_i \tag{5-32}$$

式中　Q_{j}——系统的计算流量（L/s）；

n——系统启动后同时喷雾的水雾喷头数量；

q_i——水雾喷头的实际流量（L/min），应按水雾喷头的实际工作压力计算。

系统的设计流量应按下式计算

$$Q_{\mathrm{S}}=kQ_{\mathrm{j}} \tag{5-33}$$

式中　Q_{S}——系统的设计流量（L/s）；

k——安全系数，应不小于1.05。

（2）水头损失计算　水喷雾灭火系统采用钢管时，沿程水头损失按式（5-34）计算

$$i=0.0000107\frac{v^2}{D_j^{1.3}} \tag{5-34}$$

式中　i——管道的沿程水头损失（MPa/m）；

v——管道内水的流速（m/s）；

D_j——管道的计算内径（m）。

管道的局部水头损失宜采用当量长度法计算，或按管道的沿程水头损失的 20%～30% 计算。

雨淋报警阀的局部水头损失应按 0.08MPa 计算。

消防水泵扬程相应压力或系统入口的供给压力应按式（5-35）计算

$$H=\sum h+P_0+h_Z \tag{5-35}$$

式中　H——消防水泵扬程相应压力或系统入口的供给压力（MPa）；

$\sum h$——管道沿程压力损失与局部压力损失之和（MPa）；

P_0——最不利点水雾喷头的实际工作压力（MPa）；

h_Z——最不利点处水雾喷头与消防水池最低水位或系统水平供水引入管中心之间的静压差（MPa）。

5.5.3　固定消防炮灭火系统简介

固定消防炮灭火系统是由固定消防炮和相应配置的系统组件组成的固定灭火系统。

固定消防炮灭火系统用于保护面积较大、火灾危险性较高而且价值较昂贵的重点工程的群组设备等要害场所，能及时、有效地扑灭较大规模的区域性火灾，灭火威力较大。

1. 按喷射介质分类

固定消防炮灭火系统按喷射介质可分为水炮系统、泡沫炮系统和干粉炮系统。

（1）水炮系统　水炮系统是喷射水灭火剂的固定消防炮系统，喷射介质为水，系统主要由水源、消防泵组、管道、阀门、水炮、动力源和控制装置等组成，如图 5-28 所示。水炮系统适用于一般固体可燃物火灾。

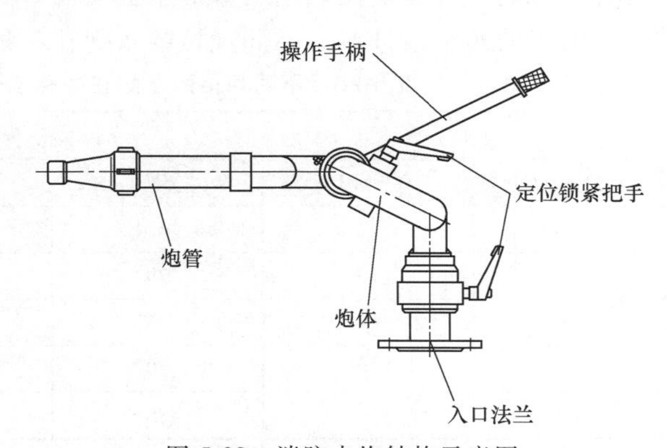

图 5-28　消防水炮结构示意图

（2）泡沫炮系统　泡沫炮系统是喷射泡沫灭火剂的固定消防炮系统，喷射介质为泡沫灭火剂，系统主要由水源、泡沫液罐、消防泵组、泡沫比例混合装置、管道、阀门、泡沫炮、动力源和控制装置等组成。泡沫炮系统适用于甲、乙、丙类液体火灾，固体可燃物火灾。

（3）干粉炮系统　干粉炮系统是喷射干粉灭火剂的固定消防炮系统，喷射介质为干粉灭火剂，系统主要由干粉罐、氮气瓶组、管道、阀门、干粉炮、动力源和控制装置等组成。干粉炮系统适用于液化石油气、天然气等可燃气体火灾场所。

2. 按安装形式分类

固定消防炮灭火系统有固定手轮式水炮和固定手柄式水炮两种，如图 5-29、图 5-30

所示。

图5-29　固定手轮式水炮（柱状喷管）

图5-30　固定手柄式水炮（柱/雾状可调喷管）

3. 按控制方式分类

（1）远控消防炮灭火系统　远控消防炮灭火系统可分为有线遥控和无线遥控两种方式，适用于有爆炸危险性、产生大量有毒气体、产生强烈辐射热、火灾蔓延面积较大且损失严重、高度超过8m且火灾危险性较大的室内、灭火人员难以及时接近或撤离固定消防炮位的场所。

（2）手动消防炮灭火系统　手动消防炮灭火系统由手动消防炮、灭火剂供给装置、管路及阀门、塌架等部件组成。该灭火系统适用于辐射热不大、人员便于靠近的场所。

5.5.4　固定消防炮灭火系统的布置与计算

室内消防水炮的布置数量不应少于两门，其布置高度应保证消防水炮的射流不受上部建筑构件的影响，并应能使两门水炮的水射流同时到达被保护区域的任一部位，水炮的射程应按产品射程的指标值计算。不同规格的水炮在各种工作压力时的射程的试验数据见表5-28。

表5-28　不同规格的水炮在各种工作压力时的射程的试验数据

水炮型号	射程/m				
	0.6MPa	0.8MPa	1.0MPa	1.2MPa	1.4MPa
PS40	53	62	70	—	—
PS50	59	70	79	86	—
PS60	64	75	84	91	—
PS80	70	80	90	98	104
PS100	—	86	96	104	112

（1）水炮的设计射程　应按式（5-36）确定

$$D_s = D_e\sqrt{\frac{p_s}{p_e}} \tag{5-36}$$

式中　D_s——水炮的设计射程（m）；

D_e——水炮额定工作压力时的射程（m）；

p_s——水炮的设计工作压力（MPa）；

p_e——水炮的额定工作压力（MPa）。

经计算，水炮的设计射程不能满足消防炮布置的要求时，应调整原设定的水炮数量、布置位置或规格型号，直到达到要求。

（2）水炮的设计流量 应按式（5-37）确定

$$Q_s = Q_e\sqrt{\frac{p_s}{p_e}} \tag{5-37}$$

式中 Q_s——水炮的设计流量（L/s）；

Q_e——水炮的额定流量（L/s）。

扑救室内一般固体物质火灾的供给强度，其用水量应按两门水炮的水射流同时到达防护区任一部位的要求计算。民用建筑的用水量不应小于 40L/s，工业建筑的用水量不应小于 60L/s。水炮系统的计算总流量应为系统中需要同时开启的水炮设计流量的总和。

5.6 非水灭火剂固定灭火系统简介

因建筑物使用功能不同，其内部的可燃物性质各异，仅使用水作为消防手段是不能达到扑救火灾的目的，甚至还会带来更大的损失。因此，应根据可燃物的物理、化学性质，采用不同的灭火方法和手段，才能达到预期的目的。本节将对下面几种固定灭火系统做简单介绍。

5.6.1 泡沫灭火系统

泡沫灭火系统的工作原理是应用泡沫灭火剂，使其与水混溶后产生一种可漂浮、黏附在可燃、易燃液体或固体表面，或者充满某一着火场所空间的泡沫，起到隔绝、冷却作用，使燃烧熄灭。

泡沫灭火剂按其成分可分为化学泡沫灭火剂、蛋白质泡沫灭火剂、合成型泡沫灭火剂三种类型。

泡沫灭火系统广泛应用于油田、炼油厂、油库、发电厂、汽车库、飞机库、矿井坑道等场所。泡沫灭火系统按其使用方式可分为固定式（图 5-31）、半固定式和移动式三种方式。按泡沫喷射方式又可分为液上喷射、液下喷射和喷淋三种方式。按泡沫发泡倍数还可分为低倍、中倍和高倍三种。

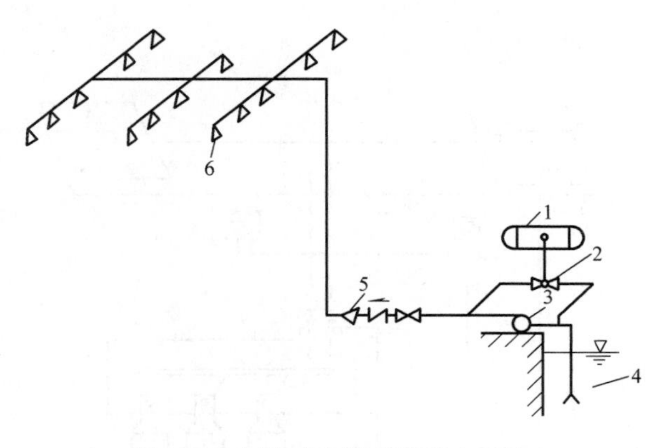

图 5-31 固定式泡沫喷淋灭火系统

1—泡沫液储罐 2—比例混合器 3—消防水泵 4—水池 5—泡沫产生器 6—喷头

选用和应用泡沫灭火系统时，首先应根据可燃物性质选用泡沫液。对水溶性某些液体储罐，应选用抗溶性泡沫液。当泡沫喷淋系统中为吸气泡沫喷头时，应用蛋白泡沫或氟蛋白、水成膜、抗溶性泡沫液；当为非吸气泡沫喷头时，则只能选用水成膜泡沫液。对于中倍及高倍数泡沫灭火系统，则应选用合成泡沫液。泡沫罐的贮存应置于通风、干燥场所，温度应在 0~40℃ 范围内。此外，还应保证泡沫灭火系统所需足够的消防用水量、一定的水温（t=4~35℃）和必需的水质。

5.6.2　二氧化碳灭火系统

二氧化碳灭火系统是一种纯物理的气体灭火系统。这种灭火系统具有不污损保护物、灭火快、空间淹没效果好等优点。

二氧化碳灭火系统可用于扑灭某些气体、固体表面、液体和电器火灾。一般可以使用卤代烷灭火系统的场合均可以采用二氧化碳灭火系统，加之卤代烷灭火剂因氟氯施放可破坏地球的臭氧层，为了保护地球环境，二氧化碳灭火系统日益被重视，但这种灭火系统造价高，灭火时对人体有害。二氧化碳灭火系统不适用于扑灭含氧化剂的化学制品和硝酸纤维、赛璐珞、火药等物质燃烧，不适用于扑灭活泼金属（如锂、钠、钾、镁、铝、锑、钛、镉、铀、钚）火灾，也不适用于金属氢化物类物质的火灾。

二氧化碳灭火剂是液化气体型，以液相二氧化碳贮存于高压（$p \geqslant 6\text{MPa}$）容器内。当二氧化碳以气体喷向某些燃烧物时，可产生对燃烧物窒息和冷却作用。

图5-32所示为二氧化碳灭火系统的组成。二氧化碳灭火系统一般由以下三部分组成：贮存装置（一般由贮存容器、容器阀、单向阀、集流管及称重检漏装置等组成）、管道及其附件、二氧化碳喷头及选择阀组成。

二氧化碳灭火系统按灭火方式有全淹没系统、半固定系统、局部应用系统和移动系统。全淹没系统应用于扑救封闭空间内的火灾；局部应用系统适用于经常有人的较大防护区内，扑救个别易燃设备火灾或室外设备。半固定系统常用于增援固定二氧化碳灭火系统。

5.6.3　干粉灭火系统

以干粉作为灭火剂的灭火系统称为干粉灭火系统，如图5-33所示。干粉灭火剂是一种

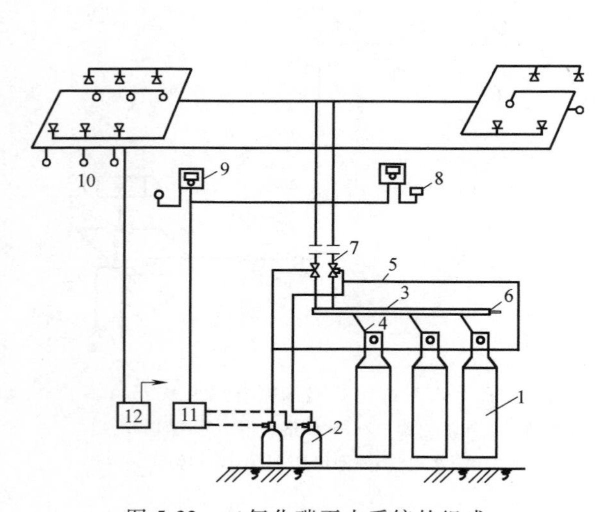

图5-32　二氧化碳灭火系统的组成

1—二氧化碳贮存容器　2—启动用气容器　3—总管　4—连接管　5—操作管　6—安全阀　7—选择阀　8—报警器　9—手动启动装置　10—探测器　11—控制盘　12—检测盘

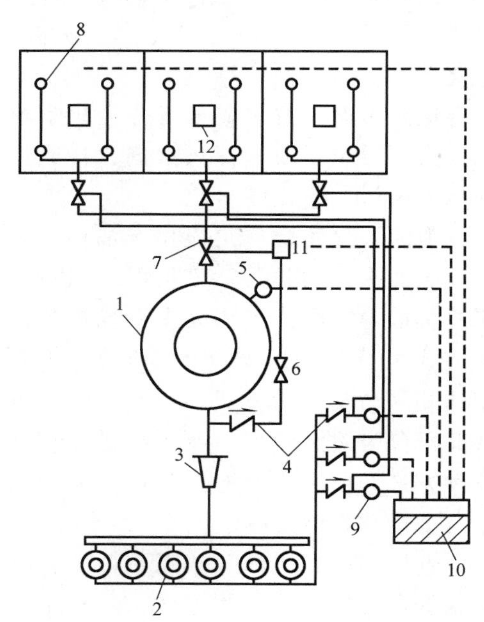

图5-33　干粉灭火系统的组成

1—干粉储罐　2—氮气瓶和集气管　3—压力控制器　4—止回阀　5—压力传感器　6—减压阀　7—球阀　8—喷嘴　9—启动电瓶　10—消防控制中心　11—电磁阀　12—火灾探测器

干燥的、易于流动的细微粉末，平时贮存于干粉灭火器或干粉灭火设备中，灭火时靠升压气体（二氧化碳或氮气）的压力将干粉从喷嘴射出，形成一股携夹着升压气体的雾状粉流射向燃烧物。

干粉灭火剂主要对燃烧物质起到化学抑制作用，同时某些粉粒受高热爆裂成许多更小的颗粒，以及受热放出结晶水或分解成不活泼气体，又能起到隔离、冷却和窒息作用，使燃烧熄灭。干粉灭火剂又分为普通型干粉（BC 型）、多用途干粉（A、B、C 类）和金属专用灭火剂（D 类火灾专用干粉）。灭火剂的选择应根据燃烧物的性质确定。干粉灭火具有历时短、效率高、绝缘好、灭火后损失小，干粉灭火剂不怕冻、不用水、可长期贮存等优点。

干粉灭火系统按其安装方式可分为固定式和半固定式；按其控制启动方法又可分为自动控制和手动控制；按其喷射干粉方式还可分为全淹没和局部应用系统。

设置干粉灭火系统，其干粉灭火剂的贮存装置应靠近其保护区，但不能对干粉贮存器有形成着火的危险，干粉还应避免潮湿和高温。

5. 6. 4　蒸汽灭火系统

蒸汽灭火系统的工作原理是在火场燃烧区内，向其施放一定量的蒸汽，可阻止空气进入燃烧区而使燃烧窒息。这种灭火系统只有在经常具备充足蒸汽源的条件下才能设置。蒸汽灭火系统适用于石油化工、炼油、火力发电等厂房，也适用于燃油锅炉房、重油油品等库房或扑灭高温设备。蒸汽灭火系统具有设备简单、造价低、淹没性好等优点，但不适用于体积大、面积大的火灾区，不适用于扑灭电器设备、贵重仪表、文物档案等火灾。蒸汽灭火系统的组成如图 5-34 所示。

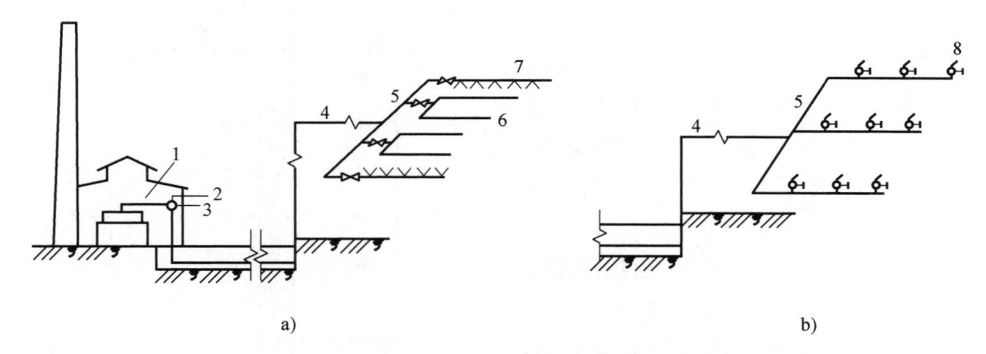

图 5-34　蒸汽灭火系统的组成

a）固定式　b）半固定式

1—蒸汽锅炉房　2—生活蒸汽管网　3—生产蒸汽管网　4—输汽干管

5—配汽支管　6—配汽管　7—蒸汽幕　8—接蒸汽喷枪短管

蒸汽灭火系统也有固定式和半固体式两种类型。固定式蒸汽灭火系统为全淹没式灭火系统，保护空间的容积不大于 $500m^3$ 效果好。半固定式蒸汽灭火系统多用于扑救局部火灾。

蒸汽灭火系统宜采用高压饱和蒸汽（$p \leqslant 0.49 \times 10^6 Pa$），不宜采用过热蒸汽。汽源与被保护区距离一般不大于 60m，蒸汽喷射时间小于或等于 3min。配汽管可沿保护区一侧四周墙面布置，距离不宜太长。管线距地面高度宜为 200～300mm。管线干管上应设总控制阀，配管段上根据情况可设置选择阀，接口短管上应设短管手阀。

除以上介绍的消防系统外，还有卤代烷灭火系统、烟雾灭火系统和氮气灭火系统等。

5.7　高层建筑消防给水系统

高层建筑是指10层及10层以上的居住建筑（包括首层设置商业服务网点的住宅）和建筑高度超过24m的其他民用建筑。

高层建筑的火灾危险性远远高于低层建筑，高层建筑一旦着火，会造成重大的人员伤亡和财产损失，后果是十分严重的。在这方面国内外均有非常深刻的教训。因此，进行高层建筑消防给水设计时，必须切实贯彻"以防为主，防消结合"的消防工作方针，采取有效的技术措施，确保消防安全，满足消防"自救"的要求。

为确保高层建筑消防安全，满足"自救"的要求，在消防给水系统的设置、系统的供水方式、消防器材设备的选配和设计参数的确定等方面均比低层、多层建筑有更高的要求。

5.7.1　高层建筑消防给水系统形式

1. 消防给水系统的分类和选择

1）按消防给水压力的不同，可分为高压和临时高压消防给水系统。

2）按消防给水系统供水范围的大小，可分为区域集中高压（或临时高压）消防给水系统和独立高压（或临时高压）消防给水系统。

3）按消防给水系统灭火方式的不同，可分为消火栓给水系统和自动喷水灭火系统。

2. 消防给水方式

消防给水系统有分区、不分区两种给水方式。

（1）不分区消防给水系统　当建筑高度不超过50m时，或者消火栓消防给水系统最低点消火栓栓口处的压力不超过800kPa时，可采用不分区给水方式，如图5-35所示。

（2）分区消防给水系统　当建筑高度超过50m或消火栓给水系统中消火栓栓口处压力超过800kPa、自动喷水灭火系统中管网压力超过1200kPa时，会带来水枪或喷头出水量过大、消防管道易漏水、消防设备及附件易损坏等问题，需要分区供水。

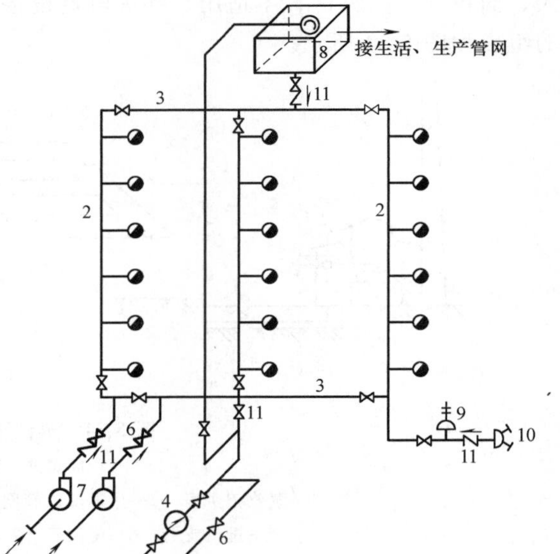

分区方式主要有串联分区和并联分区两大类。不论是分区或不分区的消防给水系统，若为高压消防给水系统，均不需设置水箱，由室外高压管网直接供水。常见的分区给水方式有三种，如图5-36所示。

图5-35　不分区给水方式

1—室内消火栓　2—室内消防立管　3—干管　4—水表　5—进户管　6—阀门　7—水泵　8—水箱　9—安全阀　10—水泵接合器　11—止回阀

高度超过100m的高层建筑贮水量可适当增加。水箱的设置高度应满足最不利喷头处工作压力不低于0.05MPa和建筑高度不超过100m，最不利点消火栓静水压力不低于

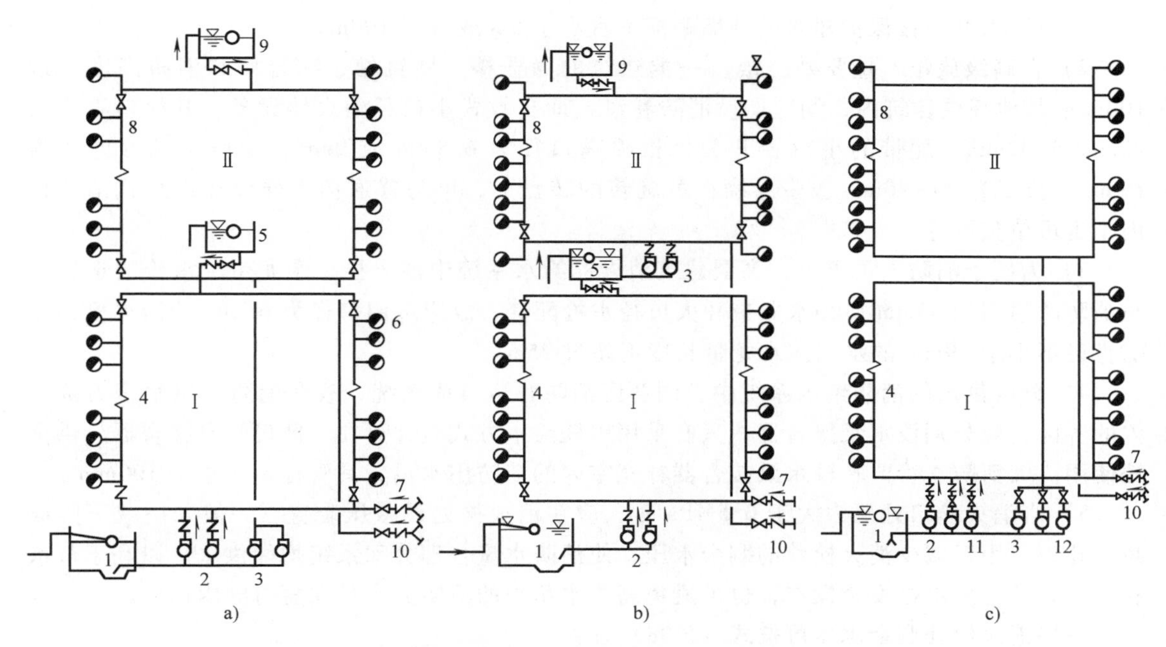

图 5-36　分区供水的室内消火栓给水方式

a）并联分区给水方式　b）串联分区给水方式　c）无水箱给水方式

1—水池　2—Ⅰ区消防泵　3—Ⅱ区消防泵　4—Ⅰ区管网　5—Ⅰ区水箱　6—消火栓　7—Ⅰ区水泵接合器　8—Ⅱ区管网　9—Ⅱ区水箱　10—Ⅱ区水泵接合器　11—Ⅰ区补压泵　12—Ⅱ区补压泵

0.07MPa或建筑高度超过100m，最不利点消火栓静水压力不低于0.15MPa的要求。否则，应在系统中设升压设备，以保证火灾初期消防水泵开启前，消防系统的水压要求。

5.7.2　高层建筑室内消防用水量

1）高层建筑消火栓用水量，只能满足扑灭火灾的最低要求。根据我国GB 50016—2014《建筑设计防火规范》及GB 50974—2014《消防给水及消火栓系统技术规范》中的规定，高层建筑消火栓给水系统的用水量见表5-6，且不应低于表中规定。

2）建筑物内设有消火栓、自动喷水、水幕和泡沫等灭火设备时，其室内消防用水量，应按实际需要同时开启的上述设备用水量之和计算，并应选取实际需要的同时开启设备用水量的最大值。

5.7.3　高层建筑消防给水系统的设置

高层建筑消防给水系统的设置，包括消火栓、喷头和管道的布置等，除要满足本章第1、3节讲述的低层建筑消防给水系统设置的基本要求外，在确保可靠的水源和保证救火及时、供水安全等方面，还应采取以下措施：

1）当天然水源作为消防唯一水源不能满足消防用水量，市政给水管道、进水管不能满足消防用水量，市政给水管道为树状或只有一条进水管（二类建筑的住宅除外）时，应设消防贮水池。当水池总容积大于500m³时，应分成两个，保证一个检修时，另一个仍能正常工作。

高层建筑群共用消防水池的容积应按消防用水量最大的一栋高层建筑计算。供消防车取水的消防水池，应设取水口或取水井，其水深应保证消防车的消防水泵吸水高度不超过6m，取水口或取水井与被保护建筑的外墙距离不宜小于 5m 或大于 100m。

2）在高级旅馆、重要办公楼、一类建筑的商业楼、展览馆、综合楼和消防高度超过 100m 的其他高层建筑内，均应增设消防卷盘，即自救式小口径消火栓设备，其栓口直径为 25mm 或 32mm，配带的小口径开关水枪喷嘴口径为 6.8mm 或 9mm，橡胶水龙带内径为 19mm，长度为 20~40m。胶带卷绕在可旋转的转盘上，可与普通消火栓设在组合式消防箱内，也可单独设置。

3）为便于消防人员灭火，高层建筑消火栓给水系统中消火栓、水龙带、水枪的选用应与消防队通用的 65mm 口径水龙带和大口径水枪配套，故应选用口径为 65mm 的消火栓，喷嘴直径不小于 19mm 的水枪。水龙带长度不超过 25m。

4）分区供水的消防给水系统中，因各区消防管道自成系统，故在消防车供水压力范围内的各区，应分别设水泵接合器，只有采用串联给水方式时，可在下区设水泵接合器，供全楼使用。因消防立管要转输水泵接合器补充室内的消防用水量，其管径不应小于 100mm。

5）当消火栓口处压力大于 0.5MPa 时，应在消火栓处设减压装置，一般采用减压阀或减压孔板，用以减少消火栓前的剩余水压，使消防水量合理分配系统均衡供水，以利于节水和消防人员把握水枪安全操作，也可避免高位水箱中的消防贮水量在短时间内用完。

各层消火栓处剩余水压可按式（5-38）计算

$$H_s = H_b - (h_Z + \sum h + h_d + H_q) \tag{5-38}$$

式中　H_s——计算层消火栓处的剩余水压（kPa）；

H_b——消防水泵扬程相应压力（kPa）；

h_Z——消防水池最低水位或消防水泵与室外给水管网连接点至消火栓口的静压差（kPa）；

$\sum h$——消防水泵自水池或外网吸水送至计算层消火栓的消防管道沿程和局部水头损失之和（kPa）；

h_d——水龙带的水头损失（kPa）；

H_q——水枪喷嘴满足所需充实水柱长度所需的水压（kPa）。

水流通过减压孔板时的水头损失为

$$H_k = 10\xi \frac{v_k^2}{2g} \tag{5-39}$$

$$\xi = \left[1.75\frac{D^2}{d^2} \cdot \frac{\left(1.1 - \frac{d^2}{D^2}\right)}{\left(1.175 - \frac{d^2}{D^2}\right)} - 1\right]^2 \tag{5-40}$$

式中　H_k——水流通过减压孔板时的水头损失（kPa）；

ξ——孔板局部阻力系数；

v_k——水流通过孔板后的流速（m/s）；

g——重力加速度（m/s^2）；

D——消防给水管管径（mm）；

d——减压孔板孔径（mm）。

因消火栓处的剩余水压可由减压孔板所形成的水流阻力消耗，在已知消防管管径和计算剩余水压后，可直接查表 5-29，选定减压孔板孔径。减压孔板一般用不锈钢等材料制作。

当自动喷水灭火系统中，喷头处压力偏高时，也可采用减压孔板减压，孔板应设置在直径不小于 50mm 的水平配水管上，或水流转弯处下游一侧的直管段上，与弯管的距离不应小于设置段直径的 2 倍。

表 5-29　减压孔板的水头损失　（单位：kPa）

消防管 DN /mm	孔板孔径/mm																	
	33	34	35	36	37	38	39	40	41	42	43	44	45	46	47	48	49	50
50	3.5	2.9	2.4	2.0	1.7	1.4	1.1	0.9	0.8	—	—	—	—	—	—	—	—	—
70	19.9	17.3	15.1	12.3	11.5	10.0	8.8	7.7	6.8	5.9	5.2	4.6	4.0	3.6	3.1	2.8	2.4	2.1
80	37.0	32.3	28.3	24.8	21.8	19.2	17.0	15.1	13.8	11.8	10.5	9.4	8.4	7.5	6.7	5.8	5.3	4.7
100	99.1	87.1	75.8	67.9	60.1	53.4	47.6	42.5	38.0	34.1	30.6	27.5	24.8	22.4	20.2	18.3	16.6	15.1
125	255.9	225.9	200.0	177.2	157.9	141.0	126.0	113.1	101.8	91.6	82.8	74.9	67.8	61.5	55.9	51.0	46.6	42.5
150	547.0	483.4	428.7	381.3	340.2	304.3	273.0	245.4	221.2	199.0	180.9	164.1	149.1	135.8	123.8	113.1	103.5	94.9

6）防止超压。高层建筑消防给水系统中造成超压的原因是多方面的。例如，消防水泵试验、检查时，水泵出水量小，管网压力升高；火灾初期，消防泵启动，消火栓或喷头的实际开启放水出流量，远小于按规范要求计算选定的水泵出流量，水泵扬程升高；消防给水系统分区范围偏大，启动消防泵时，为满足高层最不利消火栓或喷头所需压力，则低层消火栓或喷头处压力过大等。

当管网压力超过管道的允许压力时，必将出现事故，影响系统正常供水。为避免事故，可采取以下措施：多台水泵并联运行；选用流量—扬程曲线平缓的消防水泵；合理地确定分区范围和布置消防管道；提高管道和附件的承压能力；在消防给水系统中设置安全阀或设水泵回流管泄压。

1. 简述室外消火栓给水系统的组成。
2. 低层室内消火栓给水系统的主要给水方式有哪些？各种给水方式的适用条件是什么？
3. 如何设置室内消火栓？消火栓的布置间距如何确定？
4. 何谓消火栓水枪的充实水柱？如何确定充实水柱的长度？
5. 简述室内消火栓给水管网水力计算的方法步骤。
6. 各种自动喷水灭火系统的适用环境是什么？
7. 自动喷水灭火系统的主要组件有哪些？各自的作用是什么？
8. 简述各种喷头的布置场所、形式及要求。
9. 自动喷水灭火系统的管道布置有何要求？
10. 简述自动喷水灭火系统水力计算的方法步骤。
11. 简述水喷雾及固定消防炮灭火系统的特点。
12. 简述非水灭火剂固定灭火系统的原理。
13. 高层建筑消防给水系统的形式有哪些？
14. 简述高层建筑消防给水系统的布置要求。

建筑排水系统

本章主要阐述室内排水系统的分类与组成，排水系统的布置与敷设，污废水提升及局部处理，排水定额及排水设计秒流量，排水管网水力计算，屋面雨水排水系统等内容。

通过学习本章内容，要求学生能够熟悉室内排水系统的分类与组成，熟悉室内排水系统的布置与敷设原则，熟练掌握室内排水系统水力计算方法，熟悉屋面雨水排除方式及其计算方法。

6.1 排水系统的分类与组成

建筑内部排水系统的功能是将人们在日常生活和工业生产过程中使用过的、受到污染的水以及降落到屋面的雨水和雪水收集起来，及时排到室外。

6.1.1 建筑排水系统的分类

根据所排除污水的性质，建筑内部排水系统分为生活排水系统、工业废水排水系统和屋面雨水排水系统。

1. 生活排水系统

生活排水系统是指排除人们日常生活过程中产生的污（废）水的管道系统。由于污废水处理、卫生条件或杂用水水源的需要，生活排水系统又可分为：

1）生活废水排水系统：排除洗脸、洗澡、洗衣和厨房产生的废水。生活废水经过处理后，可作为杂用水，用来冲洗厕所、浇洒绿地和道路、冲洗汽车等。

2）生活污水排水系统：排除从大小便器（槽）及用途与此相似的卫生设备排出的污水，其中含有粪便、便纸等较多的固体物质，污染严重。

2. 工业废水排水系统

工业废水排水系统是指排除工业企业在工艺生产过程中产生的污（废）水的管道系统。为便于污（废）水的处理和综合利用，可将其分为：

1）生产废水排水系统：排除使用后未受污染或轻微污染以及水温稍有升高，经过简单处理即可循环或重复使用的工业废水，如冷却废水、洗涤废水等。

2）生产污水排水系统：排除在生产过程受到各种较严重污染的工业废水。如酸、碱废水，含酚、含氰废水等，也包括水温过高、排放后造成热污染的工业废水。

3. 屋面雨水排水系统

屋面雨水排水系统是指排除降落在屋面的雨（雪）水的管道系统。

上述三种排水系统，在实际工程中，往往采取雨污分流排放。而按污水与废水的污染物质、污染程度的不同以及污水与废水在排放过程中的关系，生活排水系统和工业废水排水系统又可采取合流制和分流制两种体制。

6.1.2　建筑排水系统的选择

在确定建筑内部排水体制和选择建筑内部排水系统时主要考虑下列因素。

1. 污（废）水的性质

根据污（废）水中所含污染物的种类，确定是合流还是分流。当两种生产污水合流会产生有毒有害气体和其他难处理的有害物质时应分流排放；与生活污水性质相似的生产污水可以和生活污水合流排放；不含有机物且污染轻微的生产废水可排入雨水排水系统。

2. 污（废）水污染程度

为便于轻污染废水的回收利用和重污染废水的处理，污染物种类相同，但浓度不同的两种污水宜分流排除。

3. 污（废）水综合利用的可能性和处理要求

工业废水中常含有能回收利用的贵重工业原料，为减少环境污染，变废为宝，宜采用清浊分流、分质分流，否则会影响回收价值和处理效果。对卫生标准要求较高、设有中水系统的建筑物，生活污水与废水宜采用分流排放。含油较多的公共饮食业厨房的洗涤废水和洗车台冲洗水，含有大量致病病毒、细菌或放射性元素超过排放标准的医院污水，水温超过40℃的锅炉和水加热器等加热设备排水，可重复利用的冷却水以及用作中水水源的生活排水应单独排放。

6.1.3　建筑排水系统的组成

建筑内部污（废）水排水系统应能满足以下三个基本要求：第一，系统能迅速畅通地将污（废）水排到室外；第二，排水管道系统内的气压稳定，有毒有害气体不进入室内，保持室内良好的环境卫生；第三，管线布置合理，简短顺直，工程造价低。

为满足上述要求，建筑内部污（废）水排水系统的基本组成部分有：卫生器具和生产设备受水器、排水管道、通气管道、清通设备、污水提升设备、污水局部处理设施及室外排水管道等，如图6-1所示。

1. 卫生器具和生产设备受水器

卫生器具是接受、排出人们在日常生活中产生的污（废）水或污物的容器或装置。生产设备受水器是接受、排出工业企业在生产过程中产生的污（废）水或污物的容器或装置。

卫生器具和生产设备受水器是建筑内部排水系统的起点，污（废）水从器具排水口经器具内的水封装置或器具排水管连接的存水弯排入排水管道。

2. 排水管道

排水管道由器具排水管（连接卫生器具和横支管之间的一段短管，除坐式大便器外，其间包括存水弯）、有一定坡度的横支管、立管、埋设在室内地下的埋地干管和排出到室外的排出管等组成。其作用是将污（废）水迅速安全地排除到室外。

3. 通气管道

为了保证排水管道的良好工作状态，建筑排水系统须设置通气管道，与大气相通。通气管道可以向排水管道补给空气，保持水流畅通，减小排水管道内气压变化幅度，防止卫生器具水封破坏；使排水管道中散发的臭气和有害气体排到大气中去；保持排水管道新鲜空气流

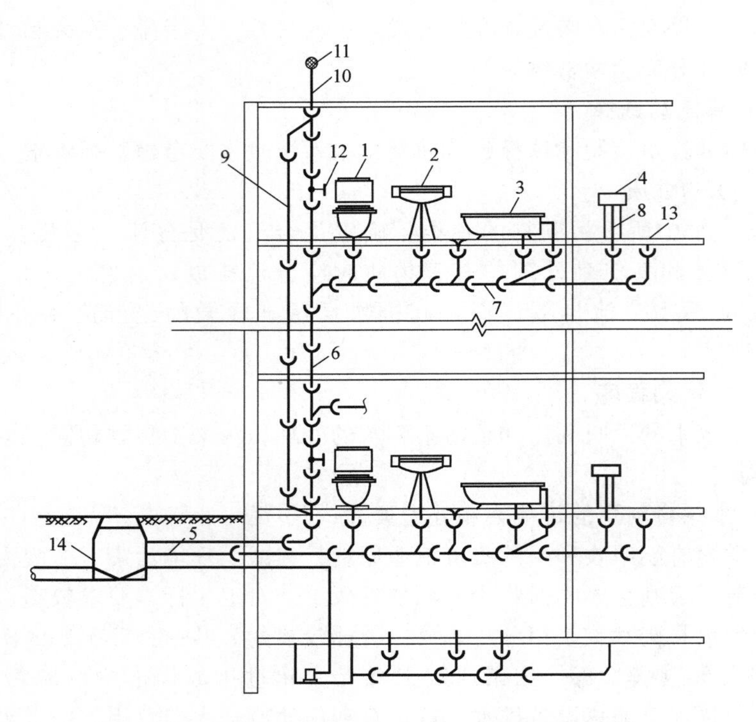

图 6-1　建筑内部排水系统的组成

1—大便器　2—洗脸盆　3—浴盆　4—洗涤盆　5—排出管　6—立管
7—横支管　8—支管　9—通气立管　10—伸顶通气管　11—网罩
12—检查口　13—清扫口　14—检查井

通，减轻管道的锈蚀。

根据建筑物层数、卫生器具数量、卫生标准等情况的不同，通气管道可分为伸顶通气管、专用通气立管、主通气立管、副通气立管、环形通气管、器具通气管、结合通气管、汇合通气管等几种类型（图 6-2）。

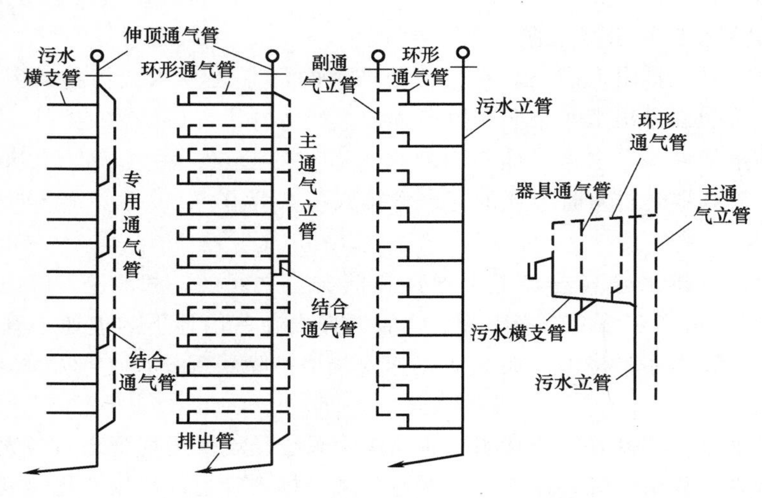

图 6-2　几种典型通气形式

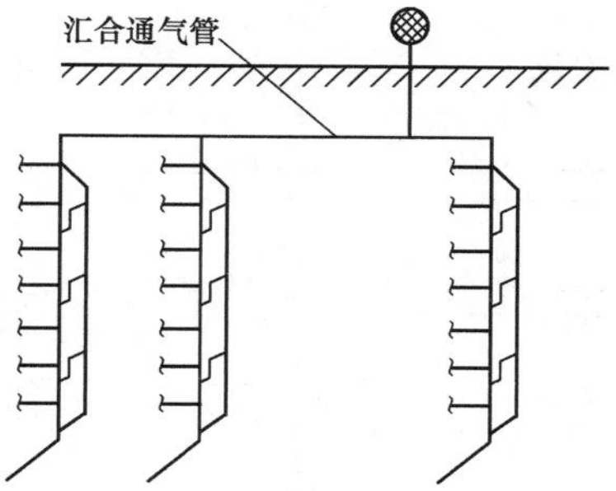

图 6-2　几种典型通气形式（续）

4. 清通设备

污（废）水中含有固体杂物和油脂，容易在管内沉积、黏附，减小通水能力甚至堵塞管道。为疏通管道保障排水畅通，需设清通设备。清通设备包括设在横支管顶端的清扫口、设在立管或较长横干管上的检查口和设在室内较长的埋地横干管上的检查口井。

检查口一般设在立管及较长的水平管段上，供立管或立管与横支管连接处有异物堵塞时疏通用；清扫口一般设置在横支管上，供横支管堵塞时疏通用（有时也可用带清掏口的地漏代替）。

5. 污水抽升设备

工业与民用建筑的地下室、人防建筑、高层建筑的地下技术层和地铁等处标高较低，在这些场所产生、收集的污（废）水不能自流排至室外的检查井，须设污废水提升设备。

6. 污水局部处理设施

当建筑内部污水未经处理不允许直接排入市政排水管网或水体时，须设污水局部处理设施。如处理民用建筑生活污水的化粪池，降低锅炉、加热设备排污水水温的降温池，去除含油污水的隔油池，以及以消毒为主要目的的医院污水处理设施等。

7. 室外排水管道

自排出管接出的第一个检查井至城市下水道或工业企业排水主干管间的排水管段为室外排水管道，其任务是将室内的污（废）水排往市政或工厂的排水管道中去。

6.1.4　污（废）水排水系统的类型

污（废）水排水系统通气的好坏直接影响着排水系统的正常使用，按系统通气方式和立管数目，建筑内部污（废）水排水系统分为单立管排水系统、双立管排水系统和三立管排水系统，如图 6-3 所示。

1. 单立管排水系统

单立管排水系统是指只有一根排水立管，没有专门通气立管的系统。单立管排水系统利用排水立管本身及其连接的横支管和附件进行气流交换，这种通气方式称为内通气。根据建筑层数和卫生器具的多少，单立管排水系统又有以下五种类型：

1）无通气管的单立管排水系统。这种形式的立管顶部不与大气连通，适用于立管短、卫生器具少、排水量小、立管顶端不便伸出屋面的情况。

2）有通气的普通单立管排水系统。排水立管向上延伸，穿出屋顶与大气连通，适用于一般多层建筑。

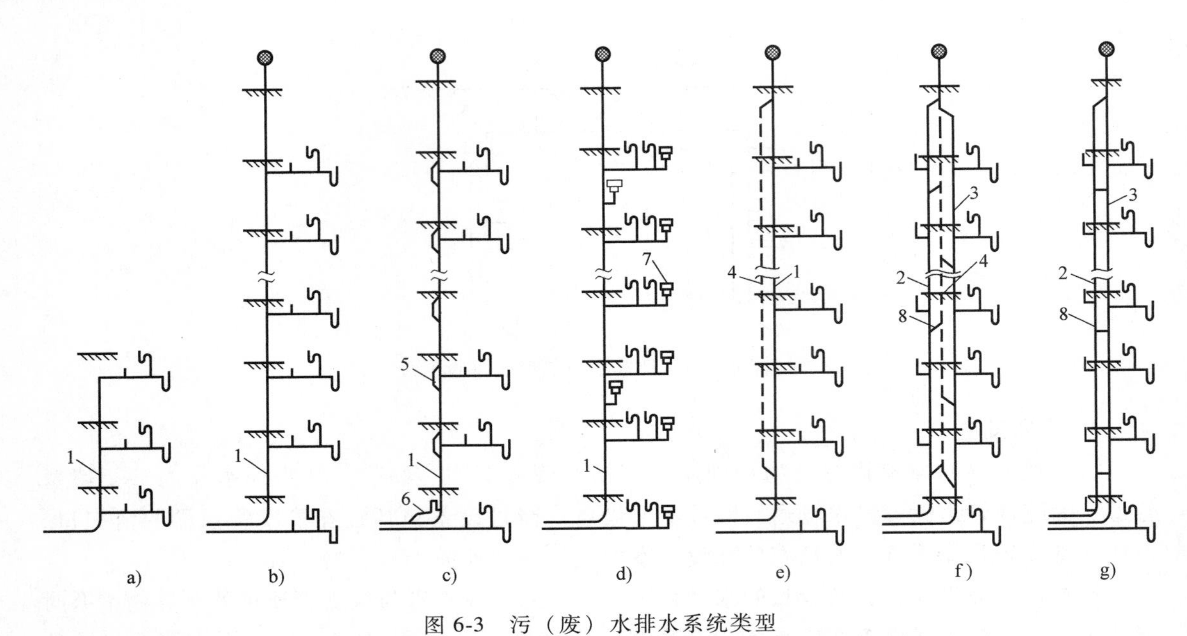

图6-3　污（废）水排水系统类型

a）无通气单立管　b）普通单立管　c）特制配件单立管　d）吸气阀单立管

e）双立管　f）三立管　g）污（废）水立管互为通气管

1—排水立管　2—污水立管　3—废水立管　4—通气立管

5—上部特制配件　6—下部特制配件　7—吸气阀　8—结合通气管

3）特制配件单立管排水系统。在横支管与立管连接处，设置特制配件（称为上部特制配件）代替一般的三通；在立管底部与横干管或排出管连接处设置特制配件（称为下部特制配件）代替一般的弯头。在排水立管管径不变的情况下改善管内水流与通气状态，增大排水能力。这种内通气方式因利用特殊结构改变水流方向和状态，所以又称为诱导式内通气，适用于各类多层、高层建筑。

4）特殊管材单立管排水系统。立管采用内壁有螺旋导流槽的塑料管，配套使用偏心三通，适用于各类多层、高层建筑。

5）吸气阀单立管排水系统。在立管和较长支管的末端设吸气阀，吸气阀只吸气不排气，当管内压力波动时（负压），吸气补压，维持管内压力平衡。因其只能平衡负压，不能消除正压，更不能将管道中的有害气体释放至室外大气中，又因吸气阀密封材料采用软塑料、橡胶之类材质，年久老化失灵又无法察觉，会导致排水管道中的有害气体窜入室内，危及人身安全，所以，吸气阀是不能替代通气管的，目前该方式已被禁用。

2. 双立管排水系统

双立管排水系统又称两管制，由一根排水立管和一根通气立管组成。双立管排水系统利用排水立管与另一根立管之间进行气流交换，所以称为外通气。因通气立管不排水，所以双立管排水系统的通气方式又称为干式通气，适用于污（废）水合流的各类多层和高层建筑。

3. 三立管排水系统

三立管排水系统又称三管制，由三根立管组成，分别为生活污水立管、生活废水立管和通气立管。两根排水立管共用一根通气立管。三立管排水系统的通气方式也是干式外通气，适用于生活污水和生活废水需分别排出室外的各类多层、高层建筑。

图6-3g所示为三立管排水系统的一种变形系统，去掉专用通气立管，将废水立管与污水立管每隔2层互相连接，利用两立管的排水时间差，互为通气立管，这种外通气方式又称湿式外通气。

6.1.5　异层排水系统和同层排水系统

按照室内排水横支管所设位置，可将排水系统分为异层排水系统和同层排水系统。

1. 异层排水

异层排水又称上下层联排水，是指室内卫生器具的排水支管穿过本层楼板后接下层的排水横管，再接入排水立管的敷设方式，也是排水横支管敷设的传统方式。其优点是排水通畅，安装方便，维修简单，土建造价低，配套管道和卫生器具市场成熟；主要缺点是对下层造成不利影响，譬如易在穿楼板处造成漏水，下层顶板处排水管道多，不美观，有噪声等。

2. 同层排水

同层排水是指卫生间器具排水管不穿越楼板，排水横管在本层房间内与排水立管连接，安装检修不影响下层的一种排水方式。同层排水具有如下特点：首先，产权明晰，卫生间排水管路系统布置在本层中，不干扰下层；其次，卫生器具的布置不受限制，楼板上没有卫生器具的排水预留孔，用户可以自由布置卫生器具的位置，满足卫生器具个性化的要求，从而提高房屋品味；再次，排水噪声小，渗漏概率小。

同层排水作为一种新型的排水安装方式，可以适用于任何场合下的卫生间。当下层设计为卧室、厨房、生活饮用水池，或有遇水会引起燃烧、爆炸的原料、产品和设备时，应设置同层排水。

同层排水的技术有多种形式，可归结如下。

（1）降板式同层排水　卫生间的结构板下沉300~400mm，排水管敷设在楼板下沉的空间内，是一种简单、实用，而且较为普遍的方式。但排水管的连接形式有所不同：

1）采用传统的接管方式，即用P形弯和S形弯连接浴缸、面盆、地漏。这种传统方式维修比较困难，一旦垃圾杂质堵塞弯头，不易清通。

2）采用多通道地漏连接，即将洗脸盆、浴缸、洗衣机、地平面的排水收入到多通道地漏，再排入立管。采用多通道地漏连接，无需安装存水弯装置，杂质也可通过地漏内的过滤网收集和清除。很显然，该方式易于疏通检修，但相对的下沉高度要求较高。

3）采用接入器连接，即用同层排水接入器连接卫生器具排水支管、排水横管。除大便器外，其他卫生器具无需设置存水弯，水封问题在接入器本身解决，接入器设有检查盖板、检查口，便于疏通检修。该方式综合了多通道地漏和苏维脱排水系统中混合器的优点，可以减少降板高度，做成局部降板卫生间。

（2）不降板的同层排水　不降板的同层排水即将排水管敷设在卫生间地面或外墙。

1）排水管设在卫生间地面，即在卫生器具后方砌一堵假墙。排水支管不穿越楼板而在假墙内敷设，并在同一楼层内与主管连接，坐便器采用后出口，洗面盆、浴盆、淋浴器的排水横管敷设在卫生间的地面，地漏设置在紧靠立管处，其存水弯设在管井内。此种方式在卫生器具的选型、卫生间的布置上都有一定的局限性，且卫生间难免会有明管。

2）排水管设于外墙，即将所有卫生器具沿外墙布置，器具采用后排水方式，地漏采用侧墙地漏，排水管在地面以上接至室外排水管，排水立管和水平横管均明装在建筑外墙。该方式卫生间内排水管不外露，整洁美观，噪声小；但限于无冰冻期的南方地区使用，对建筑的外观也有一定的影响。

3）隐蔽式安装系统的同层排水。隐蔽式安装系统的同层排水是一种隐蔽式卫生器具安装的墙排水系统。在墙体内设置隐蔽式支架、卫生器具与支架固定，排水管道与给水管道也设置在支架内，并与支架充分固定。该方式的卫生间因只明露卫生器具本体和配水嘴而显得整洁、干净，符合高档住宅装修品质的要求，是同层排水设计和安装的趋势。

6.1.6　新型排水系统

目前，建筑内部排水系统绝大部分都属于重力非满流排水，利用重力作用，水由高处向低处流动，不消耗动力，节能且管理简单。但重力非满流排水系统管径大，占地面积大，横管要有坡度，管道容易淤积堵塞。为克服这些缺点，近几年国内外出现了一些新型排水系统。

1. 压力流排水系统

压力流排水系统是在卫生器具排水口下装设微型污水泵，卫生器具排水时微型污水泵启动升压排水，使排水管内的水流状态由重力非满流变为压力满流。压力流排水系统的排水管径小，管配件少，占用空间小，横管无需坡度，流速大，自净能力较强，卫生器具出口可不设水封，室内环境卫生条件好。

2. 真空排水系统

在建筑物地下室内设有真空泵站，真空泵站由真空泵、真空收集器和污水泵组成。采用设有手动真空阀的真空坐便器，其他卫生器具下面设液位传感器，自动控制真空阀的启闭。卫生器具排水时真空阀打开，真空泵启动，将污水吸到真空收集器里贮存，定期由污水泵将污水送到室外。真空排水系统具有节水（真空坐便器一次用水量是普通坐便器的1/6），管径小（真空坐便器排水管管径 *de*40，而普通坐便器排水管管径最小为 *de*110），横管无需重力坡度，甚至可向高处流动（最高达5m），自净能力强，管道不会淤积，即使管道受损，污水也不会外漏的特点。

6.2　排水系统的布置与敷设

6.2.1　卫生器具的布置

在卫生间和公共厕所布置卫生器具时，既要考虑所选用的卫生器具类型、尺寸和方便使用，又要考虑管线短，排水通畅，便于维护管理。图6-4所示为卫生间平面布置图。为使卫生器具使用方便，使其功能正常发挥，卫生器具及其给水配件的安装高度应满足附表4、附表5的要求。

6.2.2　排水管道的布置与敷设

小区室外排水管道，应优先采用埋地排水塑料管；建筑内部排水管道应采用建筑排水塑料管及管件或柔性接口机制排水铸铁管及相应管件。

室内排水管道的布置与敷设在保证排水畅通、安全可靠的前提下，还应兼顾经济、施工、管理维护、美观等因素。

a)

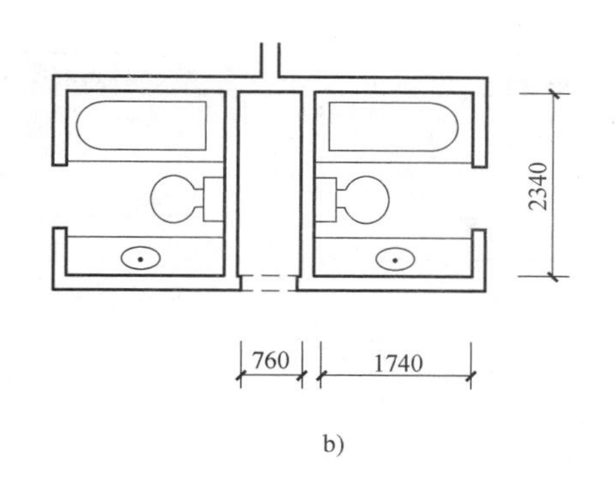

b)

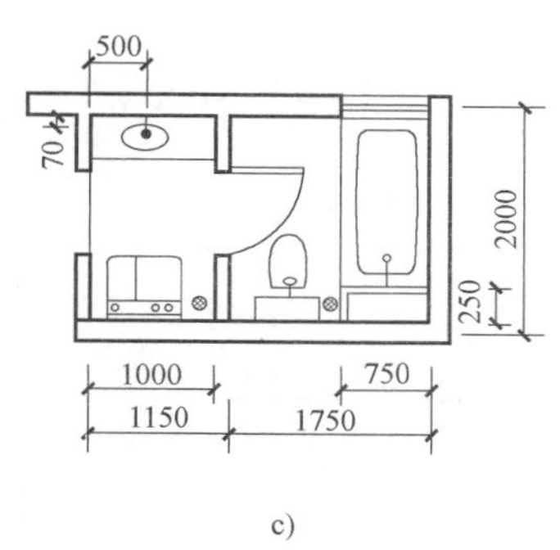

c)

图 6-4　卫生间平面布置图

a）公共建筑　b）宾馆　c）住宅

1. 排水畅通，水力条件好

为使排水管道系统能够将室内产生的污（废）水以最短的距离、最短的时间排出室外，应采用水力条件好的管件和连接方法。排水支管不宜太长，尽量少转弯，连接的卫生器具不宜太多；立管宜靠近外墙，靠近排水量大、水中杂质多的卫生器具；厨房和卫生间的排水立管应分别设置；排出管以最短的距离排出室外，尽量避免在室内转弯。

2. 保证设有排水管道房间或场所的正常使用

在某些房间或场所布置排水管道时，要保证这些房间或场所正常使用，如横支管不得穿过有特殊卫生要求的生产厂房、食品及贵重商品仓库、通风小室和变电室；不得布置在遇水易引起燃烧、爆炸或损坏的原料、产品和设备上面，也不得布置在食堂、饮食业的主副食操作烹调场所的上方。

3. 保证排水管道不受损坏

为使排水系统的使用安全可靠，必须保证排水管道不会受到腐蚀、外力、热烤等破坏。如管道不得穿过沉降缝、烟道、风道；管道穿过承重墙和基础时应预留洞；埋地管不得布置在可能受重物压坏处或穿越生产设备基础；湿陷性黄土地区横干管应设在地沟内；排水立管应采用柔性接口；塑料排水管道应远离温度高的设备和装置，在汇合配件处（如三通）设置伸缩节等。

4. 室内环境卫生条件好

为创造一个安全、卫生、舒适、安静、美观的生活、生产环境，管道不得穿越卧室、病房等对卫生、安静要求较高的房间，并不宜靠近与卧室相邻的内墙；商品住宅卫生间的卫生器具排水管不宜穿越楼板进入他户。

如建筑层数较多，对于伸顶通气的排水管道而言，最低横支管与立管连接处至立管管底的最小垂直距离不得小于表 6-1 规定的最小距离；排水支管连接在排出管或排水横干管上时，连接点距立管底部下游水平距离不得小于 1.5m；在距排水立管底部 1.5m 距离之内的排出管、排水横管不宜有 90°水平转弯管段，否则，底层排水支管应单独排至室外检查井或采取有效的防反压措施。当排水立管采用内螺旋管时，排水立管底部宜采用长弯变径接头，排出管管径宜放大一号。

表6-1　最低横支管与立管连接处至立管管底的最小垂直距离

立管连接卫生器具的层数	垂直距离/m	
	仅设伸顶通气管	设通气立管
≤4	0.45	按配件最小安装尺寸确定
5~6	0.75	
7~12	1.20	
13~19	3.00	0.75
≥20	3.00	1.20

注：单根排水立管的排出管宜与排水立管的管径相同。

5. 施工安装、维护管理方便

为便于施工安装，管道距楼板和墙应有一定的距离。为便于日常维护管理，排水立管宜靠近外墙，以减少埋地横干管的长度；对于废水含有大量的悬浮物或沉淀物，管道需要经常冲洗，排水支管较多，排水点位置不固定的公共餐饮业的厨房、公共浴池、洗衣房、生产车间可以用排水沟代替排水管口。

应按规范规定设置检查口或清扫口。如铸铁排水立管上检查口之间的距离不宜大于10m，塑料排水立管宜每六层设置一个检查口。但在建筑物最低层和设有卫生器具的二层以上建筑物的最高层，应设置检查口；当立管水平拐弯或有乙字管时，在该层立管拐弯处和乙字管的上部应设检查口。立管上设置检查口，其中心高度距操作地面一般为1m，允许偏差为±20mm，并应高于该层卫生器具上边缘0.15m，检查口的朝向应便于检修，暗装立管，在检查口处应安装检修门；埋地横管上设置检查口时，检查口应设在砖砌的井内。

在连接2个及2个以上的大便器或3个及3个以上卫生器具的铸铁排水横管上，宜设置清扫口，在连接4个及4个以上的大便器的塑料排水横管上宜设置清扫口。清扫口宜设置在楼板或地坪上，且与地面相平。

在水流偏转角大于45°的排水横管上，应设检查口或清扫口。当排水立管底部或排出管上的清扫口至室外检查井中心的距离大于表6-2的数值时，应在排出管上设清扫口。排水横管的直线管段上检查口或清扫口之间的最大距离，应符合表6-3的规定。

表6-2　排水立管底部或排出管上的清扫口至室外检查井中心的最大距离

管径/mm	50	75	100	>100
最大距离/m	10	12	15	20

表6-3　排水横管的直线管段上检查口或清扫口之间的最大距离

管道管径/mm	清扫设备种类	最大距离/m	
		生活废水	生活污水
50~75	检查口	15	12
	清扫口	10	8
100~150	检查口	20	15
	清扫口	15	10
200	检查口	25	20

6.2.3　通气管道的布置与敷设

为了保证排水管道的良好工作状态，排水系统的通气管道布置应遵循下列原则。

1. 设置伸顶通气的通气管道

1）伸顶通气管。对于层数不高、卫生器具不多的建筑物，一般将排水立管上端延伸出屋面，用来通气及排除排水管系内的臭气。污水立管顶端延伸出屋面的管段（自立管最高层检查口向上算起）称为伸顶通气管，为排水管系最简单、最基本的通气方式。

伸顶通气管应高出屋面 0.30m 以上，并应大于当地最大积雪厚度，以防止积雪盖住通气口。对于平屋顶，若经常有人逗留活动，则通气管应高出屋面 2m，并应根据防雷要求设置防雷设施。在通气管出口 4m 以内有门窗时，通气管应高出门窗顶 0.60m 或引向无门窗的一侧。通气管出口不宜设在建筑物的屋檐檐口、阳台、雨篷等的下面，以免影响周围空气的卫生条件。通气管不得与建筑物的通风管道或烟道连接。为防止雨雪或脏物落入排水立管，通气管顶端应装风帽或网罩，通气管穿越屋顶处应有防漏措施。

对于层数较多或卫生器具设置也较多的建筑物，单纯采用将排水管上端延伸补气的技术已不能满足稳定排水管系内气压的要求，因此必须设置专用的通气管系。

2）专用通气立管。专用通气立管是指仅与排水主管连接，为污水主管内空气流通而设置的垂直通气管道，适用于立管总负荷超过允许排水负荷时，起平衡立管内正负压的作用。实践证明，这种做法对于高层民用建筑的排水支管承接少量卫生器具时，能起保护水封的作用，采用专用通气立管后，污水立管排水能力可增加一倍。

3）主通气立管。主通气立管是指为连接环形通气管和排水立管，并为排水支管和排水主管内空气流通而设置的垂直管道。主通气立管与排水立管之间通过结合通气管连接，且不宜多于 8 层。

专用通气立管和主通气立管的上端可在最高层卫生器具上边缘以上不小于 0.15m 处或检查口以上与排水立管通气部分以斜三通连接，下端应在最低排水横支管以下与排水立管以斜三通连接。

4）副通气立管。副通气立管是指仅与环形通气管连接，为使排水横支管内空气流通而设置的通气管道。其作用同专用通气立管，设在污水立管对侧。

5）环形通气管。环形通气管是指在多个卫生器具的排水横支管上，从最始端卫生器具的下游端接至通气立管的那一段通气管段。连接 4 个及 4 个以上卫生器具且横支管的长度大于 12m 的排水横支管、连接 6 个及 6 以上大便器的污水横支管及设有器具通气管的排水管应设置环形通气管。

6）器具通气管。器具通气管设置在存水弯出口端。在横支管上设环形通气管时，应在其最始端的两个卫生器具之间接出，并应在排水支管中心线以上与排水支管呈垂直或 45°连接。器具通气管可以防止卫生器具产生自虹吸现象和噪声。器具通气管适用于对卫生标准和控制噪声要求较高的排水系统，如高级宾馆等建筑。

器具通气管、环形通气管应在卫生器具上边缘以上不小于 0.15m 处按不小于 0.01 的上升坡度与通气立管相连。

7）结合通气管。结合通气管是指排水立管与通气立管的连接管段。其作用是：当上部横支管排水，水流沿立管向下流动时，水流前方空气被压缩，通过它释放被压缩的空气至通气立管。

结合通气管宜每层或隔层与专用通气立管、排水立管连接，与主通气立管、排水立管连接不宜多于 8 层。结合通气管下端宜在排水横支管以下与排水立管以斜三通连接，上端可在卫生器具上边缘以上不小于 0.15m 处与通气立管以斜三通连接（图 6-2）。当用 H 形管件替代结合通气管时，H 形管件与通气管的连接点应设在卫生器具上边缘以上不小于 0.15m 处。

当污水立管与废水立管合用一根通气立管时，H 形管件可隔层分别与污水立管和废水立管连接，但最低横支管连接点以下应装设结合通气管。

8）汇合通气管。当建筑物要求不可能每根通气管单独伸出屋面时，可设置汇合通气管。即将若干根通气立管在室内汇合后，再设一根伸顶通气管口。

2. 自循环通气管道系统

当建筑物不允许设置伸顶通气时，可设置自循环通气管道系统，如图 6-5 所示。该管路不与大气直接相通，而是通过自身管路的连接方式变化来平衡排水管路中的气压波动，是一种安全、卫生的新型通气模式。当采取专用通气立管与排水立管连接时，自循环通气系统的顶端应在卫生器具上边缘以上不小于 0.15m 处采用两个 90°弯头相连，通气立管下端应在排水横管或排出管上采用倒顺水三通或倒斜三通相连，每层采用结合通气管或 H 形管件与排水立管相连，如图 6-5a 所示。当采取环形通气管与排水横支管连接时，顶端仍应在卫生器具上边缘以上不小于 0.15m 处采用两个 90°弯头相连，且从每层排水支管下游端接出环形通气管，应在高出卫生器具上边缘不小于 0.15m 处与通气立管相接，如图 6-5b 所示。当横支管连接卫生器具较多且横支管较长时，需设置支管的环形通气管。通气立管的结合通气管与排水立管连接间隔不宜多于 8 层。通气立管不得接纳污水、废水和雨水，不得与风道和烟道连接。

建筑物设置自循环通气的排水系统时，应在其室外接户管的起始检查井上设置管径不小于100mm 的通气管。当通气管延伸至建筑物外墙时，在通气管口周围 4m 以内有门窗时，通气管口应高出窗顶 0.6m 或引向无门窗一侧；当设置在其他隐蔽部位时，应高出地面不小于 2m。

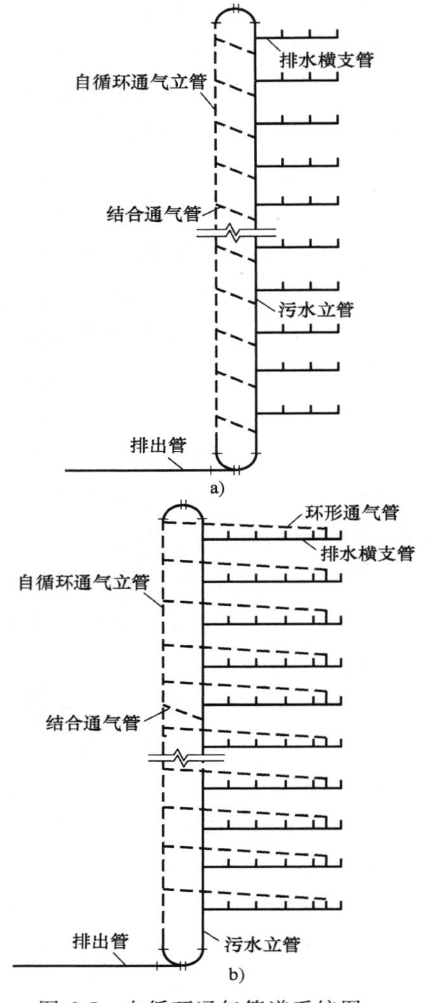

图 6-5　自循环通气管道系统图

a）专用通气立管与排水立管相连的自循环

b）主通气立管与排水横支管相连的自循环

6.3　污（废）水提升及局部处理

6.3.1　污（废）水提升

民用和公共建筑的地下室、人防建筑、消防电梯底部集水坑内以及工业建筑内部标高低于室外地坪的车间和其他用水设备房间排放的污（废）水，当不能自流排至室外检查井时，必须提升排出，以保持室内良好的环境卫生。建筑内部污（废）水提升包括污水泵的选择、污水集水池容积确定和排水泵房设计。

1. 排水泵房

排水泵房应设在靠近集水池、通风良好的地下室或底层单独的房间内，以控制和减少对环境的污染。对卫生环境有特殊要求的生产厂房和公共建筑内，有安静和防振要求房间的邻近和下面不得设置排水泵房。排水泵房的位置应使室内排水管道和水泵出水管尽量简洁，并考虑维修检测的方便。

2. 排水泵

建筑物内使用的排水泵有潜水排污泵、液下排水泵、立式污水泵和卧式污水泵等。因潜水排污泵和液下排水泵在水面以下运行，无噪声和振动，水泵在集水池内，不占场地，自灌问题也自然解决，所以，应优先选用，其中液下排污泵一般在重要场所使用；当潜水排污泵电机功率大于或等于7.5kW或出水口管径大于或等于*DN*100时，可采用固定式；当潜水排污泵电机功率小于7.5kW或出水口管径小于*DN*100时，可采用软管移动式。立式和卧式污水泵因占用场地，要设隔振装置，必须设计成自灌式，所以使用较少。

小区污水水泵的流量应按小区最大小时生活排水流量选定。建筑物内排水泵的流量应按生活排水设计秒流量选定；当有排水量调节时，可按生活排水最大小时流量选定。消防电梯集水池内的排水泵流量不小于10L/s。当集水池接纳水池溢流水、泄空水时，应按水池溢流量、泄流量与排入集水池的其他排水量中大者选择水泵机组。排水泵的扬程按提升高度、管道水头损失，另附加2~3m的流出水头确定。排水泵吸水管和出水管流速应为0.7~2.0m/s。

公共建筑内应以每个生活排水集水池为单元设置一台备用泵，平时宜交互运行。设有两台及两台以上排水泵排除地下室、设备机房、车库冲洗地面的排水时，可不设备用泵。

为使水泵各自独立、自动运行，各水泵应有独立的吸水管。污水泵宜设置排水管单独排至室外，排出管的横管段应有坡度坡向出口。当提升带有较大杂质的污（废）水时，不同集水池内的潜水排污泵出水管不应合并排出。当提升一般废水时，可按实际情况考虑不同集水池的潜水排污泵出水管合并排出。排水泵较易堵塞，其部件易磨损，需要经常检修，所以，当两台或两台以上的水泵共用一条出水管时，应在每台水泵出水管上装设阀门和止回阀；单台水泵排水有可能产生倒灌时，应设止回阀。不允许压力排水管与建筑内重力排水管合并排出。

如果集水池不设事故排出管，水泵应有不间断的动力供应；当能关闭排水进水管时，可不设不间断动力供应，但应设置报警装置。

排水泵的启闭，应设置自动控制装置。多台水泵可并联交替运行，也可分段投入运行。

3. 集水池

在地下室最低层卫生间和淋浴间的底板下或附近、地下室水泵房和地下车库内、地下厨房和消防电梯井附近、人防工程出口处应设集水池，消防电梯集水池池底低于电梯井底不小于0.7m。为防止生活饮用水受到污染，集水池与生活给水贮水池的距离应在10m以上。

集水池容积不宜小于最大一台水泵5mim的出水量，且水泵1h内启动次数不宜超过6次。设有调节容积时，有效容积不得大于6h生活排水平均小时流量。消防电梯井集水池的有效容积不得小于2.0m^3，工业废水按工艺要求确定。

为保持泵房内的环境卫生，防止管理和检修人员中毒，设置在室内地下室的集水池池盖应密闭并设置与室外大气相连的通气管；汇集地下车库、泵房、空调机房等处地面排水的集水池和地下车库坡道处的雨水集水井可采用敞开式集水池（井），但应设强制通风装置。

集水池的有效水深一般取1~1.5m，保护高度取0.3~0.5m，设计最低水位应满足水泵吸水要求。因生活污水中有机物分解成酸性物质，腐蚀性大，所以生活污水集水池内壁应采取防腐防渗漏措施。池底应坡向吸水坑，坡度不小于0.05，并在池底设冲洗管，利用水泵出水进行冲洗，防止污泥沉淀。为防止堵塞水泵，收集含有大块杂物排水的集水池入口处应设格栅，敞开式集水池（井）顶应设置格栅盖板，否则，潜水排污泵应带有粉碎装置。为便于操作管理，集水池应设置水位指示装置，必要时应设置超警戒水位报警装置，将信号引至物业管理中心。污水泵、阀门、管道等应选择耐腐蚀、大流通量、不易堵塞的设备器材。

6.3.2　污（废）水局部处理

当建筑内排出的污水不允许直接排入室外排水管道或水体时（水中某些污染物指标不符合排入城市排水管道或水体的水质标准），需在建筑物内或附近设置局部处理设施对所排污水进行必要的处理。根据污水的性质，可以采用不同的污水局部处理设备，如沉淀池、隔油池、化粪池、降温池、中和池等。本节主要介绍化粪池、隔油池。

1. 化粪池

当建筑物所在的城镇或小区内没有集中的污水处理厂，或虽然有污水处理厂，但已超负荷运行时，建筑物排放的污水在进入水体或城市管网前，应进行预处理，目前一般采用化粪池。

化粪池是一种利用沉淀和厌氧发酵原理，去除生活污水中悬浮性有机物的处理设施，属于初级的过渡性生活污水处理构筑物。生活污水中含有大量粪便、纸屑、病原菌，悬浮物固体浓度为100~350mg/L，有机物浓度BOD_5为100~400mg/L，其中悬浮性的有机物浓度BOD_5为50~200mg/L。污水进入化粪池经过12~24h的沉淀，可去除50%~60%的悬浮物。沉淀下来的污泥经过3个月以上的厌氧消化，使污泥中的有机物分解成稳定的无机物，易腐败的生污泥转化为稳定的熟污泥，改变了污泥的结构，降低了污泥的含水率。定期将污泥清掏外运，填埋或用作肥料。

化粪池具有结构简单、便于管理、不消耗动力和造价低的优点，在我国已推广使用多年。但是，实践中发现化粪池有许多致命的缺点，如有机物去除率低，仅为20%左右；沉淀和厌氧消化在一个池内进行，污水与污泥接触，使化粪池出水呈酸性，有恶臭。另外，化粪池距建筑物较近，清掏污泥时臭气扩散，影响环境卫生。

化粪池多设于建筑物背向大街一侧靠近卫生间的地方，应尽量隐蔽，不宜设在人们经常活动之处。化粪池宜设置在接户管的下游端，便于机动车清掏的位置，与建筑物外墙的净距不宜小于5m。当受条件限制化粪池设置于建筑物内时，应采取通气、防臭和防爆措施。因化粪池出水处理不彻底，含有大量细菌，为防止污染水源，化粪池距地下取水构筑物不得小于30m。池壁、池底应采取妥善的防止渗漏措施。

传统的化粪池有砖砌和钢筋混凝土两类，各有13种型号，容积为$2\sim100m^3$，现场砌筑或浇筑，形状一般多采用长方形，在污水量较少或地盘较小时，也可采用圆形化粪池，如图6-6所示。对于长方形化粪池，当日处理污水量小于或等于$10m^3$时采用双格，其中第一格占总容积的75%；当日处理量大于$10m^3$时，采用三格，第一格容积占总容积的60%，其余两格各占20%。化粪池进水口、出水口应设置连接井与进水管、出水管相接。化粪池进水管应设导流装置，出水口处及格与格之间应设拦截污泥浮渣的设施。化粪池顶板上应设有人孔和盖板，作为检查和清掏污泥之用；化粪池格与格、池与连接井之间应设通气孔洞，以便流通空气。长方形化粪池的长、宽、深比例，应根据污水中悬浮物的沉降条件及积存数量，经水力计算确定，但深度（水面至池底）不得小于1.3m，宽度不得小于0.75m，长度不得小于1.0m；圆形化粪池直径不得小于1.0m。附表15是生活污水单独排放时，各种规格化粪池的最大允许实际使用人数，设计时可以根据设计人数选用化粪池。

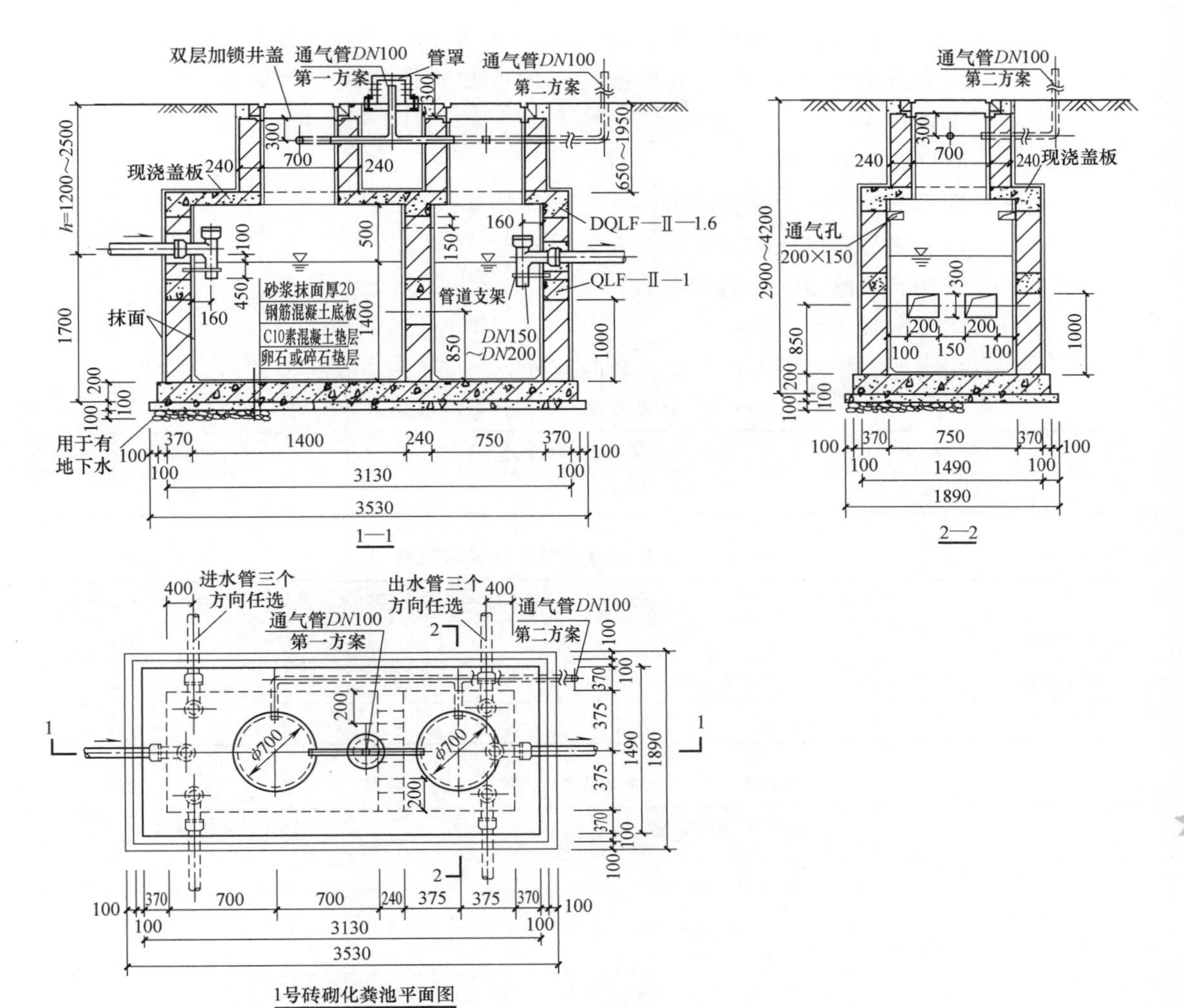

图 6-6　1 号长方形砖砌化粪池

化粪池的设计主要是计算化粪池容积，按《给水排水国家标准图集》选用化粪池标准图。化粪池总容积由有效容积 V 和保护层容积 V_0 组成，保护层高度一般为 250～450mm。有效容积由污水所占容积 V_w 和污泥所占容积 V_n 组成。

$$V=V_w+V_n \tag{6-1}$$

$$V_w=\frac{mb_f q_w t_w}{24\times1000} \tag{6-2}$$

$$V_n=\frac{mb_f q_n t_n(1-b_x)M_s}{1000(1-b_n)} \tag{6-3}$$

式中　V_w——化粪池污水部分容积（m^3）；

V_n——化粪池污泥部分容积（m^3）；

q_w——每人每日计算污水量［L/(人·d)］，见表 6-4；

t_w——污水在池中停留时间（h），应根据污水量确定，宜采用 12～24h；

q_n——每人每日计算污泥量［L/(人·d)］，见表6-5；

t_n——污泥清掏周期（月），应根据污水温度和当地气候条件确定，宜采用3~12个月；

b_x——新鲜污泥含水率，可按95%计算；

b_n——发酵浓缩后的污泥含水率，可按90%计算；

M_s——污泥发酵后体积缩减系数，宜取0.8；

1.2——清掏后遗留20%的容积系数；

m——化粪池服务总人数；

b_f——化粪池实际使用人数占总人数的百分数，可按表6-6确定。

表6-4　化粪池每人每日计算污水量

分　类	生活污水与生活废水合流排入	生活污水单独排入
每人每日污水量/L	(0.85~0.95)用水量	15~20

表6-5　化粪池每人每日计算污泥量　（单位：L）

建筑物分类	生活污水与生活废水合流排入	生活污水单独排入
有住宿的建筑物	0.7	0.4
人员逗留时间大于4h并小于或等于10h的建筑物	0.3	0.2
人员逗留时间小于或等于4h的建筑物	0.1	0.07

表6-6　化粪池使用人数占总人数的百分数

建筑物名称	百分数（%）
医院、疗养院、养老院、幼儿园（有住宿）	100
住宅、宿舍、旅馆	70
办公楼、教学楼、试验楼、工业企业生活间	40
职工食堂、餐饮业、影剧院、体育场（馆）、商场和其他场所（按座位）	5 ~ 10

近年来，随着社会发展，国内外生产企业开发了一些新型化粪池，常用的有预制装配式钢筋混凝土化粪池、玻璃钢化粪池及组合式塑料化粪池等，如图6-7所示。此外，一些小型无动力生活污水处理构筑物和小型一体化埋地式污水处理装置，由于占地面积小、处理效率高、运行费用低、产泥量少等优点也得到了推广运用，如图6-8所示。

a)

b)

c)

图6-7　新型化粪池

a）预制装配式钢筋混凝土化粪池　b）玻璃钢化粪池　c）组合式塑料化粪池

2. 隔油池

食堂、餐饮业排放的污水中，均含有较多的植物油和动物油脂，当排入下水道的污水中含油量大于400mg/L时，随着水温的下降，污水中挟带的油脂颗粒便开始凝固并黏附于管壁上，缩小了管道的断面面积，最终堵塞管道。所以，公共食堂和饮食业的污水在排入城市排水管网前，应去除污水中的可浮油（占总含油量的65%～70%），目前一般采用隔油池（图6-9）。设置隔油池还可以回收废油脂，制造毛业用油，变废为宝。

图6-8　小型一体化埋地式污水处理装置

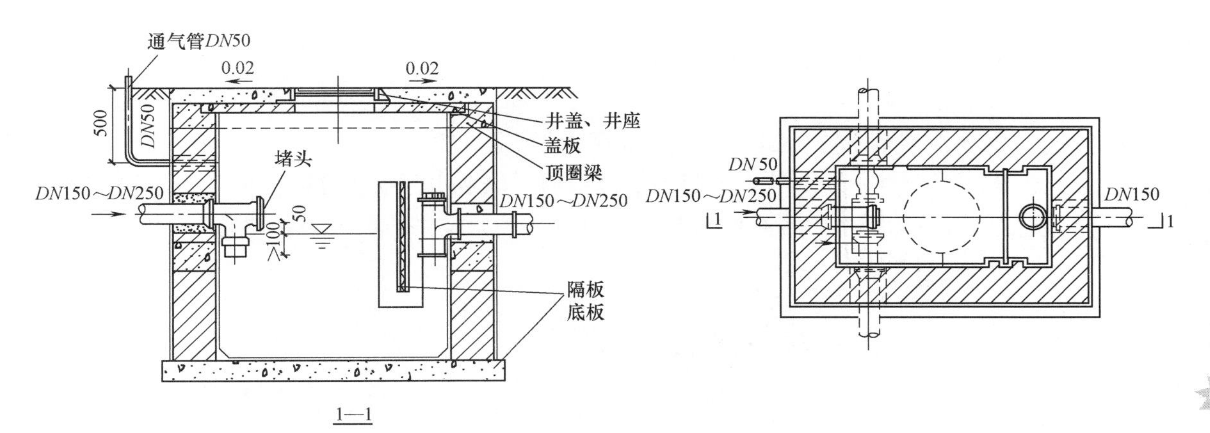

图6-9　隔油池

汽车洗车台、汽车库及其他类似场所排出的污水中，含有汽油、煤油、柴油等矿物油。当汽油等轻油类进入排水管道后，挥发并聚集于检查井处，达到一定浓度时，易发生爆炸或引起火灾，以致破坏管道和影响维修人员健康。因此，也应设置隔油池进行处理。

含油污水进入隔油井后，过水断面增大，水平流速减小，污水中密度小的可浮油自然上浮至水面，收集后去除。

为了使其积留下来的油脂有重复利用的条件，粪便污水和其他污水不得排入隔油井内。隔油井应有活动盖板，进水管应考虑清通方便。污水中如有其他沉淀物时，在排入隔油井前应经沉砂处理（如设沉砂池）或隔油井内附有沉淀部分容积。

当污水含有汽油、煤油等易挥发油类时，隔油井不得设于室内；污水中含有食用油、重油等油类时，隔油井可设于耐火等级一、二、三级建筑物内，但宜设于地下，并以盖板封闭。

隔油池设计的控制条件是污水在隔油池内的停留时间t和污水在隔油池内的水平流速v，隔油池的设计计算可按下列公式进行

$$V=Q_{\max}t/60 \tag{6-4}$$

$$A=\frac{Q_{\max}}{v} \tag{6-5}$$

$$l=\frac{V}{A} \tag{6-6}$$

$$b=\frac{A}{h} \tag{6-7}$$

$$V_1 \geqslant 0.25V \tag{6-8}$$

式中 V——隔油池有效容积（m^3）；

Q_{max}——含油污水设计流量（m^3/s），按设计秒流量计；

t——污水在隔油池中停留时间（min），含食用油污水的停留时间为2~10min，含矿物油污水的停留时间为10min；

v——污水在隔油池中水平流速（m/s），一般不大于0.005m/s；

l——隔油池长度（m）；

A——隔油池中过水断面面积（m^2）；

b——隔油池宽度（m）；

h——隔油池有效水深，即隔油池出水管底至池底的高度（m），取大于0.6m；

V_1——贮油部分容积（m^3），是指出水挡板的下端至水面油水分离室的容积。

对夹带杂质的含油污水，应在隔油井内设有沉淀部分，生活污水和其他污水不得排入隔油池内，以保障隔油池正常工作。

6.4 排水定额及排水设计秒流量

6.4.1 排水定额

建筑内部的排水定额有两个，一个是以每人每日为标准，另一个是以卫生器具为标准。每人每日排放的污水量和时变化系数与气候、建筑物内卫生设备完善程度有关。从用水设备流出的生活给水使用后损失很小，绝大部分被卫生器具收集排放，所以生活排水定额和时变化系数与生活给水相同。生活排水平均时排水量和最大时排水量的计算方法与建筑内部的生活给水量计算方法相同，计算结果主要用来设计污水泵和化粪池等。

卫生器具排水定额是经过实测得来的，主要用来计算建筑内部各个管段的排水流量，进而确定各个管段的管径。某管段的设计流量与其接纳的卫生器具类型、数量及使用频率有关。为了便于累加计算，与建筑内部给水相似，以污水盆排水量0.33L/s为一个排水当量，将其他卫生器具的排水量与0.33L/s的比值，作为该种卫生器具的排水当量。由于卫生器具排水具有突然、迅速、流量大的特点，所以，一个排水当量的排水流量是一个给水当量额定流量的1.65倍。各种卫生器具的排水流量和当量值见表6-7。

表6-7 卫生器具排水的流量、当量和排水管的管径

序号	卫生器具名称	排水流量/(L/s)	当量	排水管管径/mm
1	洗涤盆、污水盆(池)	0.33	1.00	50
2	餐厅、厨房洗菜盆(池) 单格洗涤盆(池) 双格洗涤盆(池)	 0.67 1.00	 2.00 3.00	 50 50

（续）

序号	卫生器具名称	排水流量 /(L/s)	当量	排水管管径/mm
3	盥洗槽（每个水嘴）	0.33	1.00	50 ~ 75
4	洗手盆	0.10	0.30	32 ~ 50
5	洗脸盆	0.25	0.75	32 ~ 50
6	浴盆	1.00	3.00	50
7	淋浴器	0.15	0.45	50
8	大便器 冲洗水箱 自闭式冲洗阀	 1.50 1.20	 4.50 3.60	 100 100
9	医用倒便器	1.50	4.50	100
10	小便器 自闭式冲洗阀 感应式冲洗阀	 0.10 0.10	 0.30 0.30	 40 ~ 50 40 ~ 50
11	大便槽 小于或等于 4 个蹲位 大于 4 个蹲位	 2.50 3.00	 7.50 9.00	 100 150
12	小便槽（每米长） 自动冲洗水箱	 0.17	 0.50	 —
13	化验盆(无塞)	0.20	0.60	40 ~ 50
14	净身器	0.10	0.30	40 ~ 50
15	饮水器	0.05	0.15	25 ~ 50
16	家用洗衣机	0.50	1.50	50

注：家用洗衣机下排水软管直径为 30mm，上排水软管内径为 19mm。

6.4.2　排水设计秒流量

在决定建筑内排水管的管径及坡度之前，首先必须确定各管段中的排水设计流量。建筑内部排水流量与卫生器具的排水特点和同时排水的卫生器具数量有关，具有历时短、瞬时流量大、两次排水时间间隔长的特点。建筑内部每昼夜、每小时的排水量都是不均匀的。为保证最不利时刻的最大排水量能迅速、安全排放，某管段的排水设计流量应为该管段的瞬时最大排水流量，又称排水设计秒流量。

建筑内部排水设计秒流量有三种计算方法，即经验法、平方根法和概率法。目前，按照建筑物的类型，我国生活排水设计秒流量计算公式有以下两种形式：

1）住宅、宿舍（Ⅰ、Ⅱ类）、旅馆、宾馆、酒店式公寓、医院、疗养院、幼儿园、养老院、办公楼、商场、图书馆、书店、客运中心、航站楼、会展中心、中小学教学楼、食堂或营业餐厅等建筑，用水设备使用不集中，用水时间长，同时排水百分数随卫生器具数量增

加而减少，其生活排水管道设计秒流量应按式（6-9）计算

$$q_p = 0.12\alpha\sqrt{N_p} + q_{max} \tag{6-9}$$

式中　q_p——计算管段排水设计秒流量（L/s）；

N_p——计算管段卫生器具排水当量总数；

q_{max}——计算管段上排水量最大的一个卫生器具的排水流量（L/s）；

α——根据建筑物用途而定的系数，按表6-8确定。

表6-8　根据建筑物用途而定的系数α值

建筑物名称	宿舍（Ⅰ、Ⅱ类）、住宅、宾馆、酒店式公寓、医院、疗养园、幼儿园、养老院的卫生间	旅馆和其他公共建筑的盥洗室和厕所间
α值	1.5	2.0~2.5

注：当计算所得流量值大于该管段上按卫生器具排水流量累加值时，应按卫生器具排水流量累加值计。

用式（6-9）计算排水管网起端的管段时，因连接的卫生器具较少，计算结果有时会大于该管段上所有卫生器具排水流量的总和，这时应按该管段所有卫生器具排水流量的累加值作为排水设计秒流量。

2）宿舍（Ⅲ、Ⅳ类）、工业企业生活间、公共浴室、洗衣房、职工食堂或营业餐厅的厨房、实验室、影剧院、体育场馆等建筑，卫生设备使用集中，排水时间集中，同时排水百分数大，其生活管道排水设计秒流量计算公式为

$$q_p = \Sigma q_0 n_0 b \tag{6-10}$$

式中　q_p——计算管段排水设计秒流量（L/s）；

q_0——同类型的一个卫生器具排水流量（L/s）；

n_0——同类型卫生器具数；

b——卫生器具的同时排水百分数，冲洗水箱大便器的同时排水百分数按12%计，其他卫生器具同时给水百分数。

对于有大便器接入的排水管网起端，因卫生器具较少，大便器的同时排水百分数较小（如冲洗水箱大便器仅定为12%），按式（6-10）计算的排水设计秒流量可能会小于一个大便器的排水流量，这时应按一个大便器的排水量作为该管段的排水设计秒流量。

6.5　排水管网水力计算

6.5.1　小区室外生活排水管道

小区室外生活排水管道最小管径、最小设计坡度和最大设计充满度宜按表6-9确定。

表6-9　小区室外生活排水管道最小管径、最小设计坡度和最大设计充满度

管别	管材	最小管径/mm	最小设计坡度	最大设计充满度
接户管	埋地塑料管	160	0.005	0.5
支管	埋地塑料管	160	0.005	
干管	埋地塑料管	200	0.004	

注：1. 接户管管径不得小于建筑物排出管管径。

2. 化粪池与其连接的第一个检查井的污水管最小设计坡度宜取以下值：管径150mm为0.010~0.012；管径200mm为0.010。

6.5.2　排水横管的水力计算

1. 设计规定

为保证管道系统有良好的水力条件，稳定管内气压，防止水封破坏，保证良好的室内环境卫生，在设计计算横支管和横干管时，须满足下列规定。

(1) 最大设计充满度　建筑内部排水横管按非满流设计，以便使污（废）水释放出的气体能自由流动排入大气，调节排水管道系统内的压力，接纳意外的高峰流量。建筑内部排水横管的最大设计充满度见表 6-10、表 6-11。

表 6-10　建筑排水塑料管排水横管的通用坡度、最小坡度和最大设计充满度

外径/mm	通用坡度	最小坡度	最大设计充满度
50	0.025	0.0120	0.5
75	0.015	0.0070	
110	0.012	0.0040	
125	0.010	0.0035	
160	0.007	0.0030	0.6
200	0.005	0.0030	
250	0.005	0.0030	
315	0.005	0.0030	

表 6-11　建筑物内生活排水铸铁管道的通用坡度、最小坡度和最大设计充满度

管径/mm	通用坡度	最小坡度	最大设计充满度
50	0.035	0.025	0.5
75	0.025	0.015	
100	0.020	0.012	
125	0.015	0.010	
150	0.010	0.007	0.6
200	0.008	0.005	

(2) 管道坡度　污水中含有固体杂质。如果管道坡度过小，污水的流速慢，固体杂物会在管内沉淀淤积，减小过水断面面积，造成排水不畅或堵塞管道，为此对管道坡度做了规定。建筑内部生活排水管道的坡度有通用坡度和最小坡度两种，见表 6-10、表 6-11。通用坡度是指正常条件下应予保证的坡度；最小坡度是指必须保证的坡度。一般情况下应采用通用坡度；当横管过长或建筑空间受限制时，可采用最小坡度。标准的塑料排水管件（三通、弯头）的夹角为 91.5°，所以，塑料排水横管的标准坡度均为 0.026。

工业废水的水质与生活污水不同，其排水横管的通用坡度和最小坡度见表 6-12。

(3) 最小管径　为了排水通畅，防止管道堵塞，保障室内环境卫生，规定建筑物内排出管的最小管径为 50mm。医院、厨房、浴室及大便器排放的污水水质特殊，其最小管径应大于 50mm。

医院污物洗涤盆（池）和污水盆（池）内往往有一些棉花球、纱布、玻璃碴和竹签等杂物落入，为防止管道堵塞，排水管管径不得小于 75mm。

表 6-12　工业废水排水横管的通用坡度和最小坡度

管径/mm	生产废水		生产污水	
	通用坡度	最小坡度	通用坡度	最小坡度
50	0.025	0.020	0.035	0.030
75	0.020	0.015	0.025	0.020
100	0.015	0.008	0.020	0.012
125	0.010	0.006	0.015	0.010
150	0.008	0.005	0.010	0.006
200	0.006	0.004	0.007	0.004
250	0.005	0.0035	0.006	0.0035
300	0.004	0.003	0.005	0.003

住宅厨房排水中含杂物、油腻较多，容易在管道内壁附着聚集，立管容易堵塞，或通道弯窄，有时发生洗涤盆冒泡现象。因此，适当放大立管管径，有利于排气、通气。多层住宅厨房间的排水立管管径不宜小于75mm。当公共食堂厨房内的污水采用管道排除时，其管径应比计算管径大一级，但干管管径不得小于100mm，支管管径不得小于75mm。

浴池的泄水管宜采用100mm。

大便器是唯一没有十字栏栅的卫生器具，瞬时排水量大，污水中的固体杂质多，所以，凡连接大便器的支管，即使仅有一个大便器，其最小管径也为100mm。若小便器和小便槽冲洗不及时，尿垢容易聚积，堵塞管道，因此，小便槽或连接三个及三个以上的小便器，其污水支管管径不宜小于75mm。

建筑物底层排水管道与其他楼层管道分开单独排出时，其排水横支管管径可按表6-13确定。

表 6-13　无通气的底层单独排出的横支管最大设计排水能力

排水横支管管径/mm	50	75	100	125	150
最大排水能力/(L/s)	1.0	1.7	2.5	3.5	4.8

2. 水力计算方法

对于横干管和连接多个卫生器具的横支管，应逐段计算各管段的排水设计秒流量，通过水力计算来确定各管段的管径和坡度。建筑内部横向排水管道按圆管均匀流公式计算

$$q_{p}=A\nu \tag{6-11}$$

$$\nu=\frac{1}{n}R^{\frac{2}{3}}l^{\frac{1}{2}} \tag{6-12}$$

式中　q_p——计算管段设计秒流量（m^3/s）；

A——管道在设计充满度的过水断面面积（m^2）；

ν——速度（m/s）；

R——水力半径（m）；

l——水力坡度，采用排水管的坡度；

n——粗糙系数，铸铁管为0.013；混凝土管、钢筋混凝土管为0.013~0.014；钢管为0.012；塑料管为0.009。

根据表6-10、表6-11中规定的建筑内部排水管道最大设计充满度，计算出不同充满度条件下的湿周、过水断面面积和水力半径，式（6-11）和式（6-12）变为

$$q_{\mathrm{p}}=avd^2=\frac{1}{n}bd^{\frac{8}{3}}I^{\frac{1}{2}} \tag{6-13}$$

$$v=\frac{1}{n}cd^{\frac{2}{3}}I^{\frac{1}{2}} \tag{6-14}$$

式中　d——管道内径（m）；

a、b、c——与管道充满度有关的系数，见表6-14。

表6-14　与管道充满度有关的系数

系数	充满度(h/D)				
	0.5	0.6	0.7	0.8	1.0
a	0.3927	0.4920	0.5872	0.6736	0.7855
b	0.1558	0.2094	0.2610	0.3047	0.3117
c	0.3969	0.4256	0.4444	0.4523	0.3969

为便于使用，根据式（6-13）和式（6-14）及各项规定，编制了建筑内部塑料排水管水力计算表和机制铸铁排水管水力计算表，分别见附表16、附表17。

6.5.3　排水立管的水力计算

生活排水立管的最大设计排水能力，应按表6-15确定。立管管径不得小于所连接的横支管管径。

表6-15　生活排水立管的最大设计排水能力

<table>
<tr><th colspan="5" rowspan="3">排水立管系统类型</th><th colspan="5">最大设计排水能力/(L/s)</th></tr>
<tr><th colspan="5">排水立管管径/mm</th></tr>
<tr><th>50</th><th>75</th><th>100（110）</th><th>125</th><th>150（160）</th></tr>
<tr><td rowspan="2">伸顶通气</td><td rowspan="2">立管与横支管连接配件</td><td colspan="3">90°顺水三通</td><td>0.8</td><td>1.3</td><td>3.2</td><td>4.0</td><td>5.7</td></tr>
<tr><td colspan="3">45°斜三通</td><td>1.0</td><td>1.7</td><td>4.0</td><td>5.2</td><td>7.4</td></tr>
<tr><td rowspan="4">专用通气</td><td rowspan="2">专用通气管75mm</td><td colspan="3">结合通气管每层连接</td><td>—</td><td>—</td><td>5.5</td><td>—</td><td>—</td></tr>
<tr><td colspan="3">结合通气管隔层连接</td><td>—</td><td>3.0</td><td>4.4</td><td>—</td><td>—</td></tr>
<tr><td rowspan="2">专用通气管100mm</td><td colspan="3">结合通气管每层连接</td><td>—</td><td>—</td><td>8.8</td><td>—</td><td>—</td></tr>
<tr><td colspan="3">结合通气管隔层连接</td><td>—</td><td>—</td><td>4.8</td><td>—</td><td>—</td></tr>
<tr><td colspan="5">主、副通气立管+环形通气管</td><td>—</td><td>—</td><td>11.5</td><td>—</td><td>—</td></tr>
<tr><td rowspan="2">自循环通气</td><td colspan="4">专用通气形式</td><td>—</td><td>—</td><td>4.4</td><td>—</td><td>—</td></tr>
<tr><td colspan="4">环形通气形式</td><td>—</td><td>—</td><td>5.9</td><td>—</td><td>—</td></tr>
<tr><td rowspan="3">特殊单立管</td><td colspan="4">混合器</td><td>—</td><td>—</td><td>4.5</td><td>—</td><td>—</td></tr>
<tr><td colspan="2" rowspan="2">内螺旋管+旋流器</td><td>普通型</td><td>—</td><td>1.7</td><td>3.5</td><td>—</td><td colspan="2">8.0</td></tr>
<tr><td>加强型</td><td>—</td><td>—</td><td>6.3</td><td>—</td><td colspan="2">—</td></tr>
</table>

注：排水层数在15层以上时，宜乘系数0.9。

6.5.4　通气管道计算

通气管管径应根据排水能力、管道长度确定，一般不宜小于排水管管径的1/2，其最小

管径可按表 6-16 确定。

表 6-16　通气管最小管径

管材	通气管名称	排水管管径/mm									
		32	40	50	75	90	100	110	125	150	160
铸铁管	器具通气管	32	32	32			50		50		
	环形通气管			32	40		50		50		
	通气立管			40	50		75		100	100	
塑料管	器具通气管		40	40				50			
	环形通气管			40	40	40		50	50		
	通气立管							75	90		110

注：1. 表中通气立管是指专用通气立管、主通气立管、副通气立管。

2. 自循环通气立管管径应与排水立管管径相等。

伸顶通气管的管径应与排水立管的管径相同，但在最冷月平均气温低于-13℃的地区，应从室内平顶或吊顶下 0.30m 处将管径放大一级，以免管中结霜而缩小或阻塞管道断面。

通气立管长度在 50m 以上时，其管径应与排水立管管径相同；通气立管长度小于或等于 50m 且两根及两根以上排水立管同时与一根通气立管相连，应以最大一根排水立管按表 6-16确定通气立管管径，且其管径不宜小于其余任何一根排水立管管径。

结合通气管的管径不宜小于与其连接的通气立管管径。

当建筑物要求不可能每根通气管单独伸出屋面时，可设置汇合通气管。即将若干根通气立管在室内汇合后，再设一根伸顶通气管口。当两根或两根以上污水立管的通气管汇合连接时，汇合通气管的断面面积应为最大一根通气管的断面面积加其余通气管断面面积之和的 0.25 倍，可按式（6-15）计算

$$d_e \geqslant \sqrt{d_{max}^2 + 0.25 \sum d_i^2} \tag{6-15}$$

式中　d_e——汇合通气管和总伸顶通气管管径（mm）；

d_{max}——最大一根通气立管管径（mm）；

d_i——其余通气立管管径（mm）。

【例 6-1】　图 6-10 所示为某 7 层教学楼公共卫生间排水管平面布置图，每层男厕设冲洗水箱蹲式大便器 3 个，感应式冲洗阀小便器 3 个，洗手盆 1 个，地漏 1 个；每层女厕设冲洗水箱蹲式大便器 3 个，洗手盆 1 个，地漏 1 个；开水房设污水盆 1 个，地漏 2 个。图 6-11 所示为排水管道系统计算草图，管材为排水塑料管。试进行水力计算，确定各管段管径和坡度。

【解】（1）横支管计算　按式（6-9）计算排水设计秒流量，其中，α 取 2.5，卫生器具当量和排水流量按表 6-7 选取，计算出各管段的设计秒流量后查附表 16，确定管径和坡度（均采用通用坡度）。计算结果见表 6-17。

（2）立管计算　立管接纳的排水当量总数为

$$N_p = (28.6+0.9)\,\mathrm{L/s} \times 7 = 206.5\,\mathrm{L/s}$$

立管最下部管段排水设计秒流量为

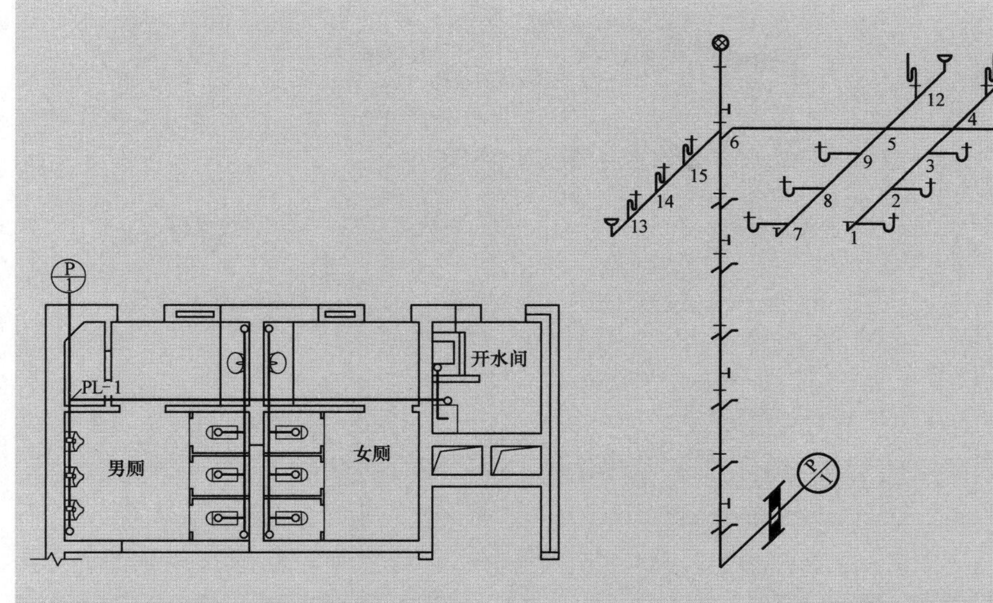

图 6-10　某 7 层教学楼公共卫生间排水管道平面布置图

图 6-11　排水管道系统计算草图

$$q_p = 0.12\alpha\sqrt{N_p} + q_{max} = (0.12\times2.5\sqrt{206.5}+1.5)\text{L/s} = 5.81\text{L/s}$$

查表 6-15，选用立管管径 $de160$，因设计秒流量 5.81L/s 小于表 6-15 中 $de160$ 排水塑料管最大允许排水流量 7.4L/s，所以不需要设专用通气立管。

表 6-17　各层横支管水力计算表

管段编号	卫生器具名称数量				排水当量总数 N_p	设计秒流量 q_p /(L/s)	管径 d_e /mm	坡度 i	备　注
	大便器 $N_p=4.5$	小便器 $N_p=0.3$	污水盆 $N_p=1.0$	洗手盆 $N_p=0.3$					
1-2	1				4.50	1.50	110	0.012	①管段 1—2、10—4、11—4、13—14 排水当量按表 6-7 确定 ②管段 14—15、15—6 按式(6-9)计算结果大于卫生器具排水流量累加值，所以，设计秒流量按卫生器具排水流量累加值计算 ③管段 15—6 连接 3 个小便器，最小管径为 75mm ④管段 7—5 与管道 1—4 相同；管段 12—5 与管道 11—4 相同
2-3	2				9.00	2.40	110	0.012	
3-4	3				13.5	2.60	110	0.012	
4-5	3		1	1	14.8	2.65	110	0.012	
5-6	6		1	2	28.6	3.10	110	0.012	
10-4			1		1.0	0.33	50	0.025	
11-4				1	0.3	0.10	50	0.025	
13-14		1			0.3	0.10	50	0.025	
14-15		2			0.6	0.20	50	0.025	
15-6		3			0.9	0.30	75	0.015	

（3）立管底部和排出管计算　立管底部和排出管仍取 $de110$，取通用坡度 0.012，查附

表 16，符合要求。

【例 6-2】 某 24 层饭店，层高为 3m，排水系统采用污废水分流制，设专用通气立管，管材采用柔性接口机制铸铁排水管。卫生间管道布置如图 6-12 所示，排水管道系统计算草图如图 6-13 所示。试进行水力计算，确定各管段管径和坡度。

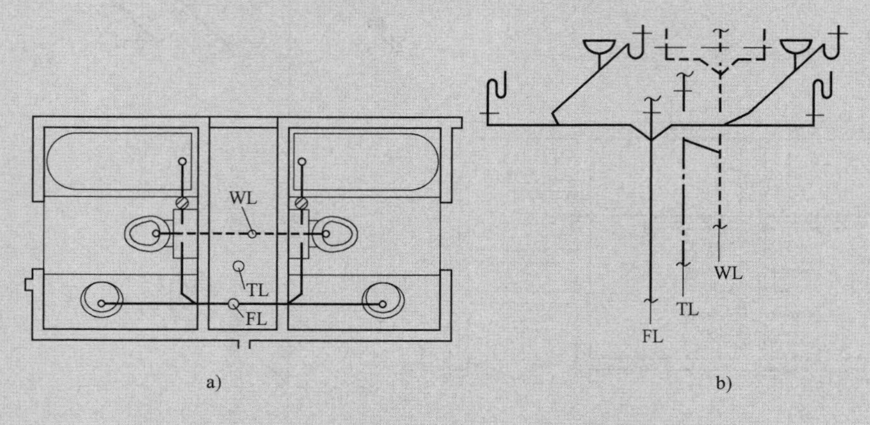

图 6-12　某饭店卫生间排水管道布置图

a）平面布置图　b）轴测图

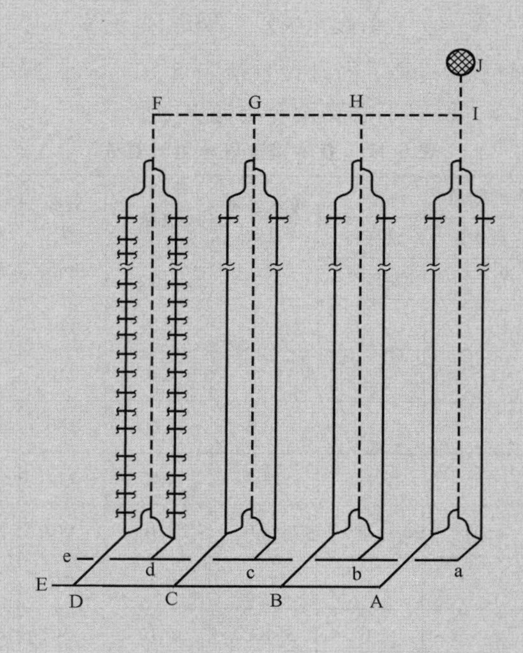

图 6-13　某饭店排水管道系统计算草图

【解】 （1）计算公式及参数　排水设计秒流量按式（6-9）计算，其中 α 取 1.5，生活污水系统 $q_{max}=1.5$ L/s，生活废水系统 $q_{max}=1.0$L/s。

(2) 支管　污水系统每层支管只连接一个大便器，支管管径取 $DN100$，采用通用坡度 0.020。

洗脸盆排水支管和浴盆排水支管管径均取 $DN50$，采用通用坡度 0.035。

洗脸盆与浴盆汇合后支管管段的排水设计秒流量按式 (6-9) 计算为

$$q_p = 0.12\alpha\sqrt{N_p} + q_{max} = (0.12\times1.5\sqrt{3.75}+1.0)\text{L/s} = 1.35\text{L/s}$$

结果大于洗脸盆和浴盆排水量之和 $(1.0+0.25)\text{L/s} = 1.25\text{L/s}$，取 $q_p = 1.25\ \text{L/s}$，查附表 17，管径为 $DN75$，采用通用坡度 0.025。

(3) 立管　污水系统每根立管的排水设计秒流量为

$$q_p = 0.12\alpha\sqrt{N_p} + q_{max} = (0.12\times1.5\sqrt{4.5\times2\times24}+1.5)\text{L/s} = 4.15\text{L/s}$$

因有大便器，立管管径取 $DN100$，设置专用通气立管。

废水系统每根立管的排水设计秒流量为

$$q_p = 0.12\alpha\sqrt{N_p} + q_{max} = (0.12\times1.5\sqrt{(3+0.75)\times2\times24}+1.0)\text{L/s} = 3.41\text{L/s}$$

立管管径取 $DN75$，与污水系统共用专用通气立管。

(4) 排水横干管计算　计算各管段设计秒流量，查附表 17，选用通用坡度，计算结果见表 6-18。

表 6-18　排水横干管水力计算表

管段编号	卫生器具数量			当量总数 N_p	设计秒流量 /(L/s)	管径 DN /mm	坡度 i
	坐便器	浴盆	洗脸盆				
	$N_p=4.5$	$N_p=3$	$N_p=0.75$				
A-B	48			216	4.16	125	0.015
B-C	96			432	5.24	125	0.015
C-D	144			684	6.08	150	0.010
D-E	192			864	6.79	150	0.010
a-b		48	48	180	3.41	100	0.020
b-c		96	96	360	4.41	125	0.015
c-d		144	144	540	5.18	125	0.015
d-e		192	192	720	5.83	125	0.015

(5) 通气管计算　专用通气立管与生活污水和生活废水两根立管连接，生活污水立管管径为 $DN100$，该建筑为 24 层，层高为 3m，通气立管超过 50m，所以通气立管管径与生活污水立管管径相同，为 $DN100$。

(6) 汇合通气管及总伸顶通气管计算　F-G 段汇合通气管只负担一根通气立管，其管径与通气立管相同，取 $DN100$，G-H 段汇合通气管负担两根通气立管，按式 (6-15) 计算得

$$d_e \geqslant \sqrt{d_{max}^2 + 0.25\sum d_i^2} = \sqrt{100^2+0.25\times100^2}\ \text{mm} = 111.8\text{mm}$$

取 G-H 段汇合通气管管径为 $DN125$。H-I 段和总伸顶通气管 I-J 段分别负担 3 根和 4 根通气立管，经计算，管径分别为 $DN125$ 和 $DN150$。

(7) 结合通气管　结合通气管隔层分别与污水立管和废水立管连接，与污水立管连接的结合通气管管径与污水立管相同，为 *DN*100；与废水立管连接的结合通气管管径与废水立管相同，为 *DN*75。

6.6　屋面雨水排水系统

6.6.1　屋面雨水排水方式

屋面雨水排水系统的任务是汇集和排除降落在建筑物屋面上的雨（雪）水。降落在屋面上的雨水和融化的雪水，如果不能及时排除，会对房屋的完好性和结构造成不同程度的损坏，并影响人们的生活和生产活动。因此需设置专门的雨水排水系统，系统地、有组织地将屋面雨（雪）水及时排除。屋面雨水排除方式按雨水管道的位置可分为两种形式，即外排水系统和内排水系统。根据建筑结构形式、气候条件及生产使用要求，在技术经济合理的情况下，屋面雨水应尽量采用外排水系统。

1. 外排水系统

外排水是指屋面不设雨水斗，建筑物内部没有雨水管道的雨水排放方式。按屋面有无天沟，又分为普通外排水和天沟外排水两种形式。

(1) 普通外排水　普通外排水又称水落管外排水，由檐沟和水落管组成，如图 6-14 所示。一般性的居住建筑、屋面面积较小的公共建筑和单跨工业建筑，雨水常采用屋面檐沟汇集，然后流入隔一定间距沿外墙设置的水落管排泄至地下管沟或地面。水落管多采用铸铁管、UPVC 管，管径多为 75~100mm。根据设计地区的降雨量以及管道的通水能力确定一根水落管服务的屋面面积，再根据屋面面积和形状确定水落管设置间距。一般民用建筑水落管间距为 8~16m，工业建筑水落管间距为 18~24m。

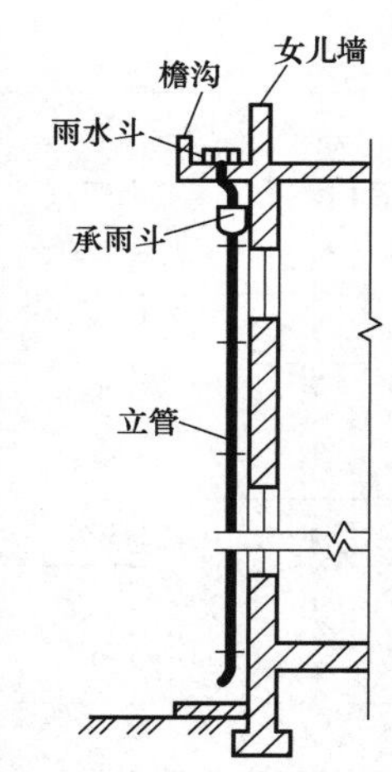

图 6-14　普通外排水

(2) 天沟外排水　天沟外排水是利用屋面构造上所形成的坡度和天沟，使雨（雪）水向建筑物两端（山墙、女儿墙方向）汇集，进入雨水斗，并经墙外立管排至地面或雨水道。天沟外排水系统由天沟、雨水斗和排水立管组成，如图 6-15 所示。天沟外排水系统适用于长度不超过 100m 的多跨厂房。

采用天沟外排水方式可有效地避免内排水系统在使用过程中建筑内部检查井冒水的问题，而且具有节约投资、节省金属材料、施工简便（相对于内排水而言不需留洞、不需搭架安装悬吊管）、有利于合理地使用厂房空间和地面，可减小厂区雨水管道埋设深度等优点。其缺点是由于天沟长又有一定坡度，导致结构负荷增大；晴天屋面集灰多，雨天天沟排水不畅等。

天沟的断面形式根据屋面结构情况确定，一般为矩形和梯形。为了在保证排水顺畅的同时又不过度增加屋面结构的负荷，天沟坡度不宜小于 0.003，一般为 0.003~0.006，金属屋面的水平金属长天沟可无坡度。

天沟布置应以伸缩缝、沉降缝、变形缝为分界，天沟的长度应以当地的暴雨强度、建筑

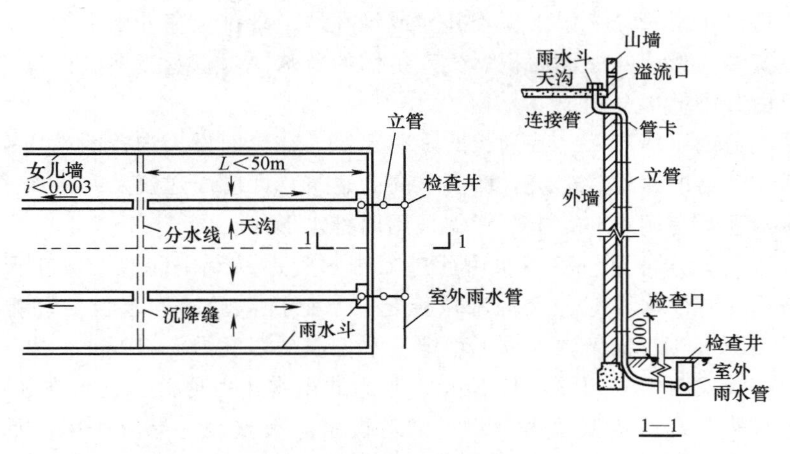

图 6-15　天沟外排水

物跨度（即汇水面积）、屋面的结构形式（决定天沟断面）等为依据进行水力计算确定，一般不超过 50m 为宜。当天沟过长时，由于坡度的要求，将会给建筑处理带来困难。为了防止天沟内过量积水，应在天沟顶端壁处设置溢流口。

2. 内排水系统

内排水系统一般由雨水斗、连接管、悬吊管、立管、排出管、埋地干管和附属构筑物等几部分组成，如图 6-16 所示。降落到屋面上的雨水，沿屋面流入雨水斗，经连接管、悬吊

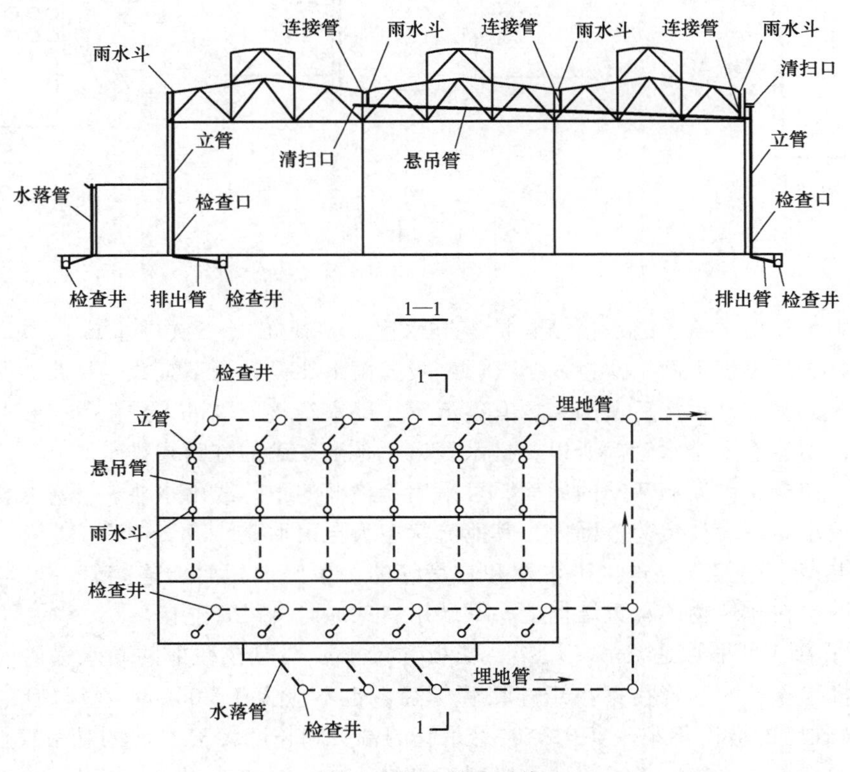

图 6-16　内排水系统

管流入立管，再经排出管流入雨水检查井，或经埋地干管排至室外雨水管道。对于某些建筑物，由于受建筑结构形式、屋面面积、生产生活的特殊要求以及当地气候条件的影响，内排水系统可能只由其中的部分组成。

内排水系统适用于跨度大、特别长的多跨建筑。在屋面设天沟有困难的锯齿形、壳形屋面建筑，屋面有天窗的建筑，建筑立面要求高的建筑，大屋面建筑及寒冷地区的建筑，在墙外设置雨水排水立管有困难时，也可考虑采用内排水形式。

（1）雨水斗　雨水斗是一种雨水由此进入排水管道的专用装置，设在天沟或屋面的最低处。实验表明，有雨水斗时，天沟水位稳定、水面旋涡较小，水位波动幅度为1~2mm，掺气量较小；无雨水斗时，天沟水位不稳定，水位波动幅度为5~10mm，掺气量较大。雨水斗有重力式和虹吸式两类，如图6-17所示。重力式雨水斗由顶盖、进水格栅（导流罩）、短管等构成，进水格栅既可拦截较大杂物，又对进水具有整流、导流作用。重力式雨水斗有65式、79式和87式三种，其中，87式雨水斗的进出口面积比（雨水斗格栅的进水孔有效面积与雨水斗下连接管截面面积之比）最大，斗前水位最深，掺气量少，水力性能稳定，能迅速排除屋面雨水。

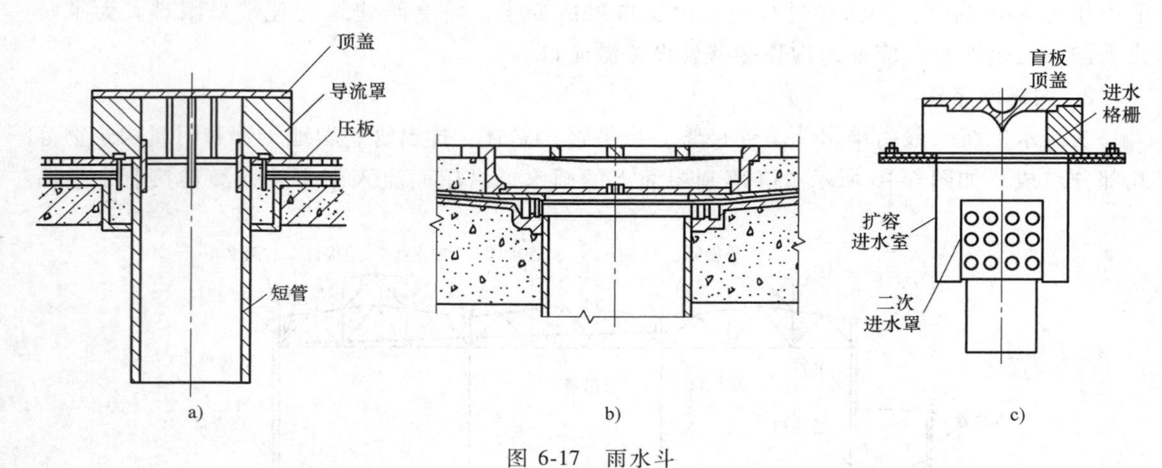

图6-17　雨水斗

a）87式（重力半有压流）　b）平箅式（重力流）　c）虹吸式（有压流）

虹吸式雨水斗由顶盖、进水格栅、扩容进水室、整流罩（二次进水罩）、短管等组成。为避免在设计降雨强度下雨水斗掺入空气，虹吸式雨水斗设计为下沉式。挟带少量空气的雨水进入雨水斗的扩容进水室后，因室内有整流罩，雨水经整流罩进入排出管，挟带的空气被整流罩阻挡，不能进入排水管。所以，排水管道中是全充满的虹吸式排水。

在阳台、花台和供人们活动的屋面，可采用无格栅的平箅式雨水斗。平箅式雨水斗的进出口面积比较小，在设计负荷范围内，其泄流状态为自由堰流。

（2）连接管　连接管是连接雨水斗和悬吊管的一段竖向短管。连接管一般与雨水斗同径，应牢固固定在建筑物的承重结构上，下端用斜三通与悬吊管连接。

（3）悬吊管　悬吊管是悬吊在屋架、楼板和梁下或架空在柱上的雨水横管。悬吊管连接雨水斗和排水立管，其管径不小于连接管管径，也不应大于300mm。塑料管的坡度不小于0.005；铸铁管的坡度不小于0.01。在悬吊管的端头和长度大于15m的悬吊管上设检查口或带法兰盘的三通，位置宜靠近墙柱，以利于检修。

连接管与悬吊管、悬吊管与立管间宜采用45°三通或90°斜三通连接。悬吊管一般采用塑料管或铸铁管，固定在建筑物的桁架或梁上，在管道可能受振动或生产工艺有特殊要求时，可采用钢管，焊接连接。

（4）立管　雨水排水立管承接悬吊管或雨水斗流来的雨水。一根立管连接的悬吊管根数不多于两根，立管管径不得小于悬吊管管径。立管宜沿墙、柱安装，在距地面1m处设检查口。立管的管材和接口与悬吊管相同。

（5）排出管　排出管是立管和检查井间的一段有较大坡度的横向管道，其管径不得小于立管管径。排出管与下游埋地干管在检查井中宜采用管顶平接，水流转角不得小于135°。

（6）埋地管　埋地管敷设于室内地下，承接立管的雨水，并将其排至室外雨水管道。埋地管最小管径为200mm，最大管径不超过600mm。埋地管一般采用混凝土管、钢筋混凝土管或陶土管，管道坡度按表6-12生产废水管道最小坡度设计。

（7）附属构筑物　附属构筑物用于埋地雨水管道的检修、清扫和排气。主要有检查井、检查口井和排气井，检查井适用于敞开式内排水系统，设置在排出管与埋地管连接处，埋地管转弯、变径及超过30m的直线管路上。检查井井深不小于0.7m，井内采用管顶平接，井底设高流槽，流槽应高出管顶200mm。埋地管起端几个检查井与排出管间应设排气井，如图6-18所示。水流从排出管流入排气井，与溢流墙碰撞消能，流速减小，气水分离，水流经格栅稳压后平稳流入检查井，气体由排气管排出。密闭内排水系统的埋地管上设检查口，将检查口放在检查井内，便于清通检修，称为检查口井。

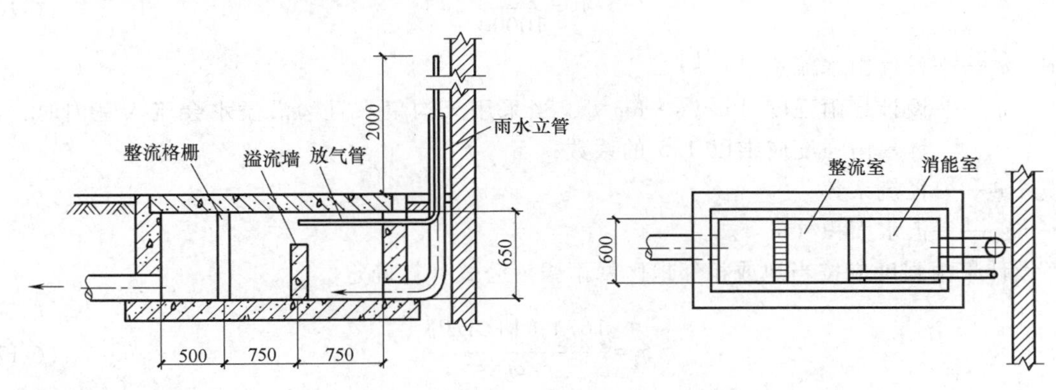

图6-18　排气井

3. 雨水排水系统的选用

选择建筑物屋面雨水排水系统时，应根据建筑物的类型、建筑结构形式、屋面面积大小、当地气候条件及生活生产的要求，经过技术经济比较，本着既安全又经济的原则选择雨水排水系统。安全是指能迅速、及时地将屋面雨水排至室外，屋面溢水频率低，室内管道不漏水，地面不冒水。为此，密闭式系统优于敞开式系统，外排水系统优于内排水系统。堰流斗重力流排水系统的安全可靠性最差。经济是指在满足安全的前提下，系统的造价低，寿命长。虹吸式系统泄流量大、管径小、造价最低，87斗重力流系统次之，堰流斗重力流系统管径最大，造价最高。

屋面集水优先考虑天沟形式，雨水斗置于天沟内。建筑屋面内排水和长天沟外排水一般宜采用重力半有压流系统，大型屋面的厂房、库房和公共建筑内排水，宜采用虹吸式有压流系统，檐沟外排水宜采用重力无压流系统。阳台雨水应自成系统排到室外，不得与屋面雨水系统相连接。

6.6.2　雨水排水系统的水力计算

1. 雨水量计算

屋面雨水排水系统中，雨水量的大小是系统设计的基本参数。雨水量的大小与该地暴雨强度、汇水面积及径流系数有关。

（1）设计暴雨强度 q_j　设计暴雨强度公式中有设计重现期 P 和屋面集水时间 t 两个参数。设计重现期应根据建筑物的重要程度、气象特征，参照 GB 50015—2003《建筑给水排水设计规范》（2009年版）和 GB 50014—2006《室外排水设计规范》（2014年版）确定。由于屋面面积较小，屋面集水时间较短，我国推导暴雨强度公式所需实测降雨资料的最小时段为5min，所以屋面集水时间按5min计算。

（2）汇水面积 F_w　屋面雨水汇水面积较小，一般按 m^2 计。对于有一定坡度的屋面，汇水面积不按实际面积而是按水平投影面积计算。考虑到大风作用下雨水倾斜降落的影响，高出屋面的毗邻侧墙，应附加其最大受雨面正投影的一半作为有效汇水面积计算。窗井、贴近高层建筑外墙的地下汽车库出入口坡道，应附加其高出部分侧墙面积的1/2。同一汇水区内高出的侧墙多于一面时，按有效受水侧墙面积的1/2折算汇水面积。

（3）雨水量计算公式　设计雨水流量应按式（6-16）计算

$$q_y = \frac{q_j \psi F_w}{10000} \tag{6-16}$$

式中　q_y——设计雨水流量（L/s）；

q_j——设计暴雨强度［$L/(s \cdot hm^2)$］，当采用天沟集水且沟沿溢水会流入室内时，设计暴雨强度应乘以1.5的系数；

ψ——径流系数；

F_w——汇水面积（m^2）。

设计暴雨强度应按当地或相邻地区暴雨强度公式计算确定

$$q_j = \frac{167A_1(1+C\lg P)}{(t+b)^n} \tag{6-17}$$

式中　q_j——设计暴雨强度［$L/(s \cdot hm^2)$］；

t——降雨历时（min）；

P——设计重现期（a），见表6-19、表6-20；

A_1，C，b，n——地方参数，根据统计方法进行计算。

由于各城市的地方参数不同，设计暴雨强度计算公式也有所差异，在设计时，可根据各城市相应公式计算。

建筑屋面、小区的雨水管道设计降雨历时，可按下列规定确定：

1）屋面雨水排水管道设计降雨历时应按5 min计算。

2）居住小区雨水管道设计降雨历时应按式（6-18）计算

$$t = t_1 + t_2 \tag{6-18}$$

式中　t——降雨历时（min）；

t_1——地面集水时间（min），视汇水距离、地形坡度和地面种类计算确定，一般取5~15min；

t_2——排水管内雨水流行时间（min）。

屋面雨水排水管道的排水设计重现期应根据建筑物的重要程度、汇水区域性质、地形特点、气象特征等因素确定，各种汇水区域的设计重现期不宜小于表6-19、表6-20的规定值。

表6-19　室外雨水管渠设计重现期　（单位：年）

城区类型 / 城镇类型	中心城区	非中心城区	中心城区的重要地区	中心城区地下通道和下沉式广场等
特大城市	3~5	2~3	5~10	30~50
大城市	2~5	2~3	5~10	20~30
中等城市和小城市	2~3	2~3	3~5	10~20

注：1. 表中所列设计重现期，均为年最大值法。
2. 雨水管渠应按重力流、满管流计算。
3. 特大城市是指市区人口在500万以上的城市；大城市是指市区人口在100万~500万的城市；中等城市和小城市是指市区人口在100万以下的城市。

表6-20　屋面雨水的设计重现期

屋　　面	设计重现期/年
一般性建筑物屋面	2 ~ 5
重要公共建筑屋面	≥ 10

注：工业厂房屋面雨水排水设计重现期应由生产工艺、重要程度等因素确定。

各种屋面、地面的雨水径流系数可按表6-21采用。

表6-21　雨水径流系数

屋面、地面种类	Ψ
各种屋面、混凝土或沥青路面	0.85~0.95
大块石铺砌路面或沥青表面各种的碎石路面	0.55~0.65
级配碎石路面	0.40~0.50
干砌砖石或碎石路面	0.35~0.40
非铺砌土地面	0.25~0.35
公园或绿地	0.10~0.20

各种汇水面积的综合径流系数应按地面种类加权平均计算，可按表6-22规定取值，并应核实地面种类的组成和比例。

表6-22　综合径流系数

区域情况	Ψ
城镇建筑密集区	0.60~0.70
城镇建筑较密集区	0.45~0.60
城镇建筑稀疏区	0.20~0.45

一般建筑的重力流屋面雨水排水工程与溢流设施的总排水能力不应小于10年重现期的

雨水量。重要公共建筑、高层建筑的屋面雨水排水工程与溢流设施的总排水能力不应小于其50年重现期的雨水量。

2. 系统计算原理与参数

（1）雨水斗泄流量　雨水斗的泄流量与流动状态有关，重力流状态下，雨水斗的排水状况是自由堰流，通过雨水斗的泄流量与雨水斗进水口直径和斗前水深有关，可按环形溢流堰公式计算

$$Q=\mu\pi Dh\sqrt{2gh} \tag{6-19}$$

式中　Q——通过雨水斗的泄流量（m^3/s）；

μ——雨水斗进水口的流量系数，取0.45；

D——雨水斗进水口直径（m）；

h——雨水斗进水口前水深（m）。

在半有压流和压力流状态下，排水管道内产生负压抽吸，所以通过雨水斗的泄流量与雨水斗出水口直径、雨水斗前水面至雨水斗出水口处的高度及雨水斗排水管中的负压有关，即

$$Q=\frac{\pi d^2}{4}\mu\sqrt{2g(H+H')} \tag{6-20}$$

式中　Q——雨水斗出水口泄流量（m^3/s）；

μ——雨水斗出水口的流量系数，取0.95；

d——雨水斗出水口内径（m）；

H——雨水斗前水面至雨水斗出水口处的高度（m）；

H'——雨水斗排水管中的负压（m）。

各种类型雨水斗的最大泄流量可按表6-23选取。

表6-23　屋面雨水斗的最大泄流量

雨水斗规格/mm		50	75	100	125	150
重力流排水系统	重力流雨水斗泄流量/(L/s)	—	5.6	10.0	—	23
	87式雨水斗泄流量/(L/s)	—	8.0	12	—	26
满管压力流排水系统	一个雨水斗泄流量/(L/s)	6~18*	12~32*	25~70*	60~120*	100~140

注：*表示不同型号的雨水斗排水负荷有所不同，应根据具体的产品确定其最大泄流量。

87式多斗排水系统中，一根悬吊管连接的87式雨水斗最多不超过4个，离立管最远端雨水斗的设计流量不得超过表6-23中的数值，其他各斗的设计流量依次比上游斗递增10%。

（2）天沟流量　屋面天沟为明渠排水，天沟水流流速可按明渠均匀流公式计算

$$v=\frac{1}{n}R^{\frac{2}{3}}i^{\frac{1}{2}} \tag{6-21}$$

$$Q=v\omega \tag{6-22}$$

式中　v——流速（m/s）；

n——天沟粗糙度系数，与天沟材料及施工情况有关，见表6-24；

R——水力半径（m）；

i——天沟坡度，不小于0.003；

Q——天沟排水流量（m^3/s）；

ω——天沟过水断面面积（m^2）。

表 6-24 各种抹面天沟粗糙度系数

天沟壁面材料	粗糙度系数 n	天沟壁面材料	粗糙度系数 n
水泥砂浆光滑抹面	0.011	喷浆护面	0.016~0.021
普通水泥砂浆抹面	0.012~0.013	不整齐表面	0.020
无抹面	0.014~0.017	豆砂沥青玛蹄脂表面	0.025

(3) 横管 横管包括悬吊管、埋地横干管和出户管。横管可以近似地按圆管均匀流计算

$$Q=v\omega \tag{6-23}$$

$$v=\frac{1}{n}R^{\frac{2}{3}}i^{\frac{1}{2}} \tag{6-24}$$

式中 Q——横管排水流量 (m^3/s);

v——管内流速 (m/s),不小于 0.75m/s,埋地横干管出建筑外墙进入室外雨水检查井时,为避免冲刷,流速应小于 1.8m/s;

ω——管内过水断面面积 (m^2);

n——粗糙系数,塑料管取 0.010,铸铁管取 0.014,混凝土管取 0.013;

R——水力半径 (m),悬吊管按充满度 $h/D=0.8$ 计算,横干管按满流计算;

i——水力坡度,重力流的水力坡度按管道敷设坡度计算,金属管不小于 0.01,塑料管不小于 0.005;重力半有压流的水力坡度与横管两端管内的压力差有关,按式 (6-25) 计算

$$i=(h+\Delta h)/l \tag{6-25}$$

式中 i——水力坡度;

h——横管两端管内的水头损失 (m),悬吊管按其末端 (立管与悬吊管连接处) 的最大负压值计算,取 0.5m,埋地横干管按其起端 (立管与埋地横干管连接处) 的最大正压值计算,取 1.0m;

Δh——位置水头 (m),悬吊管是指雨水斗顶面至悬吊管末端的几何高差,埋地横干管是指其两端的几何高差;

l——横管的长度 (m)。

将各个参数代入式 (6-23) 和式 (6-24),计算出不同管径、不同坡度时非满流 ($h/D=0.8$) 横管 (铸铁管、钢管、塑料管) 和满流横管 (混凝土管) 的流速和最大泄流量,见附表 18~附表 20。横管的管径根据各雨水斗流量之和确定,并宜保持管径不变。

(4) 立管 重力流状态下雨水排水立管排水流量按式 (6-26) 计算

$$Q=7890K_p^{-\frac{1}{6}}\alpha^{\frac{5}{3}}d^{\frac{8}{3}} \tag{6-26}$$

式中 Q——立管排水流量 (L/s);

K_p——粗糙高度 (m),塑料管取 15×10^{-6}m,铸铁管取 25×10^{-5}m;

α——充水率,塑料管取 0.3,铸铁管取 0.35;

d——管道计算内径 (m)。

重力流立管最大允许流量见附表 21。

重力半有压流系统状态下雨水排水立管按水塞流计算,铸铁管充水率 $\alpha=0.57$~0.35,

小管径取大值，大管径取小值。重力半有压流系统除了重力作用外，还有负压抽吸作用，所以，重力半有压流系统立管的排水能力大于重力流，其中，单斗流系统立管的管径与雨水斗口径、悬吊管管径相同，多斗系统立管管径根据立管设计排水流量按表6-25确定。

表6-25　重力半有压流立管的最大允许泄流量

管径/mm		75	100	150	200	250	300
排水流量/(L/s)	多层建筑	10	19	42	75	135	220
	高层建筑	12	25	55	90	155	240

（5）压力流（虹吸式）

1）沿程水头损失计算。压力流（虹吸式）系统的连接管、悬吊管、立管、埋地横干管都按满流设计，管道的沿程水头损失按海曾威廉公式计算

$$R=\frac{2.959Q^{1.85}\times10^{-4}}{C^{1.85}d_j^{4.87}} \tag{6-27}$$

式中　R——单位长度的水头力损失（kPa/m）；

Q——流量（L/s）；

d_j——管道的计算内径（m），内壁喷塑铸铁管塑膜厚度为0.0005m；

C——海曾威廉系数，塑料管 $C=130$，内壁喷塑铸铁管 $C=110$，钢管 $C=120$，铸铁管 $C=100$。

常用的内壁喷塑铸铁管水力计算表见附表22。

2）局部水头损失计算。管件的局部水头损失应按式（6-28）计算

$$h_j=10\xi\frac{v^2}{2g} \tag{6-28}$$

式中　h_j——管件的局部水力损失（kPa）；

v——流速（m/s）；

ξ——管件局部阻力系数，见表6-26。

表6-26　管件局部阻力系数 ξ

管件名称	内壁涂塑铸铁或钢管	塑料管
90°弯头	0.65~0.80	1.00
45°弯头	0.30~0.45	0.40
干管上斜三通	0.25~0.50	0.35
支管上斜三通	0.80~1.00	1.20
转变为重力流处出口	1.80	1.80
50mm雨水斗	1.30,或由厂商提供	
75mm雨水斗	2.40,或由厂商提供	
100mm雨水斗	5.60,或由厂商提供	

3）水头损失估算。管路的局部水头损失可以折算成等效长度，按沿程水头损失估算

$$l_0=kl \tag{6-29}$$

式中　l_0——等效长度（m）；

l——设计长度（m）；

k——考虑管件阻力引入的系数，钢管、铸铁管 $k=1.2\sim1.4$，塑料管 $k=1.4\sim1.6$。

① 计算管路水头损失估算。计算管路单位等效长度的水头损失可按式（6-30）计算

$$R_0=\frac{E}{l_0}=\frac{9.81H}{l_0} \tag{6-30}$$

式中 R_0——计算管路单位等效长度的水头损失（kPa/m）；

E——系统可以利用的最大压力（kPa）；

H——雨水斗顶面至雨水排出口的几何高差（m）；

l_0——计算管路等效长度（m）。

② 悬吊管阻力损失估算。悬吊管单位等效长度的水头损失按式（6-31）计算

$$R_{xo}=\frac{p_{max}}{l_{xo}} \tag{6-31}$$

式中 R_{xo}——悬吊管单位等效长度的水头损失（kPa/m）；

p_{max}——最大允许负压值（kPa）；

l_{xo}——悬吊管等效长度（m）。

4）管内压力。由于雨水在管道内流动过程中的水头损失不断增加，横向管道的位置水头变化微小，而立管内的位置水头增加很大，所以，系统中不同断面管内的压力变化很大，为使各个雨水斗泄流量平衡，不同支路计算到某一节点的压力差（$|p_i-p_i'|$）不大于 5～10kPa。

系统某断面处管内的压力按式（6-32）计算

$$p_i=9.8H_i-(v_i^2/2+\sum p_i') \tag{6-32}$$

式中 p_i——i 断面处管内的压力（kPa）；

H_i——雨水斗顶面至 i 断面的高度差（m）；

v_i——i 断面处管内流速（m/s）；

$\sum p_i'$——雨水斗顶面至 i 断面的总水头损失（kPa）。

压力流（虹吸式）雨水排水系统的最大负压值在悬吊管与总立管的连接处。为防止管道损坏，选用铸铁管和钢管时，系统允许的最大负压值为-90kPa；选用塑料管时，小管径（$de=50\sim160$mm）允许的最大负压值为-80kPa，大管径（$de=200\sim315$mm）允许的最大负压值为-70kPa。

5）系统的余压。排水管系统的总水头损失与排水管出口速度水头之和应小于雨水斗天沟底面至排水管出口的几何高差，其压力余量宜稍大于10kPa。系统压力余量为

$$\Delta P=9.8H-(v_n^2/2+\sum h_n) \tag{6-33}$$

式中 ΔP——系统压力余量（kPa）；

v_n——排水管出口的管道流速（m/s）；

H——雨水斗顶面与排水管出口的高差（m）；

$\sum h_n$——雨水斗顶面到排水管出口处系统的总阻力损失（kPa）。

6）管内流速。压力流雨水排水管道系统内的流速和压力直接影响着系统的正常使用，

为使管道有良好的自净能力，悬吊管的设计流速不宜小于1m/s，立管的设计流速不宜小于2.2m/s，系统的最大流速通常发生在立管上，为减小水流动时的噪声，立管的设计流速宜小于6m/s，最大不大于10m/s。系统底部排出管的流速小于1.8m/s，以减少水流对检查井的冲击。

（6）溢流口计算　溢流口的功能主要是雨水系统事故时排水和超量雨水排除。一般建筑物屋面雨水排水工程与溢流设施的总排水能力，不应小于10年（重要建筑物50年）重现期的雨水量。溢流口的孔口尺寸可按式（6-34）近似计算

$$Q=mb\sqrt{2g}\,h^{\frac{3}{2}} \tag{6-34}$$

式中　Q——溢流口服务面积内的最大降雨量（L/s）；

b——溢流口宽度（m）；

h——溢流孔口高度（m）；

m——流量系数，取385；

g——重力加速度（m/s^2）。

1. 建筑内排水系统由哪几部分组成？各有什么作用？
2. 什么是排水体制？同层排水与异层排水方式有何区别？
3. 建筑内排水系统常用的管材有哪些？各有什么特点？
4. 清通设备有哪些？设置原则是什么？
5. 简述建筑内排水管道布置和敷设的原则及要求。
6. 化粪池的处理原理是什么？什么情况下需要设置化粪池？
7. 如何选择排水设计秒流量公式？
8. 建筑内排水系统中通气管道的作用是什么？常用的通气方式有哪几种？各适用于什么条件？
9. 什么是污水局部处理？为什么要进行局部处理？常用的污水局部处理方式有哪些？
10. 某6层学生宿舍楼，每层设有公共卫生间一间，其中设置盥洗槽一个，配备 *DN*15 单阀水嘴12个；拖布盆1个，延时自闭式冲洗阀蹲式大便器8个，延时自闭式冲洗阀小便器4个，感应水嘴洗手盆1个，试计算总排出管的管径。
11. 北方某地区一座6层办公楼排水系统如图6-19所示，若该排水系统采用柔性接口机制排水铸铁管，排水立管管径均为 *DN*125，则通气立管TL-3及通气管AB、BC、CD各段的管径为多少？

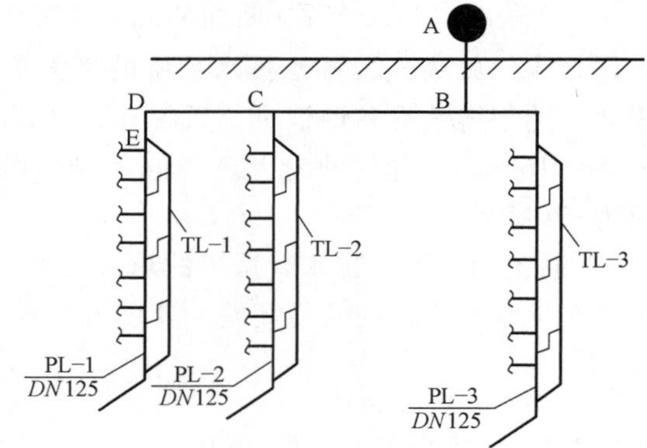

图6-19　某6层办公楼排水系统图

12. 某三层机加工车间，每层有男女厕所各1个，其中每个男厕所设自闭冲洗阀蹲式大便器3个，自闭冲洗阀小便器3个，洗手盆2个，污水盆1个；每个女厕所设置自闭冲洗阀蹲式大便器3个，洗手盆2个，污水盆1个。若男女厕所共用一根伸顶通气铸铁排水管，则该立管的管径为多少？
13. 某屋面长方形截面钢筋混凝土天沟，天沟深为0.3m，粗糙系数 $n=0.013$，坡度 $i=0.006$，水力半径为0.103m，若天沟有效水深为0.15m，设计雨水排水量为66L/s，则天沟内的宽度为多少？

第7章

建筑热水供应系统

内容提要及学习要求

本章主要阐述热水供应系统的分类、组成与供水方式；热水供应系统的热源、加热设备与贮热设备；热水供应系统的管材与附件；热水供应系统的敷设与保温；热水用水定额、水温与水质；耗热量、热水量和热媒耗量的计算；热水加热及贮存设备的选择计算；热水管网的水力计算等内容。

通过学习本章内容，要求学生能够熟悉热水供应系统的分类、组成与供水方式；熟悉热水供应系统的热源、加热设备与贮热设备；熟悉热水供应系统的管材与附件；熟悉热水供应系统的敷设与保温；熟悉热水用水定额、水温与水质；掌握耗热量、热水量和热媒耗量的计算；掌握热水加热及贮存设备的选择计算；掌握热水管网的水力计算。

7.1 热水供应系统的分类、组成与供水方式

7.1.1 热水供应系统的分类

建筑内部热水供应系统按热水供应范围，可分为局部热水供应系统、集中热水供应系统和区域热水供应系统。

1. 局部热水供应系统

局部热水供应系统是指在建筑物内各用水点设小型加热设备就地加热，供局部范围内的一个或几个用水点使用的热水供应系统。例如，采用小型燃气热水器、电热水器、太阳能等，供给单个厨房、浴室、生活间等用水。其热源为电力、煤气、蒸汽等，适用于用水点少、用水量小的建筑。

局部热水供应系统的优点是：热水输送管路短，热损失小；设备、系统简单，造价低；维护管理方便、灵活；改建、增设较容易。其缺点是：小型加热器热效率低，制水成本较高；使用不够方便舒适；每个用水场所均需设置加热装置，占用建筑总面积较大。

2. 集中热水供应系统

集中热水供应系统是指在锅炉房和热交换间设加热设备，将冷水集中加热，向一栋或几栋建筑物各配水点供应热水的供应系统。冷水一般由高位水箱提供，以保证各配水点压力恒定。集中热水供应系统一般适用于热水用量较大、用水点较集中的建筑，如标准较高的居住建筑、旅馆、医院等公共建筑。

集中热水供应系统的优点是：加热设备和其他设备集中设置，便于集中维护管理；加热设备热效率较高，热水成本较低；各热水使用场所不必设置加热装置，占用总建筑面积较少；使用较为方便舒适。其缺点是：设备、系统较复杂，建筑投资较大；需要有专门维护管

理人员；管网较长，热损失较大；一旦建成后，改建、扩建较困难。

3. 区域热水供应系统

区域热水供应系统是指以集中供热的热网作为热源来加热冷水或直接从热网取水，用以满足一个建筑群或一个区域（小区或厂区）的热水用户需要的供应系统。因此，它的供应范围比集中热水供应系统还要大得多，而且热效率高，便于统一维护管理和热能的综合利用。对于建筑布置比较集中、热水用水量较大的城市和工业企业，有条件时应优先采用此系统。

区域热水供应系统的优点是：便于统一维护管理和热能的综合利用；有利于减少环境污染；设备热效率和自动化程度较高；热水成本低，设备总容量小，占用面积少；使用方便舒适，保证率高。其缺点是：设备、系统复杂，建设投资高；其需要较高的维护管理水平；改建、扩建困难。

7.1.2　热水供应系统的组成

热水供应系统的组成因建筑类型和规模、热源情况、用水要求、加热和贮存设备的情况、建筑对美观和安静的要求等不同情况而异。一个比较完善的热水供应系统，通常由热源、加热设备、热水管网及其他设备和附件组成。

1. 热媒系统（第一循环系统）

热媒系统由热源、水加热器和热媒管网组成。图7-1所示的热源为蒸汽，加热设备为容积式水加热器。由锅炉生产的蒸汽通过热媒管网送到水加热器加热冷水，经过热交换蒸汽变成冷凝水，靠余压经疏水器流到冷凝水池，冷凝水和新补充的软化水经冷凝水循环泵再送回

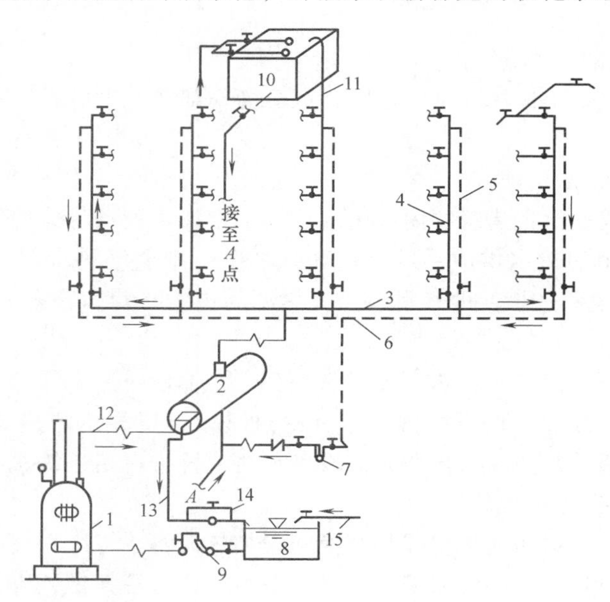

图7-1　热媒为蒸汽的集中热水供应系统

1—锅炉　2—水加热器　3—配水干管　4—配水立管　5—回水立管
6—回水干管　7—循环泵　8—冷凝水池　9—冷凝水循环泵
10—给水水箱　11—透气管　12—热媒蒸汽管　13—凝水管
14—疏水器　15—冷水补水管

锅炉加热为蒸汽，如此循环完成热的传递作用。区域性热水供应系统不需设置锅炉，水加热器的热媒管道和冷凝水管道直接与热力网连接。

2. 热水管网（第二循环系统）

热水管网的作用是将加热设备的热水送至用水设备，热水管网和上部贮水箱、冷水管、循环管及水泵等构成第二循环系统。为了保证热水管网中的热水随时保持设计的温度，在某些热水管网中，除设置配水管道外，还需设置热水回水管道，以使管网中的水始终保持一定的循环流量，补偿管道的热损失。

如图 7-1 所示，热水管网是由配水管道（其中包括配水干管、配水立管和配水支管）及回水管道组成的。虚线所示管道为循环管。

3. 附件

附件包括蒸汽、热水的控制附件及管道的连接附件，如温度自动调节器、膨胀罐、管道伸缩器、闸阀、水嘴、疏水器、减压阀、安全阀、循环水泵、各种器材和仪表、管道伸缩器等。

7.1.3　热水供应系统的供水方式

1）根据系统加热冷水的方法，分为直接加热和间接加热。

直接加热又称一次换热，是以燃气、燃油、燃煤为燃料的热水锅炉，把冷水直接加热到所需温度，或者是将蒸汽或高温水通过穿孔管或喷射器直接通入冷水混合制备热水。热水锅炉直接加热具有热效率高、节能的特点；蒸汽直接加热方式（图 7-2）具有设备简单、热效率高、无需冷水管的优点，但存在噪声大、对蒸汽质量要求高、冷凝水不能回收、热源需大量经水质处理的补充水、运行费用高等缺点，适用于具有合格的蒸汽热媒，且对噪声无严格要求的公共浴室、洗衣房、工矿企业等用户。吸收太阳辐射热能加热冷水的小型太阳能也属于直接加热。

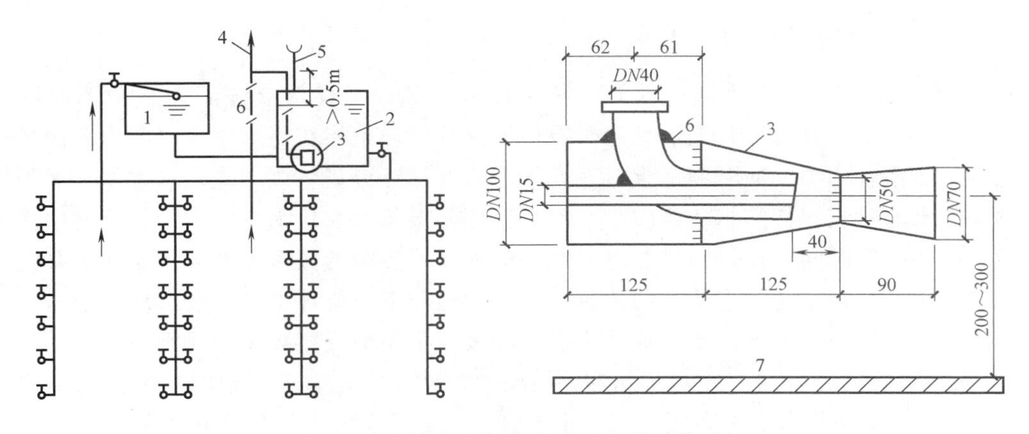

图 7-2　蒸汽直接加热方式（上行下给式）

1—冷水箱　2—加热水箱　3—消声喷射器　4—排气阀　5—透气阀　6—蒸汽管　7—热水箱底

间接加热又称二次换热，是将热媒通过水加热器把热量传递给冷水，达到加热冷水的目的，在加热过程中热媒（如蒸汽）与被加热水不直接接触。该方式的优点是回收的热媒冷凝水可重复利用，只需对少量补充水进行软化处理，且热水水温和水量较容易调节，运行安全稳定；缺点是设备较直接加热复杂、热效率低。间接加热适用于要求供水稳定、安全，噪声要求低的旅馆、住宅、医院、办公楼等建筑。采用大型太阳能热水器、水源热泵、空气源热泵等可再生低温能源制备生活热水也属于间接加热。

2）根据管网压力工况，分为开式系统和闭式系统。

开式系统中不需设置安全阀或闭式膨胀水箱，只需设置高位冷水箱和膨胀管或高位开式加热水箱等附件，如图7-3所示。其管网与大气相通，系统内的水压主要取决于水箱的设置高度，不受室外给水管网水压波动的影响，系统运行稳定、安全可靠。其缺点是高位水箱占用使用空间，开式水箱水质易受外界污染。因此，该系统适用于要求水压稳定，且允许设高位水箱的热水用户。

闭式系统中管网不与大气相通，冷水直接进入水加热器。系统中需设安全阀、隔膜式压力膨胀罐或膨胀管、自动排气阀等附件，以确保系统安全运行。该系统的优点是管路简单，水质不易受外界污染；但由于系统供水水压稳定性较差，安全可靠性差，一般适用于不设屋顶水箱的热水供应系统，如图7-4所示。

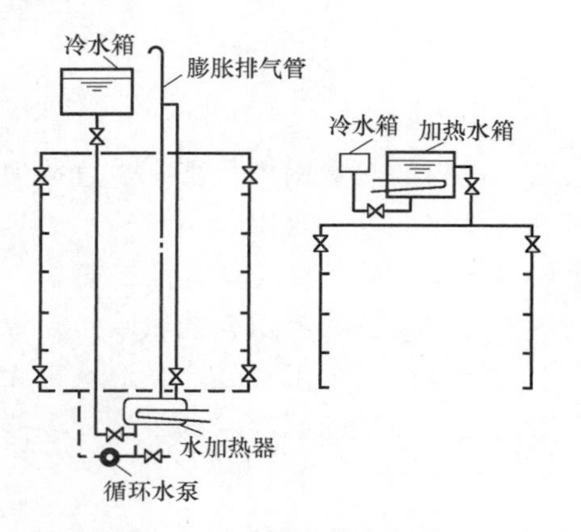

图7-3 开式热水供水方式

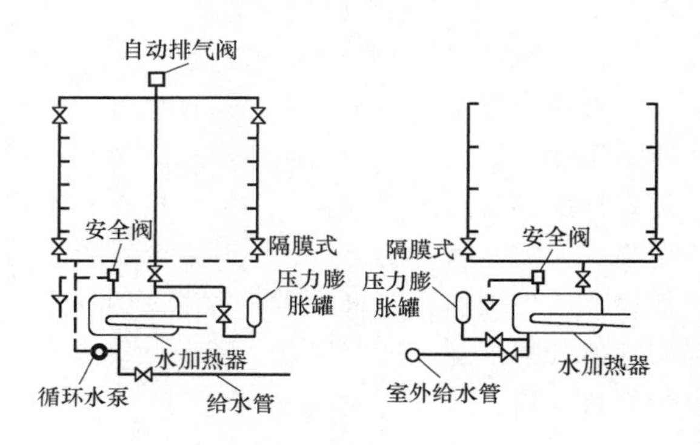

图7-4 闭式热水供水方式

3）根据热水循环动力不同，分为强制循环方式和自然循环方式。强制循环即机械循环，在循环时间上还分为全日循环和定时循环。全日循环是指在热水供应时间内，循环水泵全日工作，热水管网中任何时刻都维持着设计水温的循环流量。该方式用水方便，适用于需全日供应热水的建筑，如宾馆、医院等。定时循环是指每天在热水供应前，将管网中冷却了的水强制循环一定时间，在热水供应时间内，根据使用热水的频繁程度，使循环水泵定时工作，一般适用于每天定时供应热水的建筑中。自然循环不设循环水泵，仅靠冷热水密度差产生的热动力进行循环。该方式节能效果明显，一般用于小型或层数少的建筑中。

4）根据设置循环管网的方式，分为全循环、半循环、无循环管网的热水供水方式，如图7-5所示。全循环热水供水方式是指热水干管、立管及支管均能保持热水的循环，打开配水嘴均能及时得到符合设计水温要求的热水，该方式适用于有特殊要求的高标准建筑中。半循环热水供水方式又分为立管循环和干管循环的供水方式。立管循环是指热水干管和立管内均保持有循环热水，打开配水嘴只需放掉支管中少量的存水，就能获得规定水温的热水，该方式多用于设有全日供应热水的建筑和设有定时供应热水的高层建筑中；干管循环是指仅保持热水干管内水的循环，使用前先用循环水泵把干管中已冷却的存水加热，打开配水嘴时只需放掉立管和支管内的冷水就可获得符合要求的热水，多用于采用定时供应热水的建筑中。

无循环热水供水方式是指管网中不设任何循环管道，适用于热水供应系统较小，使用要求不高的定时供应系统，如公共浴室、洗衣房等。

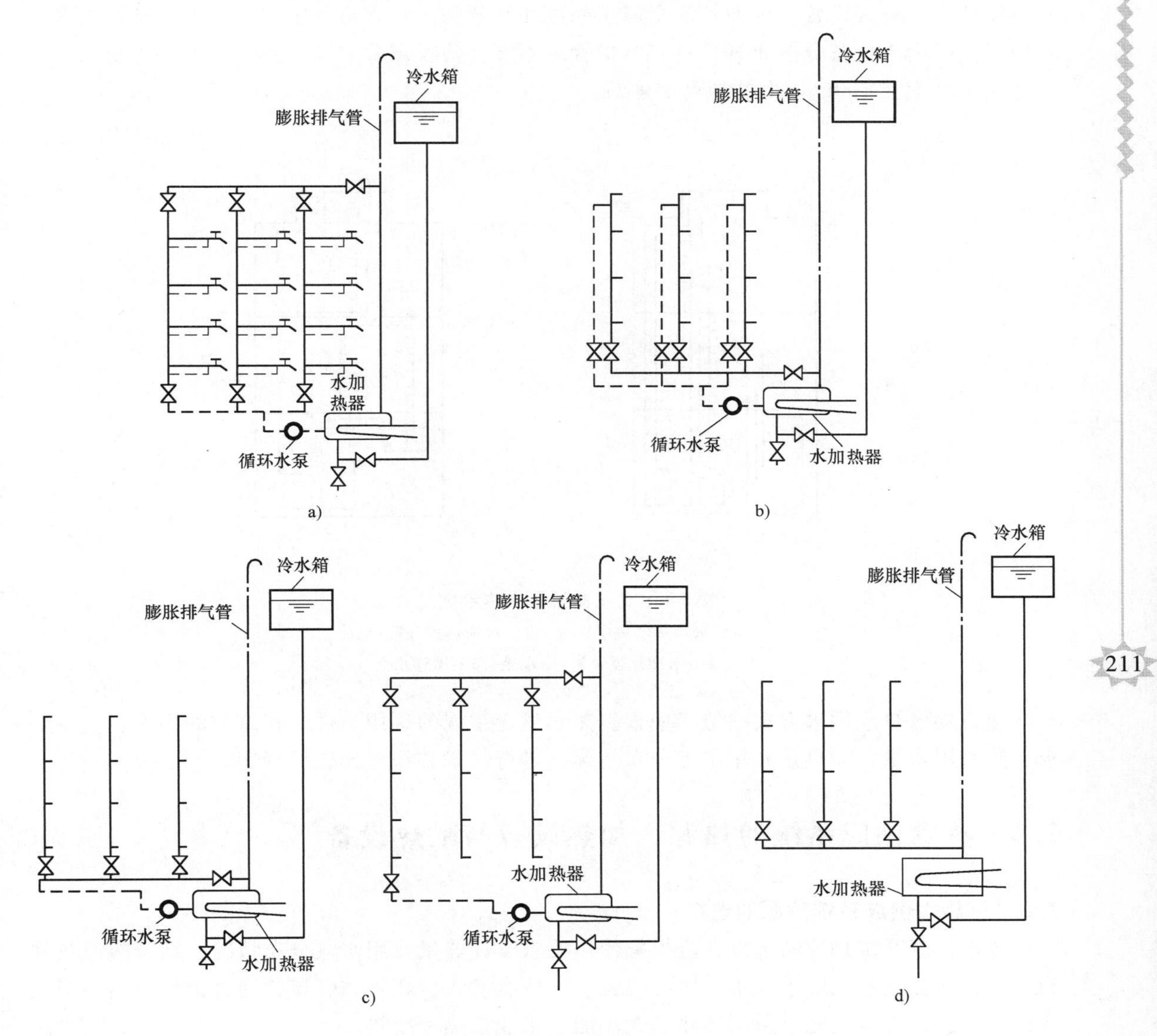

图 7-5　管网的循环方式

a）全循环　b）立管循环　c）干管循环　d）不循环

5）按其配水干管在建筑内的位置，分为上行下给式和下行上给式。配水干管敷设在热水供应系统的下部，自下而上供应热水，称为下行上给式，如图 7-1 所示；配水干管敷设在热水供应系统的上部，自上而下供应热水，称为上行下给式，如图 7-2 所示。

6）分区热水供应方式。高层建筑一般采用分区热水供应方式，其竖向分区原则与冷水供应相同。根据水加热器的设置位置不同可分为集中设置的分区热水供应系统和分散设置的分区热水供应系统，如图 7-6 所示。集中设置的分区热水供应系统，各区水加热器、循环水泵统一布置在地下室、底层辅助建筑或专用设备间内，集中管理，维护方便，对上区噪声影响较小。但由于该系统高区的配水立管、回水管及膨胀管较长，高区水加热器承压较高，一般适用于高度不大于100m的高层建筑中。分散设置的分区热水供应系统，各区的水加热器、循环水泵分区设置，因而不需耐高压的水加热器和热水管道等附件，热水立管及回水管较短；但是由于设备分散布置，具有维护管理不便、防噪声要求高、热媒管道长等缺点，一般适用于高度在100m以上的超高层建筑。

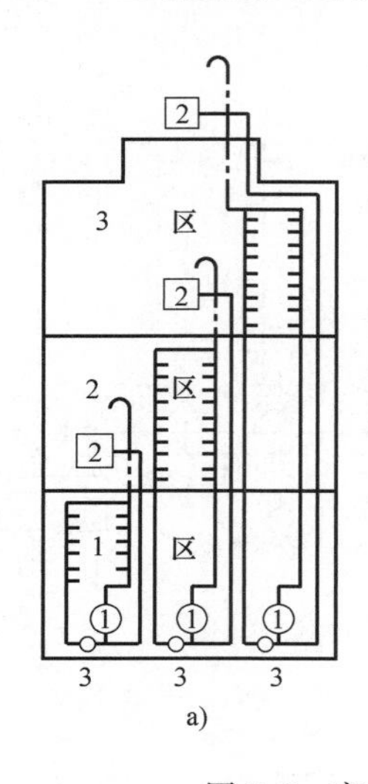

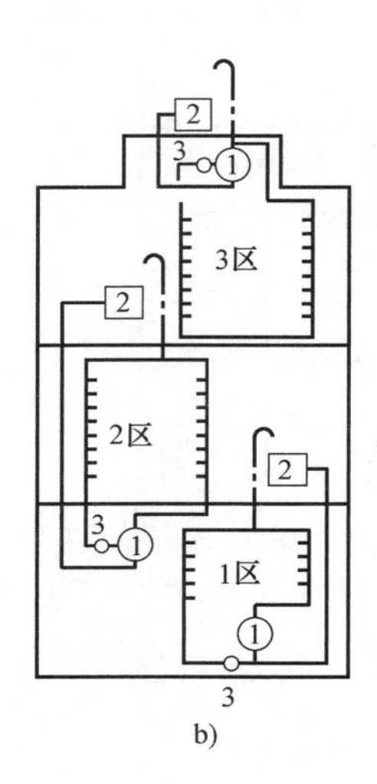

图7-6　高层建筑分区热水供应方式

a）水加热器集中设置　b）水加热器分散设置

1—水加热器　2—冷水箱　3—循环水泵

建筑物内热水供水方式的选择应根据热水供应系统的选用条件、建筑物的用途、使用要求、热水用水量、耗热量和用水点分布情况，进行技术和经济比较后确定。

7.2　热水供应系统的热源、加热设备与贮热设备

7.2.1　热水供应系统热源的选择

热水供应系统热源的选择，应根据使用要求、耗热量及用水点分布情况，结合热源条件确定。目前在热水供应系统中采用的热源，主要有燃气、燃油和燃煤，通过锅炉产出的蒸汽或热水；有条件时应充分采用地热、太阳能、工业余热和废热。

1）局部热水供应系统常采用蒸汽、燃气、太阳能、电能等作为热源。当采用电能作为热源时，宜采用贮热式电热水器以降低耗电功率。

2）集中热水供应系统的热源，宜采用工业余热和废热、地热、太阳能。无上述能源时，可由专用锅炉或燃气、燃油热水机组提供热源或直接供应热水。利用烟气、废气作为热源时，烟气、废气的温度不宜低于400℃。利用地热水作为热源时，应按地热水的水温、水质、水量和水压，采取相应的升温、降温、去除有害杂质、选用合适的设备及管材、设置贮存调节容器、加压提升等技术措施，以保证地热水的安全合理利用。采用空气、水等可再生低温热源的热泵热水器时须经当地主管部门批准，并进行生态环境、水质卫生方面的评估，且应配备质量可靠的热泵机组。利用太阳能作为热源时，宜敷设一套电热或其他热源的辅助

加热装置。

3）单幢建筑采用独立的集中热水供应系统，因建筑内不宜设置燃煤的锅炉房，故常用热源为燃气、燃油、电热水炉。

4）利用废热（废气、烟气、高温无毒废液等）作为热媒时，应采取下列措施：

① 加热设备应防腐，其构造便于清理水垢和杂物。

② 防止热媒管道渗漏而污染水质。

③ 消除废气压力波动和除油。

5）采用蒸汽直接通入水中或采取汽水混合设备的加热方式时，宜采用开式热水供应系统，并应符合下列要求：

① 蒸汽中不含油质及有害物质。

② 当不回收凝结水经技术经济比较合理时。

③ 当采用消声混合器，加热时产生的噪声应符合现行《声环境质量标准》（GB 3096—2008）的要求。

④ 应采取防止热水倒流至蒸汽管道的措施，如提高蒸汽管标高、设置止回装置等。

6）当日照时数大于 1400h/年且年太阳辐射量大于 4200MJ/m^2 及年极端最低气温不低于−45℃的地区，宜优先采用太阳能作为热水供应热源。

7）具备可再生低温能源的下列地区可采用热泵热水供应系统：

① 在夏热冬暖地区，宜采用空气源热泵热水供应系统。

② 在地下水源充沛、水文地质条件适宜，并能保证回灌的地区，宜采用地下水源热泵热水供应系统。

③ 在沿江、沿海、沿湖、地表水源充足、水温地质条件适宜的地区，以及有条件利用城市污水、再生水的地区，宜采用地表水源热泵热水供应系统。

7.2.2　加热设备与贮热设备

1. 间接加热设备

（1）容积式水加热器　容积式水加热器是一种既能把冷水加热，又能贮存一定量热水的换热设备，有立式与卧式两种，如图 7-7 所示。它主要由外壳、加热盘管、冷热流体进出口等部分构成，同时还装有压力表、温度计和安全阀等仪表、阀件。高压蒸汽（或高温水）从上部进入排管，在流动过程中即可把水加热，然后变成凝结水（或回水）从下部流出排管。

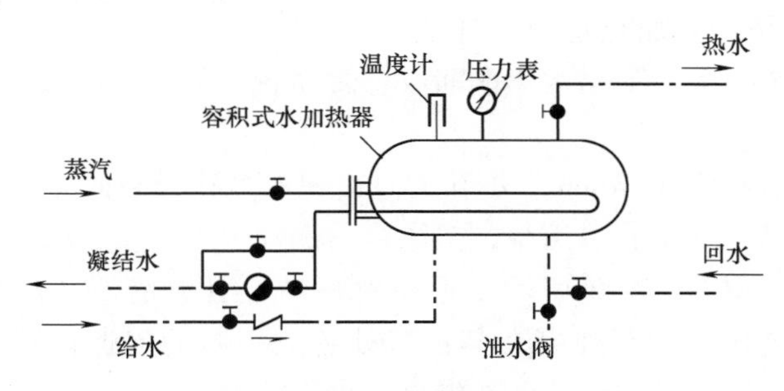

图 7-7　容积式水加热器

（2）加热水箱　加热水箱多为开式，用钢板制成，装有排管或盘管，通入蒸汽即可把箱中的水加热，冷水可用补给水箱补充。加热水箱多设在建筑物上部，可在用水量不大的热水供应系统中采用。

（3）汽-水式加热器　它又称快速水加热器，是用蒸汽来加热水的加热设备，主要由圆形的外壳、管束、前后管板、水室、蒸汽与凝结水短管、冷热水连接短管等部分组成，如图7-8所示。管束可采用铜管或锅炉无缝钢管，蒸汽在管束外面流动，被加热水在管内流动，通过管束壁面进行换热。此外，还有一种套管式汽-水加热器，如图7-9所示。

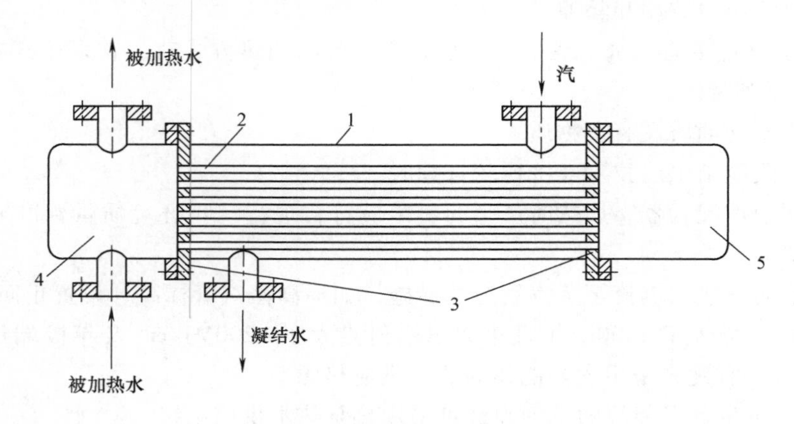

图7-8　固定管板式管壳加热器

1—外壳　2—管束　3—固定管板　4—前水室　5—后水室

（4）分段式水-水加热器　分段式水-水加热器由高温水来加热冷水，其构造如图7-10所示，主要由外壳、管束、加热水进出口、被加热水进出口连接短管等部分组成。加热水在小管内，被加热水在管束外表面逆向流动。

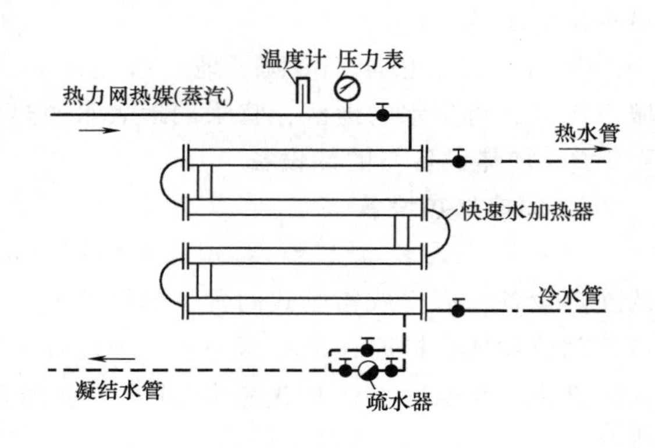

图7-9　套管式汽-水加热器

2. 直接加热设备

（1）加热水箱　在热水箱内设多孔管（图7-11）和汽-水喷射器（图7-12），用蒸汽直接加热冷水。与间接加热系统相比，由于蒸汽直接与冷水接触，故加热迅速，加热设备较为简单；但噪声较大，凝结水不能回收，常需较大的锅炉给水处理设备，故运行管理费用增加。

多孔管上的小孔直径为2~3 mm，小孔的总面积取多孔管断面面积的2~3倍。采用多孔管加热，设备简单，易于加工，费用少，但噪声与振动较大。

汽-水喷射器的构造如图7-13所示，主要由喷嘴、引水室、混合室、扩压管等部分组成。其工作原理为：高压蒸汽经喷嘴在其出口处造成很高的流速，压力降低，而把冷水吸入，同时蒸汽被凝结，冷水被加热，并在混合室内充分混合，进行热能与动能的交换，然后进入扩压管。在扩压管内可使流速降低，压力升高，因而能以一定的压力送入系统。喷射器构造简单，便于加工制造，价格低廉，运行安全可靠，但噪声较大。

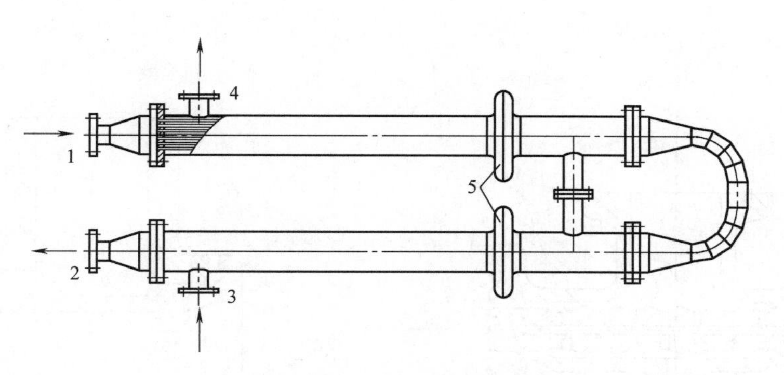

图 7-10　分段式水-水加热器

1—加热水入口　2—加热水出口　3—被加热水入口

4—被加热水出口　5—膨胀节

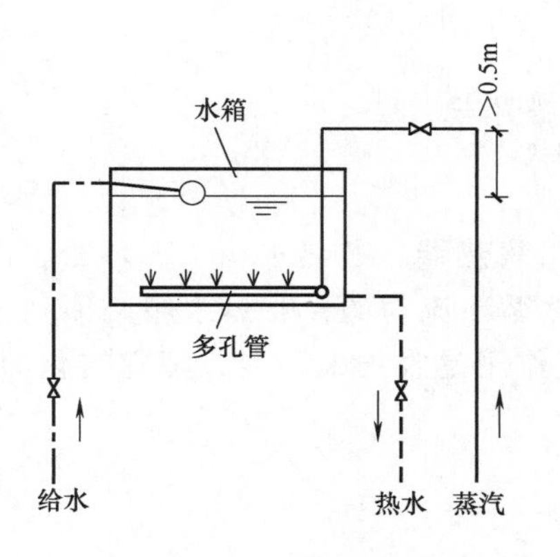

图 7-11　多孔管加热方式

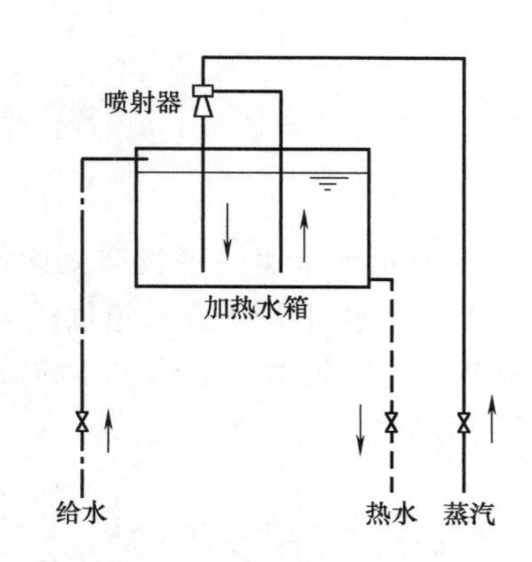

图 7-12　汽-水喷射器加热方式

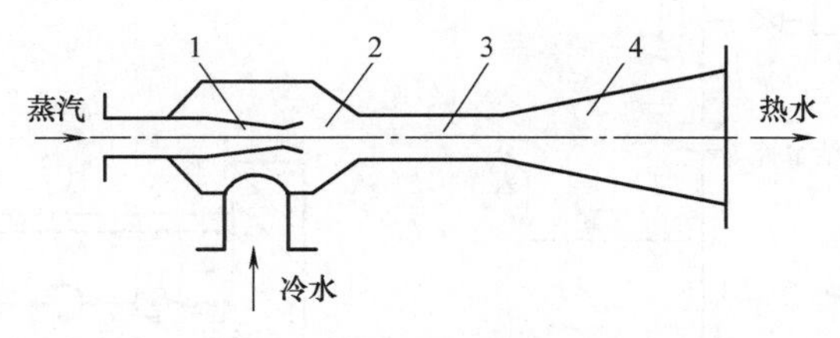

图 7-13　汽-水喷射器的构造

1—喷嘴　2—引水室　3—混合室　4—扩压管

图 7-14 所示为一种消声汽-水混合加热器，有外置式与浸没式两种。它可降低汽、水混合时的噪声和振动，促进汽、水尽快混合。

（2）热水锅炉　某些小型热水供应系统，可以用热水锅炉直接制备热水供使用，这也是一种直接加热式系统。

（3）太阳能热水器　太阳能热水器也是一种把太阳光的辐射能转为热能来加热冷水的直接加热设备。其构造简单，加工制造容易，成本低，便于推广应用。可以提供 40~60℃ 的低温热水，适用于住宅、浴室、饮食店、理发馆等小型局部热水供应系统。

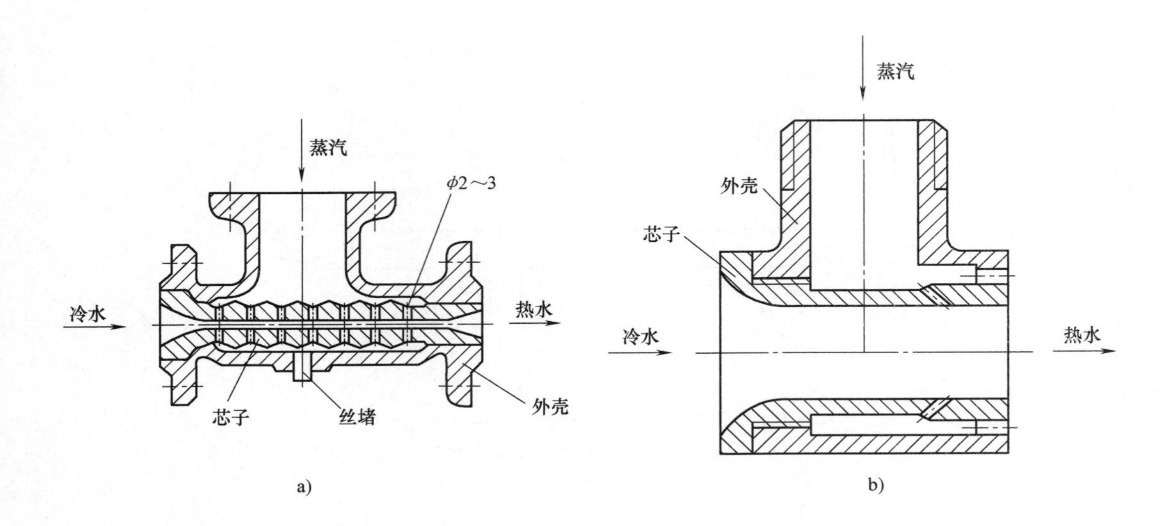

图 7-14　消声汽-水混合加热器

a）外置式　b）浸没式

图 7-15 所示为常用的平板型太阳能热水器。它由集热器、贮热水箱、循环管、冷热水管道等组成，冷水可由补给水箱供给，热水是靠自然循环流动的，贮热水箱必须高于集热器。平板型集热器是太阳能热水器的关键性设备，其作用是收集太阳能并把它转化为热能，如图 7-16 所示。

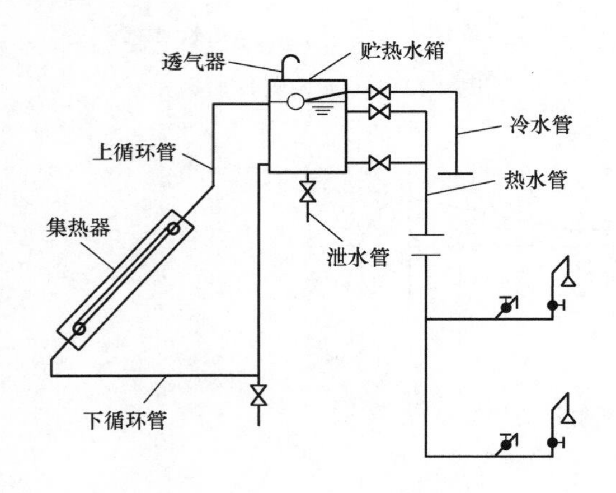

图 7-15　平板型太阳能热水器
（自然循环直接加热）

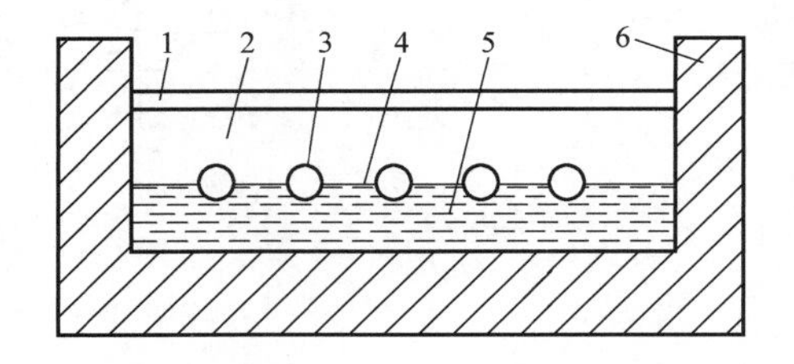

图 7-16　平板型集热器

1—透明盖板　2—空气层　3—排管　4—吸热板　5—保温层　6—外壳

3. 贮热设备

热水箱是一种贮存热水的容器，有开式与闭式两种。开式水箱多设在系统上部，闭式水箱又称贮水罐。图 7-17 所示为贮水罐的另一种设置方式，有时也和热水锅炉配合设置，如图 7-18 所示。

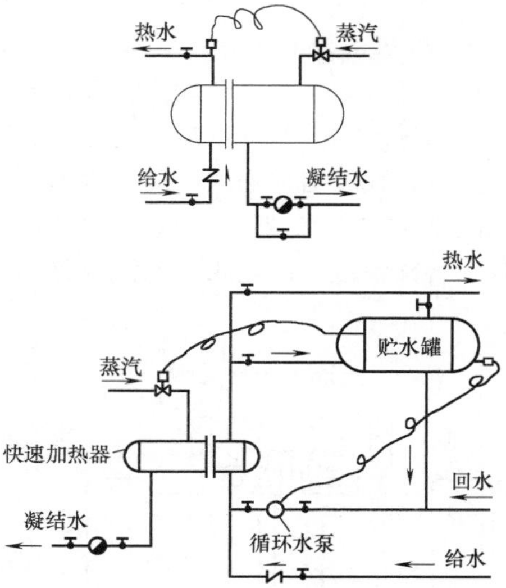

热水
蒸汽
给水
凝结水
热水
贮水罐
蒸汽
快速加热器
回水
凝结水
循环水泵
给水

图 7-17　贮水罐的另一种设置方式

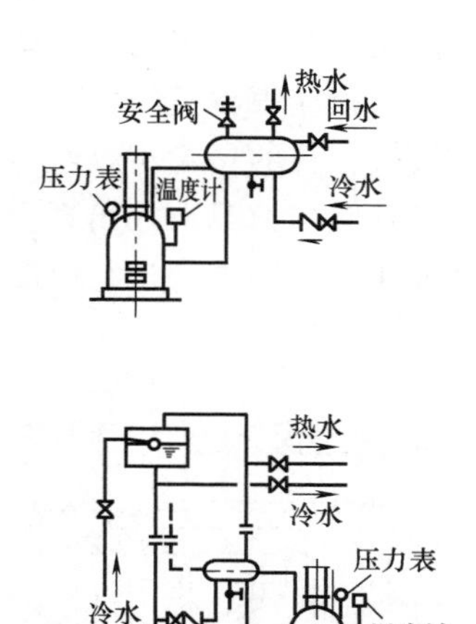

图 7-18　贮水罐与热水锅炉配合设置

7.3　热水供应系统的管材与附件

7.3.1　热水供应系统的管材与附件选用基本要求

1）热水供应系统采用的管材与附件，应符合现行产品标准的要求。

2）热水管道的工作压力和工作温度不得大于产品标准标定的允许工作压力和工作温度。

3）热水管道应选用耐腐蚀、安装连接方便可靠、符合饮用水卫生要求的管材及相应的配件。一般可采用薄壁铜管、薄壁不锈钢管、无规共聚聚丙烯（PPR）管、聚丁烯管（PB)、铝塑复合管、交联聚乙烯（PEX）管等。

4）当选用塑料热水管或塑料和金属复合热水管材时，应符合下列要求：

① 管道的工作压力应按相应温度下的允许工作压力选择。

② 管件宜采用和管道相同的材质。

③ 定时供应热水的系统因其水温周期性变化大，不宜采用对温度变化较敏感的塑料热水管。

④ 设备机房内的管道不应采用塑料热水管。

7.3.2　热水供应系统的附件

1. 疏水器

热水供应系统以蒸汽作为热媒时，为保证凝结水及时排放，同时又防止蒸汽漏失，在用汽设备（如水加热器、开水器等）的凝结水回水管上应每台设备设疏水器。其目的是为了防止水加热器热媒阻力不同（即背压不同）而相互影响疏水器效果。当水加热器的换热能确保凝结水回水温度不大于 80℃ 时，可不装疏水器。蒸汽立管最低处，蒸汽管下凹处的下部宜设疏水器。

疏水器种类很多，用在热水供应系统中的有浮桶式、吊桶式、热动力式、脉冲式、温调式等，图 7-19 所示为吊桶式疏水器和热动力式疏水器。疏水器按其工作压力有低压和高压之分，热水供应系统通常采用高压疏水器，一般可选用浮动式疏水器或热动力式疏水器。

疏水器的选择应根据蒸汽消耗量及疏水器的排水量来确定。疏水器前应装过滤器，其旁边不宜设旁通阀，目的是为了杜绝疏水器该维修时不维修，而开启旁通阀，使疏水器形同虚设。但对于只有偶尔情况下才出现大于或等于 80℃ 高温凝结水（一般情况低于 80℃）的管路，也可设旁通管，即正常运行时凝结水流经旁通管，特殊情况下凝结水流经疏水器。

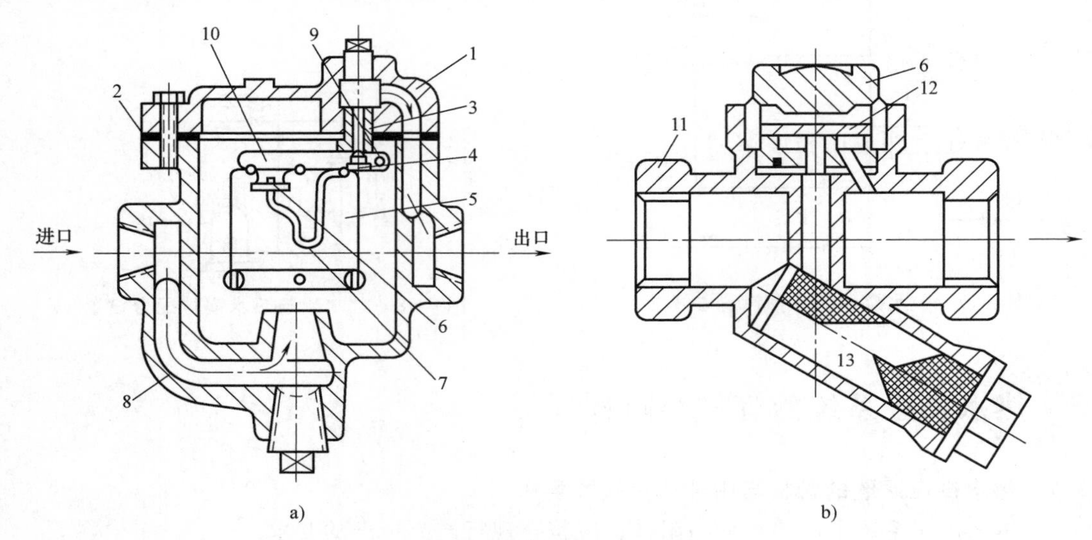

图 7-19　疏水器的构造

a）吊桶式疏水器　b）热动力式疏水器

1—上盖　2—垫料圈（石棉橡胶板）　3—阀座　4—阀瓣　5—吊桶　6—阀盖　7—金属双弹簧片　8—壳体　9—吊桶销钉　10—连杆　11—阀体　12—阀片　13—过滤器

2. 自动温度调节器

热水供应系统中热水温度的控制，主要是加热器出口温度的控制。一般大型热水供应系统中采用直接式自动温度调节器或间接式自动温度凋节器。

图 7-20 所示为直接式自动温度调节器，由温包、感温元件和调压阀组成。温包安装在加热器出口处，内部装有沸点较低的液体，当温包内水温变化时，温包感受温度的变化，并产生压力升降，传导到装设在蒸汽管上的调压阀，自动调节进入水加热器的蒸汽量，达到控制温度的目的。图 7-21a 所示为直接式自动温度调节器安装示意图。

图 7-21b 所示为间接式自动温度调节器，由温包、电触点温度计、电动调压阀组成。若加热器出口水温高于设计要求，电动调压阀将关小，以减少热媒进量；若加热器出口水温低于设计要求，电动调压阀将开大，以增加热媒进量，达到自动调节加热器出口水温的目的。

3. 自动排气阀

自动排气阀排除管网中热水汽化产生的气体，以保证管网内热水畅通。从热水中分离出来的气体，聚集在管网的顶端。若系统为下行上给式，则气体可通过最高处配水嘴直接排出；若系统为上行下给式，则应在配水干管的最高部位设置自动排气阀，以免聚集的气体影响热水的流动。在开式热水供应系统中，最简单且安全的排气措施是在管网最高处设置排气管，向上伸至超过屋顶冷水箱的最高水位以上一定距离将气体排出。

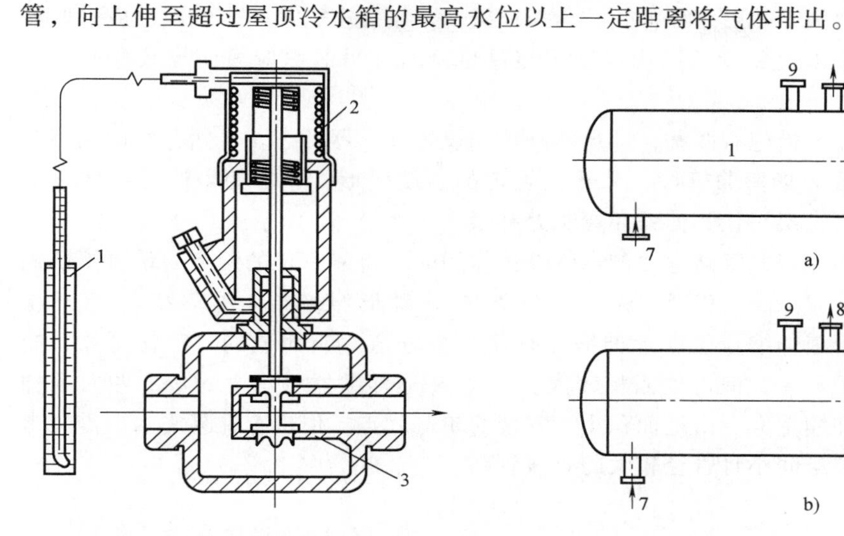

图 7-20　直接式自动温度调节器

1—温包　2—感温元件　3—调压阀

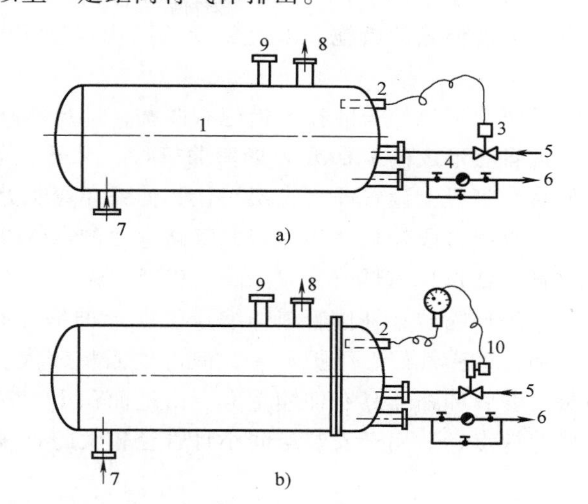

图 7-21　温度调节器安装示意图

a）直接式自动温度调节器　b）间接式自动温度调节器

1—加热设备　2—温包　3—自动调节器　4—疏水器　5—蒸汽

6—凝结水　7—冷水　8—热水　9—装设安全阀

10—齿轮传动变速开关阀

在闭式热水供应系统中，应在管网最高处安装自动排气阀进行排气。图 7-22 所示为自动排气阀及其设置位置。

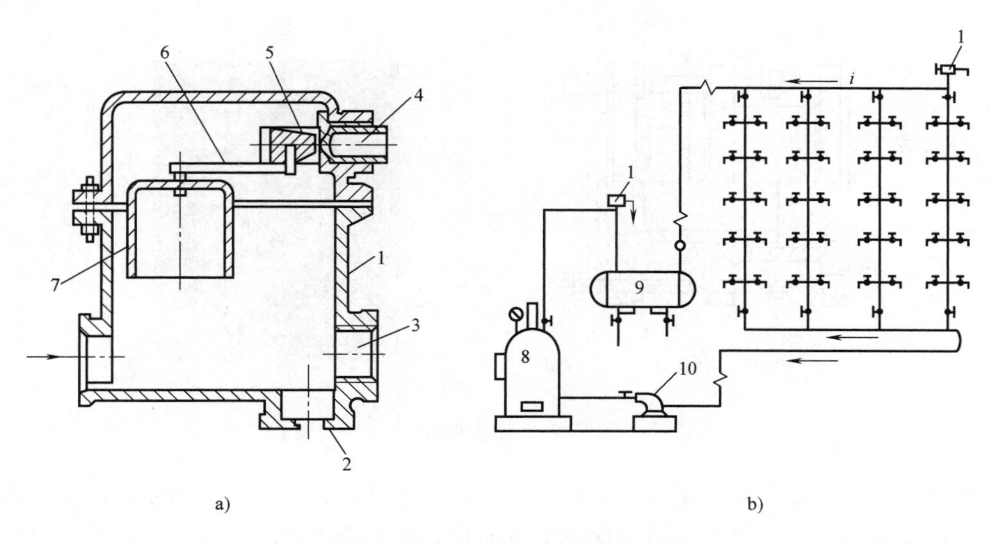

图 7-22　自动排气阀及其设置位置

a）自动排气阀　b）设备位置

1—排气阀体　2—直角安装出水口　3—水平安装出水口　4—阀座

5—滑阀　6—杠杆　7—浮钟　8—锅炉　9—热水罐　10—循环水泵

4. 自然补偿管道和伸缩器

热水供应系统中管道因受热膨胀而伸长，为保证管网使用安全，在热水管网上应采取补偿管道温度伸缩的措施，以避免管道因为承受了超过自身所许可的内应力而导致弯曲甚至破裂。

补偿管道热伸长的技术措施有两种，即自然补偿和设置伸缩器补偿。自然补偿即利用管道敷设自然形成的L形或Z形弯曲管段，来补偿管道的温度变形。通常的做法是在转弯前后的直线管段上设置固定支架，让其伸缩在弯头处补偿。

当直线管段较长，不能依靠管路弯曲的自然补偿作用时，每隔一定的距离应设置不锈钢波纹管、Ω形伸缩器（图7-23）、套管伸缩器（图7-24）、球形伸缩器（图7-25）、多球橡胶软管等伸缩器来补偿管道伸缩量。Ω形伸缩器是用整根管道弯制而成的，工作可靠，制造简易，严密性好，维护方便，但占地面积较大。一个Ω形伸缩器可承受50mm左右的伸缩量。套管伸缩器具有伸缩量大、占地面积小、安装简单等优点，但也存在易漏水、需经常维修等缺点，适用于安装空间小且管径较大的直线管路。

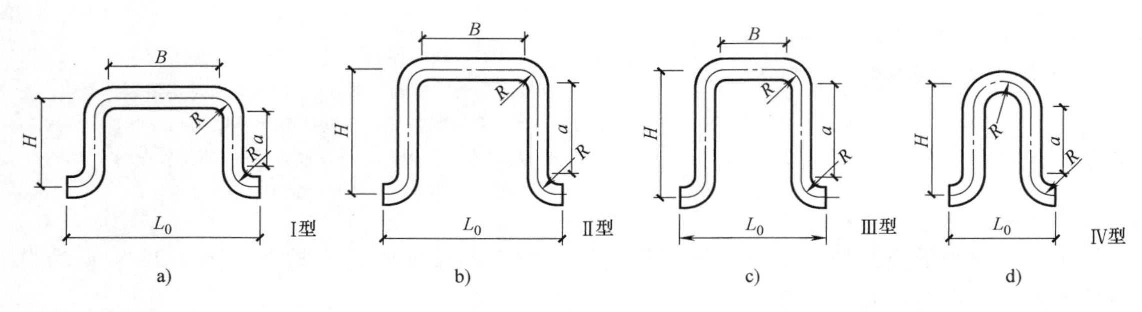

图7-23　Ω形伸缩器

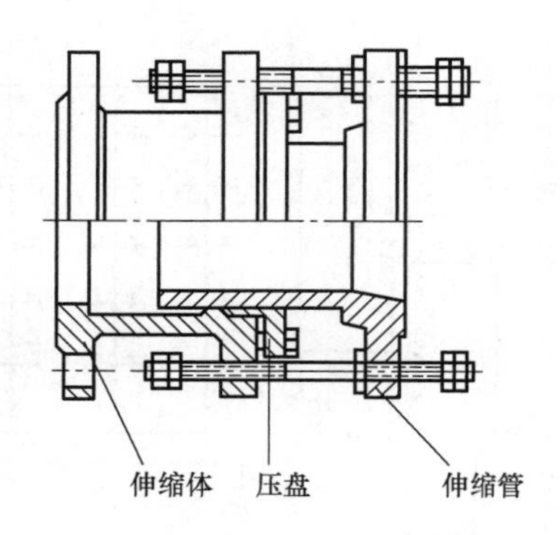

图7-24　套管伸缩器

热水供应系统中使用最方便、效果最佳的是波形伸缩器，即由不锈钢制成的波纹管，采用法兰连接或螺纹联接，具有安装方便、节省面积、外形美观及耐高温、耐腐蚀、寿命长等优点。

另外，近年来也有在热水管中安装可曲挠橡胶接头代替伸缩器的做法，但必须注意采用耐热橡胶。

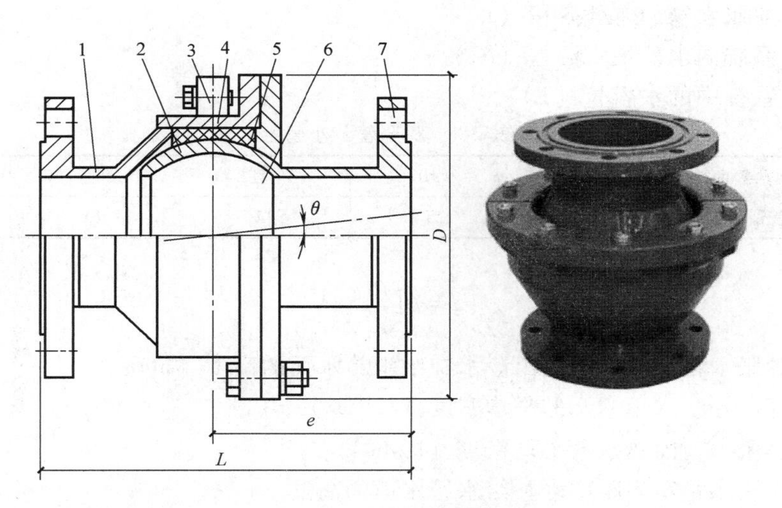

图 7-25　球形伸缩器

1—壳体　2—滑动轴承　3—固形密封圈　4—压注头　5—可注密封填料　6—球体　7—法兰

5. 膨胀管、安全阀和膨胀水罐

在集中热水供应系统中，冷水被加热后，水的体积要膨胀，如果热水供应系统是密闭的，在卫生器具不用水时，必然会增加系统的压力，有胀裂管道的危险，因此需要设置膨胀管、安全阀或膨胀水罐。

（1）膨胀管　膨胀管用于由高位冷水箱向水加热器供应冷水的开式热水供应系统，膨胀管的设置应符合下列要求：

1）设有高位冷水箱的热水供应系统设膨胀管时，不得将膨胀管返至高位冷水箱上空，目的是防止热水供应系统中的水体升温膨胀时，将膨胀的水量返至生活用冷水箱，引起该水箱内水体的热污染。解决的办法是将膨胀管引至其他非生活饮用水箱的上空。因一般多层、高层建筑大多有消防专用高位水箱，有的还有中水水箱等，这些非生活饮用水箱的上空都可接纳膨胀管的泄水。

膨胀管应高出屋顶水箱最高水位一定的高度，以免加热时热水从膨胀管中溢出。其设计高度可按式（7-1）计算：

$$h = H\left(\frac{\rho_1}{\rho_2} - 1\right) \tag{7-1}$$

式中　h——膨胀管高出水箱最高水位的高度（m）；

H——锅炉、水加热器底部至生活高位水箱最高水位的高度（m）；

ρ_1——冷水的密度（kg/m^3）；

ρ_2——热水的密度（kg/m^3）。

膨胀管出口离接入水箱水面的高度不应小于 100mm，其最小管径可根据水加热器传热面积大小按表 7-1 确定。膨胀管上严禁装设阀门，有冰冻时可采取保温措施。

2）在热水供应系统上设置膨胀水箱时，其容积应按式（7-2）计算，膨胀水箱溢流水位超出冷水补给水箱水面的高度应按式（7-3）计算：

$$V_p = 0.0006\Delta t V_s \tag{7-2}$$

式中　V_p——膨胀水箱的有效容积（L）；

Δt——系统内水的最大温差（℃）；

V_s——系统中的水容量（L）。

表7-1　膨胀管最小管径

锅炉或水加热器的传热面积/m²	<10	≥10且<15	≥15且<20	≥20
膨胀管最小管径/mm	25	32	40	50

$$h=H\left(\frac{\rho_l}{\rho_r}-1\right) \tag{7-3}$$

式中　h——膨胀水箱溢流水位超出冷水补给水箱水面的高度（m）；

ρ_l——冷水补给水箱内水的平均密度（kg/m^3）；

ρ_r——膨胀水箱内热水的平均密度（kg/m^3）；

H——膨胀水箱箱底距冷水补给水箱水面的高度（m）。

（2）安全阀　闭式热水供应系统中，日用热水量小于或等于≤$30m^3$的热水供应系统可采用安全阀等泄压的设施。承压热水锅炉应设安全阀，并由制造厂配套提供。开式热水供应系统的热水锅炉和水加热器可不设安全阀（劳动部门有要求者除外）。设置安全阀的具体要求如下：

1）水加热器宜采用微启式弹簧安全阀，安全阀应设防止随意调整螺栓的装置。

2）安全阀的开启压力，一般取热水供应系统工作压力的1.1倍，但不得大于水加热本体设计压力（一般分为0.6MPa、1.0MPa、1.6MPa三种规格）。

3）安全阀的直径应比计算值放大一级；一般实际工程应用中，对于水加热器用的安全阀，其阀座内径可比水加热器热水出水管管径小一号。

4）安全阀应直立安装在水加热器的顶部。

5）安全阀装设位置应便于检修，其排出口应设导管将排泄的热水引至安全地点。

6）安全阀与设备之间，不得装设取水管、引气管或阀门。

（3）膨胀水罐　闭式热水供应系统的日用热水量大于30 m^3时，应设膨胀水罐（隔膜式或胶囊式）以吸收贮热设备及管道内水升温时的膨胀量，防止系统超压，保证系统安全运行。膨胀水罐宜设置在水加热器和止回阀之间的冷水进水管或热水回水管的分支管上。

膨胀水罐总容积按式（7-4）计算：

$$V_e=\frac{(\rho_f-\rho_r)p_2}{(p_2-p_1)\rho_r}V_s \tag{7-4}$$

式中　V_e——膨胀水罐的总容积（m^3）；

ρ_f——加热前加热、贮热设备内水的密度（kg/m^3），定时供应热水的系统应按冷水温度确定，全日集中热水供应系统宜按热水回水温度确定；

ρ_r——热水密度（kg/m^3）；

p_1——膨胀水罐处管内水压力（MPa，绝对压力），为管内工作压力加0.1MPa；

p_2——膨胀水罐处管内最大允许压力（MPa，绝对压力），其数值可取$1.10p_1$；

V_s——系统内热水总容积（m^3）。

注：应校核p_2值，并不应大于水加热器的额定工作压力。

膨胀管宜设置在加热设备的热水循环回水管上。

6. 减压阀

热水供应系统中的水加热器常以蒸汽为热媒，若蒸汽管道供应的压力大于水加热器的需求压力，则应设减压阀把蒸汽压力降到需要值，才能保证设备使用安全。减压阀是利用流体通过阀瓣产生阻力而减压并达到所求值的自动调节阀，阀后压力可在一定范围内进行调整。减压阀的种类很多，常用的有活塞式、薄膜式和波纹管式三类。

7.4　热水供应系统的敷设与保温

热水供应系统的布置与敷设，除了满足给（冷）水管网敷设的要求外，还应注意由于水温高带来的体积膨胀、管道伸缩、保温和排气等问题。

7.4.1　热水供应系统的布置与敷设

热水管网有明装和暗装两种敷设方式。铜管、薄壁不锈钢管、衬塑钢管等可根据建筑、工艺要求暗装或明装。塑料热水管宜暗装；明装的立管宜布置在不受撞击处，当不可避免时，应在管外加防撞击的保护措施，同时应考虑防紫外线照射的措施。

热水管道暗装时，其横干管可敷设于地下室、技术设备层、管廊、吊顶或管沟内，其立管可敷设在管道竖井或墙壁竖向管槽内，支管可预埋在地面、楼板面的垫层内，但铜管和聚丁烯管（PB）埋于垫层内时宜设保护套，暗装管道在便于检修的地方装设法兰，装设阀门处应留检修门，以利于管道更换和维修。管沟内敷设的热水管应置于冷水管之上，并且进行保温。

热水管道穿过建筑物的楼板、墙壁和基础处应加套管，穿越屋面及地下室外墙时，应加防水套管，以免管道膨胀时损坏建筑结构和管道设备。当穿过有可能发生积水的房间地面和楼板面时，套管应高出地面 50~100mm。热水管道在吊顶内穿墙时，可预留孔洞。

上行下给式系统配水干管最高点应设排气装置（自动排气阀，带手动放气阀的集气罐和膨胀水箱）；下行上给式配水系统可利用最高配水点放气，系统最低点应设泄水装置，有可能时也可利用最低配水点泄水。

下行上给式热水供应系统设有循环管道时，循环立管应在最高配水点以下 0.5m 处与配水立管连接。上行下给式热水供应系统只需将循环管道与各立管连接。设有三个或三个以上卫生间的住宅、别墅的局部热水供应系统，当采用共用水加热设备时，宜设热水回水管及循环水泵。居住小区内集中热水供应系统的热水循环管道宜采用同程布置的方式；管路同程布置的方式对于防止系统中热水短路循环，保证整个系统的循环效果，各用水点能随时取到所需温度的热水，以及节水、节能有着重要作用。当采用同程布置有困难时，应采取保证循环效果的适宜措施。

热水管应有不小于 0.003 的坡度，配水横干管应沿水流方向上升，利于管道中的气体向高点聚集，便于排放；循环横管应沿水流下降，便于检修时泄水和排除管内污物。

室外热水管道一般为管沟内敷设，当不可能时，也可直埋敷设，其保温材料为聚氨酯硬质泡沫塑料，外部做玻璃钢管壳，并做伸缩补偿处理。直埋管道的安装与敷设还应符合有关直埋供热管道工程技术规程的规定。

热水立管与横管连接时，为避免管道伸缩应力破坏管网，应设乙字弯管，如图 7-26 所示。

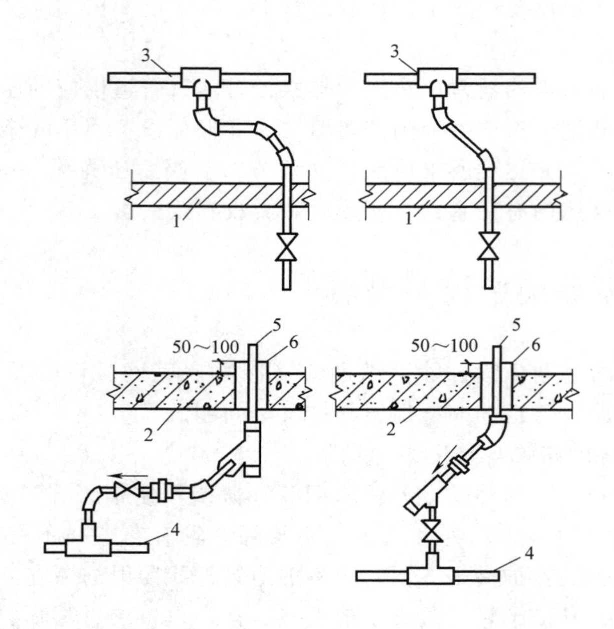

图7-26　热水立管与横管的连接方式

1—吊顶　2—地板或沟盖板　3—配水横管　4—回水管　5—立管　6—套管

为了调节水量、水压、水温及检修的需要，在配水或回水管道的分干管处，配水立管和回水立管的端点，以及居住建筑和公共建筑中从立管接出的支管上，均应设阀门。热水管道中水加热器或贮水器的冷水供水管和机械循环第二循环回水管上应设止回阀，以防止加热设备内的水倒流被泄空，或防止冷水进入热水供应系统影响配水点的供水温度，如图7-27所示。

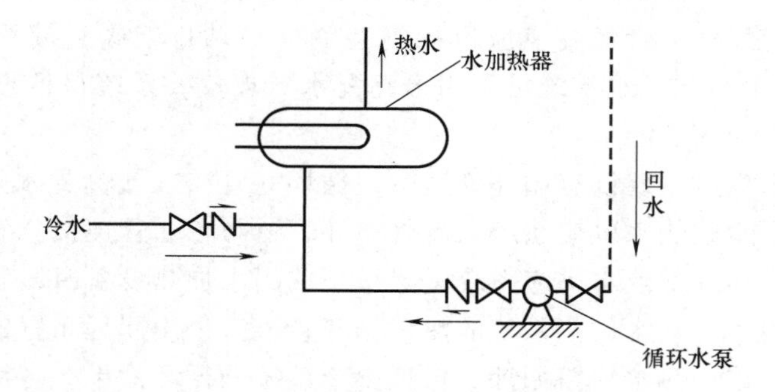

图7-27　热水管道上止回阀的位置

公共浴室淋浴器出水水温应稳定，并应采取下列措施：

1）采用开式热水供应系统。

2）给水额定流量较大的用水设备管道，应与淋浴配水管道分开。

3）多于3个淋浴器的配水管道，宜布置成环形。

4）成组淋浴器的配水管道的沿程水头损失，当淋浴器少于或等于6个时，可采用每米不大于300Pa；当淋浴器多于6个时，可采用每米不大于350Pa。配水管道不宜变径，且其最小管径不得小于25mm。

5）工业企业生活间和学校的淋浴室，宜采用单管热水供应系统。单管热水供应系统应采取保证热水水温稳定的技术措施。

高层建筑热水供应系统的分区，应遵循下列原则：应与给水系统的分区一致，各区水加热器、贮水管的进水均应由同区的给水系统专管供应；当不能满足要求时，应采取保证系统冷、热水压力平衡的措施；当采用减压阀分区时，应保证各分区热水的循环。

7.4.2　热水供应系统的保温

热水供应系统中，对管道和设备进行保温的主要目的是减少介质在输送过程中的热散失，使得蒸汽和热水管道保温后外表面温度不致过高，以避免大量的热散失、烫伤或积尘等，为人们创造良好的工作和生活条件。

保温材料应满足导热系数低、具有较高的耐热性、不腐蚀金属、材料密度小并具有一定的孔隙率、吸水率低并具有一定的机械强度、易于施工、就地取材、成本低等要求。

保温层的厚度可按式（7-5）计算

$$\delta = 3.41\frac{d_{w}^{1.2}\lambda^{1.35}\tau^{1.75}}{q^{1.5}} \tag{7-5}$$

式中　δ——保温层的厚度（mm）；

d_w——管道或圆柱设备的外径（mm）；

λ——保温层的导热系数［kJ/(h·m·℃)］；

τ——未保温的管道或圆柱设备外表面温度（℃）；

q——保温后的允许热损失［kJ/(h·m)］，可按表 7-2 采用。

表 7-2　保温后的允许热损失值　［单位：kJ/(h·m)］

管径 DN/mm	流体温度/℃					备　注
	60	100	150	200	250	
15	46.1					流体温度 60℃ 只适用于热水管道
20	63.8					
25	83.7					
32	100.5					
40	104.7					
50	121.4	251.2	335.0	367.8		
70	150.7					
80	175.5					
100	226.1	355.9	460.55	544.3		
125	263.8					
150	322.4	439.6	565.2	690.8	816.4	
200	385.2	502.4	669.9	816.4	983.9	
设备面	—	418.7	544.3	628.1	753.6	

热水配水管、回水管、热媒水管常用的保温材料为岩棉、超细玻璃棉、橡胶泡沫等，其保温层厚度可参照表 7-3 采用。蒸汽管用憎水珍珠岩管壳保温时，其厚度见表 7-4。水加热器、开水器等设备采用岩棉制品、硬聚氨酯发泡塑料等保温时，保温层厚度可为 35mm。

表 7-3　热水配水管、回水管、热媒水管的保温层厚度

管道直径 DN/mm	热水配水管、回水管				热媒水管、蒸汽凝结水管	
	15~20	25~50	65~100	>100	≤50	>50
保温层厚度/mm	20	30	40	50	40	50

表 7-4　蒸汽保温层厚度

管道直径 DN/mm	≤40	50~65	≥80
保温层厚度/mm	50	60	70

不论采用何种保温材料，在施工保温前，均应将金属管道和设备进行防腐处理，将表面清除干净，刷防锈漆两遍。同时，为增加保温结构的机械强度和防水能力，应视采用的保温材料在保温层外设保护层。

7.5　热水用水定额、水质与水温

7.5.1　热水用水定额

生产用热水定额，应根据生产工艺要求确定。生活用热水定额，应根据建筑物的使用性质、热水水温、卫生设备完善程度、热水供应时间、当地气候条件和生活习惯等因素合理确定。集中供应热水时，各类建筑物的热水用水定额按表 7-5 确定。卫生器具的一次和小时热水用水定额及水温应按表 7-6 确定。

表 7-5　热水用水定额

序号	建筑物名称	单位	最高日用水定额/L	使用时间/h
1	住宅			
	有自备热水供应和沐浴设备	每人每日	40~80	24
	有集中热水供应和沐浴设备	每日	60~100	24
2	别墅	每人每日	70~110	24
3	酒店式公寓	每人每日	80~100	24
4	宿舍			24 或定时供应
	Ⅰ类、Ⅱ类	每人每日	70~100	
	Ⅲ类、Ⅳ类	每人每日	40~80	
5	招待所、培训中心、普通旅馆			24 或定时供应
	设公用盥洗室	每人每日	25~40	
	设公用盥洗室、淋浴室	每人每日	40~60	
	设公用盥洗室、淋浴室、洗衣房	每人每日	50~80	
	设单独卫生间、公用洗衣室	每人每日	60~100	
6	宾馆客房			24
	旅客	每床位每日	120~160	
	员工	每人每日	40~50	
7	医院住院部			24
	设公用盥洗室	每床每日	60~100	
	设公用盥洗室、林浴室	每床每日	70~130	
	设单独卫生间	每床每日	110~200	
	医务人员	每人每班	70~130	8
	门诊楼、诊疗所	每病人每次	7~13	
	疗养院、休养所住房部	每床位每日	100~160	24

（续）

序号	建筑物名称	单位	最高日用水定额/L	使用时间/h
8	养老院	每床位每日	50~70	24
9	幼儿园、托儿所 有住宿 无住宿	 每儿童每日 每儿童每日	 20~40 10~15	 24 10
10	公共浴室 淋浴 淋浴、浴盆 桑拿浴(淋浴、按摩池)	 每顾客每次 每顾客每次 每顾客每次	 40~60 60~80 70~100	12
11	理发室、美容院	每顾客每次	10~15	12
12	洗衣房	每公斤干衣	15~30	8
13	餐饮厅 营业餐厅 快餐店、职工及学生食堂 酒吧、咖啡厅、茶座、卡拉 OK 房	 每顾客每次 每顾客每次 每顾客每次	 15~20 7~10 3~8	 10~12 12~16 8~18
14	办公楼	每人每班	5~10	8
15	健身中心	每人每次	15~25	12
16	体育场(馆) 运动员淋浴	 每人每次	 17~26	 4
17	会议厅	每座位每次	2~3	4

注：1. 热水温度按 60℃ 计。
2. 表内所列用水定额均已包括在给水用水定额中。
3. 本表以 60℃ 热水水温为计算温度，卫生器具的使用水温见表 7-6。

表 7-6　卫生器具的一次和小时热水用水定额及水温

序号	卫生器具名称	一次用水量/L	小时用水量/L	水温/℃
1	住宅、旅馆、别墅、宾馆、酒店式公寓 带有淋浴器的浴盆 无淋浴器的浴盆 淋浴器 洗脸盆、盥洗槽水嘴 洗涤盆(池)	 150 125 70~100 3 —	 300 250 140~200 30 180	 40 40 37~40 30 50
2	宿舍、招待所、培训中心 淋浴器:有淋浴小间 无淋浴小间 盥洗槽水嘴	 70~100 — 3~5	 210~300 450 50~80	 37~40 37~40 30
3	餐饮业 洗涤盆(池) 洗脸盆:工作人员用 顾客用 淋浴器	 — 3 — 40	 250 60 120 400	 50 30 30 37~40
4	幼儿园、托儿所 浴盆:幼儿园 托儿所 淋浴器:幼儿园 托儿所 盥洗槽水嘴 洗涤盆(池)	 100 30 30 15 15 —	 400 120 180 90 25 180	 35 35 35 35 30 50

（续）

序号	卫生器具名称	一次用水量/L	小时用水量/L	水温/℃
5	医院、疗养院、休养所 洗手盆 洗涤盆(池) 淋浴器 浴盆	 — — 125~150	 15~25 300 200~300 250~300	 35 50 37~40 40
6	公共浴室 浴盆 淋浴器：有淋浴小间 无淋浴小间 洗脸盆	 125 100~150 — 5	 250 200~300 450~540 50~80	 40 37~40 37~40 35
7	办公楼　洗手盆	—	50~100	35
8	理发室、美容院　洗脸盆	—	35	35
9	实验室 洗脸盆 洗手盆	 — —	 60 15~25	 50 30
10	剧场 淋浴器 演员用洗脸盆	 60 5	 200~400 80	 37~40 35
11	体育场馆淋浴器	30	300	35
12	工业企业生活间 淋浴器：一般车间 脏车间 洗脸盆或盥洗槽水嘴：一般车间 脏车间	 40 60 3 5	 360~540 180~480 90~120 100~150	 37~40 40 30 35
13	净身器	10~15	120~180	30

注：一般车间指现行的《工业企业设计卫生标准》中规定的 3、4 级卫生特征的车间；脏车间指该标准中规定的 1、2 级卫生特征的车间。

7.5.2　热水水质

工业用热水水质按生产工艺要求而定，生活用热水水质必须符合 GB 5749—2006《生活饮用水卫生标准》的规定。热水供应系统中，管道的结垢是个比较普遍的问题，而水的硬度是引起结垢的根本原因，因而应对加热前的冷水硬度加以控制。

集中热水供应系统原水的水处理，应根据水质、水量、水温、水加热设备的构造、使用要求等因素经技术经济比较并按下列规定确定：

1）当洗衣房日用水量（按 60℃计）大于或等于 10m^3 且原水总硬度（以碳酸钙计）大于 300mg/L 时，应进行水质软化处理；原水总硬度（以碳酸钙计）为 150~300mg/L 时，宜进行水质软化处理。

2）其他生活日用水量（按 60℃计）大于或等于 10m^3 且原水总硬度（以碳酸钙计）大于 300mg/L 时，宜进行水质软化或阻垢缓蚀处理。

3）经软化处理后的水质总硬度宜为：洗衣房用水 50~100mg/L，其他用水 75~150mg/L。

4）当系统对溶解氧控制要求较高时，宜采取除氧措施。

7.5.3　热水水温

1. 冷水计算温度

冷水的计算温度应按当地最冷月平均水温确定，当无当地水温资料时，参照现行 GB 50015—2003《建筑给水排水设计规范》(2009 年版)。

2. 热水使用温度

生活用热水水温应满足生活使用的各种需要。各种卫生器具使用水温，按表 7-6 确定。其中，淋浴器使用水温应根据气候条件、使用对象和使用习惯确定。在计算耗热量和热水用量时，一般按 40℃计算。设有集中热水供应系统的住宅、配水点放水 15s 的水温不应低于 45℃。对养老院、精神病医院、幼儿园等建筑的淋浴室和浴盆设备的热水管道应有防烫伤措施。

餐厅厨房用热水温度与水的用途有关，洗衣机用热水温度与洗涤衣物的材质有关，其热水使用温度见表 7-7。汽车冲洗用水，在寒冷地区为防止车身结冰，宜采用 20~25℃的热水。

生产热水使用温度应根据工艺要求或同类型生产实践数据确定。

表 7-7　餐厅厨房、洗衣机热水使用温度

用水对象	用水温度/℃	用水对象	用水温度/℃
餐厅厨房：		洗衣机：	
一般洗涤	50	棉麻织物	50~60
洗碗机	60	丝绸织物	35~45
餐具过清	70~80	毛料织物	35~40
餐具消毒	100	人造纤维织物	30~35

3. 热水供水温度

热水供水温度是指热水供应设备（如热水锅炉、水加热器等）的出口温度。最低供水温度，应保证热水管网最不利配水点的水温不低于使用水温要求。最高供水温度，应便于使用，过高的供水温度虽可增加蓄热量，减少热水供应量，但也会增大加热设备和管道的热损失，增加管道腐蚀和结垢的可能性，并易引发烫伤事故。考虑水质处理情况、病菌滋生温度情况等因素，加热设备出口的最高水温和配水点的最低水温可按表 7-8 确定。

表 7-8　热水锅炉或水加热器出口的最高水温和配水点的最低水温

水质处理	热水锅炉或水加热器出口的最高水温/℃	配水点的最低水温/℃
无需软化处理或有软化处理	75	50
需软化处理但无软化处理	60	50

4. 冷热水比例计算

在冷热水混合时，应以配水点要求的热水水温、当地冷水计算水温和冷热水混合后的使用水温求出所需热水量和冷水量的比例。

若混合水量为 100%，则所需热水量占混合水量的百分数，按式（7-6）计算

$$K_r = \frac{t_h - t_l}{t_r - t_l} \times 100\% \tag{7-6}$$

式中　t_r、t_l、t_h——分别为热水温度、冷水温度、混合水温度（℃）；

K_r——热水量占混合水量的百分数。

所需冷水量占混合水量的百分数 K_l，按式（7-7）计算

$$K_l = 1 - K_r \tag{7-7}$$

7.6 耗热量、热水量和热媒耗量的计算

耗热量、热水量和热媒耗量是热水供应系统中选择设备和管网计算的主要依据。

7.6.1 耗热量计算

与热水用水量相对应，耗热量的计算方法也有两种，设计时根据需要合理选择。

1）全日供应热水的住宅、宿舍（Ⅰ、Ⅱ类）、别墅酒店式公寓、办公楼、招待所、培训中心、旅馆、宾馆的客房（不含员工）、医院住院部、养老院、幼儿园、托儿所（有住宿）等建筑的集中热水供应系统的设计小时耗热量按式（7-8）计算

$$Q_h = K_h \frac{mq_r}{T} c(t_r - t_l)\rho_r \tag{7-8}$$

式中 Q_h——设计小时耗热量（kJ/h）；

c——水的比热容，取 $c=4.187$kJ/(kg·℃)；

m——用热水单位数，人或床位数；

K_h——小时变化系数，按表7-9采用；

q_r——热水用水定额（L/d）；

t_r——热水温度（℃），$t_r=60$℃；

t_l——冷水温度（℃）；

T——每日使用时间（h），可按表7-5选用；

ρ_r——热水密度（kg/L）。

表7-9 热水小时变化系数 K_h 值

类别	住宅	别墅	酒店式公寓	宿舍（Ⅰ、Ⅱ类）	招待所、培训中心、普通旅馆	宾馆	医院	幼儿园、托儿所	养老院
热水用水定额/[L/(d·人)]或/[L/(床·d)]	60~100	70~110	80~100	70~100	25~50 40~60 50~80 60~100	120~160	60~100 70~130 110~200 100~160	20~40	50~70
用热水单位数 m	≤100~≥6000	≤100~≥6000	≤150~≥1200	≤150~≥1200	≤150~≥1200	≤150~≥1200	≤50~≥1000	≤50~≥1000	≤50~≥1000
K_h	4.8~2.75	4.21~2.47	4.00~2.58	4.80~3.20	3.84~3.00	3.33~2.60	3.63~2.56	4.80~3.20	3.20~2.74

注：1. K_h 应根据热水用水定额高低、使用人（床）数多少取值，当热水用水定额高、使用人（床）数多时取低值，反之取高值；使用人（床）数不大于下限值及不小于上限值的，K_h 分别取上限值及下限值，中间值可用内插法求得。

2. 设有全日集中热水供应系统的办公楼、公共浴室等表中未列入的其他类建筑的 K_h 值可按表4-3中给水的小时变化系数选值。

2）定时供应热水的住宅、旅馆、医院及工业企业生活间、公共浴室、宿舍（Ⅲ、Ⅳ

类）、学校、剧院化妆间、体育场（管）运动员休息室等建筑的集中热水供应系统的设计小时耗热量按式（7-9）计算

$$Q_{\mathrm{h}}=\sum\frac{q_{\mathrm{h}}nb}{100}c(t_{\mathrm{r}}-t_{\mathrm{l}})\rho_{\mathrm{r}} \tag{7-9}$$

式中　Q_{h}——设计小时耗热量（kJ/h）；

c——水的比热容，取 $c=4.187\mathrm{kJ/(kg\cdot ℃)}$；

t_{r}——热水温度（℃），按表 7-6 选用；

t_{l}——冷水温度（℃）；

q_{h}——卫生器具一小时热水用水量（L/h），按表 7-6 采用；

n——同类型卫生器具数；

b——卫生器具同时使用百分数，公共浴室、工业企业生活间、学校、剧院及体育馆（场）等浴室的淋浴器和洗脸盆按 100%计；旅馆、客房卫生间内的浴盆按 70%～100%计，其他器具不计，但定时连续供水时间应不小于 2h；医院、疗养院的病房内卫生间的浴盆按 25%～50%计，其他器具不计；

ρ_{r}——热水密度（kg/L）。

3）设有集中热水供应系统的居住小区的设计小时耗热量，当公共建筑的最大用水时段与住宅的最大用水时段一致时，应按两者的设计小时耗热量叠加计算；当公共建筑的最大用水时段与住宅的最大用水时段不一致时，应按住宅的设计小时耗热量加公共建筑的平均小时耗热量叠加计算。

4）具有多个不同使用热水部门的单一建筑（如旅馆内具有客房卫生间、职工共用淋浴间、洗衣房、厨房、游泳池及健身娱乐设施等多个热水用户）或具有多种使用功能的综合性建筑（如同一幢建筑内具有公寓、办公楼、商业用房等多种用途），当其热水由同一系统供应时，设计小时耗热量可按同一时间内出现用水高峰的主要用水部门的设计小时耗热量及其他用水部门的平均小时耗热量计算。

7.6.2　热水量计算

设计小时热水量可按式（7-10）计算

$$Q_{\mathrm{r}}=\frac{Q_{\mathrm{h}}}{(t_{\mathrm{r}}-t_{\mathrm{l}})c\rho_{\mathrm{r}}} \tag{7-10}$$

式中　Q_{r}——设计小时热水量（L/h）；

Q_{h}——设计小时耗热量（kJ/h）；

c——水的比热容，取 $c=4.187\mathrm{kJ/(kg\cdot ℃)}$；

t_{r}——设计热水温度（℃）；

t_{l}——设计冷水温度（℃）；

ρ_{r}——热水密度（kg/L）。

7.6.3　热媒耗量计算

根据热水被加热方式的不同，热媒耗量应按下列方法计算：

1）采用蒸汽直接加热时，蒸汽耗量按式（7-11）计算

$$G=(1.10\sim1.20)\frac{Q_{\mathrm{h}}}{i_{\mathrm{m}}-i_{\mathrm{r}}} \tag{7-11}$$

式中　G——蒸汽耗量（kg/h）;

Q_h——设计小时耗热量（kJ/h）;

i_m——饱和水蒸气热焓（kJ/kg），按表 7-10 选用;

i_r——蒸汽与冷水混合后的热水热焓（kJ/kg），$i_r=4.187t_r$;

t_r——蒸汽与冷水混合后的热水温度（℃）。

2）采用蒸汽间接加热时，蒸汽耗量按式（7-12）计算

$$G=(1.10\sim1.20)\frac{Q_h}{\gamma_h} \tag{7-12}$$

式中　G——蒸汽耗量（kg/h）;

Q_h——设计小时耗热量（kJ/h）;

γ_h——蒸汽的汽化热（kJ/kg），按表 7-10 选用。

表 7-10　饱和蒸汽性质

绝对压力/MPa	饱和蒸汽温度/℃	热焓/(kJ/kg)		蒸汽的汽化热/(kJ/kg)
		液体	蒸汽	
0.1	100	419	2679	2260
0.2	119.6	502	2707	2205
0.3	132.9	559	2726	2167
0.4	142.9	601	2738	2137
0.5	151.1	637	2749	2112
0.6	158.1	667	2757	2090
0.7	164.2	694	2767	2073
0.8	169.6	718	2773	2055
0.9	174.5	739	2777	2038

3）采用高温热水间接加热时，高温热水耗量按式（7-13）计算

$$G=(1.10\sim1.20)\frac{Q_h}{c(t_{mc}-t_{mz})} \tag{7-13}$$

式中　G——高温热水耗量（kg/h）;

Q_h——设计小时耗热量（kJ/h）;

c——水的比热容，取 $c=4.187\text{kJ/(kg}\cdot℃)$;

t_{mc}——高温热水进口水温（℃）;

t_{mz}——高温热水出口水温（℃）。

7.7　热水加热及贮存设备的选择计算

水加热设备应根据使用特点、耗热量、热源、维护管理及卫生防菌等因素选择，并应符合下列要求：热效率高，换热效果好，节能、节省设备用房；生活热水侧阻力损失小，有利于整个系统冷、热水压力的平衡；安全可靠、构造简单、操作维修方便。

7.7.1　集中热水供应加热及贮存设备的选择计算

在集中热水供应系统中，起加热兼起贮存作用的设备有容积式水加热器和加热水箱等，仅起加热作用的设备为快速式水加热器；仅起贮存热水作用的设备为贮热器。上述设备的主

要计算内容是确定加热设备的加热面积和贮热设备的贮存容积。

1. 加热设备供热量的计算

全日集中热水供应系统中，锅炉、水加热设备的设计小时供热量应根据日热水用量小时变化曲线、加热方式及锅炉、水加热设备的工作制度经积分曲线计算确定。当无条件时，可按下列原则确定：

1）容积式水加热器或贮热容积与其相当的水加热器、燃油（气）热水机组应按式（7-14）计算

$$Q_g = Q_h - \frac{\eta V_r}{T}(t_r - t_l)c\rho_r \tag{7-14}$$

式中　Q_g——容积式水加热器（含导流型容积式水加热器）的设计小时供热量（kJ/h）；

Q_h——设计小时耗热量（kJ/h）；

η——有效贮热容积系数，容积式水加热器 $\eta=0.7\sim0.8$，导流型容积式水加热器 $\eta=0.8\sim0.9$；第一循环系统为自然循环时，卧式贮热水罐 $\eta=0.80\sim0.85$，立式贮热水罐 $\eta=0.85\sim0.90$，第一循环系统为机械循环时，卧式、立式贮热水罐 $\eta=1.0$；

V_r——总贮热容积（L）；

T——设计小时耗热量持续时间（h），$T=2\sim4\text{h}$；

t_r——热水温度（℃），按设计水加热器出水温度或贮热温度计算；

t_l——冷水温度（℃），按 GB 50015—2003《建筑给水排水设计规范》（2009 年版）采用；

c——水的比热容，取 $c=4.187\text{kJ/(kg·℃)}$；

ρ_r——热水密度（kg/L）。

注：当 Q_g 计算值小于平均小时耗热量时，Q_g 应取平均小时耗热量。

式（7-14）的意义为，具有相当量贮热容积的水加热设备供热时，提供系统的设计小时耗热量由两部分组成：一部分是设计小时耗热量时间段内热媒的供热量 Q_g；另一部分是供给设计小时耗热量前水加热设备内已贮存好的热量。

2）半容积式水加热器或贮热容积与其相当的水加热器、燃油（气）热水机组的设计小时供热量应按设计小时耗热量计算。

3）半即热式、快速式水加热器及其他无贮热容积的水加热设备的设计小时供热量应按设计秒流量所需耗热量计算。

2. 水加热器加热面积的计算

容积式水加热器、快速式水加热器和加热水箱中加热排管或盘管的传热面积应按下列计算方法计算。

根据热平衡原理，制备热水所需的热量应等于水加热器传递的热量，即

$$\varepsilon K \Delta t F = C_r Q_z \tag{7-15}$$

则水加热器的加热面积计算公式为

$$F = C_r \frac{Q_z}{\varepsilon K \Delta t} \tag{7-16}$$

式中　F——水加热器的加热面积（m^2）；

Q_z——制备热水所需热量（kJ/h），可按设计小时即耗热量计算；

K——传热系数［W/(m^2·℃)］，可参考表7-11和表7-12；

ε——因水垢等因素影响降低传热效果的系数，一般取0.6~0.8（汽-水式：取ε=0.6~0.8，水-水式：取ε=0.6~0.65）；

Δt——热媒与被加热流体的计算温度差（℃）；

C_r——热损失系数，一般取1.1~1.15。

（1）传热系数　传热系数的计算比较复杂，K值对加热器换热影响很大，主要取决于热媒种类和压力、热媒和热水流速、换热管材质和热媒出口凝结水水温等；K值应按样品提供的参数选用。容积式水加热器和加热水箱中盘管的K值，见表7-11；快速水加热器的K值，见表7-12。

表7-11　容积式水加热器和加热水箱中盘管的K值

热媒性质		热媒流速/(m/s)	被加热水流速/(m/s)	传热系数/[kJ/(m^2·℃·h)]	
				钢盘(排)管	铜盘(排)管
蒸汽压力	≤70kPa	—	<0.1	2302~2512	2721~2931
	>70kPa	—	<0.1	2512~2721	2931~3140
70~150℃的热水		<0.5	<0.1	1172~1256	1382~1465

注：表中K值是按盘管内通过热媒和盘管外通过被加热水确定的。

表7-12　快速水加热器的K值　　［单位：kJ/(m^2·℃·h)］

被加热水流速/(m/s)	热媒为热水时，热水流速/(m/s)						热媒为蒸汽时，蒸汽压力/kPa	
	0.5	0.75	1.0	1.5	2.0	2.5	≤100	>100
0.5	3977	4606	5204	5443	5862	6071	9839/7746	9211/7327
0.75	4480	5233	5652	6280	6908	7118	12351/9630	11514/9002
1.0	4815	5652	6280	7118	7955	8374	14235/11095	13188/10467
1.5	5443	6489	7327	8374	9211	9839	16328/13398	15072/12560
2.0	5861	7118	7955	9211	10528	10886	–/1570	–/14863
2.5	6280	7536	8583	10528	11514	12560	—	—

注：热媒为蒸汽时，传热系数中分子部分所列数值，为两回程汽-水快速加热器中被加热水温升20~30℃时的K值，分母部分所列数值，为四回程汽-水快速加热器中被加热水温升60~65℃时的K值。

（2）计算温度差　对于容积式水加热器，可采用算术平均温度差，即

$$\Delta t=\frac{t_1+t_2}{2}-\frac{t'+t''}{2} \tag{7-17}$$

式中　t_1、t_2——热媒的初、终温度（℃）；

t'、t''——被加热水的初、终温度（℃）。

对于快速水加热器，应采用对数平均温度差，即

$$\Delta t=\frac{\Delta t_d-\Delta t_x}{\ln\dfrac{\Delta t_d}{\Delta t_x}} \tag{7-18}$$

式中　Δt_d——水加热器一端进、出口处热媒与被加热流体的最大温度差（℃）；

Δt_x——水加热器另一端进、出口处热媒与被加热流体的最小温度差（℃）。

水加热器两端温度及逆流式快速水加热器工况如图 7-28 所示。

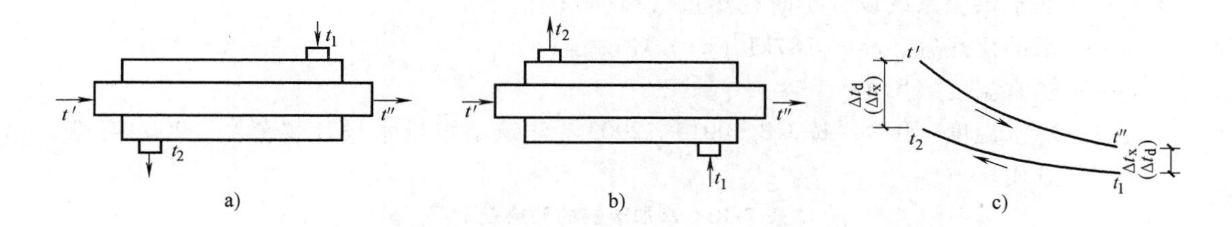

图 7-28　水加热器两端温度及逆流式快速水加热器工况

a）顺流式水加热器　b）逆流式水加热器　c）逆流式水加热器工况

热媒的计算温度应符合下列规定：

① 热媒为饱和蒸汽时：

a. 热媒的初温：蒸汽压力不大于 70kPa 时，蒸汽温度按 100℃ 计算；蒸汽压力大于 70kPa 时，按相应的饱和温度计算。

b. 热媒的终温：应由经热工作性能测定的产品提供；容积式水加热器的 $t_1 = t_2$；导流型容积式水加热器、半容积式水加热器、半即热式水加热器的终温为 50～90℃。

② 热媒为热水时，热媒的初温应按热媒供水的最低温度计算；热媒的终温应由经热工作性能测定的产品提供；当热媒的初温为 70～100℃ 时，其终温：容积式水加热器为 60～85℃；导流型容积式水加热器、半容积式水加热器、半即热式水加热器为 50～80℃。

③ 热媒为热力管网的热水时，热媒的计算温度应按热力管网供回水的最低温度计算，但热媒的初温与被加热水的终温之差，不得小于 10℃。

加热设备加热盘管的长度，可按式（7-19）计算

$$l = \frac{F}{\pi D} \tag{7-19}$$

式中　l——加热盘管的长度（m）；

D——加热盘管的外径（m）；

F——水加热器的传热面积（m^2）。

3. 热水贮水器容积的计算

集中热水供应系统中贮存热水的设备有开式热水箱、闭式热水罐和兼有加热和贮存热水功能的加热水箱、容积式水加热器等。

集中热水供应系统中贮存一定容积的热水，其功能主要是调峰应用。贮水器容积和多种因素有关，如加热设备的类型、建筑物用水规律、热源和热媒的充沛程度、自动控制程度、管理情况等。集中热水供应系统中贮水器的容积，从理论上讲，应根据建筑物日用热水量小时变化曲线及加热设备的工作制度经计算确定。当缺少这方面的资料和数据时，可用经验法计算确定贮水器的容积。

（1）经验计算法　在实际工程中，贮水器的容积多用经验法，按式（7-20）计算确定

$$V = \frac{TQ_h}{(t_r - t_l)c} \tag{7-20}$$

式中　V——贮水器的贮水容积（L）；

T——加热时间（h），按表7-13选用；

Q_h——热水供应系统设计小时耗热量（kJ/h）；

c——水的比热容，$c=4.187$kJ/(kg·℃)；

t_r——热水温度（℃）；

t_l——冷水温度（℃），按GB 50015—2003《建筑给水排水设计规范》（2009年版）选用。

表7-13　水加热器的贮热量

加热设备	以蒸汽或95℃以上的热水为热媒时		以小于或等于95℃的热水为热媒时	
	工业企业淋浴室	其他建筑物	工业企业淋浴室	其他建筑物
半容积式水加热器或加热水箱	≥30minQ_h	≥45min Q_h	≥60min Q_h	≥90min Q_h
导流型容积式水加热器	≥20min Q_h	≥30min Q_h	≥30min Q_h	≥40min Q_h
半容积式水加热器	≥15min Q_h	≥15min Q_h	≥15min Q_h	≥20min Q_h

注：1. 半即热式、快速水加热器的贮热容积应根据热媒的供给条件与安全、温控装置的完善程度等因素确定。
① 当热媒可按设计秒流量供应，具有完善可靠的温度自动调节和安全装置时，可不考虑贮热容积。
② 当热媒不能保证按设计秒流量供应，或无完善可靠的温度自动调节和安全装置时，则应考虑贮热容积，贮热量宜根据热媒供应情况按导流型容积式水加热器或半容积式水加热器确定。
2. 热水机组所配贮热器，其贮热量宜根据热媒供应情况，按导流型容积式水加热器或半容积式水加热器确定。
3. 表中Q_h为设计小时耗热量。

按式（7-20）计算确定出容积式水加器或加热水箱的容积后，当冷水从下部进入，热水从上部送出时，其计算容积宜附加20%~25%；当采用有导流装置的容积式水加热器时，其计算容积应附加10%~15%；当采用半容积式水加热器，或带有强制管内水循环装置的容积式水加热器时，其计算容积可不附加。

（2）估算法　在初步设计或方案设计阶段，各种建筑水加热器或贮存容器的贮水容积（60℃热水）可按表7-14估算。

表7-14　贮水容积估算值

建筑类别	以蒸汽或95℃以上的热水为热媒时		以小于或等于95℃的热水为热媒时	
	导流型容积式水加热器	半容积式水加热器	导流型容积式水加热器	半容积式水加热器
有集中热水供应的住宅/[L/(人·d)]	5~8	3~4	6~10	3~5
设单独卫生间的集体宿舍、培训中心、旅馆/[L/(床·d)]	5~8	3~4	6~10	3~5
宾馆、客房/[L/(床·d)]	9~13	4~6	12~16	6~8
医院住院部/[L/(床·d)] 设公用盥洗室 设单独卫生间 门诊部	 4~8 8~15 0.5~1	 2~4 4~8 0.3~0.6	 5~10 11~20 0.8~1.5	 3~5 6~10 0.4~0.8
有住宿的幼儿园、托儿所/[L/(人·d)]	2~4	1~2	2~5	1.5~2.5
办公楼/[L/(人·d)]	0.5~1	0.3~0.6	0.8~1.5	0.4~0.5

4. 锅炉选择计算

锅炉属于发热设备。在较大的集中热水供应系统中，锅炉一般由采暖、供热专业设计人员结合整个建筑的采暖、空调、食堂用蒸汽等综合考虑，统一设计选择，给排水设计人员提供出设计小时耗热量即可。

小型建筑物的热水供应系统可单独选择锅炉，其小时供热量一般按式（7-21）计算

$$Q_g=(1.1\sim1.2)Q_h \tag{7-21}$$

式中　Q_g——锅炉小时供热量（kJ/h）；

Q_h——设计小时耗热量（kJ/h）；

1.1~1.2——热水供应系统的热损失附加系数。

然后从锅炉样本中查出锅炉发热量，应保证 $Q_g>Q_h$，具体富余量应根据今后的发展预期和一些零星用热等因素确定。

7.7.2　太阳能热水器系统的计算

1）热水量计算见 7.6 节内容。

2）太阳能加热系统的设计，应符合下列要求：

① 太阳能集热器的设置应和建筑专业统一规划协调，并在满足水加热系统要求的同时不得影响结构安全和建筑美观。

② 集热器的安装方位、朝向、倾角和间距等应符合现行 GB 50364—2005《民用建筑太阳能热水系统应用技术规范》的要求。

③ 集热器总面积应根据日用水量、当地年平均日太阳能辐照量和集热器热效率等因素按下列公式计算：

a. 直接加热供水系统的集热器总面积可按式（7-2）计算

$$A_{jz}=\frac{q_r mc\rho_r(t_r-t_l)f}{J_t\eta_j(1-\eta_1)} \tag{7-22}$$

式中　A_{jz}——直接加热供水系统集热器总面积（m^2）；

q_r——设计日用热水量（L/d），按不高于表 7-5 热水用水定额中下限取值；

m——用水单位数；

c——水的比热容，$c=4.187$kJ/(kg·℃)；

ρ_r——热水密度（kg/L）；

t_r——热水温度（℃），$t_r=60$℃；

t_l——冷水温度（℃），按《建筑给水排水设计规范》采用；

J_t——集热器采光面上年平均日太阳辐射照量［kJ/(m^2·d)］；

f——太阳能保证率，根据系统使用期内的太阳辐照量、系统经济性和用户要求等因素综合考虑后确定，取 30%~80%；

η_j——集热器平均集热效率，按集热器产品实测数据确定，经验值为 45%~50%；

η_1——贮水箱和管路的热损失率，取 15%~30%。

b. 间接加热供水系统的集热总面积可按式（7-23）计算

$$A_{jj}=A_{jz}\left(1+\frac{F_R U_L A_{jz}}{KF_{jr}}\right) \tag{7-23}$$

式中　A_{jj}——间接加热供水系统集热器总面积（m^2）；

$F_R U_L$——集热器热损失系数［kJ/(m^2·℃·h)］，平板型可取 14.4~21.6kJ/(m^2·℃·h)，

真空管型可取3.6~7.2kJ/(m²·℃·h)，具体数值根据集热器实测的结果确定；

K——水加热器传热系数［kJ/(m²·℃·h)］；

F_{jr}——水加热器面积（m²）。

④ 太阳能集热系统贮热水箱有效容积可按式（7-24）计算

$$V_{rx}=q_{rjd}A_j \tag{7-24}$$

式中　V_{rx}——贮热水箱有效容积（L）；

q_{rjd}——集热器单位采光面积平均每日产热水量［L/(m²·d)］，根据集热器产品的实测结果确定，无条件时，根据当地太阳辐照量、集热器集热性能、集热面积的大小等因素按下列原则确定：直接供水系统 $q_{rjd}=40\sim100$L/(m²·d)；间接供水系统 $q_{rjd}=30\sim70$L/(m²·d)；

A_j——集热器总面积（m²）。

3）强制循环的太阳能集热器系统应设循环水泵。循环水泵的流量扬程计算应符合下列要求：

① 循环水泵的流量可按式（7-25）计算

$$q_x=q_{gz}A_j \tag{7-25}$$

式中　q_x——集热系统循环水泵的流量（L/s）；

q_{gz}——单位采光面积集热器对应的工质流量［L/(s·m²)］。

② 开式直接加热太阳能集热系统循环水泵的扬程应按式（7-26）计算

$$H_x=h_{jx}+h_j+h_Z+h_f \tag{7-26}$$

式中　H_x——循环水泵扬程（kPa）；

h_{jx}——集热系统循环管道的沿程与局部水头损失（kPa）；

h_j——循环流量流经集热器的水头损失（kPa）；

h_Z——集热器顶与贮热水箱最低水位之间的静压差（kPa）；

h_f——附加压力（kPa），取20~50kPa。

③ 闭式间接加热太阳能集热系统循环水泵的扬程应按式（7-27）计算

$$H_x=h_{jx}+h_e+h_j+h_f \tag{7-27}$$

式中　h_e——循环流量经集热水加热器的水头损失（kPa）。

4）集热水加热器的水加热面积应按式（7-16）计算确定，其中热媒与被加热水的计算温度差 Δt 可按5~10℃取值。

5）太阳能热水供应系统应设辅助热源及其加热设施。其设计计算应符合下列要求：辅助热源宜因地制宜选择城市热力管网、燃气、燃油、电、热泵等；辅助热源及其水加热设施应结合热源条件、系统形式及太阳能供热的不稳定状态等因素，经技术经济比较后合理选择、配置；辅助热源加热设备应根据热源种类及其供水水质、冷热水供应系统形式等选用直接加热或间接加热设备；辅助热源的控制应在保证充分利用太阳能集热量的条件下，根据不同的热水供水方式采用手动控制、全日自动控制或定时自动控制。

7.7.3　可再生低温能源加热系统

可再生低温能源主要是指利用浅层地下水、地面水、污水及空气等低温能源，代替传统热源为建筑提供热水、供暖等热源。通过热泵水加热系统方式来达到集热、加热水的目的。

1. 水源热泵机组

1）水源热泵的设计小时供热量应按式（7-28）计算

$$Q_g = k_1 \frac{m q_r c (t_r - t_l) \rho_r}{T_1} \tag{7-28}$$

式中　Q_g——水源热泵的设计小时供热量（kJ/h）；

k_1——安全系数，取 1.05~1.10；

m——用水计算单位数，人数或床位数；

c——水的比热容，c=4.187kJ/(kg·℃)；

ρ_r——热水用水定额［L/(人·d) 或 L/(人·床)］；

T_1——热泵机组设计工作时间（h），取 12~20h；

t_r——热水温度（℃），取 60℃；

t_l——冷水温度（℃）。

2）水源总水量。

$$q = \frac{Q_j}{\Delta t_{ju} c \rho_v} = \frac{\left(1 - \frac{1}{cop}\right) Q_g}{\Delta t_{ju} c \rho_v} \tag{7-29}$$

式中　q——水源总水量（L/h）；

Q_j——水源供热量（kJ/h）；

cop——热泵释放高温热量与压缩机输入功率之比，由设备商提供，一般取 3；

Δt_{ju}——水源水进、出预热换热器的温差（℃），取 6~8℃；

c——水的比热容，c=4.187kJ/(kg·℃)；

ρ_v——水源水的平均密度（kg/L）。

3）水源水质应满足热泵机组或换热器的水质要求，当其不满足时，应采取有效的过滤、沉淀、灭藻、阻垢、缓蚀等处理措施。当以污（废）水为水源时，应做相应污水、废水处理。

4）水源热泵制备热水可根据水质硬度、冷水和热水供应系统的形式等经技术经济比较后，采用直接供水或做热媒间接换热供水。

5）水源热泵热水供应系统应设置贮热水箱（罐），其总贮热水容积为：全日制集中热水供应系统贮热水箱（罐）总容积，应根据日耗热量、热泵持续时间及热泵工作时间内耗热量等因数确定，当其因素不确定时，宜按式（7-30）计算

$$V_r = k_2 \frac{(Q_h - Q_g) T}{\eta (t_r - t_l) c \rho_r} \tag{7-30}$$

式中　V_r——贮热水箱（罐）总容积（L）；

Q_h——设计小时耗热量（kJ/h）；

Q_g——设计小时供热量（kJ/h）；

k_2——安全系数，取 1.10~1.20；

T——设计小时耗热量持续时间（h）；

η——有效贮热容积系数，贮热水箱、卧式贮热水罐取 0.80~0.85，立式贮热水罐取 0.85~0.90；

其他符号意义同上。

2. 空气源热泵

1）空气源热泵热水供应系统设置辅助热源时按下列原则确定：最冷月平均气温不小于10℃的地区，可不设辅助热源；最冷月平均气温小于10℃的地区且不小于0℃时，宜设置辅助热源。

2）空气源热泵辅助热源应就地获取，经过经济技术比较，选用投资省、低能耗热源。

3）空气源热泵的供热量计算同水源热泵；当设辅助热源时，宜按当地农历春分、秋分所在月的平均气温和冷水供水温度计算；当不设辅助热源时，应按当地最冷月平均气温和冷水供水温度计算。

4）空气源热泵水加热贮热设备的有效容积，可根据制备热水的方式，按水源热泵确定。

7.8 热水管网的水力计算

热水管网的水力计算是在完成热水供应系统布置、绘出热水管网系统图及选定加热设备后进行的。水力计算的目的如下：

1）计算第一循环管网（热媒管网）的管径和相应的压力损失。

2）计算第二循环管网（配水管网和回水管网）的设计秒流量、循环流量、管径和压力损失。

3）确定循环方式，选用热水管网所需的各种设备及附件。

7.8.1 第一循环管网的水力计算

1. 热媒为高压蒸汽

以高压蒸汽为热媒时，热媒耗量 G 按式（7-11）或式（7-12）计算确定。

热媒蒸汽管道一般按管道的允许流速和相应的比压降确定管径和水头损失。高压蒸汽管道的常用流速见表7-15。

表7-15 高压蒸汽管道的常用流速

管径/mm	15~20	25~32	40	50~80	100~150	≥200
流速/(m/s)	10~15	15~20	20~25	25~35	30~40	40~60

确定热媒蒸汽管道管径后，还应合理确定凝水管管径。

2. 热媒为热水

以热水为热媒时，热媒流量 G 按式（7-13）计算。

热媒循环管路中的配水、回水管道，其管径应根据热媒流量 G、热水管道允许流速，通过查热水管道水力计算表确定，并据此计算出管路的总压力损失。热水管道的流速，宜按表7-16选用。

表7-16 热水管道的流速

公称管径/mm	15~20	25~40	≥50
流速/(m/s)	≤0.8	≤1.0	≤1.2

当锅炉与水加热器或贮水器连接时，热媒管网的热水自然循环压力 H_{zr} 按式（7-31）

计算：

$$H_{zr}=g\Delta h(\rho_1-\rho_2) \tag{7-31}$$

式中　H_{zr}——热水自然循环压力（Pa）；

g——重力加速度，$g=9.8\text{m/s}^2$；

Δh——锅炉中心与水加热器内盘管中心或贮水器中心的垂直高度（m）；

ρ_1——锅炉出水的密度（kg/m^3）；

ρ_2——水加热器或贮水器的出水密度（kg/m^3）。

当 $H_{zr}>H_h$ 时，可形成自然循环，为保证运行可靠，一般规定：

$$H_{zr}\geqslant(1.1\sim1.15)H_h \tag{7-32}$$

式中　H_h——管路的总水头损失。

当 H_{zr} 不满足上式的要求时，则采用机械循环方式，依靠循环水泵强制循环。循环水泵的流量和扬程应比理论计算值略大一些，以确保可靠循环。

7.8.2　第二循环管网的水力计算

1. 配水管网的水力计算

配水管网水力计算的目的主要是根据各配水管段的设计秒流量和允许流速值来确定配水管网的管径，并计算其水头损失值。

1）热水配水管网的设计秒流量可按生活给水（冷水系统）设计秒流量公式计算。

2）卫生器具热水给水额定流量、当量、支管管径和最低工作压力同给水规定。

3）热水管道的流速，宜按表7-16选用。

4）热水管网水头损失计算。热水管网中单位长度水头损失和局部水头损失的计算，与冷水管道的计算方法和计算公式相同。但由于水温和水质差异，考虑到结垢和腐蚀等因素，略有区别，设计计算时应掌握以下几个要点：

① 由于热水供应系统中水温较高，易结垢造成管内径缩小，粗糙系数增大，因而水头损失计算公式不同，所以热水管网水力计算应使用热水管道水力计算表，此表可查相关手册。

② 热水配水管道内的允许流速值，当管径不大于25mm时宜采用0.6~0.8m/s，管径大于25mm时采用0.8~1.5m/s。对于噪声要求严格的高标准建筑，取流速下限值，反之取上限值。

③ 管网的局部压力损失一般可按沿程压力损失的25%~30%进行估算。

④ 热水配水管网的最小管径不宜小于20mm。

2. 回水管网的水力计算

回水管网水力计算的目的在于确定回水管网的管径。

回水管网不配水，仅通过用以补偿配水管热损失的循环流量，保证各配水点的设计水温，往往设置回水管网与配水管网形成循环。为保证各立管的循环效果，尽量减少干管的水头损失，热水配水干管和回水干管不宜变径，可按其相应的最大管径确定。热水配水管道的管径确定后，其相应位置的回水管道管径可按比配水管道的管径小1~2号的办法确定。在自然循环管网系统中，回水管管径应比机械循环适当大些，甚至可与相应配水管管径相等。回水管最小管径不得小于20mm。

3. 机械循环管网的计算

第二循环管网由于流程长、管网大，为保证系统中的热水循环效果，一般多采用机械循环方式。机械循环又分为全日热水供应系统和定时热水供应系统两类。机械循环管网水力计算是在确定了最不利循环管路（即计算循环管路）和循环管网中配水管、回水管的管径后进行的，其主要目的是选择循环水泵。

（1）全日热水供应系统的热水管网计算　计算配水管网各管段的起点和终点水温。要计算管段热损失，必须先确定各计算管段的起点和终点水温。计算方法主要有温降因素法和面积比温降法两种。

1）温降因素法：按式（7-33）~式（7-35）进行计算

$$M=\frac{l(1-\eta)}{d} \tag{7-33}$$

$$\Delta t=M\frac{\Delta T}{\sum M} \tag{7-34}$$

$$t_z=t_c-\Delta t \tag{7-35}$$

式中　M——计算管段温降因素；

l——计算管段长度（m）；

d——计算管段的管径（mm）；

η——保温系数，不保温时 $\eta=0$，简单保温时 $\eta=0.6$，较好保温时 $\eta=0.7\sim0.8$；

Δt——计算管段温度降（℃）；

ΔT——配水管路的最大温度降（℃）；

t_z——计算管段终点水温（℃）；

t_c——计算管段起点水温（℃）。

2）面积比温降法：按式（7-36）和式（7-37）进行计算

$$\Delta t'=\frac{\Delta T}{\sum F} \tag{7-36}$$

$$t_z=t_c-\Delta t'F \tag{7-37}$$

式中　$\Delta t'$——配水管网中的面积比温降（℃/m²）；

F——计算管段的散热面积（m²），可按表7-17选用；

$\sum F$——计算管路配水管网的总外表面积（m²）。

配水管路的最大计算温降，即为加热设备出口水温与最远配水点水温的温度差，它不但对管网循环流量有所影响，同时还关系到各管段起点和终点水温的计算。一般以5~10℃为宜，最大不应超过15℃。在系统较大和采用自然循环时，宜取较大温差。回水管道的温降，一般采用5℃。

表7-17　每米长普压钢管在不同保温层厚度时的展开面积　（单位：m²）

保温层厚度/mm	DN/mm								
	20	25	32	40	50	70	80	90	100
0	0.084	0.1052	0.1327	0.1508	0.1385	0.2372	0.2780	0.3130	0.3581
25	0.2111	0.2623	0.2892	0.2079	0.3456	0.3943	0.4351	0.4750	0.5152
30	0.2725	0.2937	0.3212	0.3393	0.3769	0.4257	0.4665	0.5064	0.5466
40	0.3354	0.3566	0.3841	0.4021	0.4398	0.4885	0.5294	0.5693	0.6095

3）计算配水管网各管段热损失。

$$q_s = \pi DlK(1-\eta)\left(\frac{t_c+t_z}{2}-t_k\right) \tag{7-38}$$

式中　q_s——计算管段的热损失（kJ/h）；

K——无保温时管道的传热系数［kJ/(m²·h·℃)］；

D——管道的外径（m）；

t_k——计算管段周围的空气温度（℃），可按表 7-18 选用；

l、η 同式（7-33）；t_c、t_z同式（7-35）。

表 7-18　计算管段周围的空气温度

管道敷设情况	t_k值/℃
供暖房间内明管敷设	18~20
供暖房间内暗管敷设	30
敷设在不供暖房间的顶棚内	采用一月份室外平均气温
敷设在不供暖的地下室内	5~10
敷设在室内地下管沟内	35

4）计算配水管网总热损失 Q_s。将各管段的热损失相加便得到配水管网总热损失，即 $Q_s = \sum_{i=1}^{n} q_s$。也可按设计小时耗热量的 3%~5%来估算，其取值可视系统大小而定。

5）计算配水管网总循环流量 Q_x。计算管网的循环流量，是为了补偿配水管网在用水低峰时，管道向周围散失的热量。保持其在管网中循环流动，从而保证各配水点的水温。计算方法如下：

$$Q_x = \frac{Q_s}{c\rho_r \Delta T} \tag{7-39}$$

式中　Q_x——配水管网总循环流量（L/s）；

Q_s——配水管网总热损失（kJ/h）；

c——水的比热容［kJ/(kg·℃)］，c=4.187kJ/(kg·℃)；

ρ_r——热水密度（kg/L）；

ΔT——配水管路最大计算温度降（℃），单体建筑 5~10℃，小区 5~10℃。

6）计算各配水管段的循环流量。确定了总循环流量后，从加热器后的第一个节点开始，依次进行循环流量分配，如图 7-29 所示。对任一节点，流向该节点的各循环流量之和等于流过该节点的循环流量之和，各分支管段的循环流量与其后全部循环配水管道的热损失之和成正比，即

$$q_{x(n+1)} = \frac{\sum q_{s(n+1)}}{\sum q_{sn}} q_{xn} \tag{7-40}$$

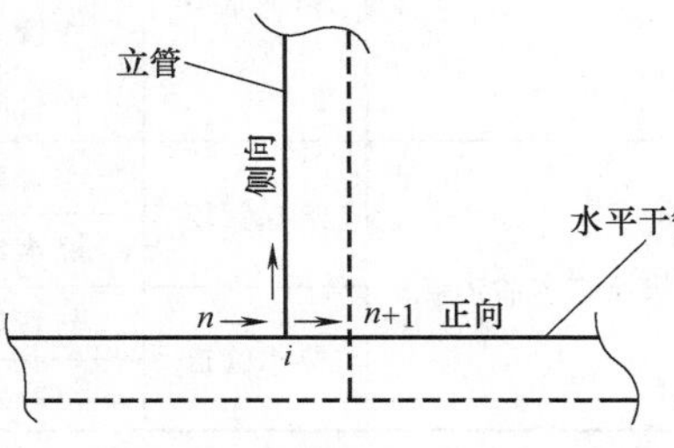

立管
侧向
水平干管
n
i
$n+1$　正向

图 7-29　循环流量分配计算用图

式中　q_{xn}，$q_{x(n+1)}$——n，$n+1$ 管段所通过的循环流量（L/h）；

$\sum q_{s(n+1)}$——$n+1$ 管段及其后各管段的热损失之和（kJ/h）；

$\sum q_{sn}$——n 管段及其后各管段的热损失之和（kJ/h）。

7）各配水管段终点水温的复核。计算公式为

$$t_z' = t_c - \frac{q_s}{c q_x \rho_r} \tag{7-41}$$

式中　t_z'——各计算管段的终点水温（℃）；

q_x——各计算管段的循环流量（L/h）；

其他符号意义同上。

如计算结果与式（7-35）或式（7-37）确定的温度相差较大，应以 $t_z'' = \frac{t_z + t_z'}{2}$ 作为各计算管段的终点水温，重新进行上述3）~7）的运算，直至 t_z 与 t_z' 相近为止。

容积式水加热器中被加热水的流速（小于0.1m/s）很小，且水流行程较短，故其压力损失可忽略不计。

快速式水加热器中热媒或被加热水的压力损失可按式（7-42）计算：

$$\Delta H = \left(\frac{\lambda l}{d_n} + \sum \xi\right) \frac{v^2}{2g} \times 10 \tag{7-42}$$

式中　ΔH——水加热器的压力损失（kPa）；

l——水流行程总长度（m）；

d_n——管子内径（m）；

λ——沿程阻力系数，钢管 $\lambda = 0.03$，黄铜管 $\lambda = 0.02$；

$\sum \xi$——局部阻力系数之和，见表7-19；

v——管内或管间水的流速（m/s）；

g——重力加速度（m/s²），一般取9.81m/s²。

表7-19　快速式水加热器局部阻力系数 ξ 值

水加热器类型	局部阻力形式		ξ 值
水-水快速式水加热器	热媒管道	水室到管束或管束到水室	0.5
		经水室转180°由一管束到另一管束	2.5
	热水管道	与管束垂直进入管间	1.5
		与管束垂直流出管间	1.0
		在管间绕过支撑板	0.5
		在管间由一端到另一端	2.5
汽-水快速式水加热器	热媒管道	与管束垂直的水室进口或出口	0.75
		经水室转180°	1.5
	热水管道	与管束垂直进入管间	1.5
		与管束垂直流出管间	1.0

8）计算循环管网的总水头损失，公式为

$$H = H_p + H_x + H_j \tag{7-43}$$

式中　H——循环管网的总水头损失（kPa）；

H_p——循环流量通过配水计算管路的沿程和局部水头损失（kPa）；

H_x——循环流量通过回水计算管路的沿程和局部水头损失（kPa）；

H_j——循环流量通过水加热器的水头损失（kPa）。

9）选择循环水泵。热水循环水泵通常安装在回水干管的末端。热水循环水泵宜选用热水泵，水泵壳体承受的工作压力不得小于其所受的净水压力加水泵扬程相应压力。循环水泵宜设备用泵，交替运行。

（2）定时热水供应系统机械循环管网计算　定时热水供应系统中的循环水泵流量按循环管网中每小时循环的次数来计算，一般为每小时 2~4 次，系统较大时取下限，系统较小时取上限，即

$$Q_b \geqslant (2\sim4)V \tag{7-44}$$

式中　Q_b——循环水泵流量（L/h）；

V——热水循环管道系统的水容积（L），不包括无回水管道的各管段和贮水器、加热设备的容积；

循环水泵的扬程，计算公式同式（7-43）。

4. 自然循环热水管网的计算

在小型或层数少的建筑中，有时也采用自然循环热水供应方式。

自然循环热水管网的计算方法和程序与机械循环方式大致相同，也要如前述先求出管网总热损失、总循环流量、各管段循环流量和循环水头损失。但应在求出循环管网的总水头后，先校核一下系统的自然循环压力值是否满足要求。

其自然循环水头按式（7-45）计算

$$H_{zr} = 9.8\Delta h(\rho_1 - \rho_2) \tag{7-45}$$

式中　H_{zr}——热水自然循环压力（Pa）；

Δh——锅炉中心或水加热器的中心离最高横干管或最高立管中点的标高差（m）；

ρ_1——最远处立管热水的平均密度（kg/m^3）；

ρ_2——总配水立管中热水的平均密度（kg/m^3）。

1. 热水供应系统由哪几部分组成？
2. 如何选择热源？
3. 热水的供应方式有哪几种？
4. 各种热水供应系统具有哪些特点？
5. 怎样解决开式和闭式热水供应系统的排气问题？
6. 热水供应系统的附件有哪些？
7. 热水管网应如何敷设？
8. 热水配水管网水力计算时应注意哪些问题？

第8章 建筑中水系统

内容提要及学习要求

本章主要阐述建筑中水系统的组成、形式及其选择；中水水源、中水原水量及中水原水水质，中水用水水质与中水用水量，水量平衡；建筑中水处理工艺流程及设施，中水管道系统及安全防护等内容。

通过学习本章内容，要求学生能够熟悉建筑中水系统的组成、形式及其选择；熟悉建筑中水系统的水质和水量要求；熟悉不同水源的建筑中水处理工艺流程及设施；熟悉中水原水及供水管道系统，熟悉中水系统安全防护措施。

中水是由上水（给水）和下水（排水）派生出来的，是指各种排水经过物理处理、物理化学处理或生物处理，达到规定的水质标准，可在生活、市政、环境等范围内杂用的非饮用水，如用来冲洗便器、冲洗汽车、绿化和浇洒道路等。因其标准低于生活饮用水质标准，所以称为中水。

随着城市建设和工业的发展，用水量特别是工业用水量急剧增加，大量污（废）水的排放严重污染了环境和水源，造成水源日益不足，水质日益恶化。缺水和水污染问题的加剧使生态环境恶化，因此，实现污（废）水、雨水资源化，经处理后回用，既可节省水资源，又使污水无害化，是保护环境、防治水污染、搞好环境建设、缓解水资源不足的重要途径。

缺水城市和缺水地区在进行各类建筑物的建筑小区建设时，其总体规划设计应包括污水、废水、雨水资源的综合利用及中水设施建设的内容。缺水城市和缺水地区适合建设中水设施的工程项目，应按照当地实际情况和有关规定配套建设中水设施。中水设施必须与主体工程同时设计、同时施工、同时使用。各种污水、废水资源，应根据当地的水资源情况和经济发展水平进行充分利用。

新建的建筑面积大于20000m^2或回收水量大于或等于100m^2/d的宾馆、饭店、公寓和高级住宅，建筑面积大于30000m^2或回收水量大于或等于100m^2/d的机关、科研单位、大专院校和大型文化体育建筑，以及建筑面积大于50000m^2、回收水量大于或等于150m^2/d或综合污水量大于或等于750m^2/d的居住小区（包括别墅区、公寓区等）和集中建筑区，宜配套建设中水设施。

8.1 建筑中水系统的组成、形式及其选择

选作为中水水源而未经处理的水称为中水原水，由中水原水的收集、贮存、处理和中水供给等一系列工程设施组成的有机结合体称为建筑中水系统。根据排水收集和中水供应的范围大小，建筑中水系统又分为建筑物中水系统和建筑小区中水系统。建筑物中水系统是指在

一栋或几栋建筑物内建立的中水系统，其系统框图如图 8-1 所示。建筑物中水系统具有投资少、见效快的特点。中水系统是指在新（改、扩）建的校园、机关办公区、商住区、居住小区等集中建筑区内建立的中水系统，其系统框图如图 8-2 所示。因建筑小区中水系统供水范围大，生活用水量和环境用水量都很大，可以设计成不同形式的中水系统，易于形成规模效益，实现污（废）水资源化和小区生态环境的建设。建筑中水系统是建筑物或建筑小区的功能配套设施之一。

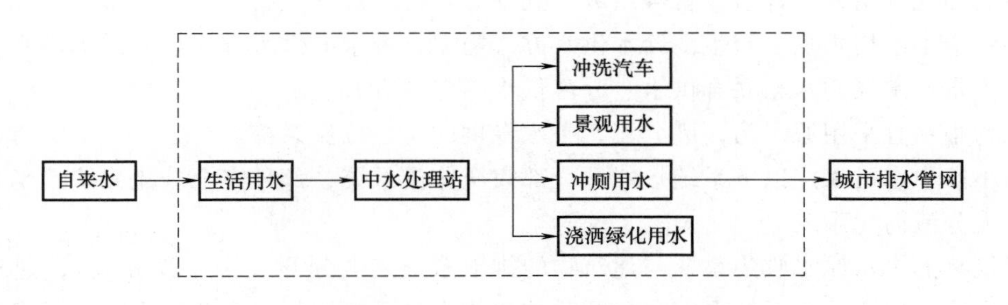

图 8-1　建筑物中水系统框图

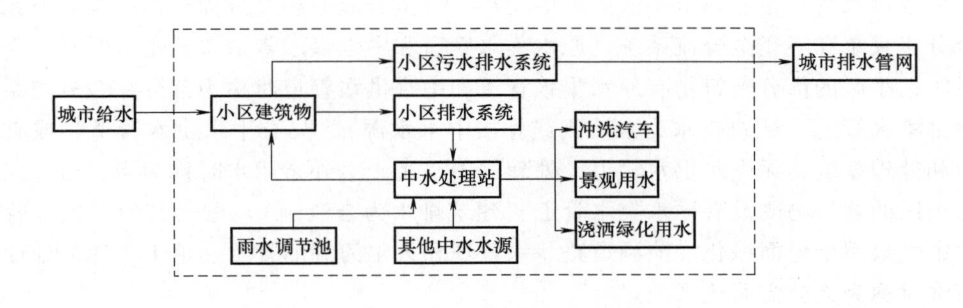

图 8-2　建筑小区中水系统框图

8.1.1　建筑中水系统的组成与形式

建筑中水系统由中水原水收集系统、中水处理系统和中水供水系统三部分组成。中水原水收集系统是指收集、输送中水原水到中水处理设施的管道系统和一些附属构筑物。根据中水原水的水质，中水原水收集系统分为合流集水系统和分流集水系统两类。合流集水系统是指生活污水和废水共用一套管道排出的系统，即通常的排水系统。合流集水系统的集流干管可根据中水处理站位置要求设置在室内或室外。这种集水系统具有管道布置设计简单、水量充足稳定等优点，但是由于该系统的生活污水、废水合并为综合污水，因此原水水质差、中水处理工艺复杂、用户中水接受程度低、处理站容易对周围环境造成污染。合流集水系统的管道设计要求和计算与建筑内部排水系统相同。

分流集水系统是指生活污水和废水根据其水质情况的不同分别排出的系统，即污、废分流系统。将水质较好的废水作为中水原水，水质较差的污水经城市排水管网进入城市污水处理厂处理后排放。分流集水系统具有中水原水水质好，处理工艺简单，处理设施造价低，中水水质保障性好，符合人们的习惯和心理要求，用户容易接受，处理站对周围环境造成的影响较小的优点。其缺点是原水水量受限制，并且需要增设一套分流管道，增加了管道系统的费用。

建筑中水处理系统由前处理、主要处理和后处理三部分组成。前处理除了截留大的漂浮物、悬浮物和杂物外，主要是调节水量和水质，这是因为建筑物和小区的排水范围小，中水原水的集水不均匀，所以需要设置调节池。主要处理的作用是去除水中的有机物、无机物等。后处理是对中水供水水质要求很高时进行的深度处理。

建筑中水供水系统由中水配水管网（包括干管、立管、横管）、中水贮水池、中水高位水箱、控制和配水附件、计量设备等组成。其任务是把经过处理的符合杂用水水质标准的中水输送至各个中水用水点。与生活给水供水方式类似，中水的供水方式也有简单供水、单设屋顶水箱供水、水泵和水箱联合供水、分区供水等多种方式。

建筑物中水宜采用原水污、废分流，中水专供的完全分流系统。

建筑小区中水可采用以下系统形式：全部完全分流系统，部分完全分流系统，半完全分流系统，无分流简化系统。

当建筑物的中水原水收集系统与建筑物的排水系统完全分开（污、废分流），建筑物的中水供水系统与生活给水系统也完全分开时的建筑中水系统称为完全分流系统，即建筑物的排水有污水和杂排水（废水）两套管道，供水有生活给水和中水两套管道。根据原水集水管道和中水供水管道覆盖建筑小区的范围大小，完全分流系统又分为全部完全分流系统、部分完全分流系统和半完全分流系统。原水集水管道和中水供水管道覆盖全区时称为全部完全分流系统；小区的部分建筑物有原水集水管道和中水供水管道时称为部分完全分流系统；小区无原水集水管道（建筑排水为合流制或外接中水水源），只有中水供水管道，或有原水集水管道和处理系统，无中水供水管道，处理的中水用于室外杂用水时称为半完全分流系统。

当小区的建筑物既没有原水集水管道（建筑排水为合流制），也没有中水供水管道，处理后的中水只用于地面绿化、喷洒道路、水景观和人工河湖的补水、地下车库的地面冲洗和汽车清洗时称为无分流简化系统。

1. 中水原水系统

1）原水系统应计算原水收集率，收集率不应低于回收排水项目给水量的75%。原水收集率按式（8-1）计算。

$$\eta=\frac{\sum Q_{\mathrm{P}}}{\sum Q_{\mathrm{J}}} \tag{8-1}$$

式中　η——原水收集率；

$\sum Q_{\mathrm{P}}$——中水系统回收排水项目的回收水量之和（m^3/d）；

$\sum Q_{\mathrm{J}}$——中水系统回收排水项目的给水量之和（m^3/d）。

2）原水系统应设分流、溢流设施和超越管，宜在流入处理站之前能满足重力排放要求。

3）当有厨房排水等含油排水进入原水系统时，应经过隔油处理后，方可进入原水集水系统。

4）原水应进行计量，宜设置瞬时和累计流量的计量装置，当采用调节池容量法计量时应安装水位计。

5）当采用雨水作为中水水源或水源补充时，应有可靠的调储容量和溢流排放设施。

2. 中水供水系统

1）中水供水系统必须独立设置。

2）中水供水系统的设计秒流量和管道水力计算、供水方式及水泵的选择等应按照GB 50015—2003《建筑给水排水设计规范》（2009年版）中给水部分执行。

3）中水供水系统中，应根据使用要求安装计量装置。

8.1.2 建筑中水系统的选择

建筑中水系统的选择，应根据工程的实际情况、原水和中水用量的平衡和稳定、系统的技术经济合理性等因素综合考虑确定。具体来讲，建筑中水系统的选择应分以下四个步骤进行。

1. 收集基础资料

需要收集有关当地水资源紧缺程度、可供水量和小区需水量等水的供需资料；当地水价、中水处理设备价格和中水管路系统建设费用、所建公共建筑或住宅的价位等经济资料；当地政府的有关规定和政策资料；环境保护部门对建筑或小区污水处理和排放的要求，城市排水系统和污水处理厂的规范建设和运行情况及周边水体状况等环境资料；以及当地居民生活习惯和水平、文化程度及对中水的接受程度等用户状况资料。

2. 做可行性方案

根据小区的建筑布局和环境条件，确定几个可行的中水系统方案，即可选择的几种水源，可回用的几种场所，可考虑的几种管路布置方案，可采用的几种处理工艺流程。

3. 进行技术经济比较

对每个可行性方案进行技术分析和经济概算，列出技术要点和各项经济指标。

4. 选择确定方案

分析技术经济比较的结果，权衡利弊，最后确定建筑中水系统。

8.2 中水水源、水量和水质标准

8.2.1 中水水源、中水原水量及中水原水水质

1. 中水水源

中水水源应根据排水的水质、水量、排水状况和中水回用的水质、水量确定。

1）建筑物中水系统规模小，可用作中水水源的排水有7种，按污染程度的轻重，选取顺序为：

① 沐浴排水：是指卫生间、公共浴室淋浴和浴盆排放的废水，有机物和悬浮物浓度都较低，但皂液的含量高。

② 盥洗排水：是指洗脸盆、洗手盆和盥洗槽排放的废水，水质与沐浴排水相近，但悬浮物浓度较高。

③ 冷却水：主要是指空调循环冷却水系统的排污水，特点是水温较高，污染较轻。

④ 游泳池排污水：水质与沐浴排水相近，但悬浮物浓度较高。

⑤ 洗衣排水：是指宾馆洗衣房排水，水质与盥洗排水相近，但洗涤剂含量高。

⑥ 厨房排水：包括厨房、食堂和餐厅在进行炊事活动中排放的污水，污水中有机物浓度、浊度和油脂含量都较高。

⑦ 冲厕排水：是指大便器和小便器排放的污水，有机物浓度、悬浮物浓度和细菌含量都很高。

上述 7 种常用的中水水源排水量少，排水不均匀，所以建筑中水水源一般不是单一水源，而是多水源组合，按混合后水源的水质，有优质杂排水、杂排水和生活排水三种组合方式。优质杂排水包括淋浴排水、盥洗排水、冷却水和游泳池排污水，其有机物浓度和悬浮物浓度都较低，水质好，处理容易，处理费用低，应优先选用。杂排水是不含冲厕排水的其他六种排水的组合，有机物和悬浮物浓度都较高，水质较好，处理费用比优质杂排水高。生活排水包含杂排水和冲厕排水，有机物和悬浮物浓度都很高，水质差，处理工艺复杂，处理费用高。

建筑屋面雨水可作为中水水源或水源补充。

综合医院污水作为中水水源时，必须经过消毒处理，产出的中水仅可用于独立的不与人直接接触的系统，例如可作为滴灌绿化的中水水源，但严禁传染病医院、结核病医院和放射性废水作为中水水源。

2）建筑小区中水系统的中水水源。建筑小区中水水源的选择要依据水量平衡和技术经济比较确定，并应优先选择水量充足稳定、污染物浓度低、水质处理难度小，安全且居民易接受的中水水源。按污染程度的轻重，建筑小区中水水源选取顺序为：

① 小区内建筑物杂排水。

② 小区或城市污水处理厂经生物处理后的出水。

③ 小区附近工业企业排放的水质较清洁、水量较稳定、使用安全的生产废水。

④ 小区内雨水。

⑤ 小区生活污水。

当城市污水处理厂出水达到中水水质标准时，建筑小区可直接连接中水管道使用；当城市污水处理厂出水未达到中水水质标准时，可作为中水原水进一步处理，达到中水水质标准后方可使用。

2. 中水原水量

（1）建筑物中水原水量　建筑物中水原水量与建筑物最高日生活用水量 Q_d、建筑物分项给水百分数 b 和折减系数有关，按式（8-2）计算。

$$Q_1 = \sum \alpha\beta Q_d b \tag{8-2}$$

式中　Q_1——中水原水量（m^3/d）；

α——最高日给水量折算成平均日给水量的折减系数，一般为 0.67~0.91，按 GB 50013—2006《室外给水设计规范》中的用水定额分区和城市规模取值。城市规模按特大城市、大城市、中小城市，分区按三→二→一的顺序由低至高取值；

β——建筑物按给水量计算排水量的折减系数，一般取 0.8~0.9；

Q_d——建筑物最高日生活用水量（m^3/d），按 GB 50015—2003《建筑给水排水设计规范》（2009 年版）中的用水定额计算确定；

b——建筑物分项给水百分数，应以实测资料为准，在无实测资料时，可参照表 8-1 选取。

表 8-1　各类建筑物分项给水百分数（%）

项目	住宅	宾馆、饭店	办公楼、教学楼	公共浴室	餐饮业、营业餐厅
冲厕	21.3～21.0	10.0～14.0	60.0～66.0	2.0～5.0	6.7～5.0
厨房	20.0～19.0	12.5～14.0	—	—	93.3～95.0
沐浴	29.3～32.0	50.0～40.0	—	98.0～95.0	—
盥洗	6.7～6.0	12.5～14.0	40.0～34.0	—	—
洗衣	22.7～22.0	15.0～18.0	—	—	—
总计	100	100	100	100	100

（2）建筑小区中水原水量

1）小区建筑物分项排水原水量可按式（8-2）计算确定。

2）小区综合排水量，按 GB 50015—2003《建筑给水排水设计规范》（2009 年版）的规定计算小区最高日给水量，再乘以最高日给水量折算成平均日给水量的折减系数和排水折减系数的方法计算确定，折减系数取值同式（8-2）。

3）采用合流排水系统时，可按式（8-3）计算小区综合排水量

$$Q_1 = Q_d \alpha\beta \tag{8-3}$$

式中　Q_1——小区综合排水量（m^3/d）；

Q_d——小区最高日给水量（m^3/d），按 GB 50015—2003《建筑给水排水设计规范》（2009 年版）规定计算；

α 、β 同式（8-2）。

3. 中水原水水质

中水原水水质与建筑物所在地区及使用性质有关，其污染成分和浓度各不相同，应根据实际的水质调查结果经分析后确定；在无实测资料时，建筑物的各种排水污染物浓度可参照表 8-2 确定。

表 8-2　建筑物的各种排水污染物浓度　（单位：mg/L）

建筑类别	污染物	冲　厕	厨　房	沐　浴	盥　洗	洗　涤	综　合
住　宅	BOD_5	300～450	500～650	50～60	60～70	220～250	230～300
	COD	800～1100	900～1200	120～135	90～120	310～390	455～600
	SS	350～450	220～280	40～60	100～150	60～70	155～180
饭店、宾馆	BOD_5	250～300	400～550	40～50	50～60	180～220	140～175
	COD	700～1000	800～1100	100～110	80～100	270～330	295 ～380
	SS	300～400	180～220	30～50	80～100	50～60	95～120
办公楼、教学楼	BOD_5	260～340	—	—	90～110	—	195～260
	COD	350～450	—	—	100～140	—	260～340
	SS	260～340	—	—	89～110	—	195～260
公共浴室	BOD_5	260～340	—	45～55	—	—	50～65
	COD	350～450	—	110～120	—	—	115～135
	SS	260～340	—	35～55	—	—	40～165

（续）

建筑类别	污染物	冲　厕	厨　房	沐　浴	盥　洗	洗　涤	综　合
餐饮业	BOD_5	260~340	500~600	—	—	—	490~590
	COD	350~450	900~1100	—	—	—	890~1075
	SS	260~340	250~280	—	—	—	255~285

当建筑小区采用生活污水作为原水时，可按表8-2中综合水质指标取值；当采用城市污水处理厂出水作为原水时，可按二级处理实际出水水质或表8-3确定；采用其他种类原水时，水质需进行实测。

表8-3　二级处理出水标准

指标	BOD_5	COD	SS	NH_3-N	TP
浓度/(mg/L)	≤20	≤100	≤20	≤15	1.0

8.2.2　中水用水水质与中水用水量

1. 中水用水水质

污水再生利用按用途分为农林牧渔用水、建筑用水、城市杂用水、工业用水、景观环境用水、补充水源水等。建筑中水用途主要是建筑杂用水和城市杂用水，如冲厕、浇洒道路、绿化用水、消防、车辆冲洗、建筑施工、冷却用水等。建筑中水除了安全可靠，卫生指标（如大肠菌群数）等必须达标外，还应符合人们的感官要求，以解除人们使用中水的心理障碍；另外，回用的中水不应引起设备和管道的腐蚀和结垢。建筑中水的用途不相同，选用的水质标准也不相同；建筑中水用于建筑杂用水和城市杂用水时，其水质应符合GB/T 18920—2002《城市污水再生利用　城市杂用水水质》的规定，具体见表8-4。建筑中水用于供暖系统补水等其他用途时，其水质应达到相应使用要求的水质标准。当建筑中水同时用于多种用途时，其水质应按最高水质标准确定。

表8-4　城市杂用水水质标准

序号	项目指标		冲厕	道路清扫、消防	城市绿化	车辆冲洗	建筑施工
1	pH值		6.0~9.0				
2	色(度)	≤	30				
3	臭		无不快感				
4	浊度(NTU)	≤	5	10	10	5	20
5	溶解性总固体/(mg/L)	≤	1500	1500	1000	1000	—
6	五日生化需氧量BOD_5/(mg/L)	≤	10	15	20	10	15
7	氨氮/(mg/L)	≤	10	10	20	10	20
8	阴离子表面活性剂/(mg/L)	≤	1.0	1.0	1.0	0.5	1.0
9	铁/(mg/L)	≤	0.3	—	—	0.3	—
10	锰/(mg/L)	≤	0.1	—	—	0.1	—
11	溶解氧/(mg/L)	≥	1.0				
12	总余氯/(mg/L)		接触30min后≥1.0，管网末端≥0.2				
13	总大肠菌群/(个/L)	≤	3				

注：本表引自GB/T 18920—2002《城市污水再生利用　城市杂用水水质》。

2. 中水用水量

根据中水的不同用途，按有关的设计规范，分别计算冲厕、冲洗汽车、浇洒道路、绿化等各项中水日用水量。将各项中水日用水量汇总，即为中水总用水量

$$Q_3 = \sum q_{3i} \tag{8-4}$$

式中　Q_3——中水总用水量（m^3/d）；

q_{3i}——各项中水日用水量（m^3/d）。

8.2.3　水量平衡

水量平衡就是将设计的建筑或建筑群的中水原水量、处理量、处理设备耗水量、中水调节贮存量、中水用水量、自来水补给量等进行计算和协调，使其达到供给与使用平衡一致的过程。通过水量平衡的计算分析结果可以合理确定建筑中水系统集流方式、中水处理系统的规模和水处理工艺流程，使原水收集、水质处理和中水供应几部分有机结合，中水系统能在中水原水和中水用水很不稳定的情况下协调运作。水量平衡应保证中水原水量稍大于中水用水量。水量平衡计算是系统设计和量化管理的一项工作，是合理设计中水处理设备、构筑物及管道的依据。

水量平衡设计主要包括水量平衡计算与调整、绘制水量平衡图和确定水量平衡应采取的技术措施。

1. 水量平衡计算

水量平衡计算可从两方面进行，一方面是确定可作为中水水源的污（废）水可集流的流量，另一方面是确定中水用水量。水量平衡计算可按下列步骤进行：

1）实测确定各类建筑物内厕所、厨房、沐浴、盥洗、洗衣及绿化、浇洒等用水量，无实测资料时，可按式（8-2）计算。

2）初步确定中水供水对象和中水原水集流对象。

3）计算分项中水用水量和中水总用水量。

4）计算中水处理水量

$$Q_2 = (1+n)Q_3 \tag{8-5}$$

式中　Q_2——中水日处理水量（m^3/d）；

n——中水处理设施自耗水系数，一般取 10%～15%；

Q_3——中水总用水量（m^3/d）。

5）计算中水处理能力

$$Q_{2h} = Q_2/t \tag{8-6}$$

式中　Q_{2h}——中水小时处理水量（m^3/h）；

t——中水处理设施每日设计运行时间（h）。

6）计算溢出流量或自来水补充水量

$$Q_0 = |Q_1 - Q_2| \tag{8-7}$$

式中　Q_0——当 $Q_1>Q_2$ 时，Q_0 为溢流不处理的中水原水流量；当 $Q_1<Q_2$ 时，Q_0 为自来水补充水量（m^3/d）。

2. 水量平衡图

水量平衡图是系统工程设计及量化管理所必须做的工作和必备资料，在水量平衡计算的

同时绘制。水量平衡图用图线和数字直观地表示出中水原水的收集、贮存、处理、使用、溢流和补充之间量的关系，如图 8-3 所示。图中应注明给水量、排水量、集流水量、不可集流水量、中水供水量、中水用水量、溢流水量和自来水补给水量。水量平衡图的编制过程就是对集流的中水原水项目和中水供水项目进行增减调整的过程。经过计算和调整，将满足各种水量之间关系的数值用图线和数字表示出来，使人一目了然。水量平衡图并无定式，以清楚表达水量平衡关系为准则，能从图中明显看出设计范围中各种水量的来源和去向，各个水量的数值及相互关系，以及水的合理分配和综合利用情况。

水量平衡图主要包括如下内容：

① 建筑物各用水点的排水量（包括中水原水量和直接排放水量）。

② 中水处理水量、原水调节水量。

③ 中水供水量及各用水点的供水量。

④ 中水消耗量（包括处理设备自用水量、溢流水量和泄空水量）、中水调节量。

⑤ 自来水总用水量（包括各用水点的分项给水量及对中水系统的补充水量）。

⑥ 自来水量、中水用水量、污水排放量三者之间的关系。

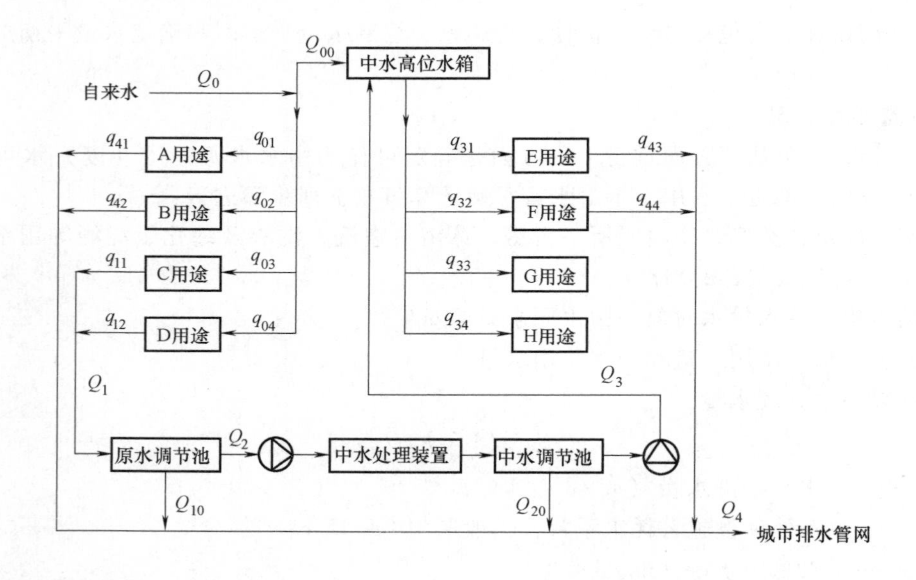

图 8-3　建筑物水量平衡图

q_{01}~q_{04}—自来水分项用水量　q_{11}、q_{12}—中水原水分项水量　q_{31}~q_{34}—中水分项用水量　q_{41}~q_{44}—污水排放分项水量　Q_0—自来水总供水量　Q_1—中水原水总水量　Q_2—中水处理水量　Q_3—中水供水量　Q_4—污水总排放水量　Q_{00}—中水补给水量　Q_{10}、Q_{20}—溢流水量

3. 水量平衡措施

为使中水原水量与处理水量、中水产量与中水用水量之间保持平衡，使中水原水的连续集流与间歇运动的处理设施之间保持平衡，使间歇运动的处理设施与中水的连续使用之间保持平衡，适应中水原水与中水用水量随季节的变化，应采取一些水量平衡调节措施。

1）溢流调节：在原水管道进入处理站之前和中水处理设施之后分别设置分流井和溢流井，以适应原水量出现瞬时高峰、设备故障检修或用水短时间中断等紧急特殊情况，保护中水处理设施和调节设施不受损坏。

2）贮存调节

① 在中水系统中应设调节池（箱）。调节池（箱）的调节容积应按中水原水量及处理量的逐时变化曲线求算。在缺乏上述资料时，其调节容积可按下列方法计算：

a. 连续运行时　$$V_1 = \alpha Q_2 \tag{8-8}$$

b. 间歇运行时　$$V_1 = 1.5Q_{1h}(24-T) \tag{8-9}$$

式中　V_1——原水调节池（箱）的有效容积（m^3）；

Q_2——中水日处理水量（m^3/d）；

Q_{1h}——中水原水平均时进水量（m^3/h）；

α——系数，取 0.35~0.50；

T——处理设备连续运行时间（h）。

② 处理设施后应设中水贮存池（箱）。中水贮存池（箱）的调节容积应按处理量及中水用水量的逐时变化曲线求算。在缺乏上述资料时，其调节容积可按下法方法计算：

a. 连续运行时　$$V_2 = \alpha Q_3 \tag{8-10}$$

b. 间歇运行时　$$V_2 = 1.2(Q_{2h}-Q_{3h})T \tag{8-11}$$

式中　V_2——中水贮存池（箱）的有效容积（m^3）；

Q_3——中水日用水量（m^3/d）；

Q_{2h}——设备处理能力（m^3/h）；

Q_{3h}——中水平均时用水量（m^3/h）；

α——系数，取 0.25~0.35；

T——处理设备连续运行时间（h）。

③ 当中水供水系统采用水泵-水箱联合供水时，其供水箱的调节容积不得小于中水系统最大时用水量的 50%。

3）自来水调节：在中水调节水池或中水高位水箱上设自来水补水管，其管径按中水最大时供水量计算确定。自来水补水管上应安装水表。

4）运行调节：利用水位信号控制处理设备自动运行，并合理调整运行班次，可有效地调节水量平衡。

5）用水调节：充分开辟其他中水用途，如浇洒道路、绿化、冷却水补水、供暖系统补水、建筑施工用水等，从而可以调节中水使用的季节性不平衡。

8.3　建筑中水处理工艺流程及设施

8.3.1　建筑中水处理工艺流程

建筑中水处理工艺流程是根据中水原水的水量与水质，供应的中水水量与水质，以及当地的自然环境条件和对建筑环境的要求（如噪声、气味、美观、生态等），经过技术经济比较确定的。其中，中水水源的水质为主要依据。建筑中水处理工艺流程由各种水处理单元优化组合而成，通常包括预处理（格栅、调节池）、主处理（絮凝沉淀或气浮、生物处理、膜分离、土地处理等）和后处理（砂过滤、活性炭过滤、消毒等）三部分。其中，预处理和后处理在各种工艺流程中基本相同；主处理工艺则需根据中水水源的类型和水质选择确定。

1. 当以优质杂排水或杂排水作为中水水源时

因水中有机物浓度很低，处理的目的主要是去除原水中的悬浮物和少量的有机物，降低水的浊度和色度，可采用以物化处理为主的工艺流程或采用生物处理和物化处理相结合的处理工艺。物化处理工艺虽然对溶解性有机物去除能力较差，但后续消毒处理中消毒剂的化学氧化作用对水中耗氧物质的去除有一定的作用。

当原水中有机物浓度较低，阴离子表面活性剂（LAS）浓度小于30mg/L时，可采用混凝沉淀（或气浮）加过滤的物化处理工艺。该工艺具有可间歇运行的特点，适用于客房入住率不稳定、可集流原水水量变化较大或间歇性使用的建筑物。

采用膜处理工艺（膜分离、膜生物反应器等）时，应设计可靠的预处理工艺单元及膜的清洗设施，以保障膜系统的长期稳定运行。

以优质杂排水或杂排水作为中水水源时常用的工艺流程有：

1）物化处理工艺流程：

① 原水→格栅→调节池→絮凝沉淀→过滤→活性炭→消毒→中水。

② 原水→格栅→调节池→絮凝沉淀→过滤→消毒→中水。

③ 原水→格栅→调节池→絮凝沉淀→活性炭→消毒→中水。

④ 原水→格栅→调节池→过滤→臭氧氧化→消毒→中水。

2）生物处理和物化处理相结合的工艺流程：

① 原水→格栅→调节池→生物接触氧化→沉淀→过滤→消毒→中水。

② 原水→格栅→调节池→生物转盘→沉淀→过滤→消毒→中水。

3）预处理和膜分离相结合的处理工艺流程：原水→格栅→调节池微絮凝过滤→精密过滤→膜分离→消毒→中水。

4）膜生物反应器处理工艺流程：原水→调节池→预处理→膜生物反应器→消毒→中水。

2. 当以生活排水（含有粪便污水）**作为中水水源时**

因中水原水中有机物和悬浮物浓度都很高，中水处理的目的是同时去除水中的有机物和悬浮物，用简单的方法很难达到要求，宜采用两段生物处理和物化处理相结合的处理工艺流程。因规模越小，水质水量的变化越大，所以必须有较大的调节池进行水质水量的调节均衡，以保证后续处理工序有较稳定的处理效果。以生活排水作为中水水源时常用的工艺流程有：

1）生物处理和深度处理相结合的工艺流程：

① 原水→格栅→调节池→两段生物接触氧化→沉淀→过滤→消毒→中水。

② 原水→格栅→厌氧调节池→两段生物接触氧化→沉淀→过滤→消毒→中水。

③ 原水→格栅→调节池→预处理→曝气生物滤池→消毒→中水。

2）生物处理和土地处理相结合的工艺流程：原水→厌氧调节池或化粪池→土地处理（土壤-微生物净化）→消毒→中水。

3. 当以城市污水处理厂二级生物处理出水作为中水水源时

处理目的主要是去除水中残留的悬浮物，降低水的浊度和色度，宜选用物化与生化处理相结合的深度处理工艺流程。以城市污水处理厂出水作为中水水源，目前采用的较少，但随着城市污水处理厂的建设和污水资源化的发展，它将成为今后污水再生利用的主要水源。常用的工艺流程有：

1）物化深度处理工艺流程：二级处理出水→调节池→混凝沉淀（澄清）→过滤→消毒→中水。

2）物化与生化处理相结合的深度处理工艺流程：二级处理出水→调节池→微絮凝过滤→生物活性炭→消毒→中水。

3）微孔过滤处理工艺流程：二级处理出水→调节池→微孔过滤→消毒→中水。

中水用于水景、供暖、空调冷却、建筑施工等其他用途时，如采用的处理工艺达不到相应的水质标准，应再增加深度处理设施，如活性炭、臭氧、超滤或离子交换处理等。

中水处理生产的沉淀污泥、活性污泥和化学污泥，应采取妥善处理措施，当污泥量较小时，可排至化粪池处理；污泥量较大的中水处理站，可采用机械脱水装置或其他方法进行处理。

8.3.2　中水处理设施

1. 格栅、格网、毛发聚集器

格栅、格网和毛发聚集器用来截留去除原水中较大的漂浮物、悬浮物和毛发等。格栅宜选用机械格栅。当原水为杂排水时，可设置一道格栅，栅条空隙净宽为2.5~10mm；当原水为生活排水时，可设置两道格栅，第一道栅条空隙净宽为10~20mm，第二道为细格栅，栅条空隙净宽取2.5mm。当原水为洗浴废水时，可选用12~18目的格网。水流通过格栅的流速宜取0.6~1.0m/s。格栅设在格栅井内时，格栅倾角不宜小于60°。格栅井虚设工作台，其高度应高出格栅前最高设计水位0.5m。工作台宽度不宜小于0.7m，格栅井应设置活动盖板。目前在小型中水系统中，格栅大多采用人工清理，少数采用水力筛或机械格栅。

当原水为洗浴废水时，污水泵的吸水管上应设毛发聚集器。毛发聚集器内过滤筒（网）的孔径为3mm，由耐腐蚀材料制造，其有效过水面积大于连接管断面面积的2倍。毛发聚集器具有反洗功能和便于清污的快开结构。近几年国内设计的部分中水工程，采用了自动清污的机械细格栅去除毛发等杂物，运行稳定，管理方便。

2. 原水调节池

调节池有曝气和不曝气两种形式。在调节池中，曝气不但可以使池中颗粒状杂质保持悬浮状态，避免沉积在池底，还可使原水保持有氧状态，防止原水腐败变质，产生臭味。另外，调节池预曝气可以去除部分有机物。所以，调节池内采用预曝气措施是有利的。

原水调节池内预曝气一般采用多孔管曝气，曝气负荷为$0.6 \sim 0.9m^3/(m^3 \cdot h)$；调节池底应设有集水坑和泄水管，并应有不小于0.02的坡度，坡向集水坑。中小型中水系统的调节池可兼用作提升泵的集水井。

3. 中水调节池或中水高位水箱

中水调节池或中水高位水箱调节中水用水量，应设自来水的应急补水管。补水控制水位应设在缺水报警水位，使补水管只能在系统缺水时补水。同时，应采取有效的措施确保自来水不会被中水污染。补水管上应设水表计量补水量，补水管管径按中水最大时供水量计算确定。

4. 沉淀（絮凝沉淀）处理设施

混凝工艺主要去除原水中悬浮状和胶体状杂质，对可溶性杂质去除能力较差，是物化处理的主体工艺单元。混凝剂的种类及投药量的多少应根据原水的类型和水质确定。以城市污水处理厂二级出水作为中水源水时，聚合铝与聚合铁的效果都较好，聚合铝最佳投药量为5mg/L，一般不可超过10mg/L（以AL_2O_3计）。

原水为优质杂排水或杂排水时，设置调节池后可不再设置初次沉淀池；原水为生活排水时，对于规模较大的中水处理站，可根据处理工艺要求设置初次沉淀池。

当处理水量较小时，絮凝沉淀池和生物处理后的沉淀池宜采用竖流式沉淀池或斜板（管）沉淀池，竖流式沉淀池的表面水力负荷宜采用$0.8 \sim 1.2m^3/(m^2 \cdot h)$，沉淀时间宜为1.5~2.5h。池子直径或正方形的边与有效水深的比值不大于3，出水堰最大负荷不应大于1.70L/(s·m)。

水量较大时，应参照GB 50014—2006《室外排水设计规范》（2016年版）中有关部分设计。

沉淀与气浮均为混凝反应后的有效固液分离手段，沉淀设备简单而体积稍大，气浮设备稍复杂而体积较小。目前两者均有应用，但是，混凝沉淀对阴离子洗涤剂处理效果很差，而混凝气浮对阴离子洗涤剂有一定的处理效果。

5. 气浮处理设施

气浮处理池由气浮池、溶气罐、释放器、回流水泵和空压机等组成，宜采用部分回流升压溶气气浮方式，回流比取处理水量的10%~30%，汽水比按体积计算，空气量为回流水量的5%~10%。

长方形气浮池由反应室、接触室和分离室组成，接触室内设置释放器，数量由回流量和释放器性能确定。水流进入反应室的流速宜小于0.1m/s，反应时间为10~15min；接触室水流上升流速一般为10~20mm/s；分离室内水流速度不宜大于10mm/s，负荷取$2 \sim 5m^3/(m^2 \cdot h)$，水力停留时间不宜大于1.0h。气浮处理池有效水深为2~2.5m，超高不应小于0.4m。

在原水泵水管上设投药点，按处理水量比投加混凝剂（必要时还可以投加助凝剂），并充分混合。容器罐罐高为2.5~3.0m，罐内装为1~1.5m的填料，水力停留时间宜为1~4min，罐内工作压力采用0.3~0.5MPa，空压机压力一般选用0.5~0.6MPa（表压）。

6. 生物处理设施

生物处理设施主要用于去除水中可溶性有机物，过去多采用生物转盘，经过几年的实践发现，生物转盘盘片与设备间空气直接接触，当污水浓度较高或转盘槽中溶解氧不足时，产生的气味会散发到处理间及其周围环境中，而宾馆、饭店、机关、居民小区均为对环境条件要求较高的场所，气味可能带来不良影响，在处理场所通风不良时影响比较显著。另外，生物转盘的易磨损机械部分较多，如减速机构、传动机构、盘片及其零部件，运行中维护保养工作量大。所以，目前生物转盘使用较少，多采用生物接触氧化法。生物接触氧化法操作比较简单，处理效果好，出水水质稳定，管理方便，产生的污泥量较少，运行费用较低，并可在短时间内停止运行，适用于中水水源为优质杂排水、$BOD_5<60mg/L$的洗浴废水和厨房设隔油装置的杂排水。在我国，日处理规模不大的宾馆、饭店多采用生物接触氧化法。

生物接触氧化设施由池体、填料、布水装置和曝气系统等部分组成。供气方式宜采用低噪声的鼓风机加布气装置、潜水曝气机或其他曝气设备，布气装置的布置应使布气均匀，气水比为15：1~20：1，曝气量宜为$40 \sim 80m^3/kgBOD_5$，溶解氧含量应维持在2.5~3.5mg/L之间。

当原水为优质杂排水时，水力停留时间不应小于2h；当原水为生活排水时，应根据原水水质情况和出水水质要求确定水力停留时间，但不宜小于3h。

接触氧化池宜采用易挂膜、耐用、比表面积较大、维护方便的固定填料或悬浮填料。填料的体积可按填料容积负荷与平均日污水量计算，容积负荷一般为1000~1800gBOD_5/(m^3·d)，优质杂排水和杂排水取上限值，生活排水取下限值，计算后按接触时间校核。当采用固定填料时，安装高度不应小于2.0m，每层高度不宜大于1.0m；采用悬浮填料时，装填体积不应小于池容积的25%。

曝气生物滤池具有处理负荷高、装置紧凑、省略固液分离单元等优点，已经开始应用于中水工程。土地处理也是一种值得重视的处理工艺，该处理方法利用土壤的自然净化作用，将生物降解、过滤、吸附等多重作用有机结合，对于绿化面积迅速扩大而水资源又十分紧缺的城市和地区，该处理工艺有广泛的应用前景。

7. 过滤设施

过滤是中水处理工艺必不可少的后置工艺，是最常用的深度处理单元，它对保证中水的水质起到决定性作用。滤池的滤料种类很多，如石英砂单层滤料、石英砂无烟煤双层滤料、纤维球滤料、陶粒滤料等。

过滤宜采用滤池或过滤器，采用压力过滤器时，滤料可选用单层或双层滤料。单层滤料压力过滤器，滤料多为石英砂，粒径为0.5~1.0mm，滤料厚度为600~800mm，滤速为8~10m/h，反冲洗强度为12~15L/(m^2·s)，反冲洗时间为5~7min。双层滤料压力过滤器的上层滤料为厚500mm的无烟煤，下层滤料为厚250mm的石英砂，滤速为12m/h，反冲洗强度为10~12.5L/(m^2·s)，反冲洗时间为8~15min。

微絮凝过滤是将絮凝与过滤相结合，工艺紧凑，设备简单，过去采用较多。这种工艺的管理水平要求高，若反冲洗不彻底，污物易残留在滤料上，积累到一定阶段就会影响处理效果。

8. 活性炭过滤

活性炭过滤置于处理流程的后部，是常用的深度处理单元，主要用于去除常规处理方法难以去除的臭、色及有机物和合成洗涤剂等。但活性炭价格贵、易饱和、运行费用较高。对于以洗浴水为原水的中水系统，采用生物处理工艺能够去除大部分可溶性有机物，一般后面不需要再加活性炭过滤即可达标；而采用物化处理工艺时，由于混凝、过滤等工艺对可溶性有机物去除效果不佳，必要时可加活性炭过滤作为水质保障工艺单元。采用生物活性炭可以将活性炭与生物作用有机结合，大幅度提高活性炭使用周期，可在微絮凝过滤后续接生物活性炭工艺单元，效果很好。

活性炭过滤通常采用固定床，过滤器数目不少于两个，以便换炭维修。过滤器应装有冲洗、排污、取样等管道及必要的仪表。

过滤器中炭层高度和过滤器直径比一般为1∶1或2∶1，活性炭高度一般不宜小于3.0m，常用4.5~6m，串联进行。设计负荷为0.3~0.8kgCOD/kg炭，接触时间一般采用30min。反冲洗时间为10~15min，冲洗水量为产水量的5%~10%。

9. 膜分离

膜分离法处理效果好、装置紧凑、占地面积小，是近年来发展迅速的高效处理手段。膜分离为物理作用，对COD、BOD_5等指标去除效果不显著。随着膜工业的发展，各种膜产品不断推出，膜技术在水处理中的应用越来越广泛。

在以往中水处理系统中，多采用超滤膜组件，由于超滤膜组件孔径较小，膜通量受到限制；近年来多采用膜通量大的微滤膜。膜生物反应器将膜分离与生物处理紧密结合，具有处理效率好、出水水质稳定、流程简化、装置紧凑、设备制造产业化等诸多特点，在中水处理系统中已得到应用。

10. 消毒

中水处理必须设有消毒设施，消毒剂宜采用自动投加方式，并能与被消毒水充分混合接触。采用氯化消毒时，加氯量一般为5~8mg/L（有效氯），消毒接触时间应大于30min，当中水水源为生活排水时，应适当增加加氯量，余氯量应控制在0.5~1.0mg/L。消毒剂宜采用次氯酸钠、二氧化氯、二氯异氰尿酸钠或其他消毒剂。

8.4　中水管道系统及安全防护

8.4.1　中水原水集水管道系统

中水原水集水管道系统一般由建筑内合流或分流集水管道、室外或建筑小区集水管道、污水泵站及有压污水管道、处理环节之间的连接管道四部分组成。

1. 建筑内集水管道系统

建筑内集水管道系统就是通常的建筑内排水管网，其支管、立管和横干管的布置与敷设，均同建筑排水设计。

（1）建筑内合流制集水管道系统　合流制系统中的集水干管（收集排水横干管或排出污水的管道）根据处理间设置位置及处理流程的高程要求，既可设置成室内集水干管，又可设置成室外集水干管。当设置为室内集水干管时，应考虑充分利用排水的水头，即尽可能保持较高的出流高程，便于依靠重力流向下一道处理工序。但集水干管要选择合适的位置及设置必要的水平清通口，并在进入处理间或中水调节池之前设置超越管，以便出现事故时可以直接排放到小区或城市排水系统。

（2）建筑内分流制集水管道系统　分流制系统要求分流顺畅，这就要求与其他专业协商合作，使卫生间的位置和卫生器具的布置合理、协调。同时应注意以下两点：

1）洗浴器具与便器最好分开设置或者分侧设置，以便用单独的支管、立管排出污水。

2）高层公共建筑的排水系统宜采用污水、废水、通气三管组合管系。集水干管的要求与合流制管道系统相同。

2. 室外或建筑小区集水管道系统

这部分管道的布置和敷设和相应的排水管道基本相同，最大的区别在于室外集水干管还需将所收集的原水送至室内或附近的中水处理站。因此，除了考虑排水管道布置时的一些因素以外，还应根据地形、中水处理站的位置，使管道尽可能较短，一般布置在建筑物排水侧的绿地或道路下；力求埋设深度较浅，使所收集的污（废）水能在重力作用下流到中水处理站；布管时，要注意与给水、排水、供热、燃气、电力、通信等管系综合考虑，与给水管、雨水管、污水管的水平净距宜为0.8~1.5m，与其他管道的水平净距宜在1.0m以上，垂直净距应在0.15m以上；还应考虑工程分期建设的安排和远期扩建的可行性。

3. 污水泵站及有压污水管道

当由于地形或其他因素影响，集水干管的出水不能依靠重力流到中水处理站时，必须设置污水泵将污水加压送至中水处理站。污水泵的数量由污水量（或中水处理能力）确定。

污水泵出口至中水处理站起始进口之间的管道为有压污水管道。这段管道要求有一定的强度，接头必须严密，严防泄漏，还应有一定的耐腐蚀性。

中水处理站内各处理环节之间的连接管道，应根据其工艺流程和处理站的布局确定，做到既符合工艺要求，又能保证运行可靠。

8.4.2　中水供水管道系统

中水供水系统的管网系统类型、供水方式、系统组成、管道布置敷设及水力计算和建筑给水系统基本相同，只是在供给范围、水质、使用等方面有特殊要求。

1. 对中水管道和设备的要求

1）原水管道系统宜按重力流设计，靠重力流不能直接接入的排水可采用局部提升等措施接入。

2）中水管道必须具有耐腐蚀性，因为中水中含氯和多种盐类，会产生多种生物和电化腐蚀，采用塑料管、衬塑复合管和玻璃钢管比较适宜。

3）室内外原水管道及附属构筑物均应采取防渗、防漏措施，并应有防止不符合水质要求的排水接入的措施。

4）中水管道上不得装设取水嘴。当装有取水节水口时，必须采取严格的防止误饮、误用的措施。

5）绿化、浇洒、汽车冲洗宜采用壁式或地下式的给水栓。

2. 中水供水系统形式

常用的中水供水系统有余压供水系统（图 8-4）、水泵水箱供水系统（图 8-5）、气压供水系统（图 8-6）三种形式。

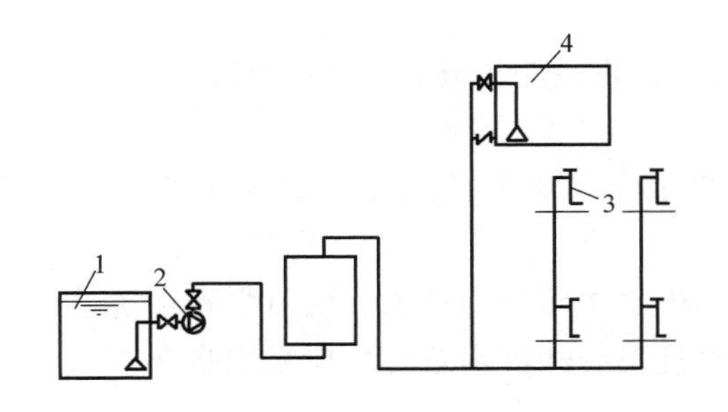

图 8-4　余压供水系统

1—中水贮水池　2—水泵

3—中水用水器具　4—水箱

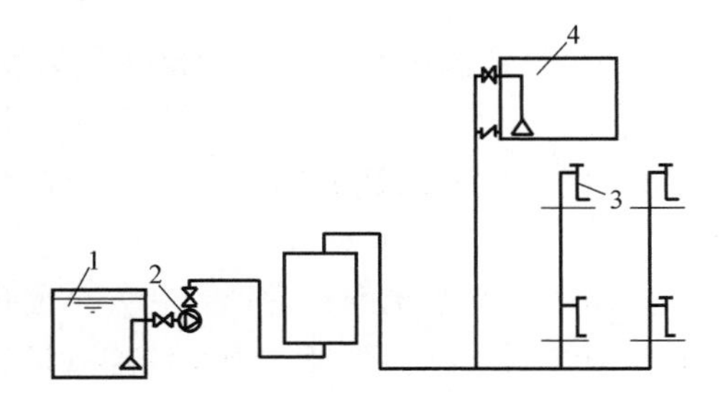

图 8-5　水泵水箱供水系统

1—中水贮水池　2—水泵

3—中水用水器具　4—水箱

8.4.3　安全防护与监测控制

中水系统可节约水资源，减少环境污染，具有良好的综合效益。但因中水供水的水质低于生活饮用水水质，中水系统与生活给水系统的管道、附件和调蓄设备同设在建筑物内，生活饮用水又是中水系统日常补给和事故应急水源，且中水工程在我国推广应用时间不长，一般居民对中水了解不多，有误把中水当作生活饮用水使用的可能，所以在设计中应特别注意

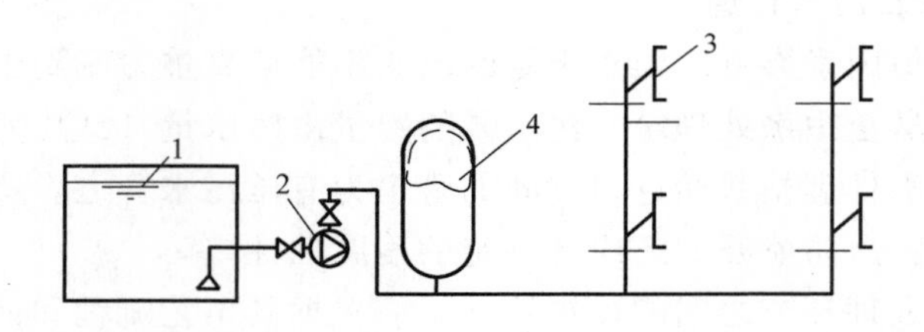

图 8-6　气压供水系统

1—中水贮水池　2—水泵　3—中水用水器具　4—气压水罐

安全防护措施。

1）水处理设施应安全稳定运行，出水水质达到（GB/T 18920—2002）《城市污水再生利用　城市杂用水水质》中规定的要求（表 8-4）。

2）避免中水管道系统与生活饮用水系统误接，污染生活饮用水水质。中水管道严禁与生活饮用水管道直接连接，中水贮水池（箱）内的自来水补水管应采取自来水防污染措施，补水管出水口应高于中水贮水池（箱）内的溢流水位，其间距不得小于 2.5 倍管径，严禁采用淹没式浮球阀补水。中水贮水池（箱）设置的溢流管、泄水管均应采用间接排水方式排出。溢流管应设隔网。

3）中水管道与生活饮用水管道、排水管道平行埋设时，水平净距不小于 0.5m；交叉埋设时，中水管道在饮用水管道下面、排水管道上面、其净距不小于 0.15m。

4）为避免发生误饮，除卫生间外，中水管道不宜安装于墙体内。明装的中水管道外壁应按有关标准规定进行涂色和标识。中水贮水池、水箱、阀门、水表、给水栓、取水口均应有明显的“中水”标志。中水管道上不得装设水嘴，便器冲洗宜采用密闭性设备和器具，绿化、浇洒、汽车冲洗宜采用壁式或地下式给水栓。公共场所及绿化的中水取水口应设带锁装置。

5）严格控制中水的消毒过程，均匀投配，保证消毒剂与中水的接触时间，确保管网末端的氯量。

6）中水处理站管理人员需经过专门培训后再上岗，这也是保证中水水质的一个重要因素。

为保证中水系统的正常运行和安全使用，做到中水水质稳定可靠，应对中水系统进行必要的监测控制和维护管理。当系统连续运行时，处理系统和供水系统均应采用自动控制。

8.4.4　中水处理站

中水处理站的位置应根据建筑的总体规划、产生中水原水的位置、中水用水点的位置、环境卫生要求和管理维护要求等因素确定。建筑物内的中水处理站宜设在建筑物的最低层；建筑群（组团）的中水处理站宜设在其中心建筑物的地下室或裙房内，应避开建筑物的主立面、主要通道入口和重要场所，选择靠近辅助入口方向的边角，并与室外联系方便的地方；小区中水处理站应在靠近主要集水和用水地点的室外独立设置，处理构筑物宜为地下式或封闭式。中水处理站应与环境绿化相结合，尽量做到隐蔽、隔离和避免影响生活用房的环境要求，其地上建筑宜与建筑小品相结合。以生活排水为原水的地面处理站与公共建筑和住宅的距离不宜小于 15m。

中水处理站应有单独的进出口和通道，便于进出设备、药品及排出污物。处理构筑物及设备的布置应合理紧凑、管路顺畅，在满足处理工艺要求的前提下，高程设计中应充分利用重力水头，尽量减少提升次数，节省电能。各种操作部件和检测仪器应设在明显的位置，便于主要处理环节的运行观察、水量计量和水质取样化验监（检）测。处理构筑物及设备之间应留有操作管理和检修的合理距离，其净距一般不应小于 0.7m。处理间主要通道宽度不应小于 1.0m。

根据中水处理站的规模和条件，设置值班、化验、贮藏、厕所等附属房间，加药贮药间和消毒制备间宜与其他房间隔开，并有直接通向室外的门。中水处理站应有满足处理工艺要求的供暖、通风、换气、照明、给排水设施，处理间和化验间内应设有自来水嘴，供管理人员使用。其他工艺用水应尽量使用中水。中水处理站应设集水坑，当不能依靠重力排放时，应设排水泵进行排水。排水泵一般设两台，一用一备，排水能力不应小于最大时排水量。

中水处理站应根据处理工艺及处理设备情况采取有效的除臭、隔声降噪和减振措施，并具备污泥、废渣等的存放和外运条件。

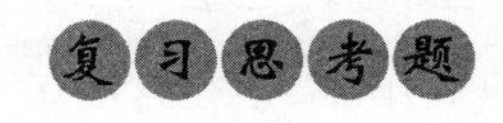

1. 建筑中水系统一般由哪几部分组成？
2. 如何选择中水水源？
3. 建筑中水水质有哪些基本要求？
4. 选择中水处理工艺流程时应注意哪些问题？
5. 中水处理技术有哪些？
6. 建筑中水的安全防护措施有哪些？
7. 建筑中水的监控与管理应注意哪些问题？
8. 中水中臭味的处理方法有哪些？

第9章 建筑给排水工程设计实例

内容提要及学习要求

本章主要通过某办公楼给排水工程实例介绍建筑给排水工程各系统的设计方法、原理、水力计算过程等内容。

通过学习本章内容，要求学生能够熟悉建筑给排水各系统（即给水系统、排水系统、消火栓给水系统、自动喷水灭火系统等）的设计原理，熟悉各系统设计参数的选取方法，掌握各系统水力计算的过程以及相关设备的选型。

9.1 设计任务及设计资料

9.1.1 设计任务

某城市拟建一幢生产办公大楼。该工程为一类高层民用建筑，建筑高度为60.2m。该设计任务为：给水系统、排水系统、雨水系统、消火栓给水系统、自动喷淋系统、灭火器等。

9.1.2 设计资料

1. 工程资料

该工程为一幢生产办公大楼。地下层为水泵房、配电房、试验室、贮藏室等。地上为各类办公用房。机房层主要为电梯机房和设备间。各楼层标高和层高见表9-1。

表9-1 楼层标高和层高

楼层	层高/mm	楼层标高/m	楼层	层高/mm	楼层标高/m
屋顶(WF)		60.200	8F	3600	23.800
机房层	3100	57.100	7F	3600	20.200
16F	4500	52.600	6F	3600	16.600
15F	3600	49.000	5F	3600	13.000
14F	3600	45.400	4F	3000	10.000
13F	3600	41.800	3F	3000	7.000
12F	3600	38.200	2F	3000	4.000
11F	3600	34.600	1F	4000	±0.000
10F	3600	31.000	夹层F	3000	-3.000
9F	3600	27.400	-1F	4800	-7.800

2. 给排水设计资料

本建筑供水水源为城市自来水及给水升压泵站，据规划、市政、环保部门批文，给水进水管从建筑右侧市政给水管（*DN*65）引入。室外给水管网常年可提供的工作水压为0.27MPa，接点管顶埋深为地面以下3.8m。

室内污废水合流，室外排水采用雨污分流体制。污水排出管可从该建筑右侧排出，雨水采用有组织直接就近排入小区雨水排水管网。

9.2　设计过程说明

9.2.1　给水工程

根据设计资料，已知本建筑屋顶标高为60.200m，室外给水管网常年可保证的工作水压为0.27MPa，室外给水管网的水压远不能满足建筑内部用水要求。因此，本工程室内给水采用分区供水方式。地下室~4层的生活用水由市政给水管直接供给，5~10层、11~16层给水分别由生活泵房内的低区给水升压设备及高区给水升压设备供给。因为市政给水部门不允许从市政管网直接抽水，泵房内设11m^3食品级不锈钢水箱1座，变频给水设备2套。

9.2.2　排水工程

室内污废水合流，排水立管位于竖井内，设专用通气立管及环形通气管。室内生活污水经化粪池处理后排入市政污水管网，雨水采用有组织直接就近排入小区雨水排水管网。

9.2.3　消防工程

根据GB 50016—2014《建筑设计防火规范》第5.1.1条，本工程为一类高层民用建筑，消防给水静水头小于100m，消防系统为一个分区；根据第8.1.1条，本工程应设室内、室外消火栓给水系统；根据第8.3.3条，设自动喷水灭火系统。根据GB 50974—2014《消防给水及消火栓系统技术规范》第3.3.2条和第3.5.2条，室外消防用水量为40L/s，火灾延续时间为2h；室内消防用水量为40L/s，火灾延续时间为2h。根据GB 50084—2001《自动喷水灭火系统设计规范》(2005年版)㊀，室内自动喷水消防用水量为30L/s，火灾延续时间为1h。

室内消火栓系统采用水箱和水泵联合供水的临时高压给水系统。火灾初期消防水源由设置在屋顶的消防水箱（内贮存36t消防用水，箱底相对标高为64.00m）及室外总体消防管网提供，室外总体给水设置室外消火栓以提供本工程室外消防用水。室内消防用水由地下400t消防水池提供。消防泵房设在本楼地下室，内设消火栓消防水泵、自动喷淋消防水泵各两台，均一用一备。所有设备应根据厂商产品样本及04S204《消防专用水泵选用及安装》04S206《自动喷水与水喷雾灭火设施安装》的要求进行安装。管道支吊架安装详见03S402《室内管道支架及吊架》。

每层每个防火分区的室内消火栓布置均满足规范同时有两股水枪充实水柱到达的要求。消防箱采用薄型带灭火器箱组合式消防柜，见04S202—24《室内消火栓安装》，车库停车区采用落地型带灭火器箱组合式消防柜，见04S202—27；均为普通单出口消火栓，栓口距地面1.1m。本建筑8层及以下采用SNZW65—Ⅲ—H型减压稳压消火栓，出水口压力为0.35MPa，其余采用SN65消火栓。消防柜内设：消火栓1个，QZ19水枪1支，消防报警按

㊀　该实例设计时参照GB 50084—2001《自动喷水灭火系统设计规范》(2005年版) GB 50084—2017《自动喷水灭火系统设计规范》已于2018年1月1日正式实施。

钮一个，25m长衬胶水龙带一条，30m消防软管卷盘一个。消火栓安装详见《室内消火栓安装》（04S202—24、27、28、29、35）。

自动喷水灭火系统按车库为中危Ⅱ级设计；带吊顶办公室、走道、会议室等功能用房设置装饰性吊顶喷头ZST—15，地下室等不吊顶空间设直立型喷头ZST—15，车库采用易熔金属直立型喷头，动作温度均为72℃ 。自动喷水喷头、水平干管防晃支架、管道支吊架、湿式报警阀等设施安装见（04S206）《自动喷水与水喷雾灭火设施安装》，末端试水装置见04S206—76《自动喷水与水喷雾灭火设施安装》。自动喷淋系统设稳压设备一套，确保系统最不利喷头压力为0.05MPa。

依据《建筑灭火器配置设计规范》，本工程办公楼按A类火灾中危级配置灭火器；车库按B类火灾中危级每处配置3×MF/ABC4；电梯机房、消防控制室按中危级每处配置2×MF/ABC3；网络中心机房按严重危险级配置2×MF/ABC5。以上均为磷酸铵盐手提式灭火器。

9.2.4　卫生器具安装

公共卫生间：自闭式水嘴洗手盆，见09S304—62《卫生设备安装》；液压脚踏式自闭冲洗阀蹲式便器，见09S304—89；低水箱坐便器，见09S304—66；污水盆，见09S304—25；壁挂式感应冲洗阀小便器，见09S304—107。清扫口、地漏、通气帽安装见04S301《建筑排水设备附件选用安装》。DAY—T822型电开水炉安装见01S125-3《开水器（炉）选用及安装》。

9.2.5　管道管材和接口

1）生活给水管：采用钢塑复合管，螺纹联接；室外引入管埋地部分采用塑料管，热熔连接。

2）消防管：消火栓管架空部分采用内外壁热浸镀锌加厚钢管，*DN*>80mm采用卡箍连接，*DN*≤80mm采用螺纹联接；消火栓管埋地部分采用钢丝网骨架塑料复合管，热熔连接。

喷淋管架空部分采用内外壁热浸镀锌钢管，*DN*>80mm采用卡箍连接，*DN*≤80mm采用螺纹联接；喷淋管埋地部分采用钢丝网骨架塑料复合管，热熔连接。

3）压力排水管：采用热浸镀锌钢管，*DN*>80mm采用卡箍连接，*DN*≤80mm采用螺纹联接。

4）污水管：主管采用中空壁消声硬聚氯乙烯管，螺母挤压橡胶密封圈连接；支管采用建筑排水用UPVC管，化学粘接；埋地部分采用柔性接口机制排水铸铁管，不锈钢卡箍、加强型卡箍连接。

5）通气管：采用建筑排水用UPVC管，化学粘接。

6）空调凝结水排水管：*De*<50mm时采用UPVC给水管，*De*≥50mm时采用UPVC排水管，插入式管件连接。

7）重力雨水管：采用承压塑料排水管，插入式管件连接。

9.2.6　试压要求

1）所有压力管道都应在安装后按《给水排水管道工程施工及验收规范》第4.2.1条做水压试验。

① 生活给水管：配水支管试验压力为1.00MPa；主管试验压力为：低区1.00MPa，中区1.00MPa，高区1.26MPa。

② 消防管：消火栓管试验压力为1.80MPa；喷淋管试验压力为1.60MPa。

2）污水（含粪便和生活废水）管应按《给水排水管道工程施工及验收规范》做灌水试验和通球试验。

3）雨水管按《给水排水管道工程施工及验收规范》要求做灌水试验。

9.3 设计计算

9.3.1 室内给水系统计算

1. 给水用水定额及时变化系数

根据建筑设计资料、建筑物性质和卫生设备完善程度，查表4-3得相应用水量标准：办公楼的最高日生活用水定额 q_d 为30～50L/(人·班)，小时变化系数 K_h 为1.5～1.2，使用时数为8～10h。已知本办公大楼办公人数为880人，根据本建筑的性质和室内卫生设备完善程度，选用最高日生活用水定额 q_d 为50L/(人·班)，小时变化系数 K_h 为1.3，使用时数 T 为10h。

2. 最高日用水量

$$Q_d = mq_d = (880 \times 50)\,\text{L/d} = 44\text{m}^3/\text{d}$$

3. 最高日最大时用水量

$$Q_h = \frac{Q_d}{T}K_h = \left(\frac{44}{10} \times 1.3\right)\text{m}^3/\text{h} = 5.72\text{m}^3/\text{h}$$

4. 设计秒流量计算

计算原理参照GB 50015—2003《建筑给水排水设计规范》（2009年版），基本计算公式为

$$q_g = k\alpha\sqrt{N_g} = 0.3\sqrt{N_g}$$

式中 q_g——计算管段的给水设计秒流量（L/s）；

N_g——计算管段的卫生器具给水当量总数；

α——根据建筑物用途而定的系数，本建筑类型为办公楼，α 取1.5。

使用该公式时，应注意以下几点：

（1）当计算值小于该管段上一个最大卫生器具给水额定流量时，应采用一个最大的卫生器具给水额定流量作为设计秒流量。

（2）当计算值大于该管段上按卫生器具给水额定流量累加所得流量值时，应按卫生器具给水额定流量累加所得流量值采用。

（3）有大便器延时自闭冲洗阀的给水管段，大便器延时自闭冲洗阀的给水当量均以0.5计，计算得到 q_g 附加1.2L/s的流量后，为该管段的给水设计秒流量。

5. 地下室内贮水池容积

根据GB 50015—2003《建筑给水排水设计规范》（2009年版）第3.7.3条，贮水池的调节容积可按最高日用水量的20%～25%确定。按最高日用水量的25%计，则 $V = 25\% \times 44\text{m}^3 = 11\text{m}^3$。

生活贮水池采用食品级不锈钢水箱，尺寸为2.5m×2m×2.25m，有效水深为2.25m。

6. 管网水力计算

1）1~4层室内所需的压力。1~4层给水系统计算草图如图9-1所示，其给水管网水力计算结果见表9-2。

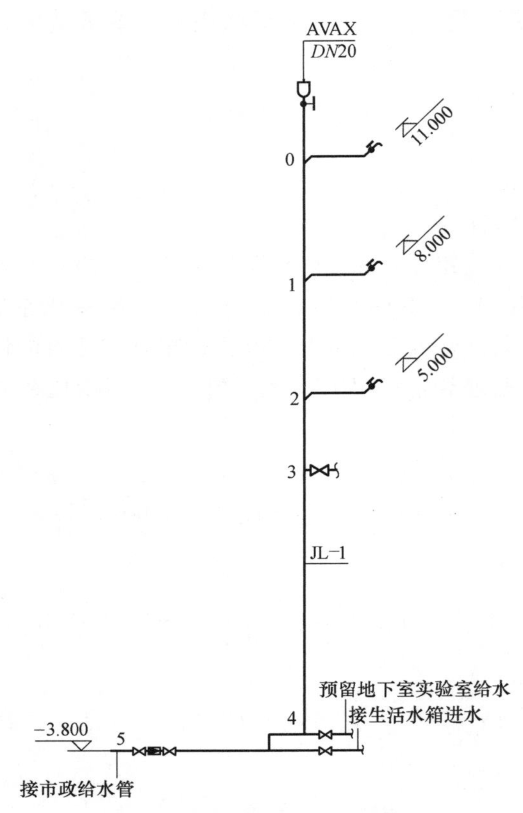

图9-1　1~4层给水系统计算草图

表9-2　1~4层给水管网水力计算表

计算管段编号	卫生器具名称、数量 n/N=数量/当量				当量总数 N_g	设计秒流量 q_g/(L/s)	管径 DN/mm	流速 v/(m/s)	单位长度管道的水头损失 i/(kPa/m)	管长 l/m	沿程水头损失 $h_y=il$/kPa
	大便器	洗脸盆	拖布盆	小便器							
0-1			1/1		1	0.2	20	0.76	0.459	3	1.38
1-2			2/2		2	0.4	20	1.52	1.570	3	4.71
2-3			3/3		3	0.52	25	1.15	0.686	3	2.06
3-4	7/3.5	5/3.75	5/5	4/2	14.25	2.33	50	1.19	0.295	9.8	2.89
4-5	7/3.5	5/3.75	5/5	4/2	14.25	2.33	65	0.7	0.084	3.15	0.29
合计											$\sum p_y=11.33$kPa

由表4-20，取局部水头损失为沿程水头损失的30%，则有局部水头损失为

$$\sum h_j = 30\% \sum h_y = 30\% \times 11.33\text{kPa} = 3.40\text{kPa}$$

因此，计算管路的水头损失为 $H_2 = \sum (h_i + h_j) = (11.33 + 3.40)\text{kPa} = 14.73\text{kPa}$

水表的选型和水头损失的计算：

结合本建筑的性质，在给水引入管上设置一总水表。水表的选择包括确定水表类型及口径。因给水引入管的管径为 *DN*65，所以应该选螺翼式湿式水表。水表的口径应依据设计秒流量确定。给水引入管的设计秒流量为

$$q_g = 0.2\alpha\sqrt{N_g} + 1.2\text{L/s} = 0.3\sqrt{N_g} + 1.2\text{L/s} = (0.3 \times \sqrt{(14.25+60+60)} + 1.2)\text{L/s}$$

$$= 4.68\text{L/s} = 16.85\text{m}^3/\text{h}$$

因此，选 LXS—50N 型水表，公称口径为 *DN*60，过载流量为 8.33L/s（$30\text{m}^3/\text{h}$），常用流量为 4.17L/s（$15\ \text{m}^3/\text{h}$）。水表的水头损失为

$$h_d = \frac{q_g^2}{K_b}$$

$$K_b = \frac{Q_{max}^2}{100} = \frac{30^2}{100} = 9$$

$$h_d = \frac{q_g^2}{K_b} = \frac{16.85^2}{9}\text{kPa} = 31.55\text{kPa}$$

$$p_3 = p_d = 31.55\text{kPa}$$

引入管起点至最不利配水点所需的静水压力为

$$H_1 = 10\text{kN/m}^3 \times (11 + 3.8)\text{m} = 148\text{kPa}$$

查表 4-1 可知，最不利配水点所需的最低工作压力为

$$H_4 = 0.050\text{MPa} = 50\text{kPa}$$

因此，室内所需的压力为

$$H = H_1 + H_2 + H_3 + H_4$$

$$= (148 + 14.73 + 31.55 + 50)\text{kPa}$$

$$= 244.28\text{kPa} \approx 0.25\text{MPa}$$

室内所需压力 0.25MPa 小于市政给水管网的工作压力 0.27MPa，可满足 1～4 层供水要求，不再进行调整计算。

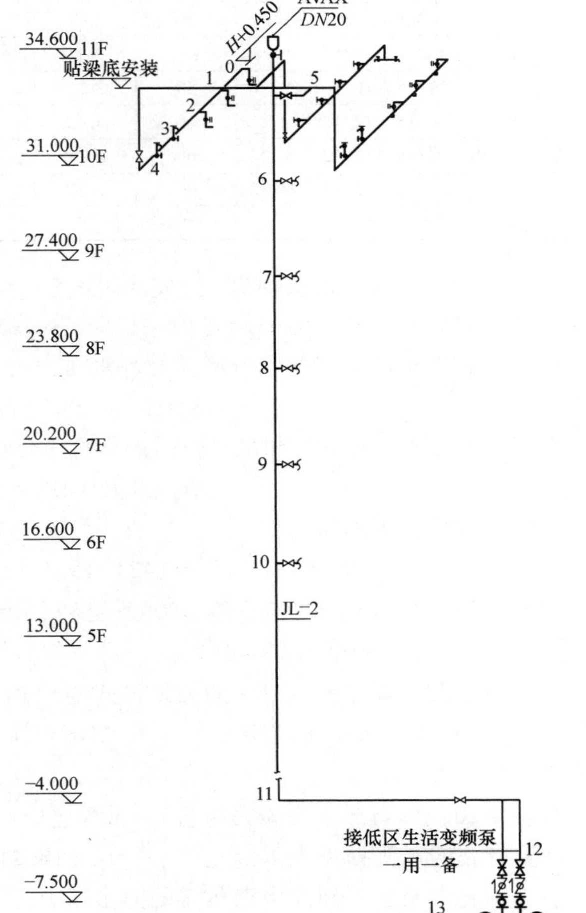

图 9-2　5～10 层给水系统计算草图

2）5～10 层室内所需的压力。5～10 层给水系统计算草图如图 9-2 所示，其给水管网水力计算结果见表 9-3。

表 9-3　5~10 层给水管网水力计算表

计算管段编号	卫生器具名称、数量 n/N=数量/当量				当量总数 N_g	设计秒流量 q_g/(L/s)	管径 DN /mm	流速 v /(m/s)	单位长度管道的水头损失 i /(kPa/m)	管长 l /m	沿程水头损失 $h_y=il$/kPa
	大便器	洗脸盆	拖布盆	小便器							
0-1	1/0.5				0.5	1.2	25	2.65	3.02	0.90	2.72
1-2	2/1				1	1.5	32	1.78	1.010	0.90	0.91
2-3	3/1.5				1.5	1.57	40	1.38	0.542	0.98	0.53
3-4	3/1.5	1/0.75			2.25	1.65	50	0.84	0.160	0.70	0.11
4-5	3/1.5	2/1.5	2/2	4/2	7	2.00	50	1.02	0.225	7.9	1.78
5-6	6/3	4/3	2/2	4/2	10	2.15	50	1.09	0.256	4.3	1.10
6-7	12/6	8/6	4/4	8/4	20	2.54	65	0.77	0.098	3.6	0.35
7-8	18/9	12/9	6/6	12/6	30	2.84	65	0.86	0.120	3.6	0.43
8-9	24/12	16/12	8/8	16/8	40	3.10	65	0.93	0.140	3.6	0.50
9-10	30/15	20/15	10/10	20/10	50	3.32	65	1.00	0.158	3.6	0.57
10-11	36/18	24/18	12/12	24/12	60	3.52	65	1.06	0.175	24.4	4.27
11-12	36/18	24/18	12/12	24/12	60	3.52	65	1.06	0.175	5.54	0.97
12-13	36/18	24/18	12/12	24/12	60	3.52	80	0.77	0.089	4.59	0.41
合计											$\sum p_y=14.65$kPa

查表 4-20，得局部水头损失为 $\sum h_j=30\%\sum h_y=30\%\times14.65\text{kPa}\approx4.40\text{kPa}$

计算管路的水头损失为 $H_2=\sum(h_i+h_j)=(14.65+4.40)\text{kPa}=19.05\text{kPa}$

引入管起点至最不利配水点所需的静水压力为

$$H_1=10\text{kN/m}^3\times(34.6+7.5)\text{m}=421\text{kPa}$$

查表 4-1 可知，最不利配水点所需的最低工作压力为

$$H_4=0.150\text{MPa}=150\text{kPa}$$

因此，室内所需的压力

$$H=H_1+H_2+H_4=(421+19.05+150)\text{kPa}=590.05\text{kPa}$$

据此选用 2WDV13/62—4—G—80 型变频供水设备，配套水泵为 VCF13—6 型，$Q=13\text{m}^3/\text{h}=3.6\text{L/s}$，$H=62\text{m}$，$N=4\text{kW}$；一用一备。气压罐 $V=20\text{L}$，$p=1.0\text{MPa}$，配机电一体化设计的矢量泵，且配备一对一的矢量模式变频器。

3）11~16 层室内所需的压力。11-16 层给水系统计算草图如图 9-3 所示，其给水管网水力计算结果见表 9-4。

查表 4-20，得局部水头损失为 $\sum h_j=30\%\sum h_y=30\%\times18.21\text{kPa}\approx5.46\text{kPa}$

计算管路的水头损失为 $H_2=\sum(h_i+h_j)=(18.21+5.46)\text{kPa}=23.67\text{kPa}$

引入管起点至最不利配水点所需的静水压力为

$$H_1=10\text{kN/m}^3\times(57.1-0.5+7.5)\text{m}=641\text{kPa}$$

查表 4-1 可知，最不利配水点所需的最低工作压力为

$$H_4=0.150\text{MPa}=150\text{kPa}$$

因此，室内所需的压力为

$$H=H_1+H_2+H_4=(641+23.67+150)\text{kPa}=814.67\text{kPa}$$

据此选用 2WDV13/84—5.5—G—80 型变频供水设备，配套水泵为 VCF13—8 型，$Q=13m^3/h=3.6L/s$，$H=84m$，$N=5.5kW$；一用一备。气压罐 $V=20L$，$p=1.0MPa$，配机电一体化设计的矢量泵，且配备一对一的矢量模式变频器。经校核，所选变频供水设备能满足屋顶消防水箱的供水要求。

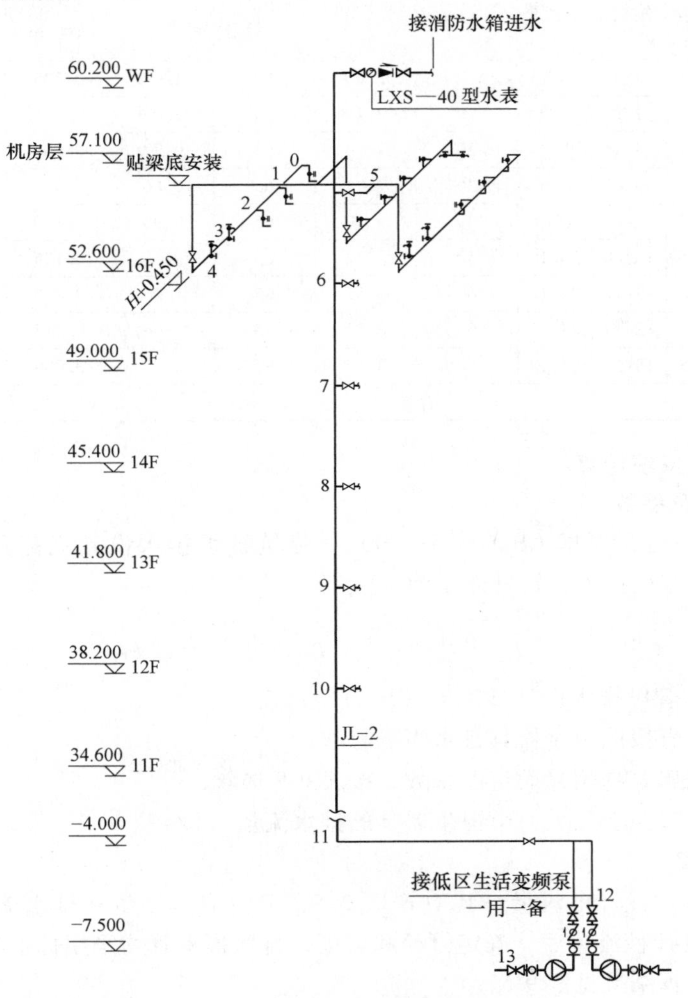

图 9-3　11~16 层给水系统计算草图

表 9-4　11~16 层给水管网水力计算表

计算管段编号	卫生器具名称、数量 n/N=数量/当量				当量总数 N_g	设计秒流量 q_g/(L/s)	管径 DN/mm	流速 v/(m/s)	单位长度管道的水头损失 i/(kPa/m)	管长 l/m	沿程水头损失 $h_y=il$/kPa
	大便器	洗脸盆	拖布盆	小便器							
0-1	1/0.5				0.5	1.2	25	2.65	3.02	0.90	2.72
1-2	2/1				1	1.5	32	1.78	1.010	0.90	0.91
2-3	3/1.5				1.5	1.57	40	1.38	0.542	0.98	0.53
3-4	3/1.5	1/0.75			2.25	1.65	50	0.84	0.160	0.70	0.11

（续）

计算管段编号	卫生器具名称、数量 n/N=数量/当量				当量总数 N_g	设计秒流量 q_g/(L/s)	管径 DN /mm	流速 v /(m/s)	单位长度管道的水头损失 i /(kPa/m)	管长 l /m	沿程水头损失 $h_y=il$/kPa
	大便器	洗脸盆	拖布盆	小便器							
4-5	3/1.5	2/1.5	2/2	4/2	7	2.00	50	1.02	0.225	7.9	1.78
5-6	6/3	4/3	2/2	4/2	10	2.15	50	1.09	0.256	4.3	1.10
6-7	12/6	8/6	4/4	8/4	20	2.54	65	0.77	0.107	4.5	0.48
7-8	18/9	12/9	6/6	12/6	30	2.84	65	0.86	0.098	3.6	0.35
8-9	24/12	16/12	8/8	16/8	40	3.10	65	0.93	0.140	3.6	0.50
9-10	30/15	20/15	10/10	20/10	50	3.32	65	1	0.176	3.6	0.63
10-11	36/18	24/18	12/12	24/12	60	3.52	65	1.06	0.175	42.2	7.39
11-12	36/18	24/18	12/12	24/12	60	3.52	65	1.06	0.175	7.43	1.30
12-13	36/18	24/18	12/12	24/12	60	3.52	80	0.77	0.089	4.59	0.41
合计											$\sum p_y=18.21$kPa

9.3.2　室内排水系统计算

1. 计算公式及参数

本建筑为办公楼，根据 GB 50015—2003《建筑给水排水设计规范》（2009 年版）第 4.4.5 条，其计算管段排水设计秒流量为

$$q_p=0.12\alpha\sqrt{N_p}+q_{max}=0.3\sqrt{N_p}+q_{max}$$

式中　q_p——计算管段排水设计秒流量（L/s）；

N_p——计算管段的卫生器具排水当量总数；

α——根据建筑物用途而定的系数，按表 6-8 选取；

q_{max}——计算管段上最大一个卫生器具的排水流量（L/s）。

2. 横支管计算

按上式计算排水设计秒流量，其中 α 取 2.5，卫生器具当量和排水流量按表 6-7 选取，计算出各管段的设计秒流量后，确定管径和坡度，排水横支管均采用标准坡度。其计算草图如图 9-4 所示，计算结果见表 9-5。

表 9-5　排水支管水力计算表

管段编号	卫生器具数量				当量总数 N_p	设计秒流量 q_p/(L/s)	管径 DN /mm	坡度 i	备注
	大便器 (N_p=3.6)	洗脸盆 (N_p=0.75)	污水盆 (N_p=1.0)	小便器 (N_p=0.3)					
0—1	1				3.6	1.2	100	0.026	底层无障碍卫生间横支管计算方法同上。坐式大便器支管管径取 100mm，洗脸盆支管管径取 50mm，均采用标准坡度
1—2	2				7.2	2.01	100	0.026	
2—3	3				10.8	2.19	100	0.026	
3—4	3	1			11.55	2.22	100	0.026	
4—10	3	2			12.3	2.25	100	0.026	

（续）

管段编号	卫生器具数量				当量总数 N_p	设计秒流量 q_p/(L/s)	管径 DN/mm	坡度 i	备注
	大便器 (N_p=3.6)	洗脸盆 (N_p=0.75)	污水盆 (N_p=1.0)	小便器 (N_p=0.3)					
5—6			1		1.0	0.33	50	0.026	底层无障碍卫生间横支管计算方法同上。坐式大便器支管管径取 100mm，洗脸盆支管管径取 50mm，均采用标准坡度
6—7			1	1	1.3	0.67	75	0.026	
7—8			1	2	1.6	0.71	75	0.026	
8—9			1	3	1.9	0.74	75	0.026	
9—10			1	4	2.2	0.78	75	0.026	
10—17	3	2	1	4	14.5	2.34	100	0.026	
11—12			1		1.0	0.33	75	0.026	
12—13	1		1		4.6	1.84	100	0.026	
13—14	2		1		8.2	2.06	100	0.026	
14—15	3		1		11.8	2.23	100	0.026	
15—16	3	1	1		12.55	2.26	100	0.026	
16—17	3	2	1		13.30	2.29	100	0.026	

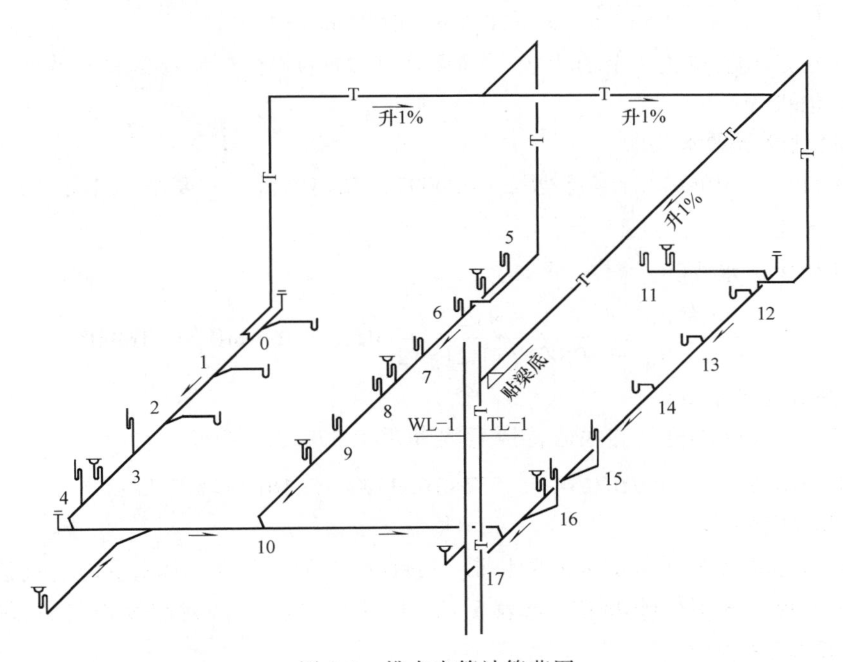

图 9-4　排水支管计算草图

3. 立管计算

本建筑最低横支管与立管连接处至立管管底的距离为 3.7m，满足表 6-1 的要求。所以，底层不需要单独排放。

立管接纳的排水当量总数为

$$N_p = (3.6\times6+0.75\times4+0.3\times4+1\times2)\times13+4.5+0.75=366.65$$

立管最下部管段的排水设计秒流量为

$$q_p = 0.12\alpha\sqrt{N_p} + q_{max} = 0.3\sqrt{N_p} + q_{max} = (0.3\times\sqrt{366.65}+1.5)\text{L/s} = 7.24\text{L/s}$$

根据 GB 50015—2003《建筑给水排水设计规范》（2009 年版）第 4.6.3 条，连接 6 个及 6 个以上大便器的污水横支管应设环形通气管。查表 6-15，选用设专用通气立管的双立管排水系统，立管管径取 *DN*100，专用通气立管管径取 *DN*100；环形通气管与立管每层连接，管径取 *DN*50，满足规范要求。

4. 立管排出管计算

立管排出管取 *DN*150，取通用坡度 0.01，符合要求。

9.3.3　消火栓给水系统计算

1. 消火栓间距的确定

该建筑总长 45.1m，宽 19m，高 60.2m。按 GB 50974—2014《消防给水及消火栓系统技术规范》第 7.4.6 条要求，消火栓的间距应保证同层任何部位有 2 个消火栓的水枪充实水柱同时到达。

水带长度取 25m，展开时的弯曲折减系数 *C* 取 0.8，消火栓的保护半径应为

$$R = CL_d + L_s = (0.8\times25+3)\text{m} = 23\text{m}$$

消火栓采用单排布置时，其间距为

$S \leqslant \sqrt{R^2-b^2} = \sqrt{23^2-(2.5+7.5)^2}\text{m} = 20.7\text{m}$，取 21m。

因此，应在走道上布置 4 个消火栓（间距小于 21m）才能满足要求。另外，消防电梯的前室也须设消火栓。

2. 水枪喷嘴处所需水头

水枪喷嘴口径选 19mm，水枪系数 $\varphi=0.0097$，充实水柱 H_m 要求不小于 10m，选 $H_m=12\text{m}$，水枪实验系数 $\alpha_f=1.21$。

水枪喷嘴处所需水头为

$$H_q = \frac{\alpha_f H_m}{1-\varphi\alpha_f H_m} = \frac{1.21\times12}{1-0.0097\times1.21\times12}\text{mH}_2\text{O} \approx 16.9\text{mH}_2\text{O} = 169\text{kPa}$$

3. 水枪喷嘴的出流量

喷嘴口径 19mm 的水枪，其水流特性系数 *B* 为 1.577。

水枪喷嘴的出流量 $q_{xh} = \sqrt{BH_q} = \sqrt{1.577\times16.9}\text{L/s} = 5.16\text{L/s} > 5.0\text{ L/s}$

4. 水带压力损失

口径 19mm 的水枪配口径 65mm 的水带，衬胶水带阻力较小，因此室内消火栓水带多为衬胶水带。本工程也选用衬胶水带。查表 5-13 知，口径 65mm 的衬胶水带阻力系数 A_d 值为 0.00172。水带水头损失为

$$h_d = \gamma A_d l q_{xh}^2 = 10\times(0.00172\times25\times5.16^2)\text{kPa} \approx 11.4\text{kPa}$$

5. 消火栓口所需的水压

$H_{xh} = H_q + h_d + H_k = (169+11.4+20)\text{kPa} = 200.4\text{kPa} < 350\text{kPa}$，取 350kPa。

6. 校核

设置的消防贮水高位水箱最低水位高程为 64.30m，最不利点消火栓栓口高程为$(52.6+1.1)\text{m}=53.70\text{m}$，则最不利点消火栓口的静水压力为$[(64.30-53.70)\times10]\text{kPa}=106\text{kPa}$。按

GB 50974—2014《消防给水及消火栓系统技术规范》第 5.2.2 条规定，可不设升压设施。

7. 消防管道水力计算

消火栓系统计算草图如图 9-5 所示。按照最不利点消防立管和消火栓的流量分配要求，最不利消防立管为 XL-1，出水枪数为 3 支；相邻消防立管为 XL-2，出水枪数为 3 支；次相邻消防立管为 XL-3，出水枪数为 2 支。

1）最不利点消火栓流量为

$$q_{xh}=\sqrt{BH_q}$$

式中　q_{xh}——水枪喷嘴的出流量（L/s），依据规范需要与水枪的额定流量进行比较，取较大值；

B——水枪水流特性系数；

H_q——水枪喷嘴处的水头（m）。

2）最不利点消火栓栓口所需水压为

$$H_{xh最}=h_d+H_q+H_k=\gamma A_d l q_{xh}^2+\frac{q_{xh}^2}{B}\gamma+20$$

式中　$H_{xh最}$——最不利点消火栓栓口所需水压（kPa）；

h_d——消防水带的水头损失（kPa）；

H_q——水枪喷嘴处的压力（kPa）；

r——水的重度（kN/m^3）；

A_d——水带阻力系数；

l——水带的长度（m）；

q_{xh}——水枪喷嘴的出流量（L/s）；

B——水枪水流特性系数；

H_k——消火栓栓口压力损失（kPa），宜取 20kPa。

3）次不利点消火栓栓口所需水压为

$$H_{xh次}=H_{xh最}+\gamma H_{层高}+\gamma h_{y+j}$$

式中　$H_{xh次}$——次不利点消火栓栓口所需水压（kPa）；

$H_{层高}$——消火栓间隔的楼层高（m）；

h_{y+j}——两个消火栓之间的沿程、局部水头损失（m）。

4）次不利点消火栓流量为

$$q_{xh次}=\sqrt{\frac{H_{xh次}-20}{\gamma A_d l+\frac{\gamma}{B}}}$$

依据规范需要与水枪的额定流量进行比较，取较大值。

5）管道内水的平均流速 v 为

$$v=\frac{4q_{xh}}{\pi D_j^2}$$

式中　v——管道内水的平均流速（m/s）；

q_{xh}——管段流量（L/s）；

D_j——管道的计算内径（m）。

6）每米管道的水头损失

$$i=0.00107\frac{v^2}{d_j^{1.3}}$$

式中　i——每米管道的水头损失（MPa/m）；

v——管道内水的平均流速（m/s）；

d_j——管道的计算内径（m）。

7）沿程水头损失为

$$h_y=il$$

式中　p_y——沿程压力损失（kPa）；

l——管段长度（m）。

因此，$H_{xh0}=H_q+h_d+H_k=(169+11.4+20)\text{kPa}=200.4\text{kPa}$

$$H_{xh1}=H_{xh0}+\gamma\Delta H(0\sim1\text{点消火栓间距})+P'(0\sim1\text{管路的水头损失})$$
$$=(200.4+10\times3.6+0.016)\text{kPa}\approx236.4\text{kPa}$$

1点的水枪出流量为

$$q_{xh1}=\sqrt{BH_{q1}}$$

$$H_{xh1}=\gamma A_d l_d q_{xh1}^2+\frac{q_{xh1}^2}{B}\gamma+20$$

$$q_{xh1}=\sqrt{\frac{H_{xh1}-20}{\gamma A_d l_d+\frac{\gamma}{B}}}=\sqrt{\frac{236.4-20}{10\times0.00172\times25+\frac{10}{1.577}}}\text{L/s}=5.66\text{L/s}$$

进行消火栓给水系统水力计算时，按图9-5所示以枝状管路计算，管网水力计算结果见表9-6。

表9-6　消火栓给水管网水力计算表

计算管段	设计秒流量 q/(L/s)	管长 l/m	管径 DN/mm	流速 v/(m/s)	单位长度管道的水头损失 i/(kPa/m)	沿程水头损失 $h_y=il$/kPa
0-1	5.16	3.6	100	0.64	0.05	0.16
1-2	5.16+5.66=10.82	3.6	100	1.32	0.18	0.63
2-8	10.82+6.11=16.93	49.5	100	2.07	0.40	19.8
8-9	16.93	10.95	150	0.95	0.06	0.65
3-4	5.16	3.6	100	0.64	0.05	0.16
4-5	10.82	3.6	100	1.32	0.18	0.63
5-9	16.93	49.5	100	2.07	0.40	19.8
9-10	16.93+16.93=33.86	23.17	150	1.89	0.21	4.94
6-7	5.16	3.6	100	0.64	0.05	0.16
7-10	10.82	61.8	100	1.32	0.18	10.8
10-11	33.86+10.82=44.68	21.88	150	2.49	0.36	7.8
合计						$\sum p_y=65.53\text{kPa}$

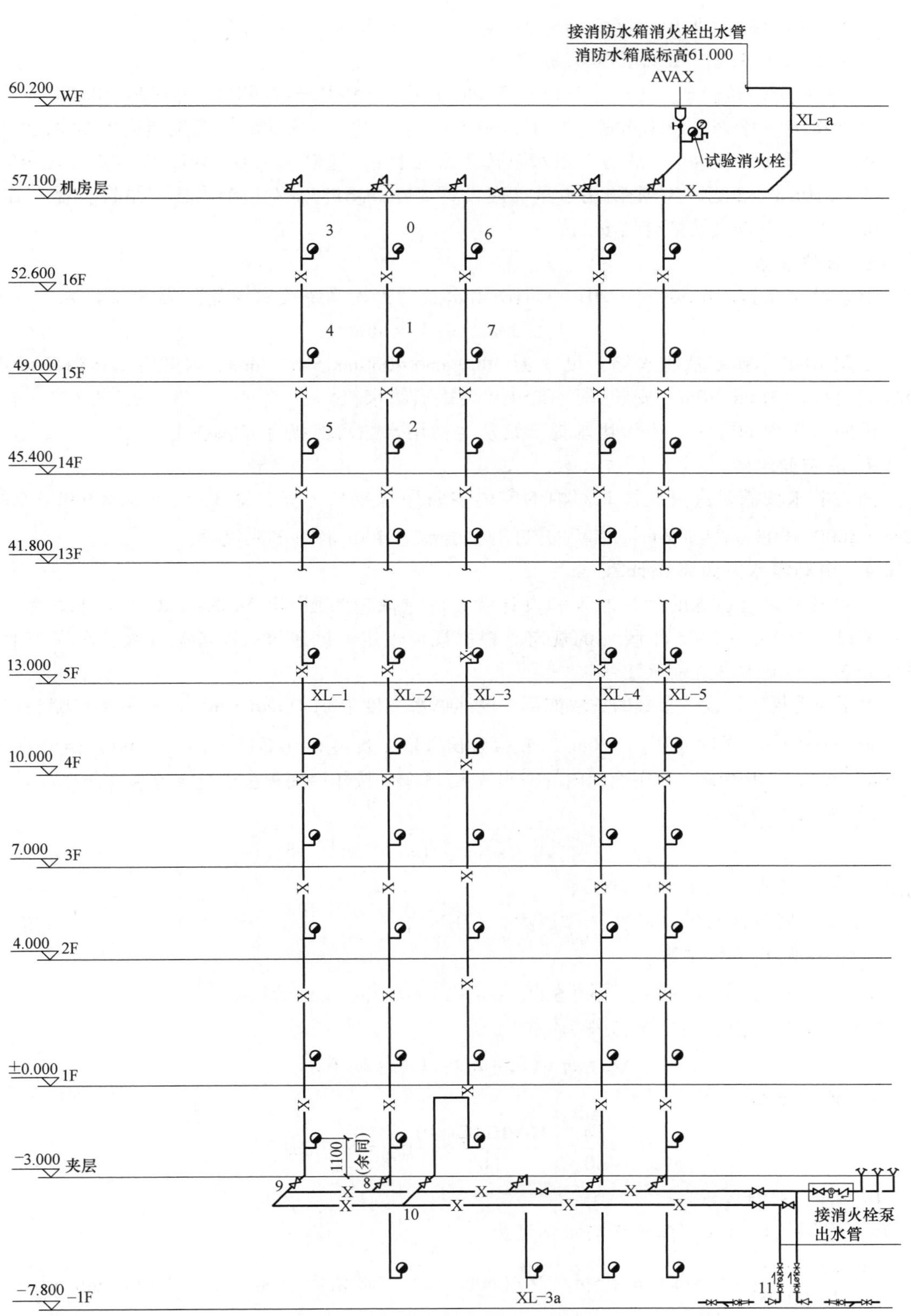

图 9-5　消火栓系统计算草图

管路总压力损失为 $H_w=(65.53\times1.1)\text{kPa}\approx72.08\ \text{kPa}$

消火栓给水系统所需总水压 H_x 应为

$$H_x=\gamma H_1+H_{xh}+H_w=10\times[53.7-(-7.95)]\text{kPa}+350\text{kPa}+72.08\text{kPa}=1038.58\text{kPa}$$

设计按消火栓灭火总用水量 $Q_x=44.68\text{L/s}$，扬程 $H_x=103.86\text{m}$，选用消火栓泵两台，一用一备。根据（04S204）《消防专用水泵选用及安装》，选取水泵 $Q=45\text{L/s}$，扬程 $H=110\text{m}$，功率 $N=110\text{kW}$。根据室内消防用水量，应设置3套SQS150—A型消火栓水泵接合器，详见99S203—23《消防水泵接合器安装》。

8. 消防水箱

消防贮水量按 GB 50974—2014《消防给水及消火栓系统技术规范》第5.2.1条，

$$V_f\geqslant36\text{m}^3,\text{取}\ V_f=36\text{m}^3$$

选用BDF不锈钢消防水箱，尺寸为4000mm×4000mm×4000mm，内贮存36t消防用水，箱底相对标高为64.30m，安装详见02S101《矩形给水箱》。

消防水箱内的贮水由生活用水提升泵从生活用水贮水池提升充满备用。

9. 消防贮水池

消防贮水按满足火灾延续时间内的室内消防用水量来计算，即 $V_f=(40\times2\times3600/1000+30\times1\times3600/1000)\text{m}^3=396\text{m}^3$，室内消防用水由地下400t消防水池提供。

9.3.4 自动喷水灭火系统计算

自动喷水灭火系统的计算原理和设计参数的选取应参照 GB 50084—2001《自动喷水灭火系统设计规范》（2005年版）的规定。根据规范规定，该建筑火灾危险等级：车库为中危险级Ⅱ级，其他为中危险级Ⅰ级。

根据规范规定，设计参数的选取如下：设计喷水强度为 $6\text{L/(min}\cdot\text{m}^2)$，最不利点喷头出口压力 $p=0.05\text{MPa}$，作用面积为 160m^2，形状为长方形，长边 $l=1.2\sqrt{F}=(1.2\sqrt{160})\text{m}=15.18\text{m}$，取16m，短边为10.02m。作用面积内的喷头数为23个。按作用面积法进行管道水力计算。

1）喷头出流量为

$$q=K\sqrt{10p}$$

式中 q——喷头出流量（L/min）；

p——喷头处水压（喷头工作压力）（MPa）；

K——喷头流量系数。

因此，$q=k\sqrt{10p}=(80\times\sqrt{10\times0.5})\text{L/min}=56.57\text{L/min}=0.94\text{L/s}$

2）作用面积内的设计秒流量为

$$Q_S=nq=(23\times0.94)\text{L/s}=21.62\text{L/s}$$

3）理论秒流量为

$$Q_L=\frac{Fq}{60}=\frac{(16\times10.02)\times6}{60}\text{L/s}=16.032\text{L/s}$$

$Q_S>Q_L$，符合要求。

4）作用面积内的计算平均喷水强度为

$q_p=\dfrac{23\times56.57}{16\times10.02}\text{L/(min}\cdot\text{m}^2)\approx8.12\text{L/(min}\cdot\text{m}^2)$，此值大于规定要求的 $6\text{L/(min}\cdot\text{m}^2)$。

5）喷头的保护半径为

$R \geqslant \frac{\sqrt{3^2+2.75^2}}{2}\text{m}=2.03\text{m}$，取 $R=2.03\text{m}$。

6）作用面积内最不利点处 4 个喷头所组成的保护面积为

$$F_4=\left[(1.2+3+1.5)\times\left(1.4+2.75+\frac{2.75}{2}\right)\right]\text{m}^2 \approx 31.49\text{m}^2$$

每个喷头的保护面积为 $F_1=F_4/4 \approx 7.87\text{m}^2$

其平均喷水强度为 $\bar{q}=(56.57/7.87)\text{L}/(\text{min}\cdot\text{m}^2) \approx 7.19\text{L}/(\text{min}\cdot\text{m}^2)>6\text{L}/(\text{min}\cdot\text{m}^2)$

7）管段的水力计算。自动喷水灭火系统计算草图如图 9-6 所示，其水力计算结果见表 9-7。

表 9-7　自动喷水灭火系统水力计算表

顺序编号	管段编号		设计秒流量 q/(L/s)	管径 DN/mm	流速 v/(m/s)	单位长度管道的水头损失 i/(kPa/m)	管长 l/m	沿程水头损失 $h_y=il$/kPa
	自	至						
1	0	1	0.94	25	2.08	2.19	2.75	6.01
2	1	2	1.88	32	2.22	1.72	1.375	2.37
3	a	b	0.94	25	2.08	2.19	2.75	6.01
4	b	2	1.88	32	2.22	1.72	1.375	2.37
5	2	3	3.76	40	3.32	3.03	3	9.09
6	3	4	7.52	50	3.83	2.87	3	8.61
7	4	5	11.28	65	3.4	1.69	2.4	4.06
8	5	6	14.1	65	4.25	2.56	0.65	1.66
9	6	7	14.1	80	3.07	1.16	7.25	8.39
10	c	d	0.94	25	2.08	2.19	2.4	5.26
11	d	e	1.88	32	2.22	1.72	3	5.16
12	e	f	2.82	32	3.34	3.64	3	10.93
13	f	7	3.76	32	4.45	6.20	0.65	4.03
14	7	8	17.86	80	3.89	1.79	3.35	6.00
15	8	9	21.62	80	4.7	2.55	3.35	8.55
16	9	10	21.62	100	2.65	6.29	13.4	8.42
17	10	11	21.62	150	1.21	0.09	12.3	1.14
18	11	12	21.62	150	1.21	0.09	93.43	8.69

$\sum h_y=h_{0-1}+h_{1-2}+h_{2-3}+h_{3-4}+h_{4-5}+h_{5-6}+h_{6-7}+h_{7-8}+h_{8-9}+h_{9-10}+h_{10-11}+h_{11-12}=72.99\text{kPa}$

管路总压力损失为 $H_w=(72.99\times1.2+20)\text{kPa} \approx 107.59\text{kPa}$（湿式报警阀和水流指示器的局部压力损失取 20kPa）

自动喷水灭火系统所需总水压 H_x 应为

$$H_x=\gamma H_1+H_{xh}+H_w=10\times[56.6-(-7.23)]\text{kPa}+107.59\text{kPa}+50\text{kPa}=795.89\text{kPa}$$

设计按自动喷水灭火系统用水量 $Q_x=21.62\text{L/s}$，扬程 $H_x=79.59\text{m}$，选用喷淋泵两台，一用一备。根据 04S204《消防专用水泵选用及安装》，选取水泵 $Q_x=30\text{L/s}$，扬程 $H=90\text{m}$，$N=55\text{kW}$。根据室内自动喷水灭火系统用水量，应设置两套 SQS150—A 型自动喷淋水泵接合器，详见 99S203—23《消防水泵接合器安装》。

设计完成后的建筑给排水施工图如图 9-7～图 9-32 所示。

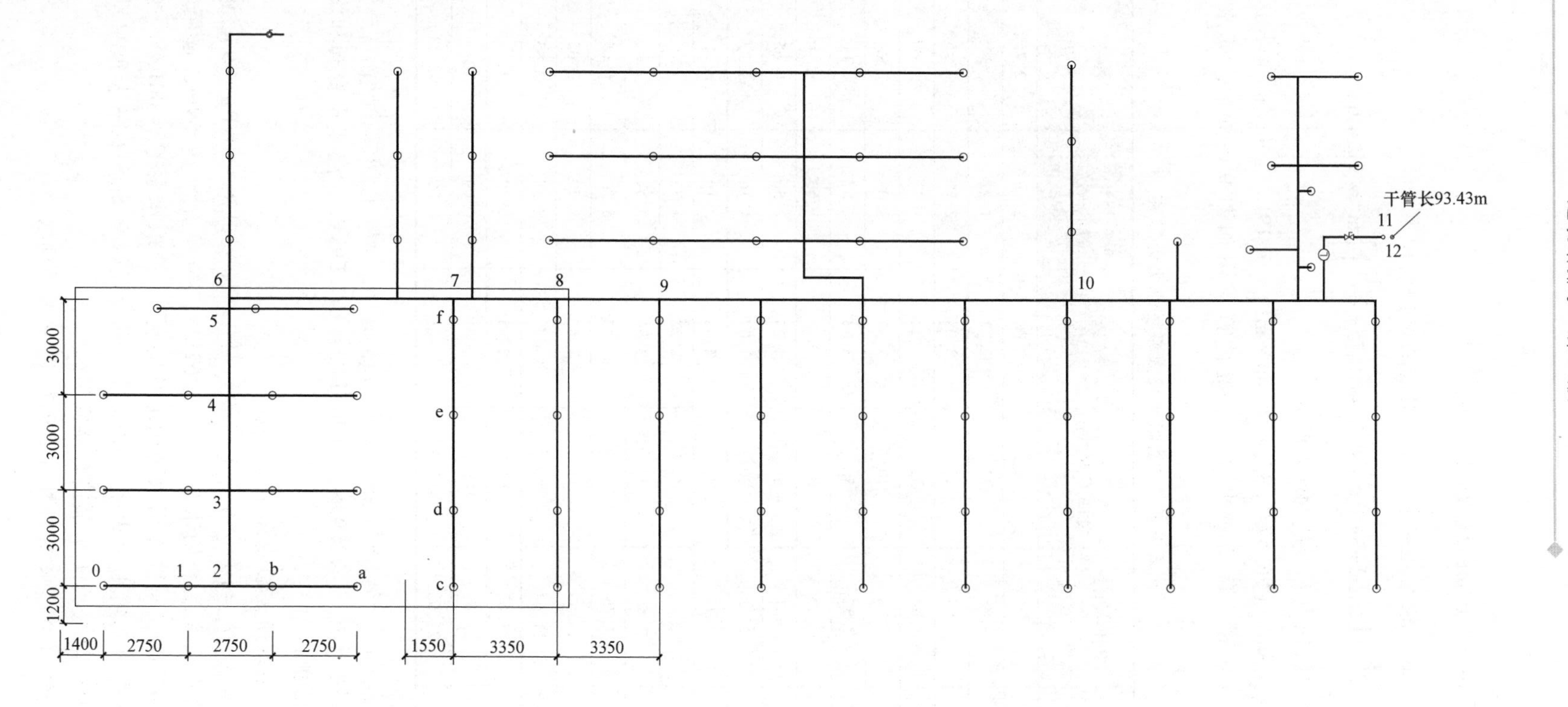

图 9-6　自动喷水灭火系统计算草图

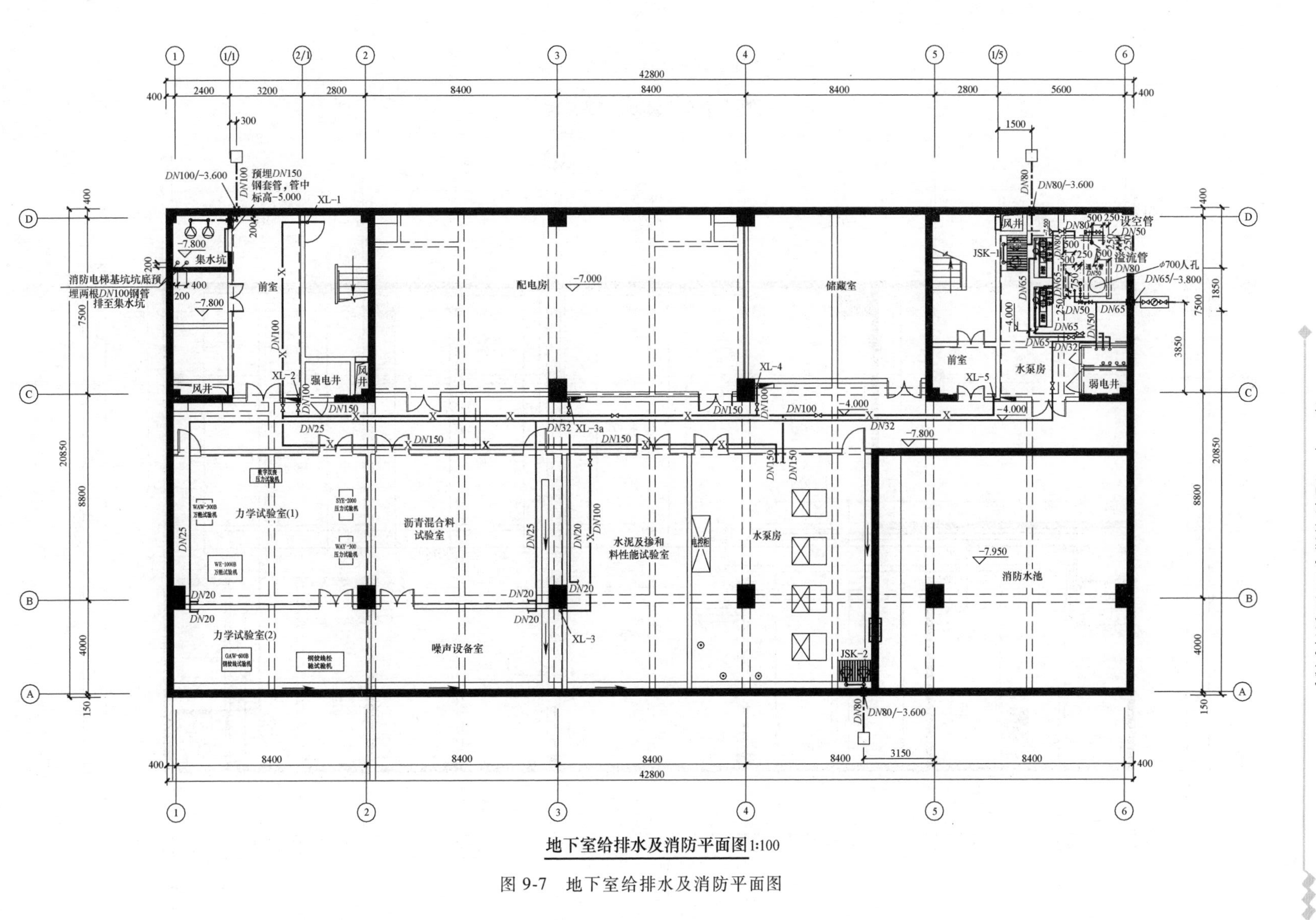

图 9-7　地下室给排水及消防平面图

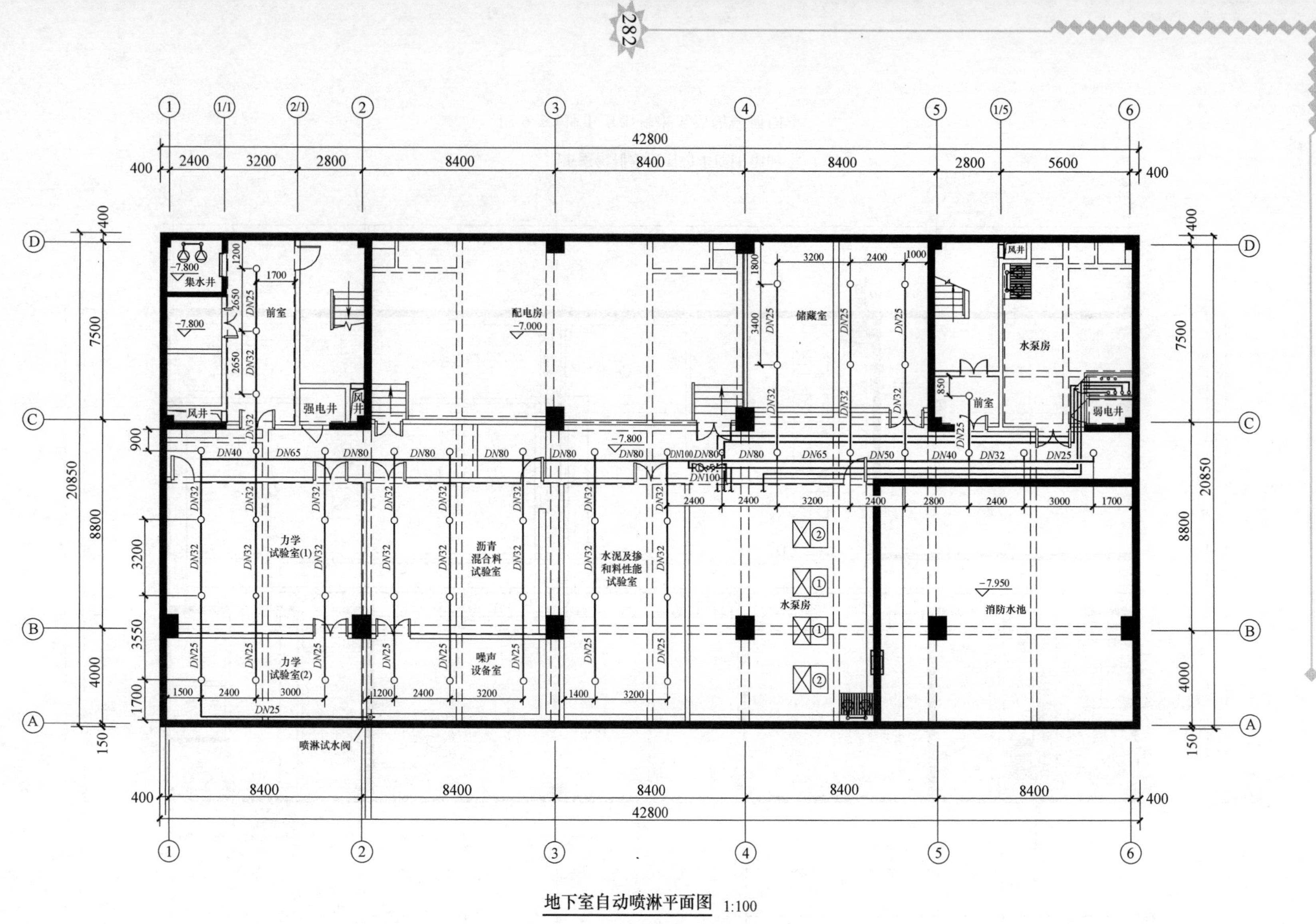

图 9-8　地下室自动喷淋平面图

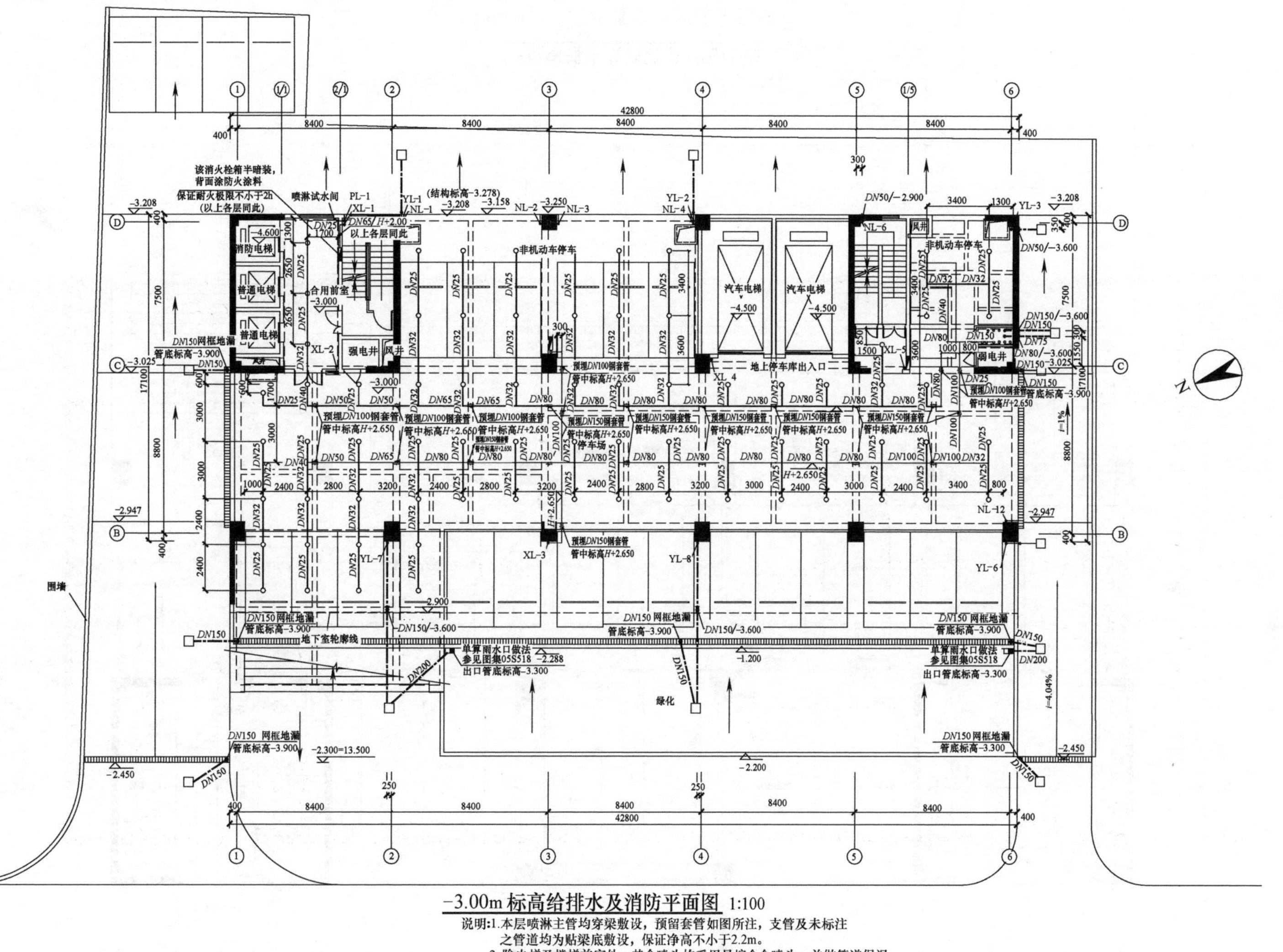

图 9-9　-3.00m 标高给排水及消防平面图

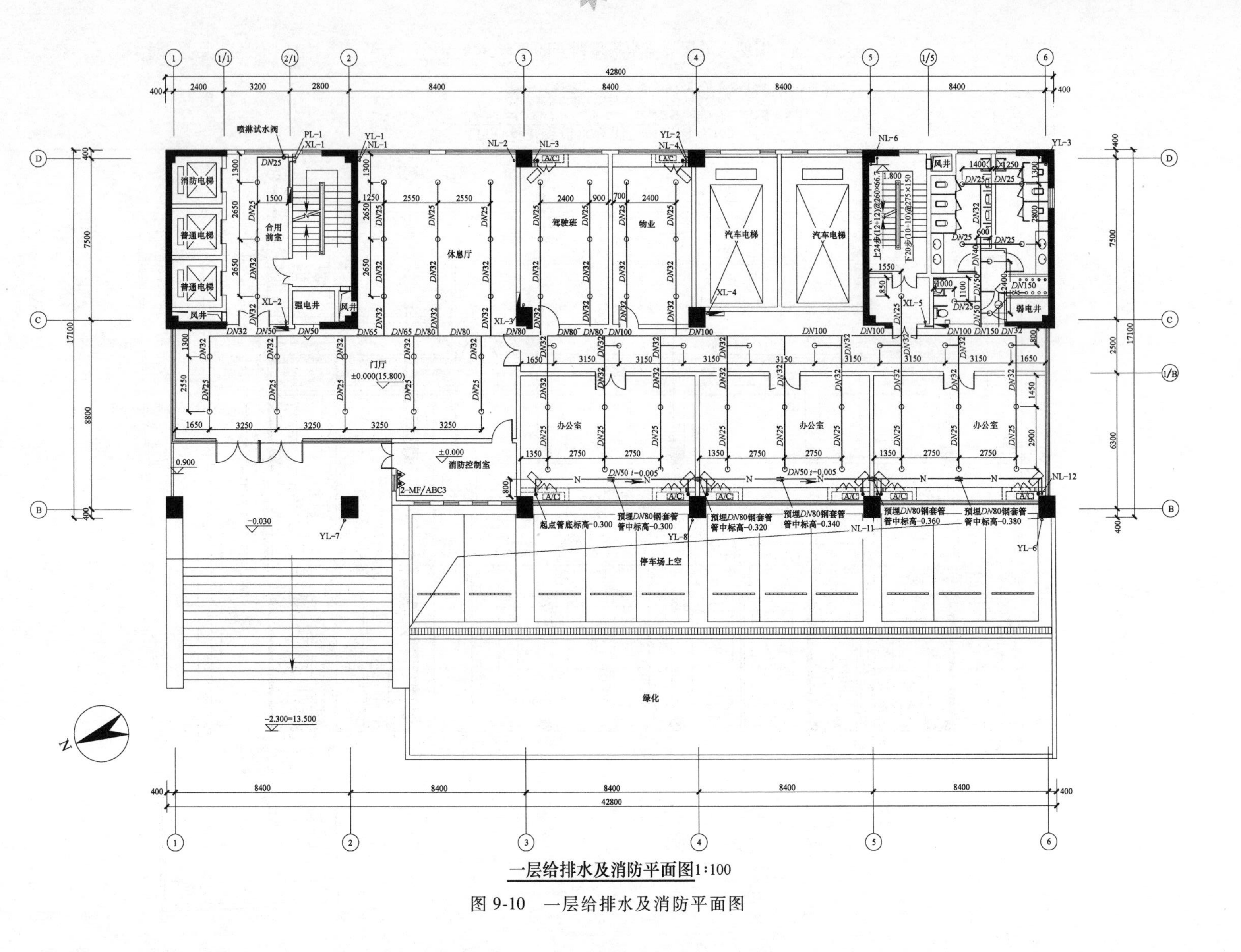

图 9-10　一层给排水及消防平面图

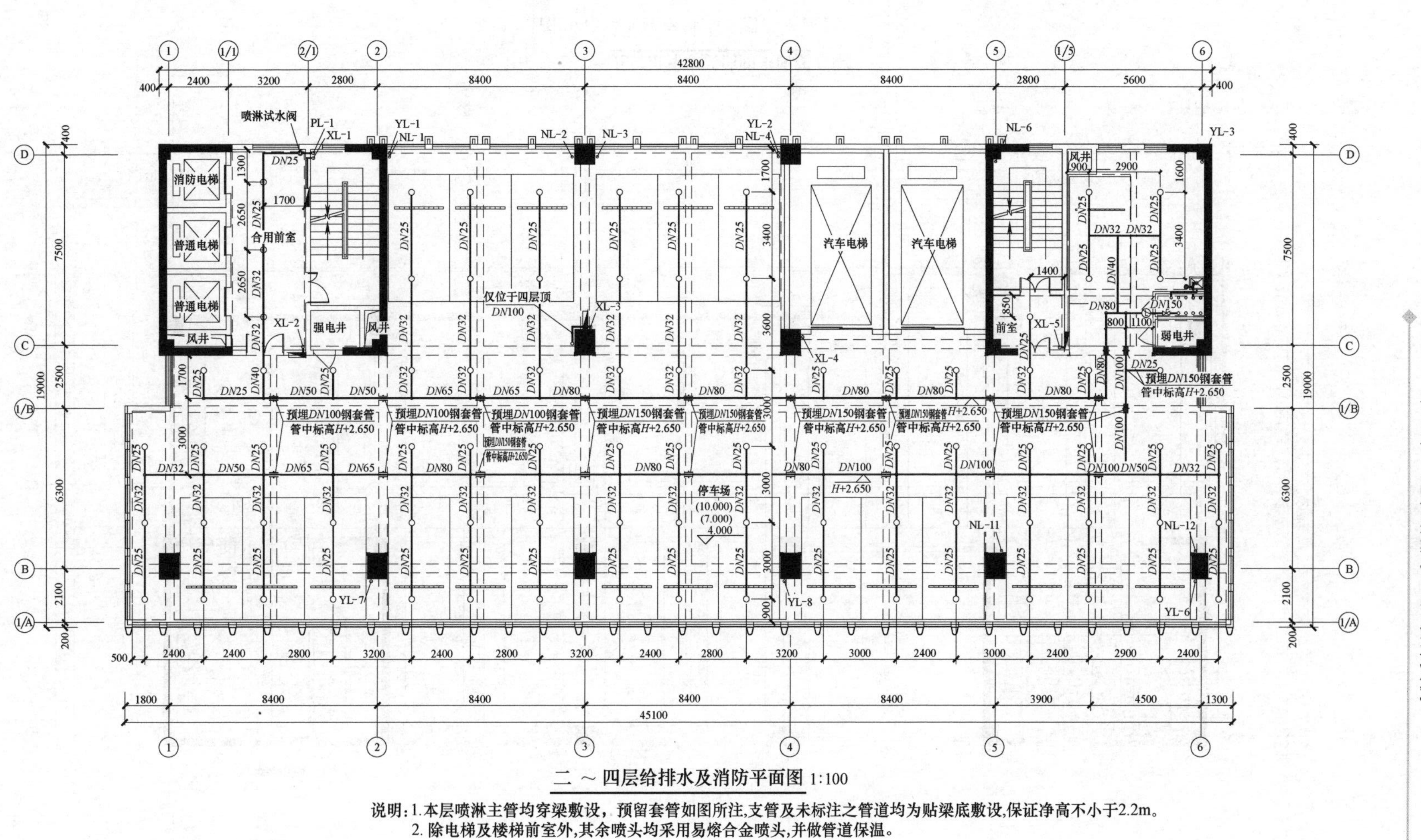

二～四层给排水及消防平面图 1:100

说明：1. 本层喷淋主管均穿梁敷设，预留套管如图所注，支管及未标注之管道均为贴梁底敷设，保证净高不小于2.2m。

2. 除电梯及楼梯前室外，其余喷头均采用易熔合金喷头，并做管道保温。

图 9-11　二～四层给排水及消防平面图

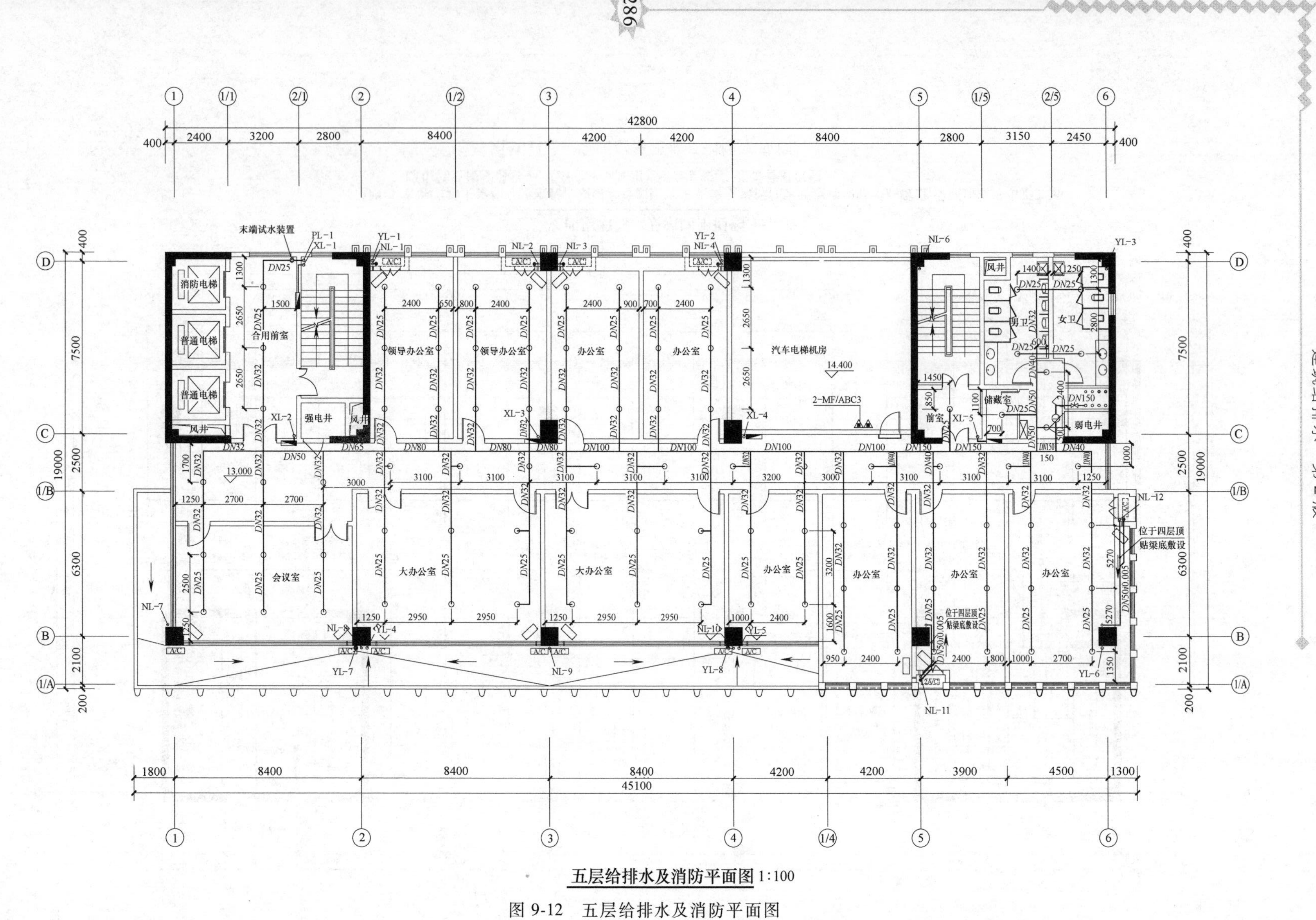

图 9-12 五层给排水及消防平面图

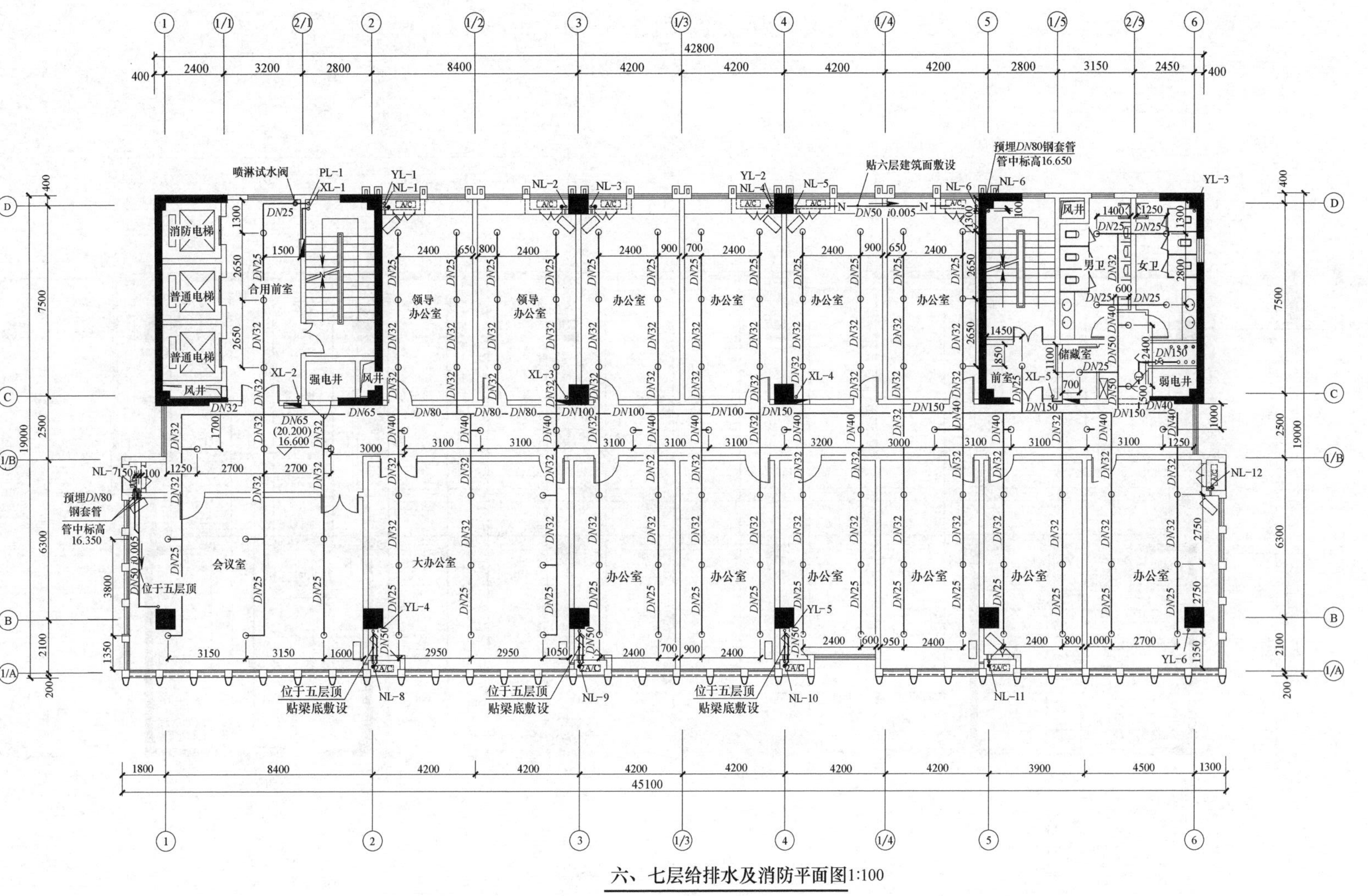

图 9-13　六、七层给排水及消防平面图

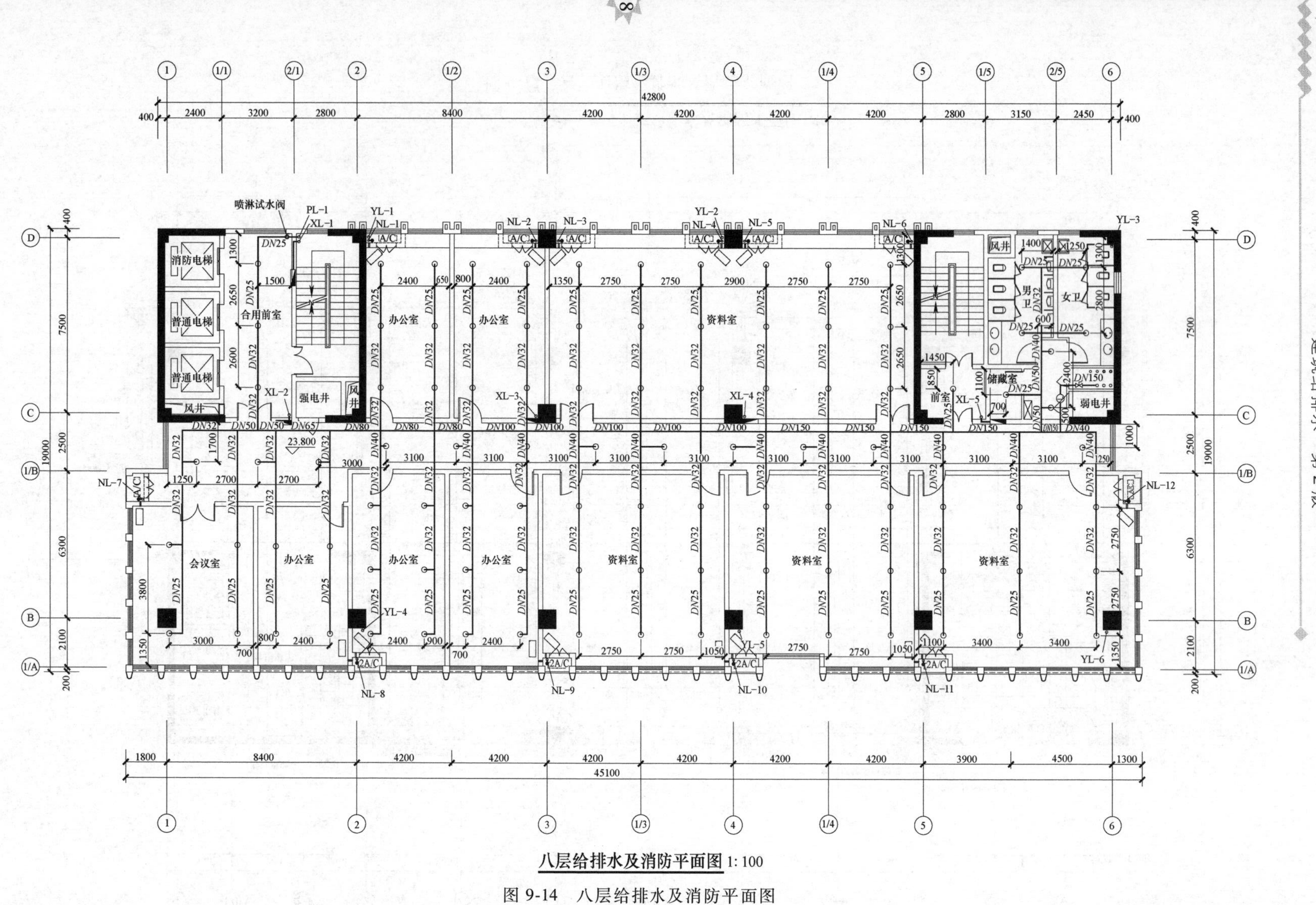

图 9-14　八层给排水及消防平面图

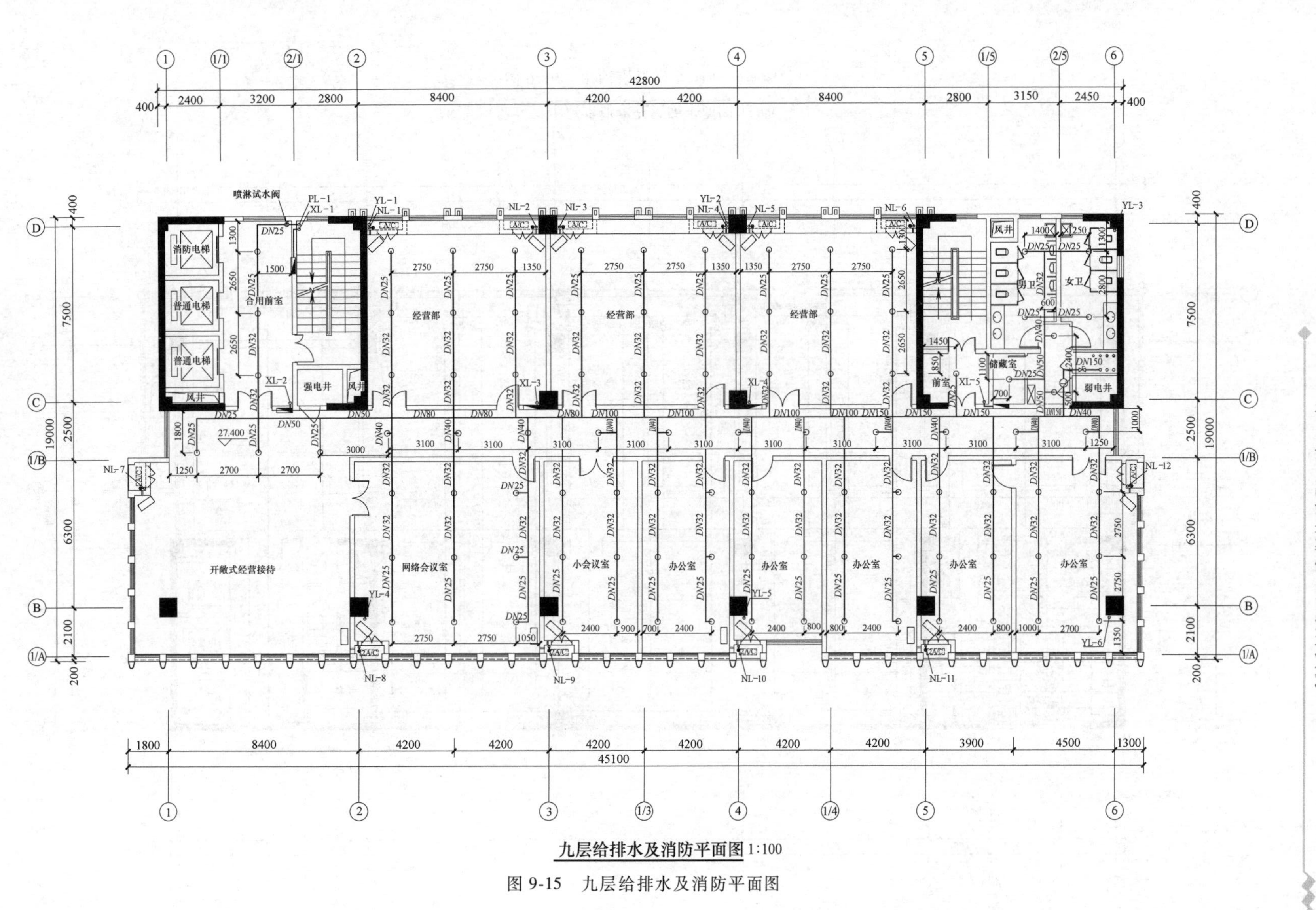

图 9-15　九层给排水及消防平面图

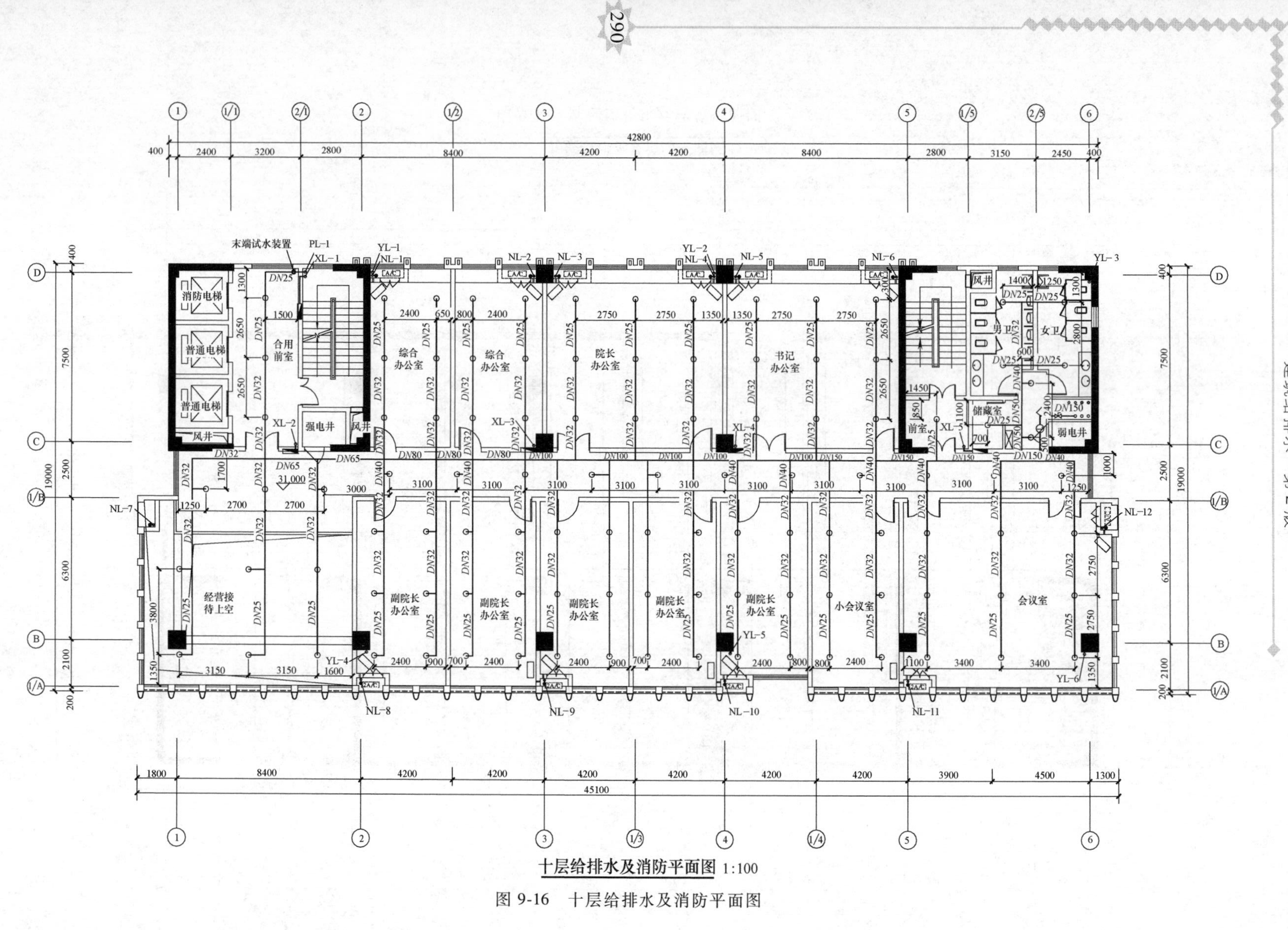

图 9-16 十层给排水及消防平面图

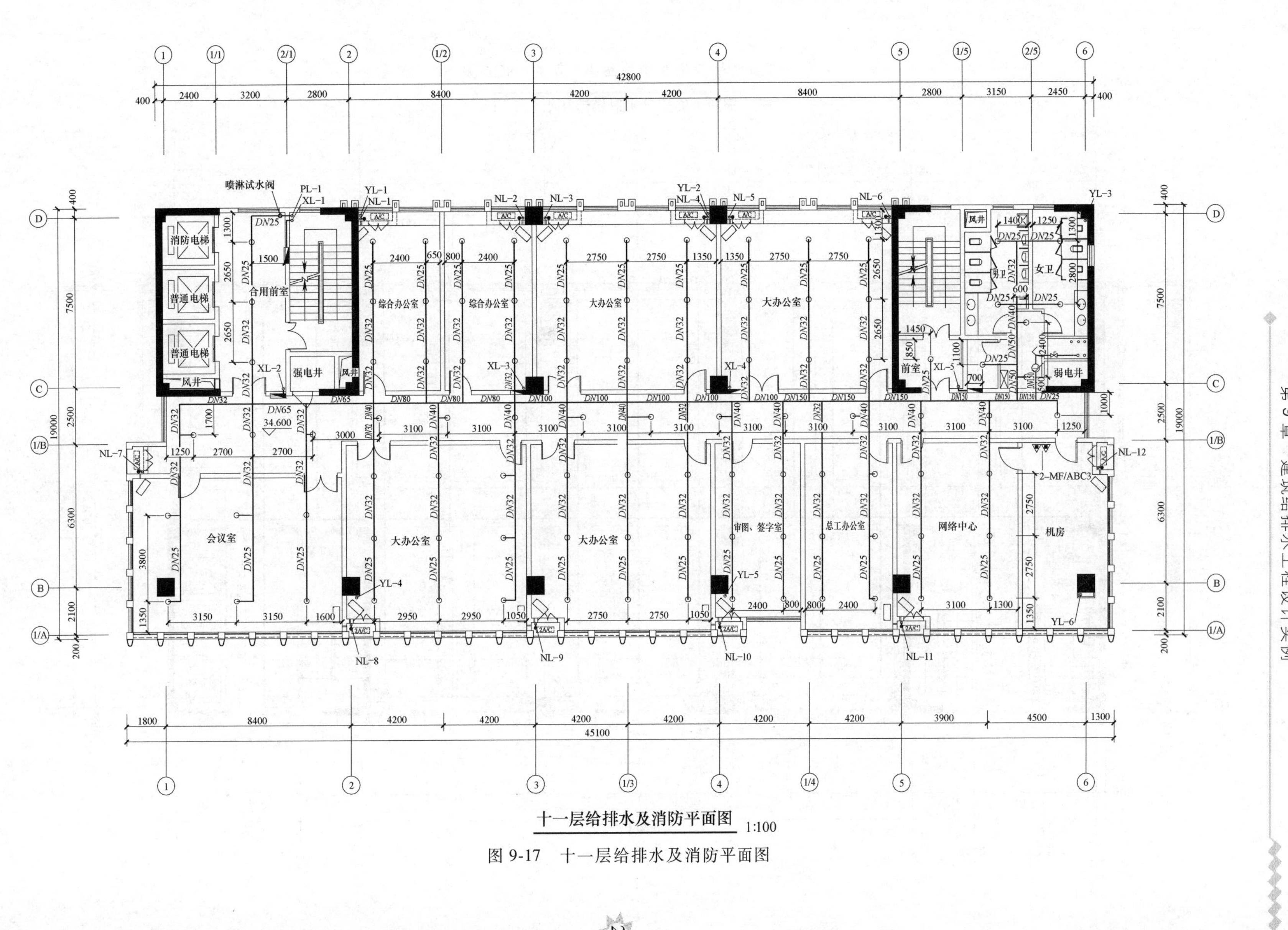

图 9-17　十一层给排水及消防平面图

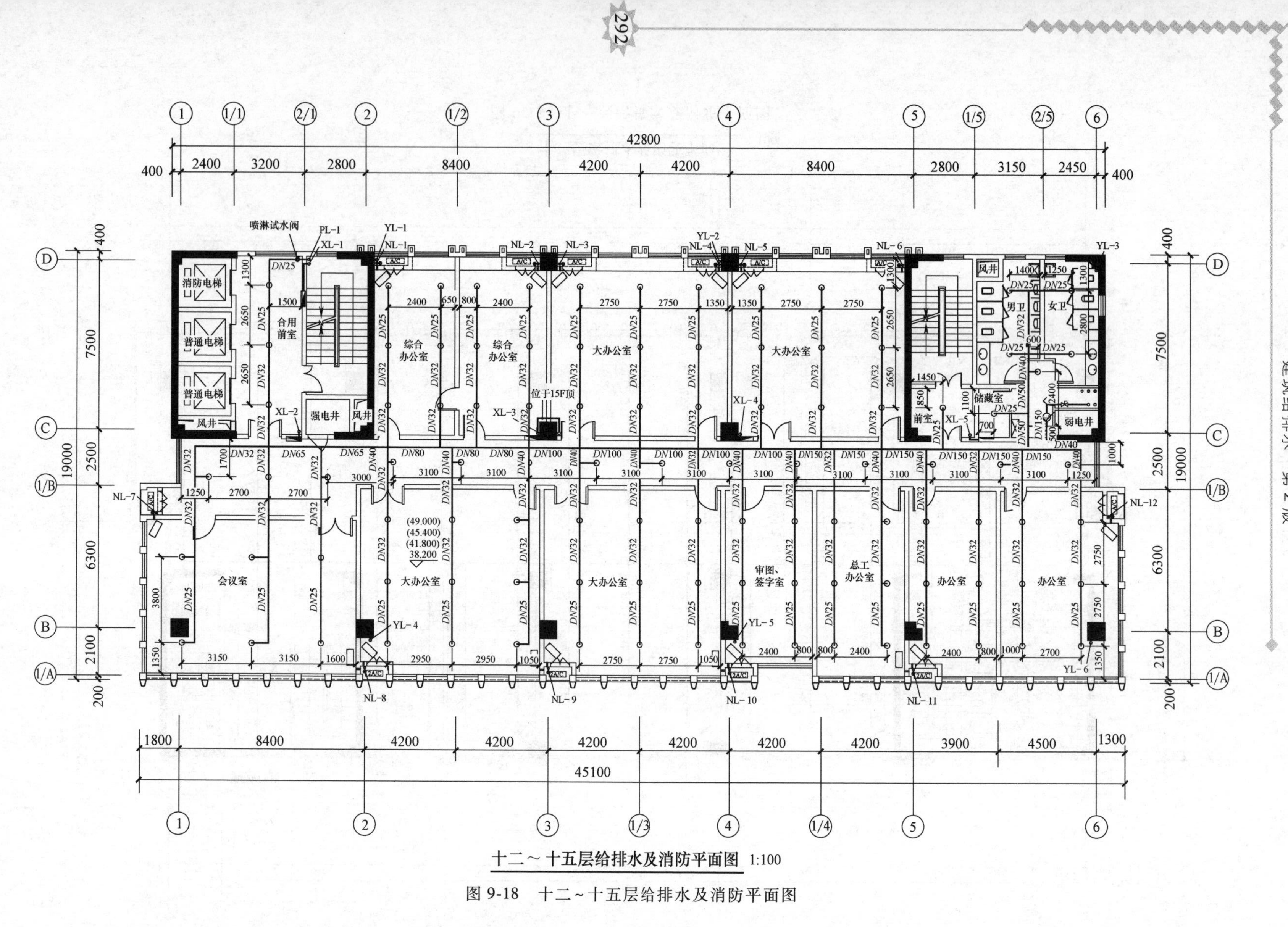

图 9-18 十二～十五层给排水及消防平面图

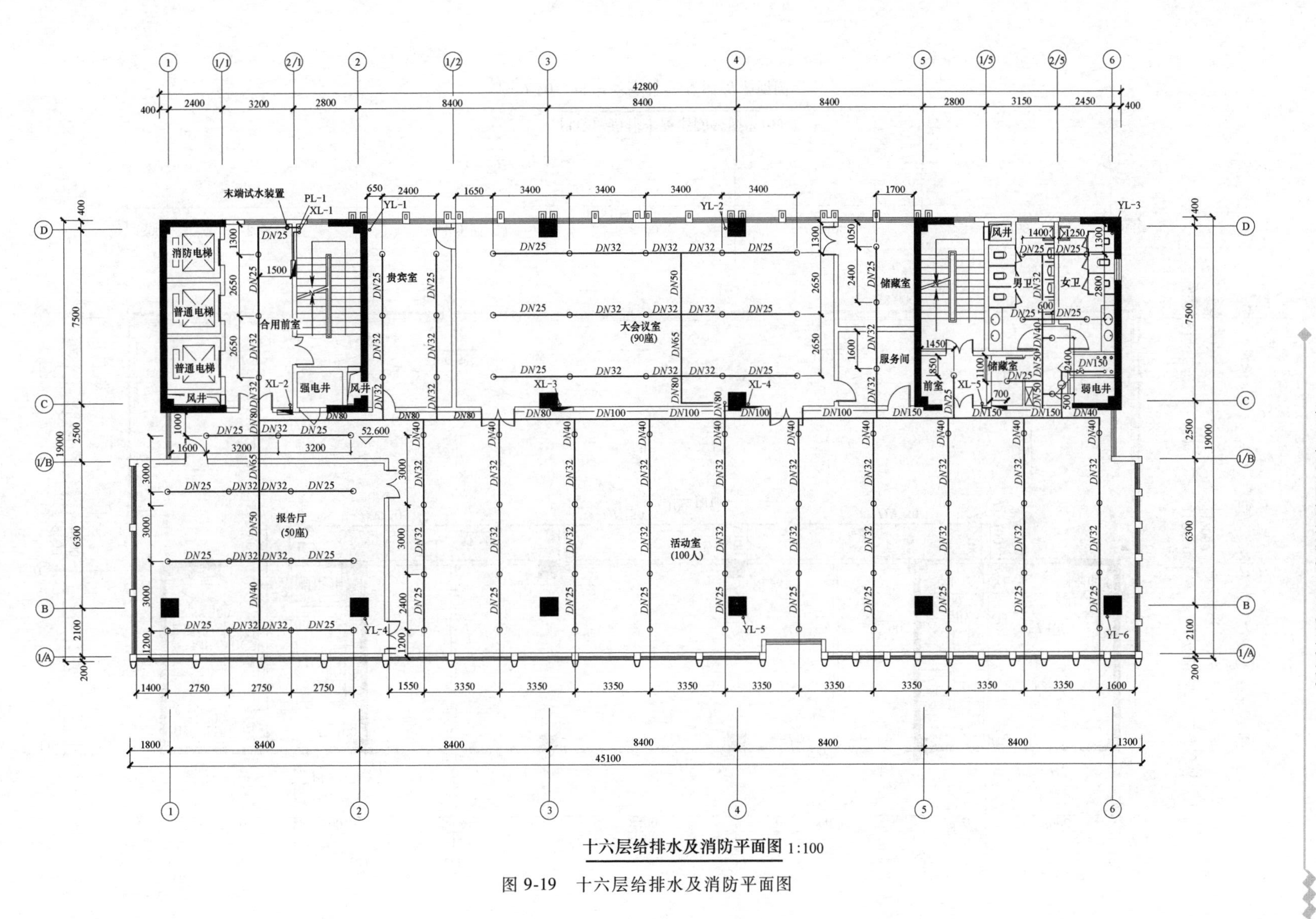

十六层给排水及消防平面图 1:100

图 9-19　十六层给排水及消防平面图

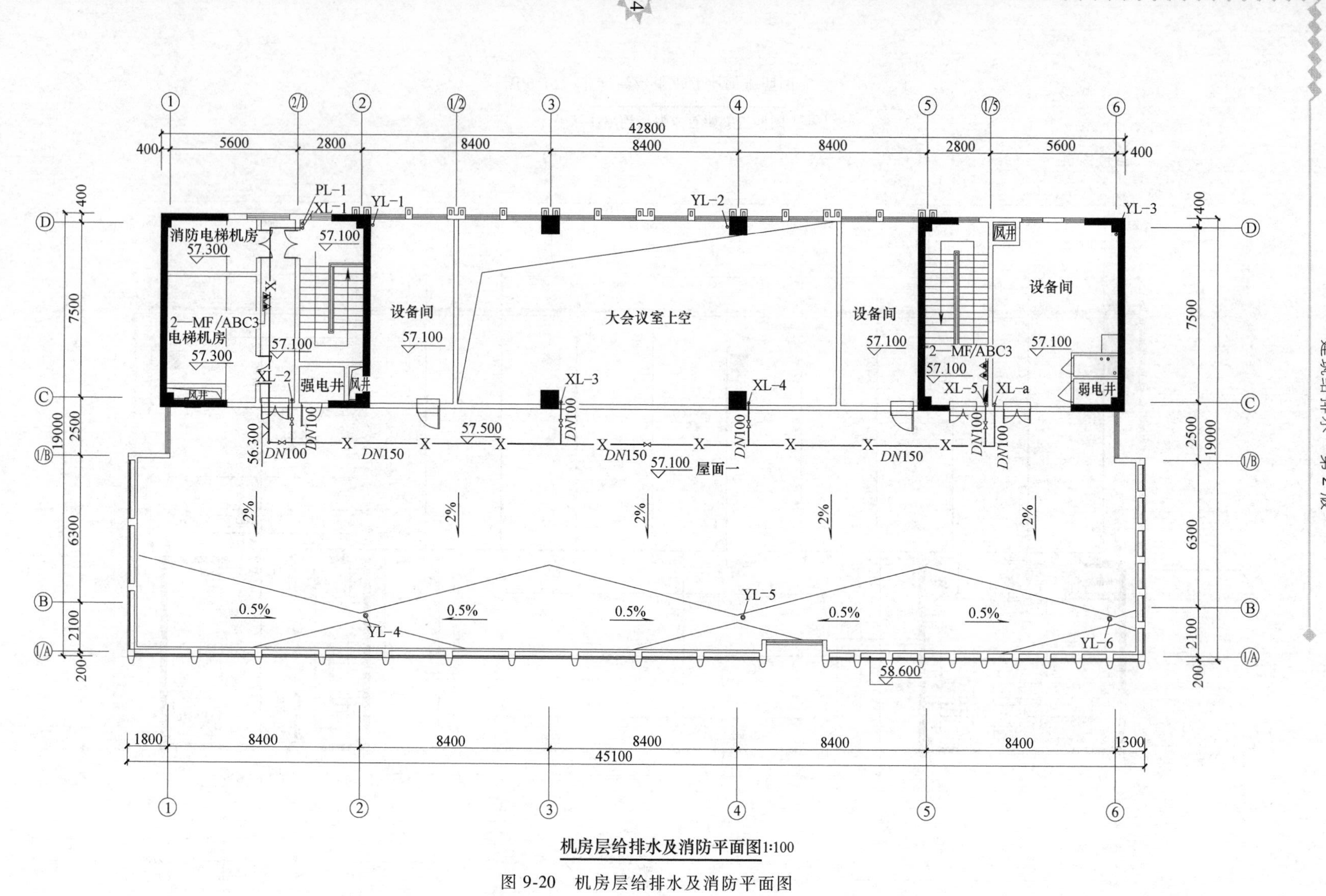

图 9-20　机房层给排水及消防平面图

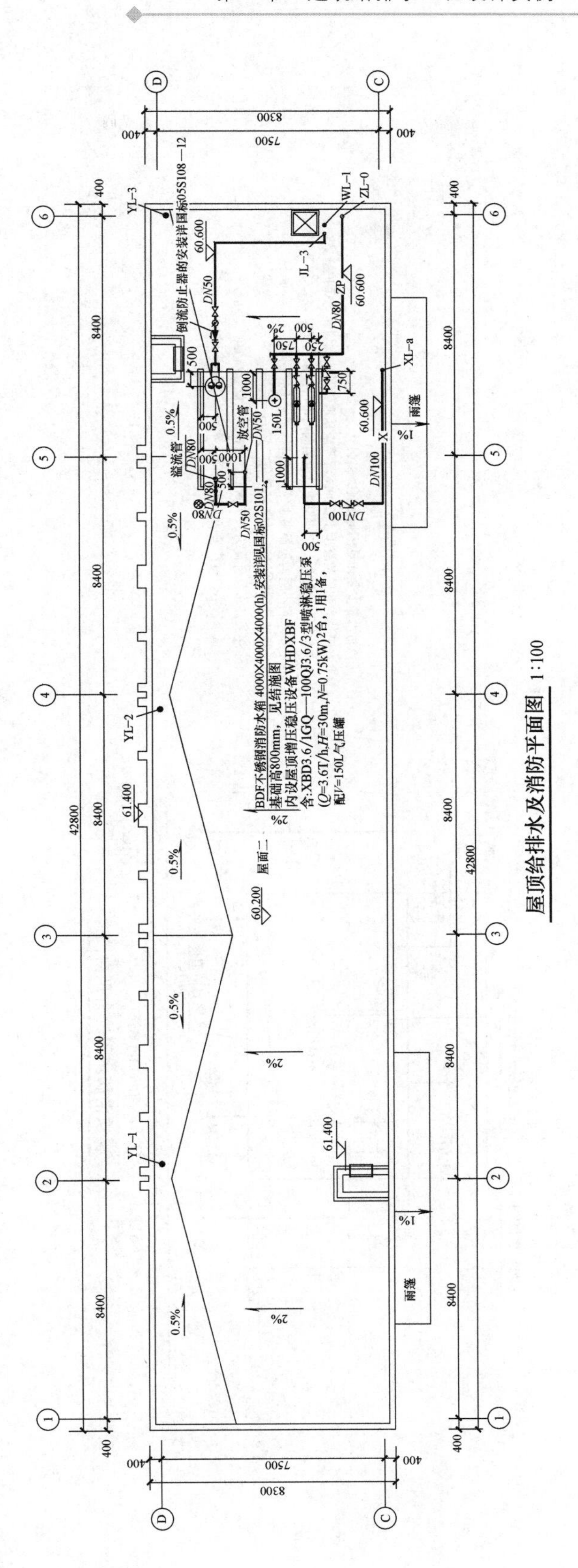

图 9-21　屋顶给排水及消防平面图

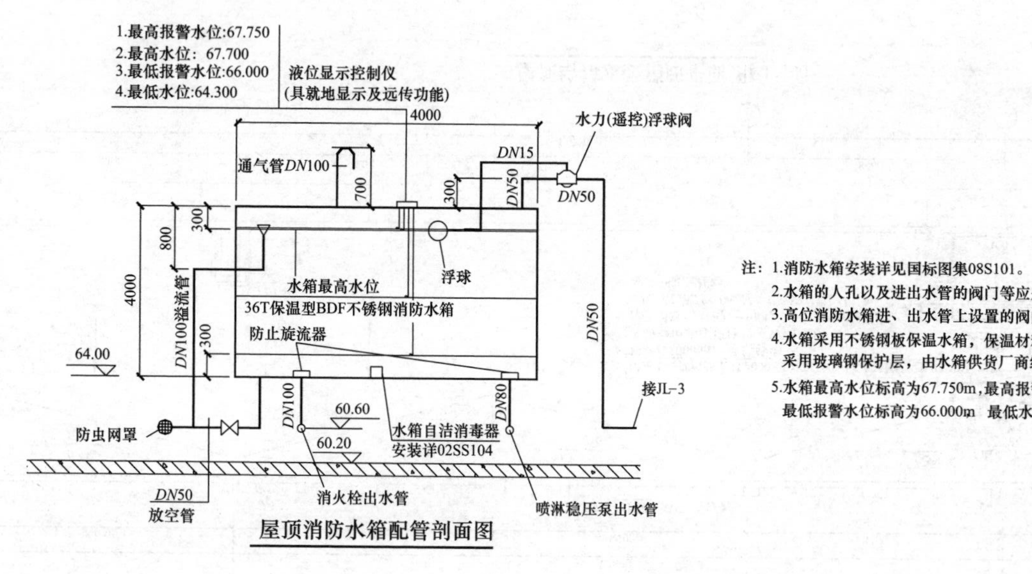

注：1.消防水箱安装详见国标图集08S101。
2.水箱的人孔以及进出水管的阀门等应采取锁具或阀门箱等保护措施。
3.高位消防水箱进、出水管上设置的阀门带有指示启闭装置。
4.水箱采用不锈钢板保温水箱，保温材料采用岩棉板，层厚50mm，采用玻璃钢保护层，由水箱供货厂商统一制作。
5.水箱最高水位标高为67.750m，最高报警水位标高为67.700m，最低报警水位标高为66.000m　最低水位标高为64.300m。

图 9-22　屋顶消防水箱配管剖面图

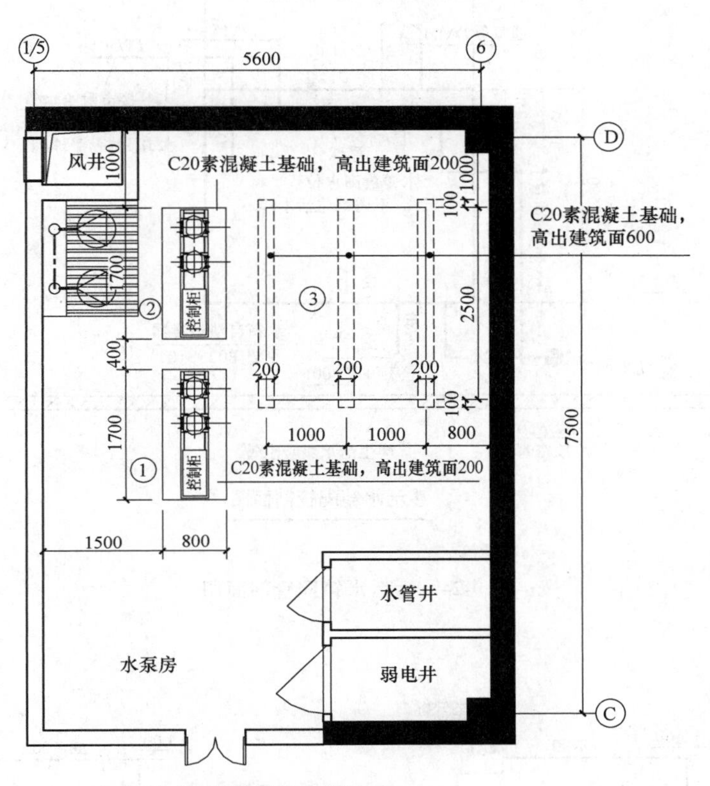

生活泵房设备基础布置详图 1∶50

生活泵房主要设备材料表

编号	主要设备及规格	备注
①	2WDV13/62— 4— G— 80型变频供水设备 配套：水泵VCF13 — 6型 Q=13m³/h　H=62m　N=4kW 气压罐V=20L　p=1.0MPa 配机电一体化设计的矢量泵且配备一对一的矢量模式变频器	一用一备 配套控制柜
②	2WDV13/84— 5.5— G— 80型变频供水设备 配套：水泵VCF13 — 8型 Q=13m³/h　H=84m　N=5.5kW 气压罐V=20L　p=1.0MPa 配机电一体化设计的矢量泵且配备一对一的矢量模式变频器	一用一备 配套控制柜
③	ZBS— 1型组合式不锈钢板生活水箱 有效容积11m³ (2500×2000×2500H)	1座
④	水箱自洁消毒器 WTS— 2A型 使用电源：260W，220V，50Hz	1台
⑤	水力(遥控)浮球阀100X —10型 DN50	1个

图 9-23　生活泵房设备基础布置详图及主要设备材料表

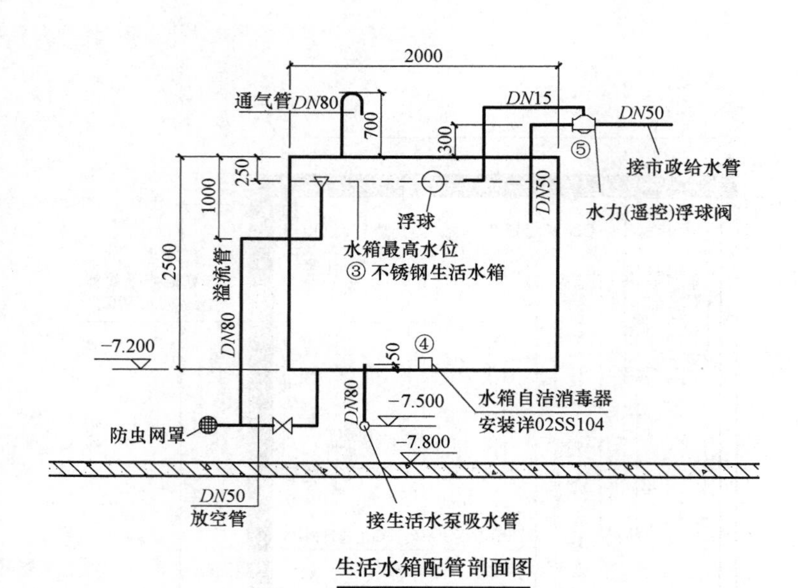

图 9-24　生活水箱配管剖面图

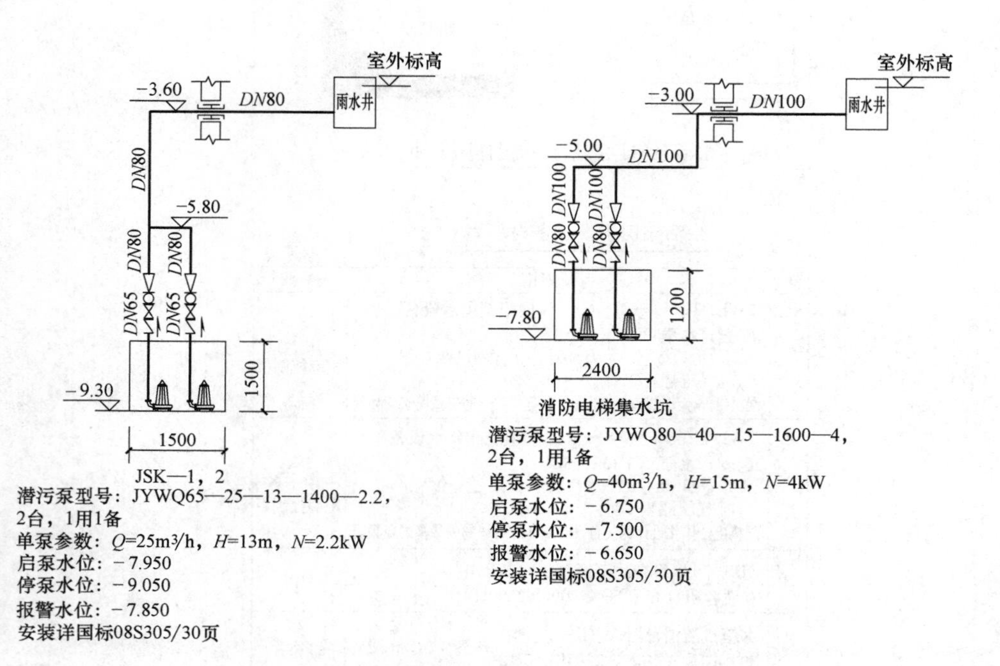

图 9-25　集水坑配管系统图

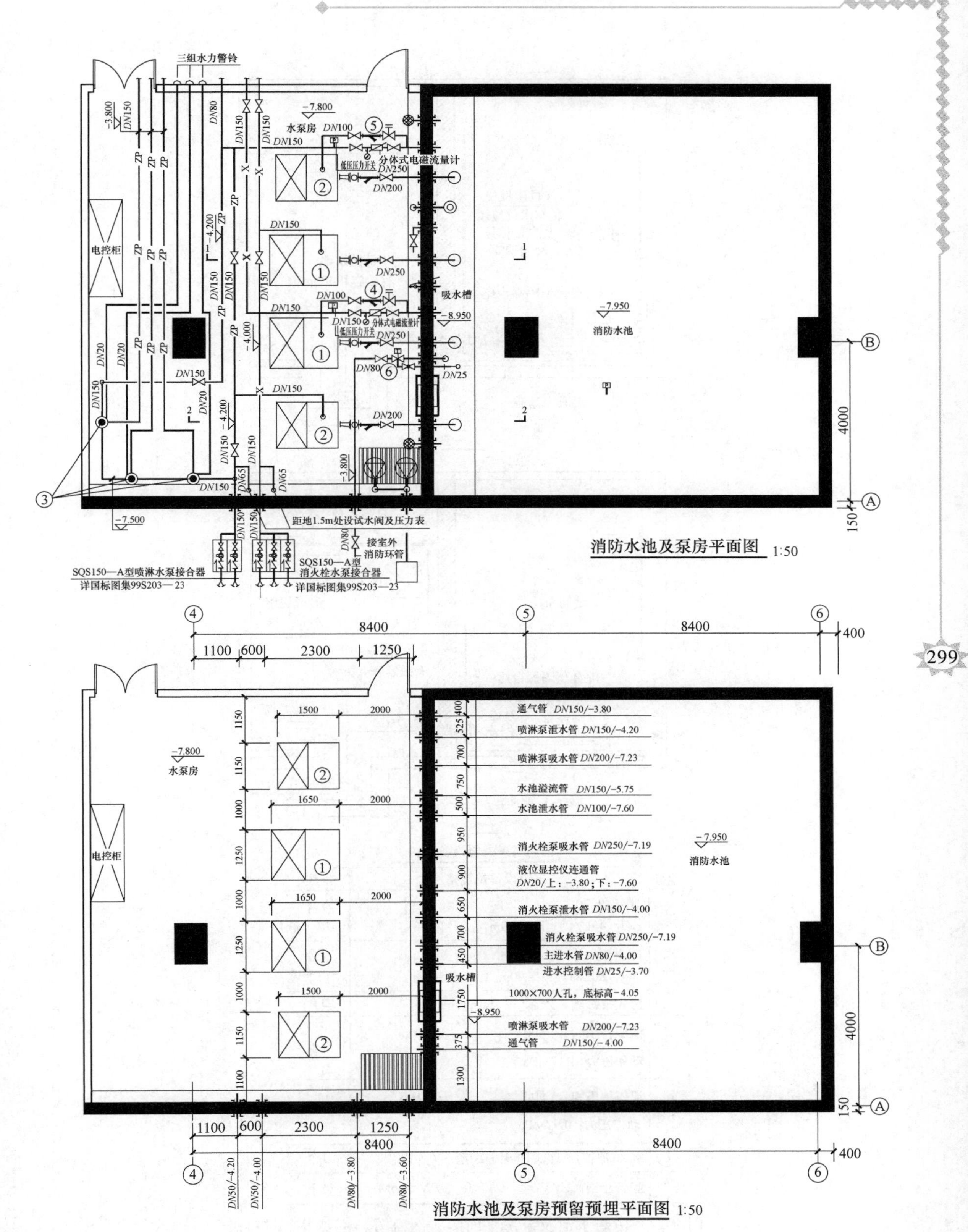

图 9-26　消防水池及泵房预留预埋平面图

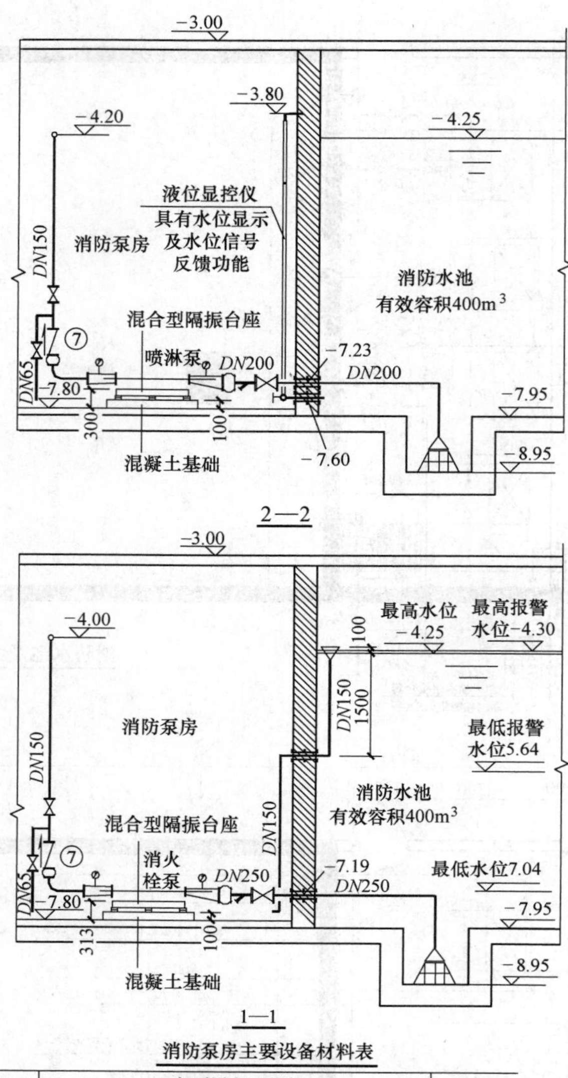

消防泵房主要设备材料表

编号	主要设备及规格	备注
①	消火栓泵 Q = 45L/s　H =110m　N =110kW	2台 一用一备
②	喷淋泵 Q = 30L/s　H =90m　N =55kW	2台 一用一备
③	湿式报警阀　ZSFZ —150型	3套
④	泄压持压阀　500X型　DN100 动作压力：1.17MPa	1套
⑤	泄压持压阀　500X型　DN100 动作压力：0.97MPa	1套
⑥	水力(遥控)浮球阀100X—10型　DN80	1个
⑦	静音止回阀NRVZ型　DN150　PN =1.6MPa	4个

图 9-27　消防水池及泵房平面图、剖面图、主要设备材料表

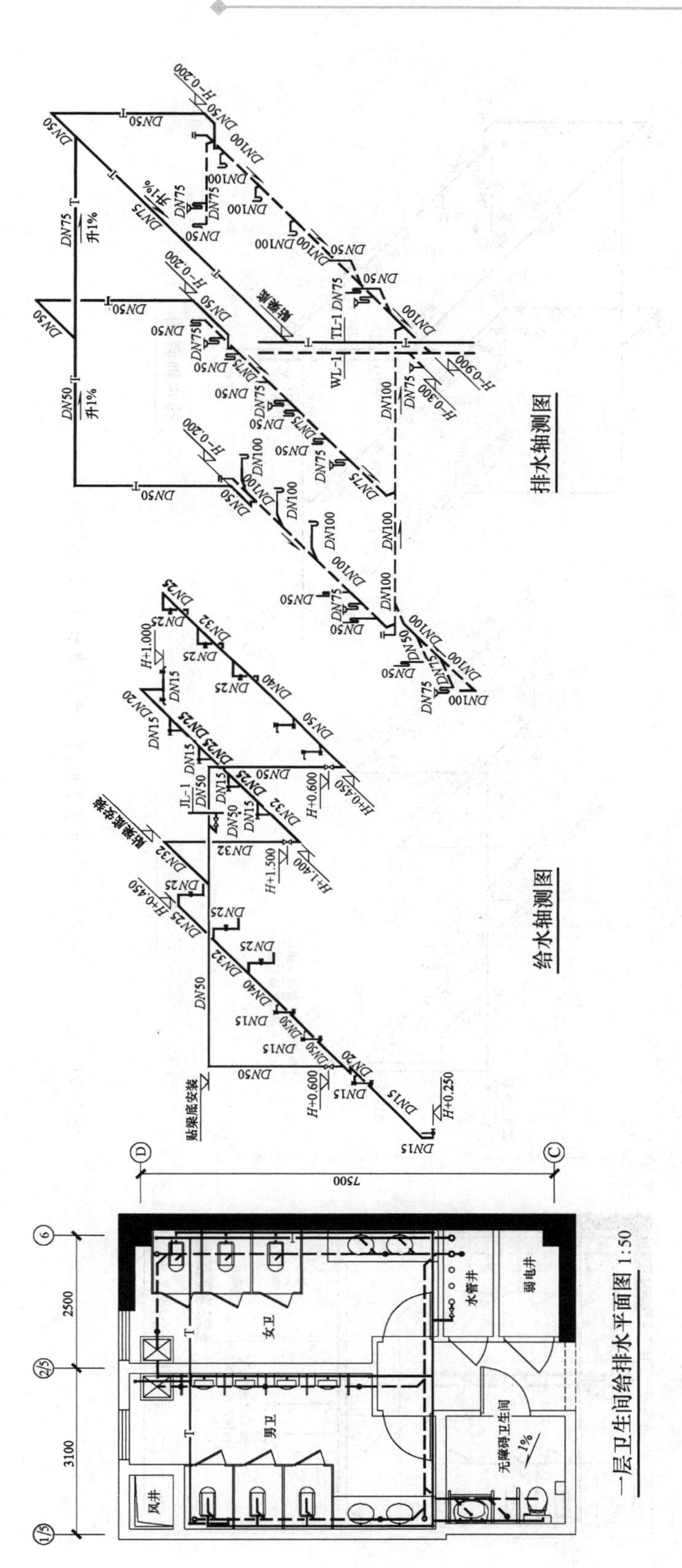

图 9-28　一层卫生间给排水平面图、给水轴测图、排水轴测图

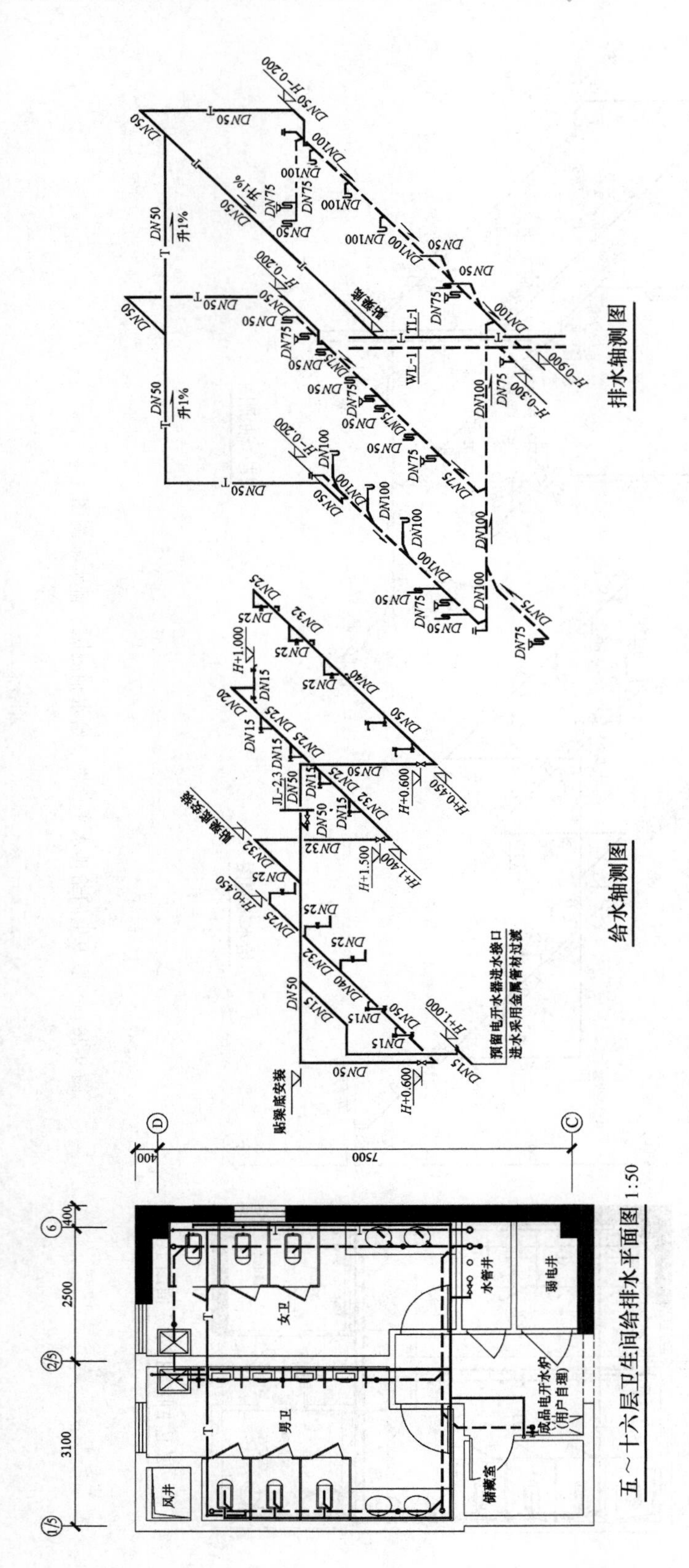

图 9-29　五～十六层卫生间给排水平面图、给水轴测图、排水轴测图

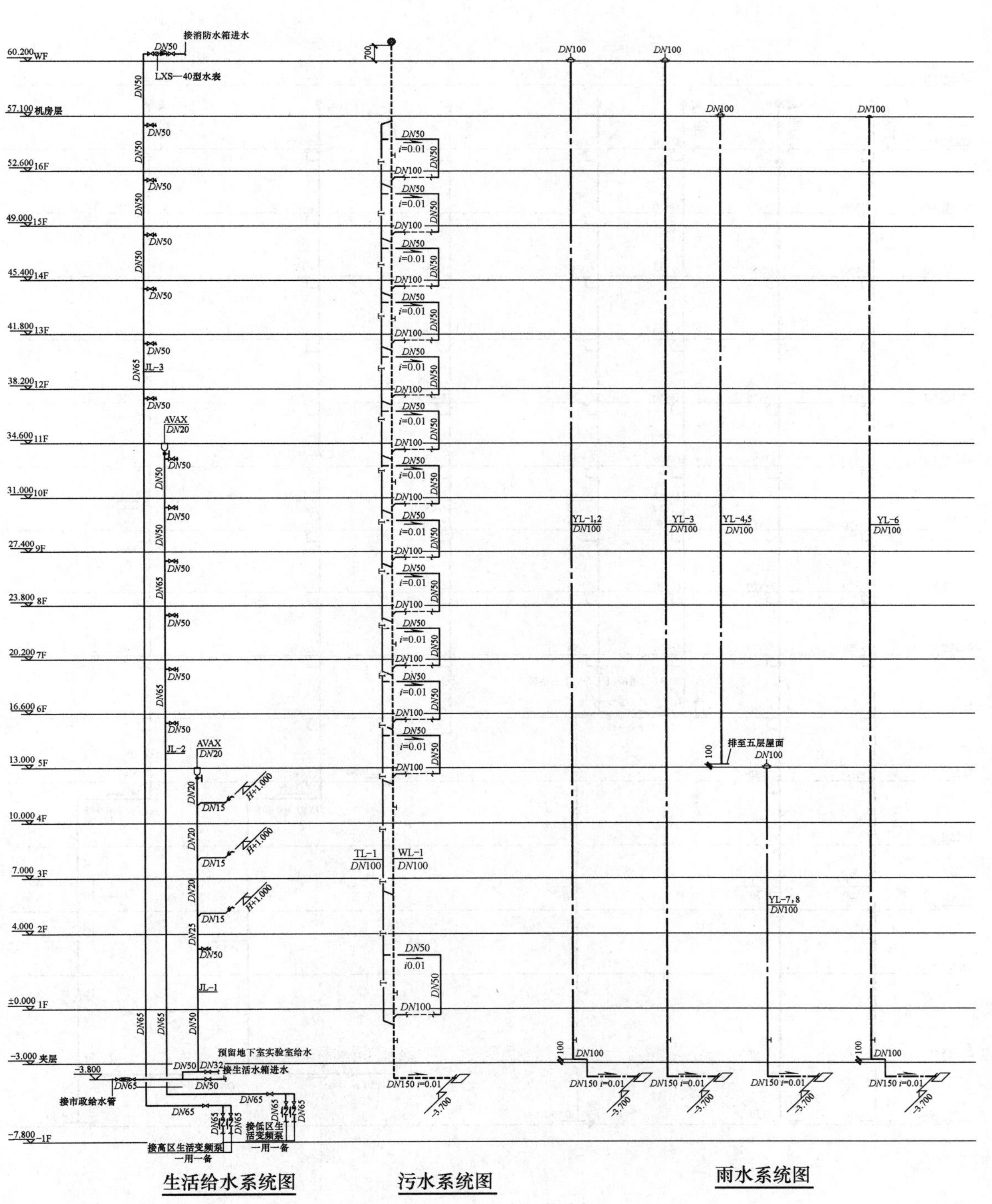

图 9-30　生活给水系统图、污水系统图、雨水系统图

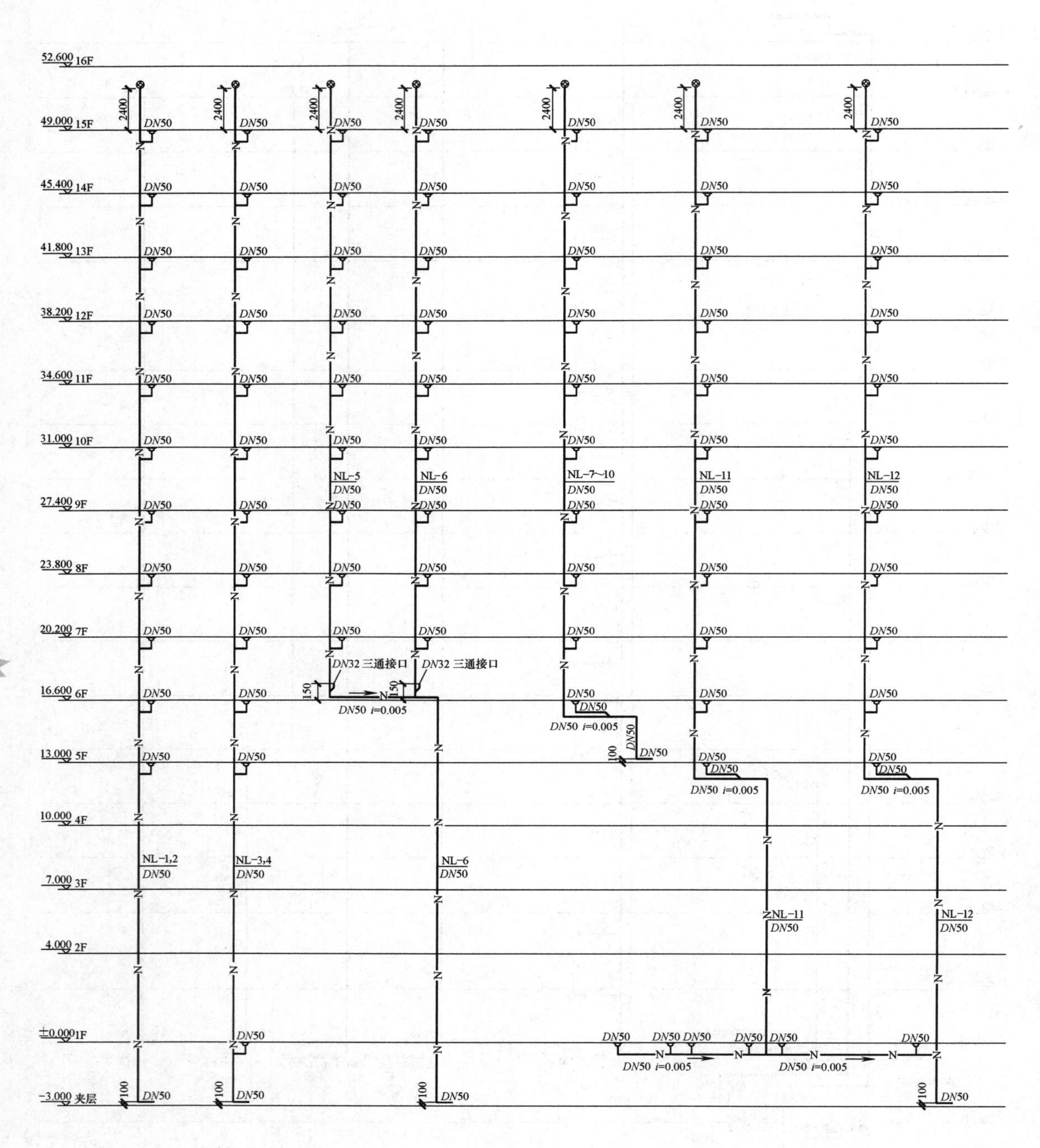

图 9-31　空调凝结排水系统图

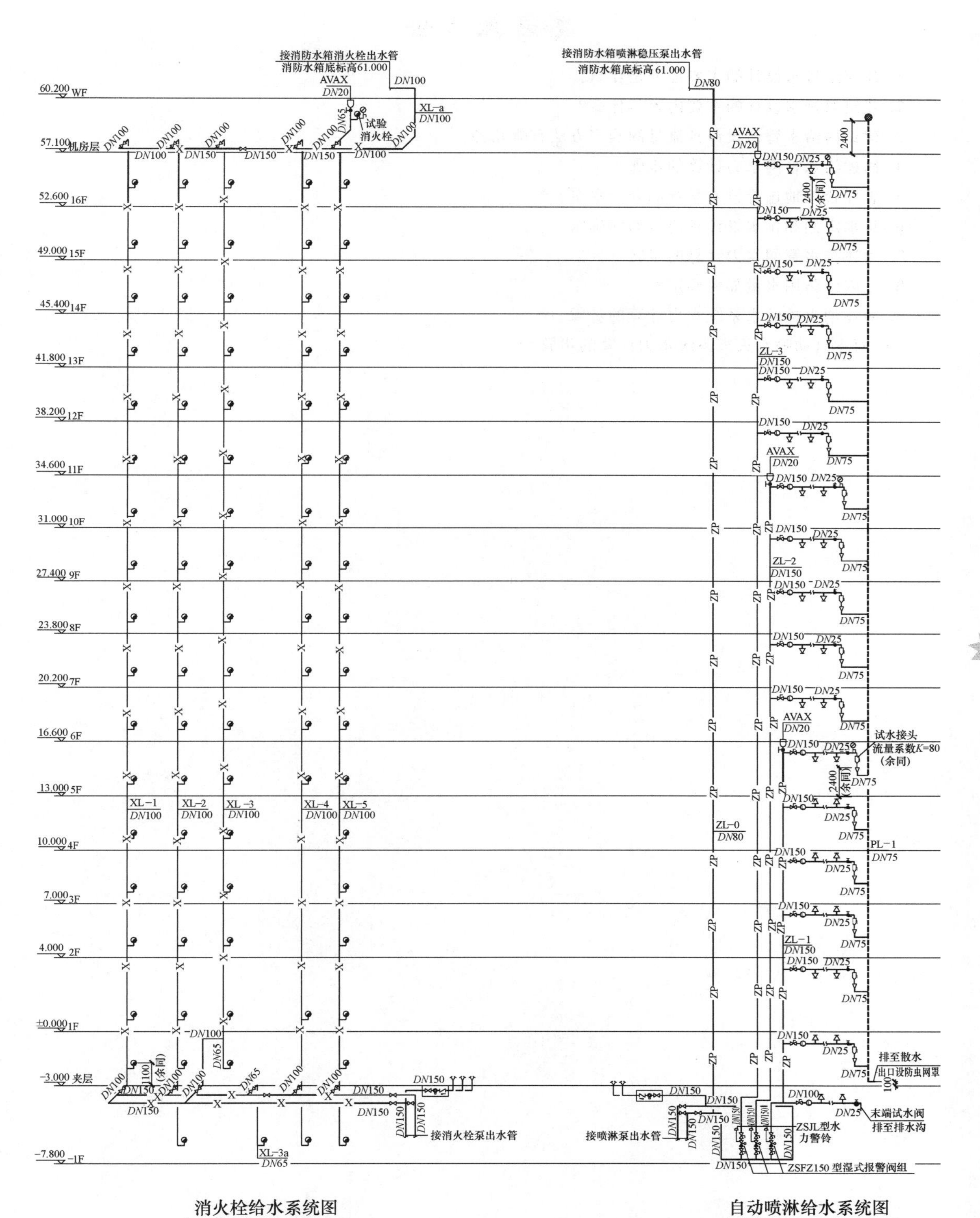

图 9-32 消火栓、自动喷淋给水系统图

1. 建筑给排水设计的主要任务是什么？
2. 建筑给排水设计的主要内容是什么？
3. 建筑内给水管道设计秒流量的确定方法有哪几种？
4. 简述给水管网水力计算的步骤。
5. 怎样合理地选择给水系统的升压水泵？
6. 排水定额和排水设计秒流量如何确定？
7. 简述排水管网水力计算的步骤。
8. 室内消防用水量如何确定？
9. 简述消火栓给水系统水力计算的步骤。
10. 简述自动喷水灭火系统水力计算的步骤。

附　录

附表1　排水管道与其他地下管线（构筑物）的最小净距

名　称			水平净距/m	垂直净距/m
建筑物			见注3	
给水管	$d\leqslant 200\mathrm{mm}$		1.0	0.4
	$d>200\mathrm{mm}$		1.5	
排水管				0.15
再生水管			0.5	0.4
燃气管	低压	$p\leqslant 0.05\mathrm{MPa}$	1.0	0.15
	中压	$0.05\mathrm{MPa}<p\leqslant 0.4\mathrm{MPa}$	1.2	0.15
	高压	$0.4\mathrm{MPa}<p\leqslant 0.8\mathrm{MPa}$	1.5	0.15
		$0.8\mathrm{MPa}<p\leqslant 1.6\mathrm{MPa}$	2.0	0.15
热力管线			1.5	0.15
电力管线			0.5	0.5
电信管线			1.0	直埋 0.5
				管块 0.15
乔木			1.5	
地上柱杆	通信照明及$<10\mathrm{kV}$		0.5	
	高压铁塔基础边		1.5	
道路侧石边缘			1.5	
铁路钢轨（或坡脚）			5.0	轨底 1.2
电车（轨底）			2.0	1.0
架空管架基础			2.0	
油管			1.5	0.25
压缩空气管			1.5	0.15
氧气管			1.5	0.25
乙炔管			1.5	0.25
电车电缆				0.5
明渠渠底				0.5
涵洞基础底				0.15

注：1. 表列数字除注明者外，水平净距均指外壁净距，垂直净距指下面管道的外顶与上面管道基础底间净距。

2. 采取充分措施（如结构措施）后，表列数字可以减小。

3. 与建筑物的水平净距，管道埋深浅于建筑物基础时，不宜小于2.5m；管道埋深深于建筑物基础时，按计算确定，但不应小于3.0m。

附表2 LXS旋翼湿式 / LXSL旋翼立式 水表技术参数

型号	公称口径/mm	计量等级	过载流量	常用流量	分界流量	最小流量	始动流量	最小读数	最大读数
			m^3/h			L/h		m^3	
LXS-15C LXSL-15C	15	A	3	1.5	0.15	45	14	0.0001	9999
		B			0.12	30	10		
LXS-20C LXSL-20C	20	A	5	2.5	0.25	75	19	0.0001	9999
		B			0.20	50	14		
LXS-25C	25	A	7	3.5	0.35	105	23	0.0001	9999
		B			0.28	70	17		
LXS-32C	32	A	12	6	0.60	180	32	0.0001	9999
		B			0.48	120	27		
LXS-40C	40	A	20	10	1.00	300	56	0.001	99999
		B			0.80	200	46		
LXS-50C	50	A	30	15	1.50	450	75	0.001	99999
		B							

附表3 LXL水平螺翼式水表技术参数

型号	公称口径/mm	计量等级	过载流量	常用流量	分界流量	最小流量	最小读数	最大读数
			m^3/h				m^3	
LXS-50N	60	A	30	15	4.5	1.2	0.01	999999
		B			3.0	0.45		
LXS-80N	80	A	80	40	12	3.2	0.01	999999
		B			8.0	1.2		
LXL-100N	100	A	120	60	18	4.8	0.01	999999
		B			12	1.8		
LXL-150N	150	A	300	150	45	12	0.01	999999
		B			30	4.5		
LXL-200N	200	A	500	250	75	20	0.1	999999
		B			50	7.5		
LXL-250N	250	A	800	400	120	32	0.01	999999
		B			80	12		

注：1. 附表2、附表3中的水表适用于水温不超过40℃、水压不大于1MPa的洁净冷水。

2. 附表2、附表3中水表各项技术参数的含义如下：

过载流量：只允许短时间使用的流量，为水表使用的上限值，旋翼式水表通过过载流量时，压力损失为100kPa；螺翼式水表通过过载流量时，压力损失为10kPa。

常用流量：水表允许长期使用的流量。

分界流量：水表误差限改变时的流量。

最小流量：水表在规定误差限内，使用的下限流量。

始动流量：水表开始连续指示时的流量。

附表4 卫生器具的安装高度

项次	卫生器具名称		卫生器具安装高度/mm		备注
			住宅和公共建筑	幼儿园	
1	污水盆（池）	架空式 落地式	800 500	800 500	
2	洗涤盆（池）		800	800	自地面至器具上边缘
3	洗脸盆、洗手盆（有塞、无塞）		800	500	
4	盥洗槽		800	500	
5	浴盆		≤520		
6	蹲式大便器	高水箱 低水箱	1800 900	1800 900	自台阶面至高水箱底 自台阶面至低水箱底

（续）

项次	卫生器具名称			卫生器具安装高度/mm		备注
				住宅和公共建筑	幼儿园	
7	坐式大便器	高水箱		1800	1800	自地面至高水箱底 自地面至低水箱底
		低水箱	外露排水管式 虹吸喷射式	510 470	370	
8	小便器	挂式		600	450	自地面至下边缘
9	小便槽			200	150	自地面至台阶面
10	大便槽冲洗水箱			≥2000		自台阶面至水箱底
11	妇女卫生盆			360		自地面至器具上边缘
12	化验盆			800		自地面至器具上边缘

附表5　卫生器具给水配件的安装高度

项次	给水配件名称		配件中心距地面高度/mm	冷热水嘴距离/mm
1	架空式污水盆（池）水嘴		1000	—
2	落地式污水盆（池）水嘴		300	—
3	洗涤盆（池）水嘴		1000	150
4	住宅集中给水嘴		1000	—
5	洗手盆水嘴		1000	—
6	洗脸盆	水嘴（上配水）	1000	150
		水嘴（下配水）	800	150
		角阀（下配水）	450	—
7	盥洗槽	水嘴	1000	150
		冷热水管上下并行 其中热水嘴	1100	150
8	浴盆	水嘴（上配水）	670	150
9	淋浴器	截止阀	1150	95
		混合阀	1150	
		淋浴喷头下沿	2100	—
10	蹲式大便器（台阶面算起）	高水箱角阀及截止阀	2040	—
		低水箱角阀	250	—
		手动式自闭冲洗阀	600	—
		脚踏式自闭冲洗阀	150	—
		拉管式冲洗阀（从地面算起）	1600	—
		带防污助冲器阀门（从地面算起）	900	—
11	坐式大便器	高水箱角阀及截止阀	2040	—
		低水箱角阀	150	—
12	大便槽冲洗水箱截止阀（从台阶面算起）		≥2400	—
13	立式小便器角阀		1130	—
14	挂式小便器角阀及截止阀		1050	—
15	小便槽多孔冲洗管		1100	—
16	实验室化验水嘴		1000	—
17	妇女卫生盆混合阀		360	—

注：装设在幼儿园内的洗手盆、洗脸盆和盥洗槽水嘴中心离地面安装高度应为700mm，其他卫生器具给水配件的安装高度，应按卫生器具实际尺寸相应减少。

附表6　给水钢管（水煤气管）水力计算表

q_g /(L/s)	DN15		DN20		DN25		DN32		DN40		DN50		DN70		DN80		DN100	
	v /(m/s)	i /(kPa/m)	v /(m/s)	i /(kPa/m)	v /(m/s)	i /(kPa/m)	v /(m/s)	i /(kPa/m)	v /(m/s)	i /(kPa/m)	v /(m/s)	i /(kPa/m)	v /(m/s)	i /(kPa/m)	v /(m/s)	i /(kPa/m)	v /(m/s)	i /(kPa/m)
0.05	0.29	0.284																
0.07	0.41	0.518	0.22	0.111														
0.10	0.58	0.985	0.31	0.208														
0.12	0.70	1.37	0.37	0.288	0.23	0.86												
0.14	0.82	1.82	0.43	0.38	0.26	0.113												
0.16	0.94	2.34	0.50	0.485	0.30	0.143												
0.18	1.05	2.91	0.56	0.601	0.34	0.176												
0.20	1.17	3.54	0.62	0.727	0.38	0.213	0.21	0.052										
0.25	1.46	5.51	0.78	1.09	0.47	0.318	0.26	0.077	0.20	0.039								
0.30	1.76	7.93	0.93	1.53	0.56	0.442	0.32	0.107	0.24	0.054								
0.35			1.09	2.04	0.66	0.586	0.37	0.141	0.28	0.080								
0.40			1.24	2.63	0.75	0.748	0.42	0.179	0.32	0.089								
0.45			1.40	3.33	0.85	0.932	0.47	0.221	0.36	0.111	0.21	0.0312						
0.50			1.55	4.11	0.94	1.13	0.53	0.267	0.40	0.134	0.23	0.0374						
0.55			1.71	4.97	1.04	1.35	0.58	0.318	0.44	0.159	0.26	0.0444						
0.60			1.86	5.91	1.13	1.59	0.63	0.373	0.48	0.184	0.28	0.0516						
0.65			2.02	6.94	1.22	1.85	0.68	0.431	0.52	0.215	0.31	0.0597						
0.70					1.32	2.14	0.74	0.495	0.56	0.246	0.33	0.0683	0.20	0.020				
0.75					1.41	2.46	0.79	0.562	0.60	0.283	0.35	0.0770	0.21	0.023				
0.80					1.51	2.79	0.84	0.632	0.64	0.314	0.38	0.0852	0.23	0.025				
0.85					1.60	3.16	0.90	0.707	0.68	0.351	0.40	0.0963	0.24	0.028				
0.90					1.69	3.54	0.95	0.787	0.72	0.390	0.42	0.107	0.25	0.0311				
0.95					1.79	3.94	1.00	0.869	0.76	0.431	0.45	0.118	0.27	0.0342				
1.00					1.88	4.37	1.05	0.957	0.80	0.473	0.47	0.129	0.28	0.0376	0.20	0.0164		
1.10					2.07	5.28	1.16	1.14	0.87	0.564	0.52	0.153	0.31	0.0444	0.022	0.0195		
1.20							1.27	1.35	0.95	0.663	0.56	0.180	0.34	0.0518	0.24	0.0227		
1.30							1.37	1.59	1.03	0.769	0.61	0.208	0.37	0.0599	0.26	0.0261		
1.40							1.48	1.84	1.11	0.884	0.66	0.237	0.40	0.0683	0.28	0.0297		
1.50							1.58	2.11	1.19	1.01	0.71	0.270	0.42	0.0772	0.30	0.0336		
1.60							1.69	2.40	1.27	1.14	0.75	0.304	0.45	0.0870	0.32	0.0376		
1.70							1.79	2.71	1.35	1.29	0.80	0.340	0.48	0.0969	0.34	0.0419		
1.80							1.90	3.04	1.43	1.44	0.85	0.378	0.51	0.1070	0.36	0.0466		
1.90							2.00	3.39	1.51	1.61	0.89	0.418	0.54	0.119	0.38	0.0513		

（续）

q_g /(L/s)	DN15		DN20		DN25		DN32		DN40		DN50		DN70		DN80		DN100	
	v /(m/s)	i /(kPa/m)	v /(m/s)	i /(kPa/m)	v /(m/s)	i /(kPa/m)	v /(m/s)	i /(kPa/m)	v /(m/s)	i /(kPa/m)	v /(m/s)	i /(kPa/m)	v /(m/s)	i /(kPa/m)	v /(m/s)	i /(kPa/m)	v /(m/s)	i /(kPa/m)
2.0									1.59	1.78	0.94	0.460	0.57	0.13	0.40	0.0562	0.23	0.0147
2.2									1.75	2.16	1.04	0.549	0.62	0.155	0.44	0.0666	0.25	0.0172
2.4									1.91	2.56	1.13	0.645	0.68	0.182	0.48	0.0779	0.28	0.0200
2.6									2.07	3.01	1.22	0.749	0.74	0.21	0.52	0.0903	0.30	0.0231
2.8											1.32	0.869	0.79	0.241	0.56	0.103	0.32	0.0263
3.0											1.41	0.998	0.85	0.274	0.60	0.117	0.35	0.0298
3.5											1.65	1.36	0.99	0.365	0.70	0.155	0.40	0.0393
4.0											1.88	1.77	1.13	0.468	0.81	0.198	0.46	0.0501
4.5											2.12	2.24	1.28	0.586	0.91	0.246	0.52	0.0620
5.0											2.35	2.77	1.42	0.723	1.01	0.300	0.58	0.0749
5.5											2.59	3.35	1.56	0.875	1.11	0.358	0.63	0.0892
6.0													1.70	1.04	1.21	0.421	0.69	0.105
6.5													1.84	1.22	1.31	0.494	0.75	0.121
7.0													1.99	1.42	1.41	0.573	0.81	0.139
7.5													2.13	1.63	1.51	0.657	0.87	0.158
8.0													2.27	1.85	1.61	0.748	0.92	0.178
8.5													2.41	2.09	1.71	0.844	0.98	0.199
9.0													2.55	2.34	1.81	0.946	1.04	0.221
9.5															1.91	1.05	1.10	0.245
10.0															2.01	1.17	1.15	0.269
10.5															2.11	1.29	1.21	0.295
11.0															2.21	1.41	1.27	0.324
11.5															2.32	1.55	1.33	0.354
12.0															2.42	1.68	1.39	0.385
12.5															2.52	1.83	1.44	0.418
13.0																	1.50	0.452
14.0																	1.62	0.524
15.0																	1.73	0.602
16.0																	1.85	0.685
17.0																	1.96	0.773
20.0																	2.31	1.07

附录7　给水铸铁管水力计算表

q_g /(L/s)	DN50		DN75		DN100		DN150	
	v /(m/s)	i /(kPa/m)	v /(m/s)	i /(kPa/m)	v /(m/s)	i /(kPa/m)	v /(m/s)	i /(kPa/m)
1.0	0.53	0.173	0.23	0.0231				
1.2	0.64	0.241	0.28	0.0320				
1.4	0.74	0.320	0.33	0.0422				
1.6	0.85	0.409	0.37	0.0534				
1.8	0.95	0.508	0.42	0.0659				
2.0	1.06	0.619	0.46	0.0798				
2.5	1.33	0.949	0.58	0.119	0.32	0.0288		
3.0	1.59	1.37	0.70	0.167	0.39	0.0398		
3.5	1.86	1.86	0.81	0.222	0.45	0.0526		
4.0	2.12	2.43	0.93	0.284	0.52	0.0669		
4.5			1.05	0.353	0.58	0.0829		
5.0			1.16	0.430	0.65	0.100		
5.5			1.28	0.517	0.72	0.120		
6.0			1.39	0.615	0.78	0.140		
7.0			1.63	0.837	0.91	0.186	0.40	0.0246
8.0			1.86	1.09	1.04	0.239	0.46	0.0314
9.0			2.09	1.38	1.17	0.299	0.52	0.0391
10.0					1.30	0.365	0.57	0.0469
11					1.43	0.442	0.63	0.0559
12					1.56	0.526	0.69	0.0655
13					1.69	0.617	0.75	0.0760
14					1.82	0.716	0.80	0.0871
15					1.95	0.822	0.86	0.0988
16					2.08	0.935	0.92	0.111
17							0.97	0.125
18							1.03	0.139
19							1.09	0.153
20							1.15	0.169
22							1.26	0.202
24							1.38	0.241
26							1.49	0.283
28							1.61	0.328
30							1.72	0.377

注：DN150以上的给水管道水力计算，可参见《给水排水设计手册》第1册。

附表 8　给水塑料管水力计算表

q_g	*DN*15		*DN*20		*DN*25		*DN*32		*DN*40		*DN*50		*DN*70		*DN*80		*DN*100	
	v/(m/s)	i/(kPa/m)	v/(m/s)	i/(kPa/m)	v/(m/s)	i/(kPa/m)	v/(m/s)	i/(kPa/m)	v/(m/s)	i/(kPa/m)	v/(m/s)	i/(kPa/m)	v/(m/s)	i/(kPa/m)	v/(m/s)	i/(kPa/m)	v/(m/s)	i/(kPa/m)
0.10	0.50	0.275	0.26	0.060														
0.15	0.75	0.564	0.39	0.123	0.23	0.033												
0.20	0.99	0.940	0.53	0.206	0.30	0.065	0.20	0.02										
0.30	1.49	1.93	0.79	0.422	0.45	0.113	0.29	0.040										
0.40	1.99	3.21	1.05	0.703	0.61	0.188	0.39	0.067	0.24	0.021								
0.50	2.49	4.77	1.32	1.04	0.76	0.279	0.49	0.099	0.30	0.031								
0.60	2.98	6.60	1.58	1.44	0.91	0.385	0.59	0.137	0.36	0.043	0.23	0.014						
0.70			1.84	1.90	1.06	0.507	0.69	0.181	0.42	0.056	0.27	0.019						
0.80			2.10	2.40	1.21	0.643	0.79	0.229	0.48	0.071	0.30	0.023						
0.90			2.37	2.96	1.36	0.792	0.88	0.282	0.54	0.088	0.34	0.029	0.23	0.018				
1.00					1.51	0.955	0.98	0.340	0.60	0.106	0.38	0.035	0.25	0.014				
1.50					2.27	1.95	1.47	0.698	0.90	0.217	0.57	0.072	0.39	0.029	0.27	0.012		
2.00							1.96	1.160	1.20	0.361	0.76	0.119	0.52	0.049	0.36	0.020	0.24	0.008
2.50							2.46	1.730	1.50	0.536	0.95	0.517	0.65	0.072	0.45	0.030	0.30	0.011
3.00									1.81	0.141	1.14	0.245	0.78	0.099	0.54	0.042	0.36	0.016
3.50									2.11	0.974	1.33	0.322	0.91	0.131	0.63	0.055	0.42	0.021
4.00									2.41	0.123	1.51	0.408	1.04	0.166	0.72	0.069	0.48	0.026
4.50									2.71	0.152	1.70	0.503	1.17	0.206	0.81	0.086	0.54	0.032
5.00											1.89	0.606	1.30	0.247	0.90	0.104	0.60	0.039
5.50											2.08	0.718	1.43	0.293	0.99	0.123	0.66	0.046
6.00											2.27	0.838	1.56	0.342	1.08	0.431	0.72	0.052
6.50													1.69	0.394	1.17	0.165	0.78	0.052
7.00													1.82	0.445	1.26	0.188	0.81	0.071
7.50													1.95	0.507	1.35	0.213	0.90	0.080
8.00													2.08	0.569	1.14	0.238	0.96	0.090
8.50													2.21	0.632	1.53	0.265	1.02	0.102
9.00													2.34	0.701	1.62	0.294	1.08	0.111
9.50													2.47	0.772	1.71	0.323	1.14	0.121
10.00															1.80	0.354	1.20	0.134

附表9 给水钢塑复合管水力计算表

流量 Q		$DN15$		$DN20$		$DN25$		$DN32$		流量 Q		$DN15$		$DN20$		$DN25$		$DN32$	
		d_j=0.0128		d_j=0.0183		d_j=0.0240		d_j=0.0328				d_j=0.0128		d_j=0.0183		d_j=0.0240		d_j=0.0328	
/(m^3/h)	/(L/s)	v	i	v	i	v	i	v	i	/(m^3/h)	/(L/s)	v	i	v	i	v	i	v	i
0.234	0.065	0.51	0.345							1.98	0.55			2.09	2.763	1.22	0.757	0.65	0.170
0.252	0.070	0.54	0.393							2.16	0.60			2.28	3.224	1.33	0.884	0.71	0.199
0.270	0.075	0.58	0.444							2.34	0.65			2.47	3.716	1.44	1.018	0.77	0.229
0.288	0.080	0.62	0.498							2.52	0.70			2.66	4.238	1.55	1.161	0.83	0.261
0.306	0.085	0.66	0.554							2.70	0.75			2.85	4.790	1.66	1.313	0.89	0.295
0.324	0.090	0.70	0.614							2.88	0.80			3.04	5.371	1.77	1.472	0.95	0.331
0.342	0.095	0.74	0.675							3.06	0.85					1.88	1.639	1.01	0.369
0.360	0.100	0.78	0.740							3.24	0.90					1.99	1.814	1.07	0.408
0.396	0.11	0.85	0.876							3.42	0.95					2.10	1.996	1.12	0.449
0.432	0.12	0.93	1.022							3.60	1.00					2.21	2.187	1.18	0.492
0.468	0.13	1.01	1.178	0.49	0.214					3.78	1.05					2.32	2.384	1.24	0.537
0.504	0.14	1.09	1.344	0.53	0.224					3.96	1.10					2.43	2.589	1.30	0.583
0.540	0.15	1.17	1.519	0.57	0.276					4.14	1.15					2.54	2.802	1.36	0.631
0.576	0.16	1.24	1.703	0.61	0.309					4.32	1.20					2.65	3.022	1.42	0.680
0.612	0.17	1.32	1.896	0.65	0.344					4.50	1.25					2.76	3.249	1.48	0.731
0.648	0.18	1.40	2.099	0.68	0.381					4.68	1.30					2.87	3.483	1.54	0.784
0.684	0.19	1.48	2.310	0.72	0.419					4.86	1.35					2.98	3.724	1.60	0.838
0.72	0.20	1.55	2.530	0.76	0.459					5.04	1.40					3.09	30972	1.66	0.894
0.90	0.25	1.94	3.759	0.95	0.682	0.55	0.187			5.22	1.45							1.72	0.951
1.08	0.30	2.33	5.194	1.14	0.943	0.66	0.258			5.40	1.50							1.78	1.010
1.26	0.35	2.72	6.828	1.33	1.239	0.77	0.340			5.58	1.55							1.83	1.071
1.44	0.40	3.11	8.653	1.52	1.570	0.88	0.430			5.76	1.60							1.89	1.133
1.62	0.45			1.71	1.935	0.99	0.530	0.53	0.119	5.94	1.65							1.95	1.197
1.80	0.50			1.90	2.333	1.11	0.639	0.59	0.144	6.12	1.70							2.01	1.262

（续）

流量 Q		DN32		DN40		DN50		DN65		流量 Q		DN32		DN40		DN50		DN65	
		d_j=0.0328		d_j=0.0380		d_j=0.0500		d_j=0.0650				d_j=0.0328		d_j=0.0380		d_j=0.0500		d_j=0.0650	
/(m^3/h)	/(L/s)	v	i	v	i	v	i	v	i	/(m^3/h)	/(L/s)	v	i	v	i	v	i	v	i
2.16	0.60	0.71	0.199	0.53	0.099					6.66	1.85	2.19	1.466	1.63	0.726	0.94	0.196	0.56	0.056
2.34	0.65	0.77	0.229	0.57	0.114					6.84	1.90	2.25	1.537	1.68	0.761	0.97	0.205	0.57	0.059
2.52	0.70	0.83	0.261	0.62	0.129					7.02	1.95	2.31	1.609	1.72	0.797	0.99	0.215	0.59	0.061
2.70	0.75	0.89	0.295	0.66	0.146					7.20	2.00	2.37	1.683	1.76	0.834	1.02	0.225	0.60	0.064
2.88	0.80	0.95	0.331	0.71	0.164					7.56	2.10	2.49	1.835	1.85	0.909	1.07	0.245	0.63	0.070
3.06	0.85	1.01	0.369	0.75	0.183					7.92	2.20	2.60	1.993	1.94	0.987	1.12	0.266	0.66	0.076
3.24	0.90	1.07	0.408	0.79	0.202					8.28	2.30	2.72	2.157	2.03	1.068	1.17	0.288	0.69	0.082
3.42	0.95	1.12	0.449	0.84	0.223					8.64	2.40	2.84	2.326	2.12	1.152	1.22	0.311	0.72	0.089
3.60	1.00	1.18	0.492	0.88	0.244	0.51	0.066			9.00	2.50	2.96	2.501	2.20	1.239	1.27	0.334	0.75	0.096
3.78	1.05	1.24	0.537	0.93	0.266	0.53	0.072			9.36	2.60	3.08	2.681	2.29	1.328	1.32	0.358	0.78	0.102
3.96	1.10	1.30	0.583	0.97	0.289	0.56	0.078			9.72	2.70			2.38	1.420	1.38	0.383	0.81	0.109
4.14	1.15	1.36	0.631	1.01	0.312	0.59	0.084			10.08	2.80			2.47	1.515	1.43	0.409	0.84	0.117
4.32	1.20	1.42	0.680	1.06	0.337	0.61	0.091			10.44	2.90			2.56	1.612	1.48	0.435	0.87	0.124
4.50	1.25	1.48	0.731	1.10	0.362	0.64	0.098			10.80	3.00			2.65	1.712	1.53	0.462	0.90	0.132
4.68	1.30	1.54	0.784	1.15	0.388	0.66	0.105			11.16	3.10			2.73	1.814	1.58	0.489	0.93	0.140
4.86	1.35	1.60	0.838	1.19	0.415	0.69	0.112			11.52	3.20			2.82	1.919	1.63	0.518	0.96	0.148
5.04	1.40	1.66	0.894	1.23	0.443	0.71	0.119			11.88	3.30			2.91	2.027	1.68	0.547	0.90	0.156
5.22	1.45	1.72	0.951	1.28	0.471	0.74	0.127			12.24	3.40			3.00	2.137	1.73	0.577	1.02	0.165
5.40	1.50	1.78	1.010	1.32	0.501	0.76	0.135			12.60	3.50					1.78	0.607	1.05	0.173
5.58	1.55	1.83	1.071	1.37	0.530	0.79	0.143			12.96	3.60					1.83	0.638	1.08	0.182
5.76	1.60	1.89	1.133	1.41	0.561	0.81	0.151			13.32	3.70					1.88	0.670	1.12	0.191
5.94	1.65	1.95	1.197	1.45	0.593	0.84	0.160	0.50	0.046	13.68	3.80					1.94	0.702	1.15	0.201
6.12	1.70	2.01	1.262	1.50	0.625	0.87	0.169	0.51	0.048	14.04	3.90					1.99	0.735	1.18	0.210
6.30	1.75	2.07	1.328	1.54	0.658	0.89	0.177	0.53	0.051	14.40	4.00					2.04	0.769	1.21	0.220
6.48	1.80	2.13	1.396	1.59	0.692	0.92	0.187	0.54	0.053	14.76	4.10					2.09	0.804	1.24	0.230

（续）

流量 Q		DN50		DN65		DN80		DN100		流量 Q		DN50		DN65		DN80		DN100	
		d_j=0.0500		d_j=0.0650		d_j=0.0765		d_j=0.1020				d_j=0.0500		d_j=0.0650		d_j=0.0765		d_j=0.1020	
/(m^3/h)	/(L/s)	v	i	v	i	v	i	v	i	/(m^3/h)	/(L/s)	v	i	v	i	v	i	v	i
14.76	4.10	2.09	0.804	1.24	0.230	0.89	0.106	0.50	0.207	23.76	6.60			1.99	0.534	1.44	0.240	0.81	0.062
15.12	4.20	2.14	0.839	1.27	0.240	0.91	0.110	0.51	0.028	24.12	6.70			2.02	0.549	1.46	0.252	0.82	0.664
15.48	4.30	2.19	0.875	1.30	0.250	0.94	0.115	0.53	0.029	24.48	6.80			2.05	0.564	1.48	0.259	0.83	0.066
15.84	4.40	2.24	0.911	1.33	0.260	0.96	0.120	0.54	0.030	24.84	6.90			2.08	0.578	1.50	0.266	0.84	0.067
16.20	4.50	2.29	0.948	1.36	0.271	0.98	0.124	0.55	0.032	25.20	7.00			2.11	0.593	1.52	0.273	0.86	0.069
16.56	4.60	2.34	0.986	1.39	0.282	1.00	0.129	0.56	0.033	25.56	7.10			2.14	0.608	1.54	0.280	0.87	0.071
16.92	4.70	2.39	1.024	1.42	0.293	1.02	0.134	0.58	0.034	25.92	7.20			2.17	0.624	1.57	0.287	0.88	0.073
17.28	4.80	2.44	1.063	1.45	0.304	1.04	0.140	0.59	0.035	26.28	7.30			2.20	0.639	1.59	0.294	0.89	0.074
17.64	4.90	2.50	1.103	1.48	0.315	1.07	0.145	0.60	0.037	26.64	7.40			2.23	0.655	1.61	0.301	0.91	0.076
18.00	5.00	2.55	1.143	1.51	0.327	1.09	0.150	0.61	0.038	27.00	7.50			2.26	0.671	1.63	0.308	0.92	0.078
18.36	5.10	2.60	1.184	1.54	0.338	1.11	0.155	0.62	0.039	27.36	7.60			2.29	0.686	1.65	0.315	0.93	0.080
18.72	5.20	2.65	1.225	1.57	0.350	1.13	0.161	0.64	1.041	27.72	7.70			2.32	0.703	1.68	0.323	0.94	0.082
19.08	5.30	2.70	1.267	1.60	0.362	1.15	0.166	0.65	0.042	28.08	7.80			2.35	0.719	1.70	0.330	0.95	0.084
19.44	5.40	2.75	1.310	1.63	0.374	1.17	0.172	0.66	0.044	28.44	7.90			2.38	0.735	1.72	0.338	0.97	0.086
19.80	5.50	2.80	1.353	1.66	0.387	1.20	0.178	0.67	0.045	28.80	8.00			2.41	0.752	1.74	0.345	0.98	0.087
20.16	5.60	2.85	1.397	1.69	0.399	1.22	0.183	0.69	0.046	29.16	8.10			2.44	0.769	1.76	0.353	0.99	0.089
20.52	5.70	2.90	1.442	1.72	0.412	1.24	0.189	0.70	0.048	29.52	8.20			2.47	0.786	1.78	0.361	1.00	0.091
20.88	5.80	2.95	1.487	1.75	0.425	1.26	0.195	0.71	0.049	29.88	8.30			2.50	0.803	1.81	0.369	1.02	0.093
21.24	5.90	3.00	1.533	1.78	0.438	1.28	0.201	0.72	0.051	30.24	8.40			2.53	0.820	1.83	0.377	1.03	0.095
21.60	6.00			1.81	0.451	1.31	0.207	0.73	0.053	30.60	8.50			2.56	0.837	1.85	0.385	1.04	0.097
21.96	6.10			1.84	0.465	1.33	0.214	0.75	0.054	30.96	8.60			2.59	0.855	1.87	0.393	1.05	0.099
22.32	6.20			1.87	0.478	1.35	0.220	0.76	0.056	31.32	8.70			2.62	0.873	1.89	0.401	1.06	0.102
22.68	6.30			1.90	0.492	1.37	0.226	0.77	0.057	31.68	8.80			2.65	0.890	1.91	0.409	1.08	0.104
23.04	6.40			1.93	0.506	1.39	0.233	0.78	0.059	32.04	8.90			2.68	0.908	1.94	0.417	1.09	0.106
23.40	6.50			1.96	0.520	1.41	0.239	0.80	0.061	32.40	9.00			2.71	0.927	1.96	0.426	1.10	0.108

（续）

流量 Q		$DN50$		$DN65$		$DN80$		$DN100$		流量 Q		$DN50$		$DN65$		$DN80$		$DN100$	
		d_j=0.0500		d_j=0.0650		d_j=0.0765		d_j=0.1020				d_j=0.0500		d_j=0.0650		d_j=0.0765		d_j=0.1020	
/(m^3/h)	/(L/s)	v	i	v	i	v	i	v	i	/(m^3/h)	/(L/s)	v	i	v	i	v	i	v	i
23.04	6.40	1.93	0.506	1.39	0.233	0.78	0.059	0.50	0.020	32.04	8.90	2.68	0.908	1.94	0.417	1.09	0.106	0.69	0.036
23.40	6.50	1.96	0.520	1.41	0.239	0.80	0.061	0.51	0.020	32.40	9.00	2.71	0.927	1.96	0.426	1.10	0.108	0.70	0.036
23.76	6.60	1.99	0.534	1.44	0.246	0.81	0.062	0.51	0.021	32.76	9.10	2.74	0.945	1.98	0.434	1.11	0.110	0.71	0.037
24.12	6.70	2.02	0.549	1.46	0.252	0.82	0.064	0.52	0.022	33.12	9.20	2.77	0.963	2.00	0.443	1.13	0.112	0.71	0.038
24.48	6.80	2.05	0.564	1.48	0.259	0.83	0.066	0.53	0.022	33.48	9.30	2.80	0.982	2.02	0.451	1.14	0.114	0.72	0.039
24.84	6.90	2.08	0.578	1.50	0.266	0.84	0.067	0.54	0.023	33.84	9.40	2.83	1.001	2.05	0.460	1.15	0.116	0.73	0.039
25.20	7.00	2.11	0.593	1.52	0.273	0.86	0.069	0.54	0.023	34.20	9.50	2.86	1.020	2.07	0.469	1.16	0.119	0.74	0.040
25.56	7.10	2.14	0.608	1.54	0.280	0.87	0.071	0.55	0.024	34.56	9.60	2.89	1.039	2.09	0.477	1.17	0.121	0.75	0.041
25.92	7.20	2.17	0.624	1.57	0.287	0.88	0.073	0.56	0.025	34.92	9.70	2.92	1.058	2.11	0.486	1.19	0.123	0.75	0.042
26.28	7.30	2.20	0.639	1.59	0.294	0.89	0.074	0.57	0.025	35.28	9.80	2.95	1.078	2.13	0.495	1.20	0.125	0.76	0.042
26.64	7.40	2.23	0.655	1.61	0.301	0.91	0.076	0.58	0.026	35.64	9.90	2.98	1.097	2.15	0.504	1.21	0.128	0.77	0.043
27.00	7.50	2.26	0.671	1.63	0.308	0.92	0.087	0.58	0.026	36.00	10.00	3.01	1.117	2.18	0.513	1.22	0.130	0.78	0.044
27.36	7.60	2.29	0.686	1.65	0.315	0.93	0.080	0.59	0.027	36.90	10.25			2.23	0.536	1.25	0.136	0.80	0.046
27.72	7.70	2.32	0.703	1.68	0.323	0.94	0.082	0.60	0.028	37.80	10.50			2.28	0.560	1.28	0.142	0.82	0.048
28.08	7.80	2.35	0.719	1.70	0.330	0.95	0.084	0.61	0.028	38.70	10.75			2.34	0.583	1.32	0.148	0.84	0.050
28.44	7.90	2.38	0.735	1.72	0.338	0.97	0.086	0.61	0.029	39.60	11.00			2.39	0.608	1.35	0.154	0.85	0.052
28.80	8.00	2.41	0.752	1.74	0.345	0.98	0.087	0.62	0.030	40.50	11.25			2.45	0.632	1.38	0.160	0.87	0.054
29.16	8.10	2.44	0.769	1.76	0.353	0.99	0.089	0.63	0.030	41.40	11.50			2.50	0.658	1.41	0.167	0.89	0.056
29.52	8.20	2.47	0.786	1.78	0.361	1.00	0.091	0.64	0.031	42.30	11.75			2.56	0.683	1.44	0.173	0.91	0.059
29.88	8.30	2.50	0.803	1.81	0.369	1.02	0.093	0.65	0.032	43.20	12.00			2.61	0.709	1.47	0.180	0.93	0.061
30.24	8.40	2.53	0.820	1.83	0.377	1.03	0.095	0.65	0.032	44.10	12.25			2.67	0.736	1.50	0.186	0.95	0.063
30.60	8.50	2.56	0.837	1.85	0.385	1.04	0.097	0.66	0.033	45.00	12.50			2.72	0.762	1.53	0.193	0.97	0.065
30.96	8.60	2.59	0.855	1.87	0.393	1.05	0.099	0.67	0.034	45.90	12.75			2.77	0.790	1.56	0.200	0.99	0.068
31.32	8.70	2.62	0.873	1.89	0.401	1.06	0.102	0.68	0.034	46.80	13.00			2.83	0.817	1.59	0.207	1.01	0.070
31.68	8.80	2.65	0.890	1.91	0.409	1.08	0.104	0.68	0.035	47.70	13.25			2.88	0.846	1.62	0.214	1.03	0.072

附表10　不同场所的火灾延续时间

建筑			场所与火灾危险性	火灾延续时间/h
建筑物	工业建筑	仓库	甲、乙、丙类仓库	3.0
			丁、戊类仓库	2.0
		厂房	甲、乙、丙类厂房	3.0
			丁、戊类厂房	2.0
	民用建筑	公共建筑	高层建筑中的商业楼、展览楼、综合楼，建筑高度大于50m的财贸金融楼、图书馆、书库、重要的档案楼、科研楼和高级宾馆等	3.0
			其他公共建筑	2.0
		住宅		
	人防工程		建筑面积小于3000m^2	1.0
			建筑面积大于或等于3000m^2	2.0
	地铁车站			
构筑物	煤、天然气、石油及其产品的工艺装置			3.0
	甲、乙、丙类可燃液体储罐		直径大于20m的固定顶罐和直径大于20m浮盘用易熔材料制作的内浮顶罐	6.0
			其他储罐	4.0
			覆土油罐	
	液化烃储罐、沸点低于45℃甲类液体、液氨储罐			6.0
	空分站，可燃液体、液化烃的火车和汽车装卸栈台			3.0
	变电站			2.0
	装卸油品码头		甲、乙类可燃液体 乙、油品一级码头	6.0
			甲、乙类可燃液体 乙、油品二、三级码头 丙类可燃液体油品码头	4.0
			海港油品码头	6.0
			河港油品码头	4.0
			码头装卸区	2.0
	装卸液化石油气船码头			6.0
	液化石油气加气站		地上储气罐加气站	3.0
			埋地储气罐加气站	1.0
			加油和液化石油气加合建站	
	易燃、可燃材料露天、半露天堆场，可燃气体罐区		粮食土圆囤、席穴囤	6.0
			棉、麻、毛、化纤百货	
			稻草、麦秸、芦苇等	
			木材等	

（续）

建　筑		场所与火灾危险性	火灾延续时间/h
构筑物	易燃、可燃材料露天、半露天堆场，可燃气体罐区	露天或半露天堆放煤和焦炭	3.0
		可燃气体储罐	

附表 11　当量长度表

管件名称	管件直径/mm								
	25	32	40	50	70	80	100	125	150
45°弯头	0.3	0.3	0.6	0.6	0.9	0.9	1.2	1.5	2.1
90°弯头	0.6	0.9	1.2	1.5	1.8	2.1	3.1	3.7	4.3
三通或四通	1.5	1.8	2.4	3.1	3.7	4.6	6.1	7.6	9.2
蝶阀				1.8	2.1	3.1	3.7	2.7	3.1
闸阀				0.3	0.3	0.3	0.6	0.6	0.9
止回阀	1.5	2.1	2.7	3.4	4.3	4.9	6.7	8.3	9.8
异径接头	32/25	40/32	50/40	70/50	80/70	100/80	125/100	150/125	200/150
	0.2	0.3	0.3	0.5	0.6	0.8	1.1	1.3	1.6

注：1. 过滤器当量长度的取值由生产厂提供。

2. 当异径接头的出口直径不变，而入口直径提高 1 级时，其当量长度应增大 0.5 倍；提高 2 级以上时，其当量长度应增大 1.0 倍。

附表 12　减压孔板的局部阻力系数

d_k/d_j	0.3	0.4	0.5	0.6	0.7	0.8
ξ	292	83.3	29.5	11.7	4.75	1.83

注：d_k——减压孔板的孔口直径（m）。

附表 13　管道的比阻值 A

焊接钢管			铸铁管		
公称管径/mm	Q 以 m^3/s 计	Q 以 L/s 计	公称管径/mm	Q 以 m^3/s 计	Q 以 L/s 计
*DN*15	8809000	8.809	*DN*75	1709	0.001709
*DN*20	1643000	1.643	*DN*100	365.3	0.0003653
*DN*25	436700	0.4367	*DN*150	41.85	0.00004185
*DN*32	93860	0.09386	*DN*200	9.029	0.000009029
*DN*40	44530	0.04453	*DN*250	2.752	0.000002752
*DN*50	11080	0.01108	*DN*300	1.025	0.000001025
*DN*70	2898	0.002893			
*DN*80	1168	0.001168			
*DN*100	267.4	0.0002674			
*DN*125	86.23	0.00008623			
*DN*150	33.95	0.00003395			

附表14　水喷雾灭火系统的供给强度、持续供给时间和响应时间

防护目的	保护对象				供给强度[L/(min·m²)]	持续供给时间/h	响应时间/s
灭火	固体物质火灾				15	1	60
	输送机皮带				10	1	60
	液体火灾	闪点60~120℃的液体			20	0.5	60
		闪点高于120℃的液体			13		
		饮料酒			20		
	电气火灾	油浸式电力变压器、油断路器			20	0.4	60
		油浸式电力变压器的集油坑			6		
		电缆			13		
防护冷却	甲$_B$、乙、丙类液体储罐	固定顶罐			2.5	直径大于20m的固定顶罐为6h，其他4h	300
		浮顶罐			2.0		
		相邻罐			2.0		
	液化烃或类似液体储罐	全压力、半冷冻式储罐			9	6	120
		全冷冻式储罐	单、双容罐	罐壁	2.5		
				罐顶	4		
			全容罐	罐顶泵平台、管道进出口等局部危险部位	20		
				管带	10		
		液氨储罐			6		
	甲、乙类液体及可燃气体生产、输送、装卸设施				9	6	120
	液化石油气罐间、瓶库				9	6	60

注：1. 添加水系灭火剂的系统，其供给强度应由试验确定。

2. 钢制单盘式、双盘式、敞口隔舱式内浮顶罐应按浮顶罐对待，其他内浮顶罐应按固定顶罐对待。

附表15　生活污水单独排入化粪池时，最大允许实际使用人数

[污泥量：0.4L/(人·d)]

污水量标准	停留时间/h	污泥清挖周期/d	化粪池编号												
			1号	2号	3号	4号	5号	6号	7号	8号	9号	10号	11号	12号	13号
			有效容积/m³												
			2	4	6	9	12	16	20	25	30	40	50	75	100
30	12	90	62	124	186	279	372	496	620	774	929	1239	1549	2323	3098
		180	40	81	121	182	242	323	404	504	605	807	1009	1513	2018
		360	20	41	61	91	122	162	203	253	347	463	579	868	1157
	24	90	42	85	127	190	254	338	423	529	635	846	1058	1586	2115
		180	31	62	93	139	186	248	310	387	465	620	774	1162	1549
		360	20	40	61	91	121	161	202	252	303	404	504	757	1009
20	12	90	73	147	220	330	440	587	733	916	1100	1466	1833	2749	3666
		180	40	81	122	182	243	324	405	506	673	898	1122	1683	2244
		360	20	41	61	19	122	162	203	253	347	463	579	868	1157
	24	90	54	107	161	241	322	429	536	671	805	1073	1341	2012	2682
		180	37	73	110	165	220	293	367	458	550	733	916	1375	1833
		360	20	41	61	91	122	162	203	253	337	449	561	842	1122

附表 16　排水塑料管水力计算表（$n=0.009$）

（de：mm，v：m/s，Q：L/s）

坡度	$h/D=0.5$										$h/D=0.6$			
	$de=50$		$de=75$		$de=90$		$de=110$		$de=125$		$de=160$		$de=200$	
	v	Q	v	Q	v	Q	v	Q	v	Q	v	Q	v	Q
0.003											0.74	8.38	0.86	15.24
0.0035									0.63	3.48	0.80	9.05	0.93	16.46
0.004							0.62	2.59	0.67	3.72	0.85	9.68	0.99	17.60
0.005					0.60	1.64	0.69	2.90	0.75	4.16	0.95	10.82	1.11	19.67
0.006					0.65	1.79	0.75	3.18	0.82	4.55	1.04	11.85	1.21	21.55
0.007			0.63	1.22	0.71	1.94	0.81	3.43	0.89	4.92	1.13	12.80	1.31	23.28
0.008			0.67	1.31	0.75	2.07	0.87	3.67	0.95	5.26	1.20	13.69	1.40	26.89
0.009			0.71	1.39	0.80	2.20	0.92	3.89	1.01	5.58	1.28	14.52	1.48	26.40
0.010			0.75	1.46	0.84	2.31	0.97	4.10	1.06	5.88	1.35	15.30	1.56	27.82
0.011			0.79	1.53	0.88	2.43	1.02	4.30	1.12	6.17	1.41	16.05	1.64	29.18
0.012	0.62	0.52	0.82	1.60	0.92	2.53	1.07	4.49	1.17	6.44	1.48	16.76	1.71	30.48
0.015	0.69	0.58	0.92	1.79	1.03	2.83	1.19	5.02	1.30	7.20	1.65	18.74	1.92	34.08
0.02	0.80	0.67	1.06	2.07	1.19	3.27	1.38	5.80	1.51	8.31	1.90	21.64	2.21	39.35
0.025	0.90	0.74	1.19	2.31	1.33	3.66	1.54	6.48	1.68	9.30	2.13	24.19	2.47	43.99
0.026	0.91	0.76	1.21	2.36	1.36	3.73	1.57	6.61	1.72	9.48	2.17	24.67	2.52	44.86
0.030	0.98	0.81	1.30	2.53	1.46	4.01	1.68	7.10	1.84	10.18	2.33	26.50	2.71	48.19
0.035	1.06	0.88	1.41	2.74	1.58	4.33	1.82	7.67	1.99	11.00	2.52	28.63	2.93	52.05
0.040	1.13	0.94	1.50	2.93	1.69	4.63	1.95	8.20	2.13	11.76	2.69	30.60	3.13	55.65
0.045	1.20	1.00	1.59	3.10	1.79	4.91	2.06	8.70	2.26	12.47	2.86	32.46	3.32	59.02
0.05	1.27	1.05	1.68	3.27	1.89	5.17	2.17	9.17	2.38	13.15	3.01	34.22	3.50	62.21
0.06	1.39	1.15	1.84	3.58	2.07	5.67	2.38	10.04	2.61	14.40	3.30	37.48	3.83	68.15
0.07	1.50	1.24	1.99	3.87	2.23	6.12	2.57	10.85	2.82	15.56	3.56	40.49	4.14	73.61
0.08	1.60	1.33	2.13	4.14	2.38	6.54	2.75	11.60	3.01	16.63	3.81	43.28	4.42	78.70

附表 17　机制排水铸铁管水力计算表（$n=0.013$）

（DN：mm，v：m/s，Q：L/s）

坡度	$h/DN=0.5$								$h/DN=0.6$			
	$DN=50$		$DN=75$		$DN=100$		$DN=125$		$DN=150$		$DN=200$	
	v	Q	v	Q	v	Q	v	Q	v	Q	v	Q
0.005	0.29	0.29	0.38	0.85	0.47	1.83	0.54	3.38	0.65	7.23	0.79	15.57
0.006	0.32	0.32	0.42	0.93	0.51	2.00	0.59	3.71	0.72	7.92	0.87	17.06
0.007	0.35	0.34	0.45	1.00	0.55	2.16	0.64	4.00	0.77	8.56	0.94	18.43
0.008	0.37	0.36	0.49	1.07	0.59	2.31	0.68	4.28	0.83	9.15	1.00	19.70

（续）

坡度	h/DN=0.5								h/DN=0.6			
	DN=50		DN=75		DN=100		DN=125		DN=150		DN=200	
	v	Q	v	Q	v	Q	v	Q	v	Q	v	Q
0.009	0.39	0.39	0.52	1.14	0.62	2.45	0.72	4.54	0.88	9.70	1.06	20.90
0.010	0.41	0.41	0.54	1.20	0.66	2.58	0.76	4.78	0.92	10.23	1.12	22.03
0.011	0.43	0.43	0.57	1.26	0.69	2.71	0.80	5.02	0.97	10.72	1.17	23.10
0.012	0.45	0.45	0.59	1.31	0.72	2.83	0.84	5.24	1.01	11.20	1.23	24.13
0.015	0.51	0.50	0.66	1.47	0.81	3.16	0.93	5.86	1.13	12.52	1.37	26.98
0.020	0.59	0.58	0.77	1.70	0.93	3.65	1.08	6.76	1.31	14.46	1.58	31.15
0.025	0.66	0.64	0.86	1.90	1.04	4.08	1.21	7.56	1.46	16.17	1.77	34.83
0.030	0.72	0.70	0.94	2.08	1.14	4.47	1.32	8.29	1.60	17.71	1.94	38.15
0.035	0.78	0.76	1.02	2.24	1.23	4.83	1.43	8.95	1.73	19.13	2.09	41.21
0.040	0.83	0.81	1.09	2.40	1.32	5.17	1.53	9.57	1.85	20.45	2.24	44.05
0.045	0.88	0.86	1.15	2.54	1.40	5.48	1.62	10.15	1.96	21.69	2.38	46.72
0.050	0.93	0.91	1.21	2.68	1.47	5.78	1.71	10.70	2.07	22.87	2.50	49.25
0.060	1.02	1.00	1.33	2.94	1.61	6.33	1.87	11.72	2.26	25.05	2.74	53.95
0.070	1.10	1.08	1.44	3.17	1.74	6.83	2.02	12.66	2.45	27.06	2.96	58.28
0.080	1.17	1.15	1.54	3.39	1.86	7.31	2.16	13.53	2.61	28.92	3.17	62.30

附表18 悬吊管（铸铁管、钢管）水力计算表

（h/D=0.8，v：m/s，Q：L/s）

水力坡度 I	管径 D/mm									
	75		100		150		200		250	
	v	Q	v	Q	v	Q	v	Q	v	Q
0.01	0.57	2.18	0.70	4.69	0.91	13.82	1.10	29.76	1.28	53.95
0.02	0.81	3.08	0.98	6.63	1.29	19.54	1.56	42.08	1.81	76.29
0.03	0.99	3.77	1.21	8.12	1.58	23.93	1.91	51.54	2.22	93.44
0.04	1.15	4.35	1.39	9.37	1.82	27.63	2.21	59.51	2.56	107.89
0.05	1.28	4.87	1.56	10.48	2.04	30.89	2.47	66.54	2.87	120.63
0.06	1.41	5.33	1.70	11.48	2.23	33.84	2.71	72.89	3.14	132.14
0.07	1.52	5.76	1.84	12.40	2.41	36.55	2.92	78.73	3.39	142.73
0.08	1.62	6.15	1.97	13.25	2.58	39.08	3.12	84.16	3.62	142.73
0.09	1.72	6.53	2.09	14.06	2.74	41.45	3.31	84.16	3.84	142.73
0.10	1.82	6.88	2.20	14.82	2.88	41.45	3.49	84.16	4.05	142.73

附表 19　悬吊管（塑料管）水力计算表

（$h/D=0.8$，v：m/s，Q：L/s）

水力坡度 I	90×3.2		110×3.2		125×3.7		150×4.7		200×5.9		250×7.3	
	v	Q	v	Q	v	Q	v	Q	v	Q	v	Q
0.01	0.86	4.07	1.00	7.21	1.09	10.11	1.28	19.55	1.48	35.42	1.72	64.33
0.02	1.22	5.75	1.41	10.20	1.53	14.30	1.81	27.65	2.10	50.09	2.44	90.98
0.03	1.50	7.05	1.73	12.49	1.88	17.51	2.22	33.86	2.57	61.35	2.99	111.42
0.04	1.73	8.14	1.99	14.42	2.17	20.22	2.56	39.10	2.97	70.84	3.45	128.66
0.05	1.93	9.10	2.23	16.12	2.43	22.60	2.86	43.72	3.32	79.20	3.85	143.84
0.06	2.12	9.97	2.44	17.66	2.66	24.76	3.13	47.89	3.64	86.76	4.22	157.57
0.07	2.29	10.77	2.64	19.07	2.87	26.74	3.39	51.73	3.93	93.71	4.56	170.20
0.08	2.44	11.51	2.82	20.39	3.07	28.59	3.52	55.30	4.20	100.18	4.88	170.20
0.09	2.59	12.21	2.99	21.63	3.26	30.32	3.84	58.65	4.45	100.18	5.17	170.20
0.10	2.73	12.87	3.15	22.80	3.43	31.96	4.05	58.65	4.70	100.18	5.45	170.20

附表 20　埋地混凝土管水力计算表

（$h/D=1.0$，v：m/s，Q：L/s）

水力坡度 I	管径/mm													
	200		250		300		350		400		450		500	
	v	Q	v	Q	v	Q	v	Q	v	Q	v	Q	v	Q
0.003	0.57	18.0	0.66	32.6	0.75	53.0	0.83	79.9	0.91	114	0.98	156	1.05	207
0.004	0.66	20.7	0.77	37.6	0.87	61.1	0.96	92.2	1.05	132	1.13	180	1.22	239
0.005	0.74	23.2	0.86	42.0	0.97	68.4	1.07	103.1	1.17	147	1.27	202	1.36	267
0.006	0.81	25.4	0.94	46.1	1.06	74.9	1.17	113.0	1.28	161	1.39	221	1.49	292
0.007	0.87	27.4	1.01	49.7	1.14	80.9	1.27	122.0	1.39	174	1.50	238	1.61	316
0.008	0.93	29.3	1.08	53.2	1.22	86.5	1.36	130.4	1.46	186	1.60	255	1.72	338
0.009	0.99	31.1	1.15	56.4	1.30	91.7	1.44	1384.3	1.57	198	1.70	270	1.85	358
0.010	1.04	32.8	1.21	59.5	1.37	96.7	1.52	145.87	1.66	208	1.79	285		
0.012	1.14	35.9	1.33	65.1	1.50	105.9	1.66	159.8	1.82	228				
0.014	1.24	38.8	1.43	70.3	1.62	114.4	1.79	172.6						
0.016	1.32	41.5	1.53	75.2	1.73	122.3	1.92	184.5						
0.018	1.40	44.0	1.63	79.8	1.84	129.7								
0.020	1.48	46.4	1.71	84.1										
0.025	1.65	51.8	1.92	94.0										
0.030	1.81	56.8												

附表 21　重力流屋面雨水排水立管的泄流量

铸铁管		塑料管		钢管	
公称直径/mm	最大泄流量/(L/s)	公称外径×壁厚/(mm×mm)	最大泄流量/(L/s)	公称外径×壁厚/(mm×mm)	最大泄流量/(L/s)
100	9.50	90×3.2	7.40	133×4	17.10
		110×3.2	12.80		

（续）

铸铁管		塑料管		钢管	
公称直径/mm	最大泄流量/(L/s)	公称外径×壁厚/(mm×mm)	最大泄流量/(L/s)	公称外径×壁厚/(mm×mm)	最大泄流量/(L/s)
125	17.00	125×3.2	18.30	159×4.5	27.80
		125×3.7	18.00	168×6	30.80
150	27.80	160×4.0	35.50	219×6	65.50
		160×4.7	34.70		
200	60.00	200×4.9	64.60	245×6	89.80
		200×5.9	62.80		
250	108.00	250×6.2	117.00	273×7	119.10
		250×7.3	114.10		
300	176.00	315×7.7	217.00	325×7	194.00
		315×9.2	211.00		

附表 22　满管压力流（虹吸式）雨水管道（内壁喷塑铸铁管）水力计算表

Q	管径/mm															
	50		75		100		125		150		200		250		300	
	R	v	R	v	R	v	R	v	R	v	R	v	R	v	R	v
6	3.80	3.18	0.51	1.40												
12	13.7	6.37	1.84	2.79	0.45	1.56										
18	29.0	9.55	3.90	4.19	0.94	2.34	0.32	1.49	0.13	1.03						
24			6.63	5.58	1.61	3.12	0.54	1.99	0.22	1.38						
30			10.02	6.98	2.43	3.90	0.81	2.49	0.33	1.72						
36			14.04	8.37	3.40	4.68	1.14	2.98	0.47	2.07	0.11	1.16				
42			18.67	9.77	4.53	5.46	1.51	3.48	0.62	2.41	0.15	1.35				
48					5.80	6.24	1.94	3.98	0.79	2.75	0.19	1.54				
54					7.20	7.02	2.41	4.47	0.98	3.10	0.24	1.74				
60					8.75	7.80	2.92	4.97	1.20	3.44	0.29	1.93				
66					10.44	8.58	3.49	5.47	1.43	3.79	0.35	2.12				
72							4.10	5.97	1.68	4.13	0.41	2.32	0.14	1.48	0.06	1.03
78							4.75	6.46	1.94	4.48	0.48	2.51	0.16	1.60	0.07	1.11
84							5.45	6.96	2.23	4.82	0.54	2.70	0.18	1.73	0.08	1.20
90							6.19	7.46	2.53	5.16	0.62	2.90	0.21	1.85	0.09	1.28
96							6.98	7.95	2.85	5.51	0.70	3.09	0.23	1.97	0.10	1.37
102							7.80	8.45	3.19	5.85	0.78	3.28	0.26	2.10	0.11	1.45
108							8.67	8.95	3.55	6.20	0.87	3.47	0.29	2.22	0.12	1.54
114							9.59	9.44	3.92	6.54	0.96	3.67	0.32	2.34	0.13	1.62
120							10.54	9.94	4.31	6.89	1.05	3.86	0.35	2.47	0.15	1.71

（续）

Q	管径/mm															
	50		75		100		125		150		200		250		300	
	R	v	R	v	R	v	R	v	R	v	R	v	R	v	R	v
126									4.72	7.23	1.15	4.05	0.39	2.59	0.16	1.80
132									5.14	7.57	1.26	4.25	0.42	2.71	0.17	1.88
138									5.58	7.92	1.36	4.44	0.46	2.84	0.19	1.97
144									6.04	8.26	1.48	4.63	0.50	2.96	0.20	2.05
150									6.51	8.61	1.59	4.83	0.53	3.08	0.22	2.14
156									7.00	8.95	1.71	5.02	0.57	3.21	0.24	2.22
162									7.51	9.30	1.84	5.21	0.62	3.33	0.25	2.31
168									8.03	9.64	1.96	5.40	0.66	3.45	0.27	2.39
174									8.57	9.98	2.09	5.60	0.70	3.58	0.29	2.48
180											2.23	5.79	0.75	3.70	0.31	2.56
186											2.37	5.98	0.80	3.82	0.33	2.65
192											2.51	6.18	0.84	3.94	0.35	2.74
198											2.66	6.37	0.89	4.07	0.37	2.82

注：表中单位：Q 为 L/s，R 为 kPa/m，v 为 m/s。

参考文献

[1] 住房和城乡建设部. 建筑给水排水设计规范（2009年版）：GB 50015—2003 [S]. 北京：中国计划出版社，2010.

[2] 建设部. 建筑给水排水及采暖工程施工质量验收规范：GB 50242—2002 [S]. 北京：中国建筑工业出版社，2002.

[3] 住房和城乡建设部. 建筑设计防火规范：GB 50016—2014 [S]. 北京：中国计划出版社，2015.

[4] 住房和城乡建设部. 消防给水及消火栓系统技术规范：GB 50974—2014 [S]. 北京：中国计划出版社，2014.

[5] 住房和城乡建设部. 自动喷水灭火系统设计规范：GB 50084—2017 [S]. 北京：中国计划出版社，2017.

[6] 建设部. 室外排水设计规范（2014年版）：GB 50014—2006 [S]. 北京：中国计划出版社，2014.

[7] 建设部. 室外给水设计规范：GB 50013—2006 [S]. 北京：中国计划出版社，2006.

[8] 建设部. 建筑中水设计规范：GB 50336—2002 [S]. 北京：中国计划出版社，2003.

[9] 住房和城乡建设部. 建筑给水金属管道工程技术规程：CJJ/T 154—2011 [S]. 北京：中国建筑工业出版社，2011.

[10] 住房和城乡建设部. 建筑给水复合管道工程技术规程：CJJ/T 155—2011 [S]. 北京：中国建筑工业出版社，2011.

[11] 住房和城乡建设部. 城镇给水排水技术规范：GB 50788—2012 [S]. 北京：中国建筑工业出版社，2012.

[12] 卫生部. 生活饮用水卫生标准：GB 5749—2006 [S]. 北京：中国标准出版社，2007.

[13] 陈送财. 建筑给排水 [M]. 北京：机械工业出版社，2007.

[14] 王增长. 建筑给水排水工程 [M]. 6版. 北京：中国建筑工业出版社，2010.

[15] 李杨. 给排水管道工程技术 [M]. 北京：中国水利水电出版社，2010.

[16] 中国建筑设计研究院. 建筑给水排水设计手册 [M]. 2版. 北京：中国建筑工业出版社，2008.

[17] 住房和城乡建设部工程质量安全监管司，中国建筑标准设计研究所. 2009全国民用建筑工程设计技术措施——给水排水 [M]. 北京：中国计划出版社，2009.